"十三五"江苏省高等学校重点教材（教材编号：2018-1-073）

虚拟仪器技术分析与设计

（第5版）

张重雄　主编

张　晨　张思维　副主编

电子工业出版社
Publishing House of Electronics Industry
北京·BEIJING

内 容 简 介

本书以 LabVIEW 2024 Q3 为基础，从工程实用的角度出发，系统介绍虚拟仪器的相关技术与设计方法，共 8 章，内容包括虚拟仪器的总线接口技术、图形化编程语言 LabVIEW 2024 Q3、虚拟仪器数据采集、虚拟仪器信号分析与处理、虚拟仪器通信技术等。本书内容丰富，理论联系实际，通过大量的编程实例，深入浅出地介绍虚拟仪器的设计技巧。为了使读者快捷掌握 LabVIEW 的编程方法，本书提供重点实例的讲解视频，读者可扫描二维码进行学习。

本书可作为高等院校电子信息类、仪器仪表类等专业"虚拟仪器"课程的教材或教学参考书，也可作为工程技术人员开发设计虚拟仪器的参考书。

未经许可，不得以任何方式复制或抄袭本书之部分或全部内容。
版权所有，侵权必究。

图书在版编目（CIP）数据

虚拟仪器技术分析与设计 / 张重雄主编. -- 5 版.
北京 : 电子工业出版社, 2025. 6. -- ISBN 978-7-121-50424-2

Ⅰ. TH86

中国国家版本馆 CIP 数据核字第 2025WC1995 号

责任编辑：凌　毅
印　　刷：三河市双峰印刷装订有限公司
装　　订：三河市双峰印刷装订有限公司
出版发行：电子工业出版社
　　　　　北京市海淀区万寿路 173 信箱　邮编 100036
开　　本：787×1 092　1/16　印张：16.75　字数：450 千字
版　　次：2007 年 8 月第 1 版
　　　　　2025 年 6 月第 5 版
印　　次：2025 年 6 月第 1 次印刷
定　　价：59.80 元

凡所购买电子工业出版社图书有缺损问题，请向购买书店调换。若书店售缺，请与本社发行部联系，联系及邮购电话：(010)88254888，88258888。
质量投诉请发邮件至 zlts@phei.com.cn，盗版侵权举报请发邮件至 dbqq@phei.com.cn。
本书咨询联系方式：(010)88254528，lingyi@phei.com.cn。

第 5 版前言

虚拟仪器技术是现代仪器技术与计算机技术相结合的产物，是 21 世纪科学技术中的核心技术之一。它的出现导致传统仪器的结构、概念和设计观点都发生了巨大的变革，代表着仪器发展的最新方向和潮流。

虚拟仪器利用计算机软件代替传统仪器的硬件来实现信号分析、数据处理和显示等多种功能，突破了传统仪器由厂家定义功能，用户无法改变的固定模式。虚拟仪器具有组建灵活、研制周期短、成本低、易维护、扩展方便和软件资源丰富等优点，"软件就是仪器"最本质地刻画出了虚拟仪器的特征。

美国国家仪器（National Instruments，NI）公司在 20 世纪 80 年代中期最早提出了虚拟仪器（Virtual Instrument，VI）的概念。40 多年来，虚拟仪器在世界范围内已得到了广泛的认同和应用。近几年来，我国对虚拟仪器应用的需求开始急剧增长，虚拟仪器的应用范围也在不断扩大。特别是伴随着计算机技术的飞速发展，高性能计算机推动了以软件作为核心的虚拟仪器技术的快速发展。虚拟仪器技术已被广泛应用于军事、科研、测量、检测、计量、测控等众多领域。

本书 2007 年出版第 1 版，得到了读者的鼓励和鞭策，2012 年在对第 1 版内容进行相应修改的基础上出版了第 2 版。2017 年根据读者的反馈意见，对第 2 版的内容进行相应增删出版了第 3 版。2018 年本书被评为"'十三五'江苏省高等学校重点教材"（编号：2018-1-073），并于 2020 年出版了第 4 版。本次再版在保持原有特色的基础上，结合虚拟仪器技术的最新发展，并针对高等院校的教学需求，对全书内容进行了调整与补充，力求原理表述更准确，选用实例更鲜明。

本次再版以 NI 公司最新推出的图形化编程语言 LabVIEW 2024 Q3 为虚拟仪器软件开发平台，介绍虚拟仪器的基本原理与设计方法，并给出大量的虚拟仪器设计实例，其目的是通过理论与实例结合的方式，图文并茂、深入浅出地介绍虚拟仪器的设计方法和技巧。

全书分为 8 章。第 1 章简要介绍虚拟仪器的基本概念和组成；第 2 章讲述 GPIB、VXI、PXI、LXI 等几种目前用于虚拟仪器的专用总线；第 3 章介绍图形化编程语言 LabVIEW 的基本特性、LabVIEW 2024 Q3 的编程环境与虚拟仪器的创建步骤和调试方法；第 4 章介绍程序结构，字符串、数组和簇，局部变量和全局变量，文件操作，图形显示等几种 LabVIEW 编程中常用的控件和函数的用法；第 5 章结合 NI 公司的数据采集卡，介绍数据采集系统的构成、数据采集卡的选用与配置、基于 LabVIEW 的数据采集编程方法；第 6 章介绍在 LabVIEW 中进行信号产生、信号分析与处理的方法和技巧；第 7 章介绍串行通信、TCP/UDP 通信、

NI 的 DataSocket 通信、蓝牙通信的 LabVIEW 实现方法；第 8 章从工程实用的角度出发，结合实例，介绍虚拟仪器的工程设计。

本书配有电子课件、例程等教辅资料，读者可以登录华信教育资源网（www.hxedu.com.cn）下载。针对书中相关例题的编程方法，我们录制了视频，读者可扫描二维码进行学习。

本书由张重雄、张晨、张思维参与编写。在此，对在本书编写过程中提供帮助的所有人员以及所列参考文献中的作者一并致以感谢！

由于虚拟仪器技术发展迅速，应用广泛，限于编者水平，不妥之处在所难免，欢迎读者批评指正。联系 E-mail：zhangchx@njust.edu.cn。

编　者

2025 年 5 月

目　录

第1章　虚拟仪器概述 1
1.1　虚拟仪器的基本概念 1
1.2　虚拟仪器的组成 2
1.2.1　虚拟仪器的硬件结构 2
1.2.2　虚拟仪器的软件结构 5
1.2.3　虚拟仪器系统 6
1.3　虚拟仪器的特点 6
1.4　虚拟仪器的应用 7
1.5　虚拟仪器技术发展趋势 8
思考题和习题 1 9

第2章　虚拟仪器总线接口技术 10
2.1　GPIB 总线 10
2.1.1　GPIB 总线的基本特性 10
2.1.2　GPIB 器件及接口功能 11
2.1.3　GPIB 总线结构 13
2.1.4　GPIB 仪器系统 16
2.2　VXI 总线 17
2.2.1　VXI 总线的特点 17
2.2.2　VXI 器件、模块与主机箱 18
2.2.3　VXI 总线组成及功能 21
2.2.4　VXI 总线的通信协议 25
2.2.5　VXI 总线系统资源 28
2.2.6　VXI 仪器系统 29
2.3　PXI 总线 30
2.3.1　PXI 总线的特点 31
2.3.2　PXI 总线规范 31
2.3.3　PXI 仪器系统 38
2.4　LXI 总线 41
2.4.1　LXI 仪器的特点和优势 41
2.4.2　LXI 总线规范 42
2.4.3　LXI 仪器系统 45
思考题和习题 2 48

第3章　虚拟仪器软件开发平台 LabVIEW 49
3.1　LabVIEW 概述 49
3.1.1　LabVIEW 的含义 49

3.1.2 LabVIEW 的特点	49
3.1.3 LabVIEW 的发展	50
3.1.4 LabVIEW 的应用	51
3.1.5 LabVIEW 的安装和启动	52
3.2 LabVIEW 2024 Q3 的编程环境	53
3.2.1 LabVIEW 程序的基本构成	53
3.2.2 LabVIEW 2024 Q3 的操作选板	55
3.2.3 LabVIEW 2024 Q3 的菜单和工具栏	60
3.2.4 LabVIEW 2024 Q3 的数据类型	62
3.3 LabVIEW 2024 Q3 的初步操作	63
3.3.1 创建和编辑 VI	63
3.3.2 运行和调试 VI	66
3.3.3 创建和调用子 VI	68
3.3.4 VI 创建举例——虚拟温度计	69
3.4 获取 LabVIEW 帮助	72
3.4.1 显示即时帮助	72
3.4.2 LabVIEW 帮助	72
3.4.3 查找范例	72
3.4.4 网络资源	73
思考题和习题 3	73
第4章 虚拟仪器设计基础	75
4.1 程序结构	75
4.1.1 循环结构	76
4.1.2 条件结构	79
4.1.3 顺序结构	81
4.1.4 事件结构	83
4.1.5 公式节点	87
4.2 字符串、数组和簇	89
4.2.1 字符串	89
4.2.2 数组	92
4.2.3 簇	95
4.3 局部变量和全局变量	97
4.3.1 局部变量	98
4.3.2 全局变量	100
4.4 文件操作	101
4.4.1 LabVIEW 支持的文件类型	101
4.4.2 LabVIEW 文件 I/O 函数	102
4.4.3 文件操作	103
4.5 图形显示	107
4.5.1 波形图和波形图表	107

	4.5.2 XY 图	110
	4.5.3 强度图和强度图表	111
	4.5.4 数字波形图	112
	4.5.5 三维图形	113
	4.5.6 混合信号图	116

思考题和习题 4 ··· 118

第5章　虚拟仪器数据采集 ··· 120

5.1　数据采集系统概述 ··· 120
  5.1.1　数据采集系统的含义 ··· 120
  5.1.2　数据采集系统的构成 ··· 121
  5.1.3　数据采集的基本原理 ··· 123
  5.1.4　数据采集系统的主要性能指标 ··· 125

5.2　数据采集卡的选用与配置 ··· 125
  5.2.1　数据采集卡的类型及选用 ··· 126
  5.2.2　典型数据采集卡介绍 ··· 127
  5.2.3　数据采集卡的测试及配置 ··· 131

5.3　基于 LabVIEW 的数据采集过程 ··· 135

5.4　数据采集编程实例 ··· 136
  5.4.1　NI-DAQmx 简介 ··· 136
  5.4.2　DAQ 助手的使用 ··· 137
  5.4.3　DAQmx 编程实例 ··· 139

思考题和习题 5 ··· 147

第6章　虚拟仪器信号分析与处理 ··· 149

6.1　信号分析与处理概述 ··· 149
  6.1.1　信号分析与处理的基本内容 ··· 149
  6.1.2　LabVIEW 中信号分析与处理实现 ··· 150

6.2　信号产生 ··· 151
  6.2.1　数字信号的产生与数字化频率的概念 ··· 151
  6.2.2　信号生成 ··· 152
  6.2.3　波形生成 ··· 155

6.3　信号的时域分析 ··· 159
  6.3.1　周期信号的幅值特征分析 ··· 160
  6.3.2　卷积运算 ··· 162
  6.3.3　相关分析 ··· 163

6.4　信号的频域分析 ··· 167
  6.4.1　快速傅里叶变换（FFT） ··· 167
  6.4.2　谱分析 ··· 171

6.5　数字滤波器 ··· 178
  6.5.1　使用数字滤波器应注意的问题 ··· 179
  6.5.2　LabVIEW 中的数字滤波器 ··· 180

		6.5.3	数字滤波器应用举例	180
	6.6	窗函数		183
		6.6.1	LabVIEW 中的窗函数	183
		6.6.2	加窗处理举例	184
	6.7	曲线拟合		186
		6.7.1	LabVIEW 中的曲线拟合函数	187
		6.7.2	曲线拟合应用举例	187
	思考题和习题 6			191
第 7 章	虚拟仪器通信技术			193
	7.1	串行通信		193
		7.1.1	串行通信的基本概念	193
		7.1.2	LabVIEW 的串行通信函数	195
		7.1.3	串行通信应用举例	197
	7.2	TCP 通信		199
		7.2.1	TCP 简介	200
		7.2.2	LabVIEW 的 TCP 函数	200
		7.2.3	TCP 通信举例	201
		7.2.4	TCP 通信说明	203
	7.3	UDP 通信		203
		7.3.1	UDP 简介	204
		7.3.2	LabVIEW 的 UDP 函数	204
		7.3.3	UDP 通信举例	205
		7.3.4	UDP 通信说明	206
	7.4	DataSocket 通信		207
		7.4.1	DataSocket 技术	207
		7.4.2	DataSocket 配置	207
		7.4.3	LabVIEW 的 DataSocket 函数	208
		7.4.4	DataSocket 通信举例	209
	7.5	蓝牙通信		211
		7.5.1	蓝牙技术概述	211
		7.5.2	LabVIEW 的蓝牙函数	211
		7.5.3	蓝牙通信举例	212
	思考题和习题 7			213
第 8 章	虚拟仪器设计实例			214
	8.1	虚拟仪器的设计原则		214
		8.1.1	总体设计原则	214
		8.1.2	硬件设计的基本原则	214
		8.1.3	软件设计的基本原则	215
	8.2	虚拟仪器的设计步骤		215
	8.3	虚拟仪器软面板设计技术		216

   8.3.1 虚拟仪器软面板的设计思想 ··· 217
   8.3.2 虚拟仪器软面板的设计原则 ··· 217
 8.4 虚拟仪器设计实例 ·· 219
   8.4.1 虚拟数字电压表 ·· 219
   8.4.2 虚拟示波器 ·· 224
   8.4.3 基于声卡的数据采集与分析系统 ·· 230
   8.4.4 基于 NI myDAQ 的音频信号处理系统 ······································ 236
   8.4.5 基于虚拟仪器的电能质量监测系统 ··· 241
 8.5 虚拟仪器程序发布 ·· 253
   8.5.1 创建独立可执行程序 ·· 253
   8.5.2 创建安装程序 ··· 255
 思考题和习题 8 ·· 257

参考文献 ·· 258

第1章 虚拟仪器概述

本章主要介绍虚拟仪器的基本概念、虚拟仪器的组成、虚拟仪器的特点与发展趋势，重点突出"软件就是仪器"的观点。

随着微电子技术、计算机技术、软件技术、通信技术的迅速发展及其在电子测量技术与仪器上的应用，新的测量理论、测量方法、测量领域和仪器结构不断出现，在许多方面已经突破了传统仪器的概念，电子测试仪器的功能和作用发生了质的飞跃。尤其是以计算机为核心的仪器系统与计算机软件技术的紧密结合，导致仪器的概念发生了突破性的变化，出现了一种全新的仪器概念——虚拟仪器（Virtual Instrument，VI）。

虚拟仪器是现代仪器技术与计算机技术相结合的产物，它的出现是仪器发展史上的一场革命，代表着仪器发展的最新方向和潮流，是信息技术的一个重要领域，对科学技术的发展和工业生产将产生不可估量的影响。

1.1 虚拟仪器的基本概念

虚拟仪器是指，在以通用计算机为核心的硬件平台上，由用户自己设计定义，具有虚拟的操作面板，测试功能由测试软件来实现的一种计算机仪器系统。虚拟仪器突破了传统电子仪器以硬件为主体的模式。实际上，测量时使用者是在操作具有测试软件的计算机，犹如操作一台虚拟的电子仪器，虚拟仪器因此得名。"软件就是仪器"（Software is Instruments），最本质地刻画出了虚拟仪器的特征。它比传统的电子仪器更为通用，更能适应迅猛发展的科学技术对测试仪器提出的不断更新的要求，推动传统仪器朝着数字化、模块化、虚拟化、网络化的方向发展。

测试仪器的种类很多，功能各异。但无论何种仪器，其组成都可以概括为数据的采集与控制、数据的分析与处理、结果的输出与显示三大功能模块，且都以硬件形式存在，所以开发、维护的费用高，技术更新周期长。即便是后来出现的数字化仪器、智能仪器，使传统仪器的准确度提高、功能增强，但仍未改变传统仪器那种独立使用、手动操作、任务单一的模式。为此，总线式仪器和系统应运而生。人们研制出多种通信接口，用于将多台智能仪器连在一起，构成功能更强、适应面更广的测试系统，但这种总线仪器中仍有许多重复的部件或功能单元。

虚拟仪器技术的出现，打破了传统仪器由厂家定义功能，用户无法改变的固定模式。虚拟仪器技术给用户一个充分发挥自己的才能和想象力的空间，用户可以随心所欲地根据自己的需求，设计自己的仪器系统，满足多种多样的应用需求。

虚拟仪器系统的概念是对传统仪器概念的重大突破，是计算机系统与仪器系统技术相结合的产物。它利用计算机系统的强大功能，结合相应的硬件，大大突破了传统仪器在数据采集、显示、传送、处理等方面的限制，使用户可以方便地对虚拟仪器进行维护、扩展和升级等。

虚拟仪器中"虚拟"的含义表现在两个方面。一方面是指虚拟的仪器面板。虚拟仪器面板上的各种"控件"与传统仪器面板上的各种"控件"所完成的功能是相同的,传统仪器面板上的控件都是实物,并且是通过手动和触摸进行操作的;而虚拟仪器面板上的控件是外形与实物相像的图标,其操作对应着相应的软件程序。使用鼠标或键盘操作虚拟仪器面板上的控件,就如同使用一台实际的仪器。另一方面是指虚拟仪器的测控功能是通过软件编程来实现的;而传统仪器,特别是早期的仪器,它们的功能是通过硬件来实现的。

需要指出的是,虚拟仪器实质上是一种创新的仪器,而非一种具体的仪器。换言之,虚拟仪器可以有各种各样的形式,完全取决于实际的物理系统和构成仪器数据采集单元的硬件类型,但是有一点是相同的,那就是虚拟仪器离不开计算机控制,软件是虚拟仪器设计中最重要、最关键的部分。

1.2 虚拟仪器的组成

虚拟仪器的组成包括硬件和软件两个基本要素。

1.2.1 虚拟仪器的硬件结构

虚拟仪器的硬件结构如图 1.1 所示。硬件是虚拟仪器工作的基础,主要完成被测信号的采集、传输、存储处理和输入/输出等工作,由计算机和 I/O 接口设备组成。计算机一般为一台 PC 或工作站,是硬件平台的核心,包括微处理器、存储器和输入/输出设备等,用来提供实时高效的数据处理工作。I/O 接口设备即采集调理部件,包括 PC 总线的数据采集(Data Acquisition,DAQ)卡、GPIB 总线仪器模块、VXI 总线仪器模块、PXI 总线仪器模块、LXI 总线仪器模块、串口总线仪器模块和现场总线仪器模块等标准总线仪器,主要完成被测输入信号的采集、放大和模数转换。

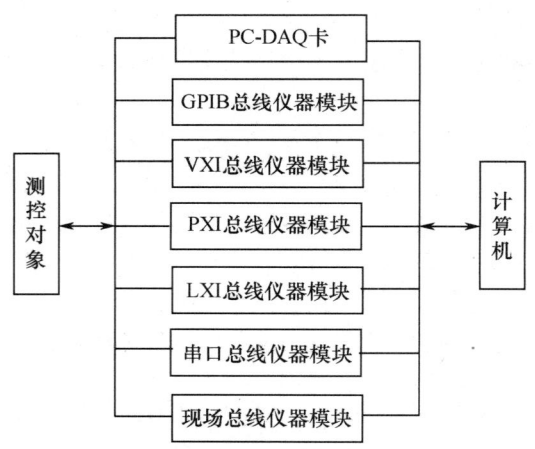

图 1.1 虚拟仪器的硬件结构

根据构成虚拟仪器接口总线的不同,虚拟仪器可分为如下几种。

(1)基于数据采集卡的虚拟仪器

在以 PC 为基础的虚拟仪器中,插入式数据采集卡是最常用的接口形式之一。其功能是将现场数据采集到计算机,或将计算机数据输出给受控对象,典型结构如图 1.2 所示。

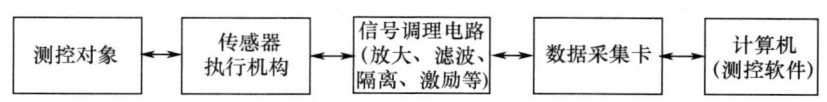

图 1.2　基于数据采集卡的虚拟仪器的典型结构

这种系统采用 PC 本身的 PCI 或 ISA 总线，将数据采集卡插入计算机的 PCI 或 ISA 总线插槽中，并与专用的软件相结合，完成测试任务。它充分利用了计算机的软/硬件资源，大幅度降低了仪器成本，并具有研制周期短、更新改进方便的优点。这种插卡式实现方案性价比极佳。

（2）基于 GPIB 总线的虚拟仪器

通用接口总线（General Purpose Interface Bus，GPIB）是由 HP 公司于 1978 年制定的总线标准，是传统测试仪器在数字接口方面的延伸和扩展。

典型的基于 GPIB 总线的虚拟仪器系统由一台计算机、一块 GPIB 接口卡和若干台仪器通过 GPIB 电缆连接而成，如图 1.3 所示。通过 GPIB 技术可以实现计算机对仪器的操作和控制，替代了传统的人工操作方式，提高了测试、测量效率。

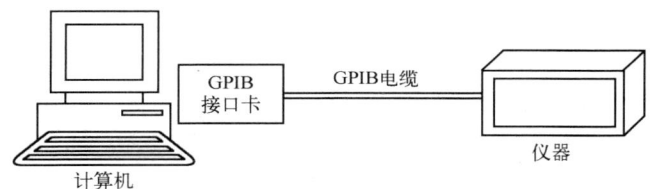

图 1.3　基于 GPIB 总线的虚拟仪器系统构成示意图

（3）基于 VXI 总线的虚拟仪器

在虚拟仪器技术中最引人注目的应用是基于 VXI（VMEbus eXtensions for Instrumentation）总线的自动测试仪器系统。由于 VXI 总线具有标准开放、结构紧凑、数据吞吐能力强、定时和同步精确、模块可重复利用、众多厂家支持等优点，所以得到广泛应用。经过多年的发展，VXI 系统的组建和使用越来越方便，尤其是在组建大、中规模自动测试仪器系统和对速度、精度要求高的场合，具有其他仪器无法比拟的优势。典型的基于 VXI 总线的虚拟仪器系统的构成示意图如图 1.4 所示。

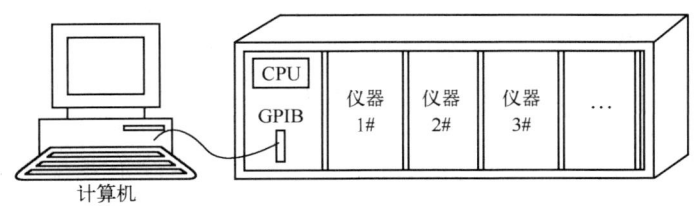

图 1.4　基于 VXI 总线的虚拟仪器系统构成示意图

（4）基于 PXI 总线的虚拟仪器

PXI（PCI eXtensions for Instrumentation）总线是 NI 公司在 1997 年 9 月推出的开放性模块化仪器总线规范。它以 CompactPCI 为基础，是 PCI 总线面向仪器领域的扩展。PXI 总线符合工业标准，在机械、电气和软件特性方面充分发挥了 PCI 总线的全部优点。PXI 总线的数据传输速率已达 132MB/s（32 位数据总线）或 264MB/s（64 位数据总线）。

由于基于 PXI 总线的仪器系统具有良好的性价比，所以越来越多的工程技术人员开始关注 PXI 的发展，尤其是在某些要求测试系统的体积小的使用场合。另外，由于 PXI 总线的数据传输速率高，所以在某些高频段的测试已经采用了 PXI 测试系统。

基于 PXI 总线的虚拟仪器系统构成示意图如图 1.5 所示。

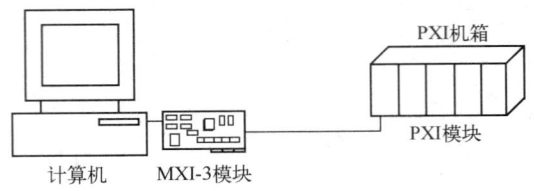

图 1.5　基于 PXI 总线的虚拟仪器系统构成示意图

（5）基于 LXI 总线的虚拟仪器

2004 年 9 月，VXI 公司和 Agilent（安捷伦）公司共同推出了一种适用于自动测试系统的新一代基于局域网（Local Area Network，LAN）的模块化测试仪器接口标准 LXI（LAN-based eXtensions for Instrumentation），即基于 LAN 的仪器扩展。开放式的 LXI 标准于 2005 年 9 月正式公布，随后，LXI 标准的特有模块仪器和测量系统投入市场。LXI 是整合了可编程仪器标准 GPIB 和工业标准 VXI 的成果而发展起来的接口总线技术，它将台式仪器的内置测量技术、PC 标准 I/O 接口与基于插卡框架系统的模块化集于一体，具有数据吞吐量高、模块化结构好、开放性强、即插即用等特点。

作为以太网技术在测试自动化领域的应用扩展，LXI 为高效能的仪器提供了一个自动测试系统的 LAN 模块化平台。无论是相对 GPIB、VXI 还是 PXI，LXI 都将是未来总线技术的发展趋势。以 LXI 为主体的虚拟仪器网络结构如图 1.6 所示。在这种构成方案中，GPIB、VXI、PXI、LXI 共存于系统，它们通常仅是 LAN 上的一个节点，这样不仅能够最大程度地发挥各自的功能和优势，而且可以相互进行数据的传输和资源的共享。

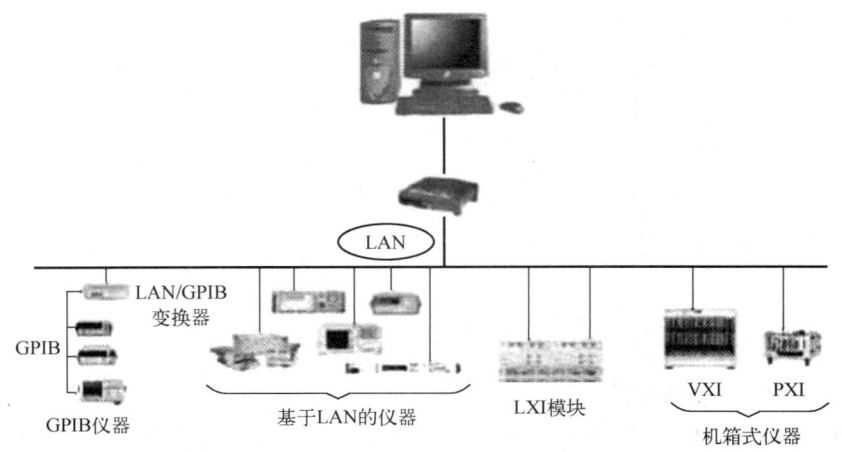

图 1.6　以 LXI 为主体的虚拟仪器网络结构

1.2.2 虚拟仪器的软件结构

当虚拟仪器的硬件平台建立起来之后，设计、开发、研究虚拟仪器的主要任务就是编制应用程序。软件是虚拟仪器的关键，通过运行在计算机上的软件，一方面实现虚拟仪器图形化仪器界面，给用户提供一个检验仪器通信、设置仪器参数、修改仪器操作和实现仪器功能的人机接口；另一方面，使计算机直接参与测试信号的产生和测量特征的分析，完成数据的输入、存储、综合分析和输出等功能。

虚拟仪器的软件结构如图 1.7 所示。

为了简化系统开发和应用，实现系统的开放性和互换性，虚拟仪器的软件系统采用层次化结构，并对各层进行了定义和规范。根据虚拟仪器软件结构规范的定义，从底层到顶层，虚拟仪器的软件结构由 I/O 接口软件、仪器驱动程序和应用程序三个层次构成。

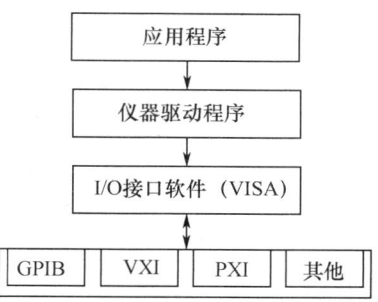

图 1.7 虚拟仪器的软件结构

（1）I/O 接口软件

I/O 接口软件存在于仪器与仪器驱动程序之间，是对仪器内部寄存单元进行直接存取数据操作、为仪器与仪器驱动程序提供信息传递的底层软件，是实现开放的、统一的虚拟仪器系统的基础和核心。

I/O 接口软件的特点、组成、内部结构与实现规范等在 VPP（VXI Plug & Play）系统规范中有明确的规定，并被定义为 VISA（Virtual Instrument Software Architecture）库。对于仪器驱动程序开发者来说，VISA 是一个可调用的操作函数库或集合。

（2）仪器驱动程序

仪器驱动程序是完成对某一特定仪器的控制与通信的软件程序集合，它负责处理与某一专门仪器通信和控制的具体过程，将底层复杂的硬件操作隐蔽起来，封装复杂的仪器编程细节，为用户使用仪器提供简单的函数调用接口，是应用程序实现仪器控制的桥梁。每个仪器模块都有自己的仪器驱动程序，仪器厂商将其以源代码的形式提供给用户。有了仪器驱动程序，用户即使不十分了解仪器的硬件接口结构、通信协议、具体的编程步骤，对具体标准总线接口和仪器硬件设有专门的了解，也可以通过仪器驱动程序来调动和使用这些硬件资源。用户在应用程序中调用仪器驱动程序进行仪器系统的操作与设计，简化了用户的开发工作。

（3）应用程序

在虚拟仪器的软件结构中，应用程序是建立在仪器驱动程序之上的上层软件，用户可通过编写应用程序来定义虚拟仪器的功能，即通过应用程序提供的界面直观、友好的软面板以及丰富的数据分析与处理功能，来实现仪器的测量功能。如图 1.8 所示，应用程序包含两个方面的内容：实现虚拟仪器面板功能的软面板程序和定义仪器测试功能

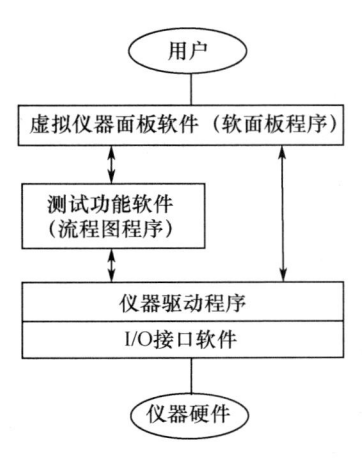

图 1.8 应用程序的层次结构

的流程图程序。

虚拟仪器软件的开发可以利用 Microsoft 公司的 VC、VB 等通用程序开发工具，也可以利用 Agilent 公司的 VEE、NI 公司的 LabVIEW 与 LabWindows/CVI 等专用开发工具。VC、VB 作为可视化开发工具，具有界面友好、简单易用、实用性强等优点，但作为虚拟仪器软件开发工具，一般要在仪器硬件厂商提供的 I/O 接口软件、仪器驱动程序的基础上进行应用软件开发。Agilent 公司的 VEE、NI 公司的 LabVIEW 及 LabWindows/CVI 等是随着软件技术的不断发展而出现的虚拟仪器软件专用开发工具，具有直观的前面板、流程图式的开发能力和内置数据分析处理能力，提供了大量功能强大的函数库供用户直接调用，是构建虚拟仪器的理想工具。

1.2.3 虚拟仪器系统

以 PC-DAQ 卡的虚拟仪器为例，虚拟仪器系统的整体结构如图 1.9 所示。

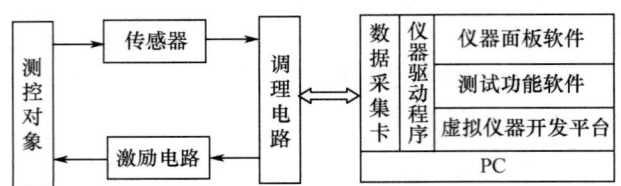

图 1.9 虚拟仪器系统的整体结构

虚拟仪器系统以计算机为核心，传感器、激励电路、调理电路、数据采集卡等构成硬件平台，实现测控对象的信号采集与控制；通过虚拟仪器开发平台编写仪器面板软件与测试功能软件，通过调用仪器驱动程序对数据采集卡进行控制，实现系统的测控功能。

1.3 虚拟仪器的特点

虚拟仪器是计算机技术介入仪器领域所形成的一种新型的、富有生命力的仪器种类。在虚拟仪器中，计算机处于核心地位，计算机软件与测试系统更紧密地结合，形成了一个有机整体，使得仪器的结构概念和设计观点等都发生了突破性的变化。从使用上来说，虚拟仪器利用强大的图形化开发环境，建立直观、灵活、快捷的虚拟仪器面板（软面板），可以有效地提高仪器的使用效率。综合虚拟仪器的构成及工作原理，它具有如下特点。

（1）突出"软件就是仪器"的概念

传统仪器的某些硬件在虚拟仪器中被软件代替。许多可能随时间漂移、需要定期校准的分立式模拟硬件的减少，再加上标准化总线的使用，使仪器的测量精度、测量速度和可重复性都大大提高。

（2）丰富和增强了传统仪器的功能

虚拟仪器融合计算机强大的硬件资源，突破了传统仪器在数据处理、显示、存储等方面的限制，大大增强了传统仪器的功能。虚拟仪器将信号分析、显示、存储、打印和其他管理集中交由计算机处理，充分利用了计算机强大的数据处理、传输能力，使得组建系统变得更加灵活、简单。

（3）仪器由用户自己定义

虚拟仪器打破了传统仪器由厂家定义功能和控制面板，用户无法更改的模式。虚拟仪器通过为用户提供组建自己仪器的重要源代码库，使用户可以很方便地修改仪器功能和面板，设计仪器的通信、定时和触发功能。用户可以根据自己不断变化的需求，自由发挥自己的想象力，方便灵活地组建测量系统，并随时进行系统的扩展、升级。

（4）开放的工业标准

虚拟仪器硬件和软件都制定了开放的工业标准，因此用户可以将仪器的设计、使用和管理统一到虚拟仪器标准，使资源的可重复利用率提高，功能易于扩展，管理规范，生产、维护和开发费用降低。

（5）便于构成复杂的测试系统，经济性好

虚拟仪器既可以作为测试仪器独立使用，又可以通过高速计算机网络构成复杂的分布式测试系统，进行远程测试、监控与故障诊断。此外，用基于软件体系结构的虚拟仪器代替基于硬件体系结构的传统仪器，还可以大大节约仪器购买和维护费用。

虚拟仪器与传统仪器的比较见表1.1。

表1.1　虚拟仪器与传统仪器的比较

传统仪器	虚拟仪器
关键是硬件	关键是软件
厂商定义仪器功能	用户定义仪器功能
开发与维护费用高	软件的应用，使得开发与维护费用低
封闭、固定	开放、灵活，与计算机技术保持同步发展
技术更新周期长（5～10年）	技术更新周期短（1～2年）
功能单一，互联能力有限	与网络及其他周边设备互联方便
价格高	价格低，可复用，可重配置性强

1.4　虚拟仪器的应用

虚拟仪器作为新兴的仪器代表，被广泛应用于电子、机械、通信、汽车制造、生物、医药、化工、科研、军事、教育等各个领域。从简单的仪器控制、数据采集到尖端的测试和工业自动化，从大学实验室到工厂企业，从探索研究到技术集成，都可以发现虚拟仪器技术的应用成果。

在测试仪器方面，计算机技术在测试系统中得到了广泛应用，但由于传统的仪器设备缺乏相应的计算机接口，因此数据采集及数据处理十分困难。在完成某些测试任务时，可能需要许多仪器，如示波器、电压表、频率分析仪、信号发生器等，复杂的数字电路系统还需要逻辑分析仪、IC测试仪等。这么多的仪器不仅价格昂贵，体积大、占用空间，而且相互连接也不方便。而虚拟仪器将计算机资源与仪器硬件、DSP技术结合，在系统内共享软/硬件资源，既有传统仪器的功能，又有传统仪器所没有的特殊功能。它把厂家定义仪器功能的方式转变为由用户自己定义，用户可根据测试功能的需要，自己设计所需要的仪器系统。用户只要将具有一种或多种功能的通用模块相结合，并且调用不同功能的软件模块，就能组成不同功能的仪器。

在专用测量系统方面，虚拟仪器的应用空间更为广阔。随着信息技术的迅猛发展，各行各业无不转向智能化、自动化、集成化，无所不在的计算机应用为虚拟仪器的推广提供了良好的基础。虚拟仪器的概念就是用专用的软/硬件配合计算机实现专用设备的功能，并使其自动化、智能化，因此，虚拟仪器适合于一切需要计算机辅助进行数据存储、数据处理、数据传输的计量场合。

在自动控制和工业控制领域，虚拟仪器同样应用广泛。绝大部分闭环控制系统要求采样精确、数据处理及时和数据传输快速。虚拟仪器恰恰满足上述要求，十分符合测控一体化的设计。虚拟仪器的卓越计算能力和巨大数据吞吐能力必将使其在温控系统、在线监测系统、电力仪表系统、流程控制系统等工控领域发挥更大的作用。

随着计算机技术的快速发展及人们对仪器功能、灵活性的要求越来越高，虚拟仪器将会在更广泛的领域得到应用和普及。

1.5 虚拟仪器技术发展趋势

自从 NI 公司于 1986 年提出虚拟仪器的概念至今，虚拟仪器的发展大约可分为 3 个阶段。

第一阶段：利用计算机增强仪器的功能。由于 GPIB 总线标准的确立，计算机和外界通信成为可能。只需要把传统仪器通过 GPIB 总线和 RS-232C 总线同计算机连接起来，用户就可以用计算机控制仪器了。

第二阶段：开放式的仪器结构。在仪器硬件上出现了两大技术进步，一是插入式计算机数据采集卡，二是 VXI 总线标准。这些新技术使仪器结构得以开放，消除了第一阶段由用户定义和供应商定义仪器功能的区别。

第三阶段：虚拟仪器框架得到广泛认同和采用。软件领域中的面向对象技术把任何用户构建虚拟仪器需要知道的东西封装起来。许多行业标准在硬件和软件领域已经产生，几个虚拟仪器平台已经得到认可，并逐渐成为虚拟仪器行业的标准工具。

虚拟仪器技术的不断发展取决于 3 个重要因素：计算机的发展是动力，软件是主宰，高性能的数据采集卡、调理放大器及传感器是关键。随着微电子技术、计算机软/硬件技术、通信技术和网络技术的飞速发展，虚拟仪器技术必将获得日新月异的发展。

（1）虚拟仪器网络化

将网络技术和虚拟仪器相结合，构成网络化虚拟仪器系统，是自动测试仪器系统的发展方向之一。网络化测试的最大特点就是可以实现资源共享，使现有资源得到充分利用，从而实现多系统、多专家的协同测试与诊断。网络化测试解决了已有总线在仪器台数上的限制，使一台仪器能被多个用户同时使用，不仅实现了测量信息的共享，而且实现了整个测控过程的高度自动化、智能化，同时减少了硬件的设置，有效降低了测控系统的成本。由于网络不受地域限制，网络化测试系统能够实现远程测试，因此测试人员可以不受时间和空间的限制，随时随地获取所需的信息。另外，网络化测试系统还可以实现被测设备的远距离测试与诊断，从而提高测试效率，减少测试人员的工作量。正是网络化测试系统的这些优点，使得网络化测试技术备受关注。近年来，世界著名仪器开发商 Agilent 公司与 NI 公司联手致力于网络化测试软/硬件的研发。国内一些实力较强的公司，如中科泛华，也在积极探索虚拟仪器网络设备的研究和设计。"网络就是仪器"的概念，确切地概括了仪器的网络化发展趋势。

（2）虚拟仪器标准化

虚拟仪器的标准化主要体现为硬件平台和软件模块的标准化。目前的虚拟仪器硬件平台，已经有了标准化和通用化趋势，如 VXI 联盟、PXI 规范、PCI 规范等自发性标准化组织和措施。其他一些要求，如标准化触发方式，不同通道的公用时基，同步、延迟及执行参数是否连续可调或断续可调等，涉及信号及其质量和相互关系等方面，尚未形成标准化和通用化，这将影响其在不同平台上的互换性和移植性，也将影响虚拟仪器软件模块的标准化。1998 年 9 月成立的 IVI（Interchangeable Virtual Instrument）基金会努力从基本的互操作性到可互换性，为仪器驱动程序提升标准化水平，通过制定一个统一的规范，使测试工程师获得更大的硬件独立性，使用户在测试过程中不需要更改软件程序就可以替换设备，减少了软件维护和支持费用，缩短了仪器编程时间，提高了运行性能，具有极其重要的现实意义和非常广阔的应用前景。

（3）不断吸收新技术给虚拟仪器带来生机

把各种最新的控制理论和方法应用到虚拟仪器的开发中来，将是虚拟仪器发展的又一个重要方向。软件工程领域的新方法、新理论，如面向对象技术、ActiveX 技术、组件技术等被广泛用来进行虚拟仪器的测试分析软件和虚拟界面软件的设计，这些软件为快速组建虚拟仪器提供了良好的条件。"能够在测试、控制和设计领域最优化地使用最新现成即用的商业技术，一直是推动虚拟仪器技术进步的重要动力之一"，NI 公司创始人之一的 James Truchard 概括了虚拟仪器未来发展的总趋势。总之，不断吸收新技术的虚拟仪器将会适应更多的应用领域，为实际的测控系统带来更大的便利和更高的效率。

思考题和习题 1

1.1 什么是虚拟仪器？如何理解虚拟仪器中"虚拟"的含义？

1.2 虚拟仪器与传统仪器相比较有何特点？

1.3 简述虚拟仪器的组成结构。

1.4 简述虚拟仪器的分类。

1.5 软件在虚拟仪器中有什么作用？

1.6 虚拟仪器的软件结构是怎样的？

1.7 虚拟仪器的软件开发平台主要分为哪两类？

1.8 虚拟仪器的发展经历了哪几个阶段？

1.9 虚拟仪器的应用领域有哪些？

1.10 简述虚拟仪器的发展趋势。

第2章 虚拟仪器总线接口技术

总线技术在虚拟仪器技术的发展过程中起着十分重要的作用。作为连接控制器和程控仪器的纽带，总线的能力直接影响着系统的总体性能。总线技术的不断升级换代推动着自动测试与仪器技术水平的提高。本章将主要介绍目前用于虚拟仪器的几种专用总线，具体包括GPIB 总线、VXI 总线、PXI 总线、LXI 总线。

2.1 GPIB 总线

GPIB 总线是专门为仪器的控制应用而设计的。GPIB 总线最初由美国 HP 公司在 1972 年提出，1975 年被美国电气与电子工程师协会（IEEE）和国际电工委员会（IEC）接受为程控仪器和自动测试系统的标准接口，因此也称为 IEEE 488 接口或 IEC 625 接口，目前的协议是 IEEE 488.2。使用 GPIB 接口可将不同厂家生产的各种型号的仪器，用一条无源标准总线方便地连接起来，在计算机的控制下完成各种复杂的测量。

2.1.1 GPIB 总线的基本特性

GPIB 总线作为一个标准的接口总线，具体规定了接口在机械、电气和功能三方面的有关要求和标准，具有灵活、方便、兼容性好的特点。GPIB 总线的基本特性如下。

（1）器件容量

器件容量是指 GPIB 接口系统中仪器和计算机的总容量，通常可连接的仪器数目最多为 15 台。这是由接口电路的负载能力所决定的。若采用一些特殊措施（例如，提高仪器总线发送器的驱动能力），也可以连接更多的仪器。

（2）传输距离

电缆的传输路径总长不超过 20m，或者装置数目与装置之间距离的乘积不超过 20m。通常每根电缆长度为 4m、2m、1m 或 0.5m，在满足系统要求的前提下，运用短电缆对提高数据传输速率有利。

在某些应用中，计算机与现场运行的仪器之间的距离可能超出这个规定，这时就必须采取扩展措施。为此，HP 公司研制了适用于双绞电缆、同轴电缆或光纤的距离扩展器，利用这些扩展器，传输距离可达 1000m 以上。

（3）数据传输速率

数据传输速率与所用电缆的长度和接口的发送器有关。在标准电缆上，数据传输速率一般为 250~500KB/s。若采用三态门发送器，数据传输速率最高可达 1MB/s。

（4）地址容量

地址即接口系统中计算机或仪器设备的代号，常用数字、符号或字母表示。GPIB 标准规定采用 5 比特的编码来表示地址，地址容量为 31 个（其中编码 11111 不作为地址代码）。

地址容量（31）大于器件容量（15）是合理的。一个器件至少占用一个地址，个别器件还可能占用两个以上的地址。不仅如此,若采用2字节编地址,前一字节为主地址,后一字节为副地址,一个主地址之后允许跟随31个副地址。因此,用2字节来表示器件的地址,可使地址容量扩大到31×31=961个。

(5)信息逻辑

总线上信息逻辑采用负逻辑,规定:低电平(≤+0.8V)为逻辑"1";高电平(≥+2.0V)为逻辑"0"。高、低电平的规定与标准TTL电平相容。

(6)数据传输方式

在GPIB接口系统中,数据传输方式可以分为字节串行、位并行、双向异步传输。

字节串行是指不同的字节需按一定的顺序一个接一个地放在数据线上串行传递。位并行是指组成一个数字或符号代码的8位同时放在8条数据线上并行传递。双向是指输入数据和输出数据都经由同一组数据线传递,异步是指系统中不采用统一的时钟同步控制数据传递,而是由发送数据与接收数据的仪器之间相互直接"挂钩"来控制数据传递。

(7)控制方式

在GPIB接口系统中,一般情况下只有一个控制器发送各种控制信号,进行数据处理。若一个系统中包含多个控制器,则在某一时间内只能有一个控制器起作用,其余必须处于空闲状态。

2.1.2 GPIB器件及接口功能

1. GPIB器件

采用GPIB总线互联的仪器、设备是多种多样的,它们有的很复杂,像计算机、网络分析仪等,有的很简单,如开关器、衰减器等。但从系统组建的角度出发,它们都是系统中的一个逻辑单元,仅是测试功能不同而已。为了简单和统一起见,把这些复杂程度和功能能力不同的、执行IEEE 488.2协议的各种设备统称为"GPIB器件"。简单来说,凡配备了GPIB接口的独立装置统称为器件。

在GPIB接口系统中,不同的器件承担不同的任务,行使不同的功能。按功能的不同,器件可分为3类。

(1)控者器件

控者器件是系统的指挥者,能够发布命令,对接口系统进行管理,具有控制整个系统协调工作的能力,如专用控制器、计算机等。

(2)讲者器件

讲者器件是通过接口发送各种数据和信息的设备,如数据采集卡、智能仪器仪表等。一个系统中可以有一个或几个讲者器件,但在任一时刻只能有一个讲者器件工作。

(3)听者器件

凡是能接收控者器件发出的命令或者接收讲者器件发出的测量数据的器件统称为听者器件,如打印机、绘图仪等。一个系统中可以有几个听者器件,且可以有一个以上的听者器件同时工作。

在GPIB接口系统中,器件的职能是由系统中的控制器来确定的。器件能否实施规定的职能,则决定于GPIB接口电路中是否配备了相应的功能电路。控者器件通过发送一系列接口命令和管理消息来控制整个系统的工作。例如,指定器件为讲者器件或听者器件,安排它们之间的数据交换，接收它们的服务请求等。

每个器件（包括计算机接口卡）都必须有一个地址，以便系统控者器件通过寻址方法指定哪些器件为讲者器件，哪些器件为听者器件。

2．GPIB 接口功能

测试仪器和设备种类繁多，性能各异，要把它们用接口总线连接起来，组成仪器系统并按统一步调和格式进行操作，就必须设置一套能满足各种器件和总线要求的接口功能。GPIB 标准接口定义了 10 种接口功能，每种器件可以选取 10 种接口功能中的全部或部分来配置其接口。这 10 种接口功能是：听功能、讲功能、控功能、源握手功能、受握手功能、服务请求功能、并行点名功能、远地/本地功能、触发功能和清除功能。

① 听功能：接收信号、数据。
② 讲功能：发送信号、数据。
③ 控功能：通过微处理器发布各种命令。
④ 源握手功能：为讲功能和控功能服务。
⑤ 受握手功能：为听功能服务。
⑥ 服务请求功能：当量程溢出、振荡器停止等意外故障发生时，主动向控者器件提出请求，以进行相应处理。
⑦ 并行点名功能：一次可以同时查询 8 个器件，因而执行速度快。
⑧ 远地/本地功能：选择远地或本地工作方式。
⑨ 触发功能：产生一个内部触发信号，以启动有关的仪器功能进行工作。
⑩ 清除功能：产生一个内部清除信号，使某仪器功能回到初始状态。

3．GPIB 消息

在 GPIB 接口系统中，在总线上传送的所有信息统称为消息。按用途和作用范围的不同，消息可分为接口消息和器件消息；按传送路径的不同，消息可分为远地消息和本地消息。如图 2.1 所示。

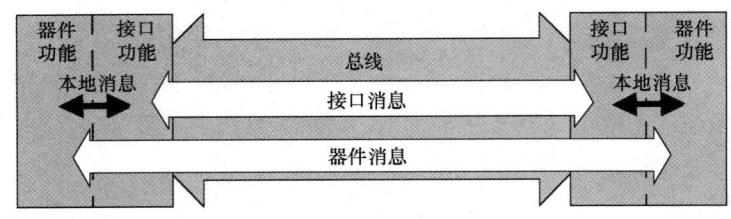

图 2.1　GPIB 消息的区分

接口消息是指用于管理接口系统的消息，它只能在接口功能与总线之间传递，并为接口功能所用，而不允许送到器件功能部分。器件消息在器件功能间传输，并由器件功能利用，它不改变接口功能的状态。接口消息和器件消息传递的范围不同。

远地消息是指经过 GPIB 总线传递的消息。它可以是接口消息，也可以是器件消息。本地消息是指一台仪器内部接口功能单元与仪器功能单元之间传递的消息。它仅在仪器设备内部传送，可以是测量、数据传递、数据处理等消息。

2.1.3 GPIB 总线结构

GPIB 总线是一条 24 芯的无源电缆线，其中 16 条为信号线，其余用作逻辑地或外屏蔽。16 条信号线按其功能可编排为 3 组独立的总线：双向 8 位数据总线（8 条）、数据挂钩联络总线（3 条）和接口管理控制总线（5 条）。GPIB 总线结构如图 2.2 所示。

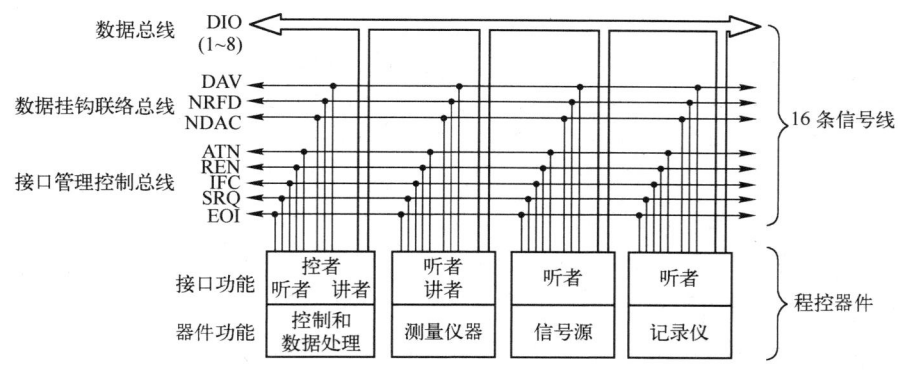

图 2.2 GPIB 总线结构

数据总线用来传送命令和数据，采用位并行、字节串行的方式进行传递。

数据挂钩联络总线用来传递挂钩消息。在一个仪器系统中，各器件传送数据的速率通常是不相同的。为了保证数据准确可靠地传送，在 GPIB 中使用 3 条数据挂钩联络总线利用三线挂钩技术实现不同速度的器件之间的数据传送。

接口管理控制总线用来传送管理消息，实现对 GPIB 接口的管理。

1．GPIB 总线的描述

（1）数据总线

数据总线由 DIO1～DIO8 组成，并行传送 8 位数据，DIO1 为最低位，DIO8 为最高位。数据总线用于传递接口消息和器件消息，包括数据、地址和命令，它是可以输入也可以输出的双向总线。

（2）数据挂钩联络总线

数据挂钩联络总线共有 3 条，分别是 DAV、NRFD 和 NDAC。GPIB 数据总线上消息的交换是按异步确认方式进行的，所以允许连接不同传输速率的设备，利用这 3 条线完成异步确认。

① DAV（Data Available）数据有效线

当 DIO 线上出现有效数据时，讲者置 DAV =1（低电平），示意听者从数据总线上接收数据；当 DAV=0 时，表示 DIO 线上即使有消息也是无效的。

② NRFD（Not Ready for Data）未准备好接收数据线

当 NRFD=1（低电平）时，表示系统中至少有一个听者未准备好接收数据；当 NRFD=0 时，表示全部听者均已做好接收数据的准备，示意讲者可以发出消息。

③ NDAC（Not Data Accept）未收到数据线

当 NDAC=1（低电平）时，表示系统中至少有一个听者未完成接收数据，讲者暂不要撤掉数据总线上的消息；当 NDAC=0 时，表示全部听者均已完成接收数据，讲者可以撤掉数据总线上的这一消息。

（3）接口管理控制总线

接口管理控制总线共 5 条，分别是 ATN、IFC、SRQ、REN 和 EOI，用来控制系统的有关状态。

① ATN（Attention）注意线

由控者使用，指明 DIO 线上的消息类型。当 ATN=1（低电平）时，规定 DIO 线上的消息为接口消息（如有关命令、设备地址等），此时其他设备只能接收。当 ATN=0（高电平）时，规定 DIO 线上的消息是由讲者发出的器件消息（如设备的控制命令、数据等），其他听者设备必须听。

② IFC（Interface Clear）接口清除线

由控者使用，将接口系统置为已知的初始状态（IFC=1，低电平），它可作为复位线。

③ REN（Remote Enable）远程允许线

由控者使用，当 REN=1（低电平）时，所有听者都处于远程控制状态，脱离由面板开关来控制设备的所谓"本地"状态（电源开关除外），即由外部通过接口总线来控制设备的功能；当 REN=0（高电平）时，仪器处于本地方式。

④ SRQ（Service Request）服务请求线

用来指出其设备需要控者服务。任何一个具有服务请求功能的仪器或设备，均可向控者发出 SRQ=1（低电平）信号，即向控者发出服务请求，要求控者对各种异常事件进行处理。控者接收后，通过点名查询，转入相应的服务程序。

⑤ EOI（End or Identify）结束或识别线

既可由讲者用来指示多字节数据传送的结束，又可由控者来响应 SRQ。该线与 ATN 线按以下方式配合使用：当 EOI=1，ATN=0 时，表示讲者已传递完一组字节的消息；当 EOI=1，ATN=1 时，表示控者执行并行点名识别操作。

2．GPIB 电缆及电缆插头

GPIB 总线设计了一种专用的电缆结构，它具有外屏蔽和外绝缘。国际标准 IEC 625 规定采用 25 芯电缆，IEEE 488 标准规定采用 24 芯电缆。IEEE 488 标准规定的 24 芯电缆和插头如图 2.3 所示。其中 8 条作为 DIO 线，另外 8 条作为数据挂钩联络总线和接口管理控制总线，剩余 8 条作为地线。IEEE 488 插头的连线位置见表 2.1。

表 2.1　IEEE 488 插头的连线位置

引脚	信号线	引脚	信号线	引脚	信号线	引脚	信号线
1	DIO1	7	NRFD	13	DIO5	19	NRFD 地
2	DIO2	8	NDAC	14	DIO6	20	NDAC 地
3	DIO3	9	IFC	15	DIO7	21	IFC 地
4	DIO4	10	SRQ	16	DIO8	22	SRQ 地
5	EOI	11	ATN	17	REN	23	ATN 地
6	DAV	12	屏蔽	18	DAV 地	24	逻辑地

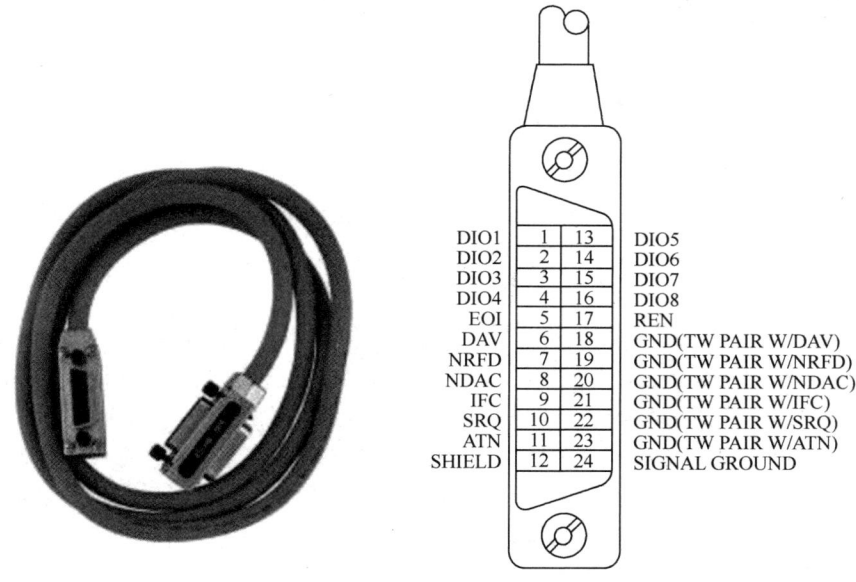

图 2.3 GPIB 电缆和插头

3. GPIB 三线挂钩原理

在 GPIB 接口系统中，每传递一个数据字节信息，不管是器件消息还是接口消息，源方（讲者与控者）与受方（听者）之间都要进行一次三线挂钩过程。图 2.4 所示为在一个讲者与数个听者之间传递数据的三线挂钩简单时序。

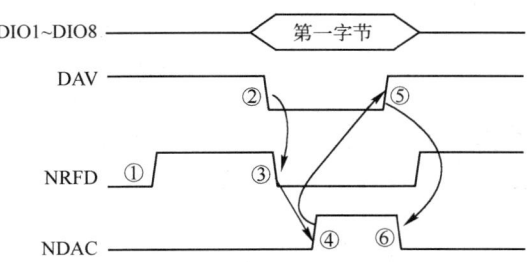

图 2.4 三线挂钩简单时序

假定地址已发送，听者和讲者均已受命，三线挂钩过程如下。

① 听者使 NRFD 呈高电平，表示已做好接收数据的准备。由于总线上所有的听者是"线或"连接至 NRFD 线上的，所以只要有一个听者未做好准备，NRFD 就呈低电平。

② 讲者发现 NRFD 呈高电平后，就把数据放在 DIO 线上，并令 DAV 为低电平，表示 DIO 线上的数据已经稳定且有效。

③ 听者发现 DAV 呈低电平后，就令 NRFD 也呈低电平，表示准备接收数据。

④ 在接收数据的过程中，NDAC 一直保持低电平，直至每个听者都接收完数据，才上升为高电平。所有听者也是"线或"接到 NDAC 线上的。

⑤ 当讲者检出 NDAC 为高电平后，就令 DAV 为高电平，表示总线上的数据不再有效。

⑥ 听者检出 DAV 为高电平,就令 NDAC 再次变为低电平,以准备进行下一个循环过程。
显然,三线挂钩技术可以协调快慢不同的设备可靠地在总线上进行信息传递。

4．地址

地址是一个器件的代号,分为听地址和讲地址。挂在总线上的每个设备都有自己的地址,以便控者对各设备发布命令。通常一个设备在某时刻是讲者,在另一时刻可能又是听者,所以一个设备必须既有讲地址,又有听地址。听地址和讲地址的编码格式为:

听地址：× 0 1 L5 L4 L3 L2 L1
讲地址：× 1 0 T5 T4 T3 T2 T1

在 1 字节的地址中,第 8 位不用,第 7、第 6 位表示哪种类型地址,"01"代表听地址,"10"代表讲地址。用第 5 位至第 1 位的编码来表示设备的具体地址,总计有 $2^5=32$ 个地址,其中前 31 个真正用作设备地址代码,而"11111"不能用作地址。

一旦各设备的地址确定后,控者就可以按照程序对设备进行寻址,在某一时刻指定某一设备为"讲"、某一个或几个设备为"听",这种工作由控者向总线发送讲地址和听地址来完成。为响应寻址,一般设备内部应设置地址识别电路。另外,设备的后面板上一般还设有地址开关,以便人工指定本设备的地址。

2.1.4 GPIB 仪器系统

典型的 GPIB 仪器系统由计算机、GPIB 接口卡和若干台 GPIB 设备通过标准 GPIB 电缆连接而成。从连接方式看,利用 GPIB 设备与计算机组成的仪器系统一般有串行连接、星形连接或者二者的组合 3 种连接方式,图 2.5 所示为前两种连接方式。

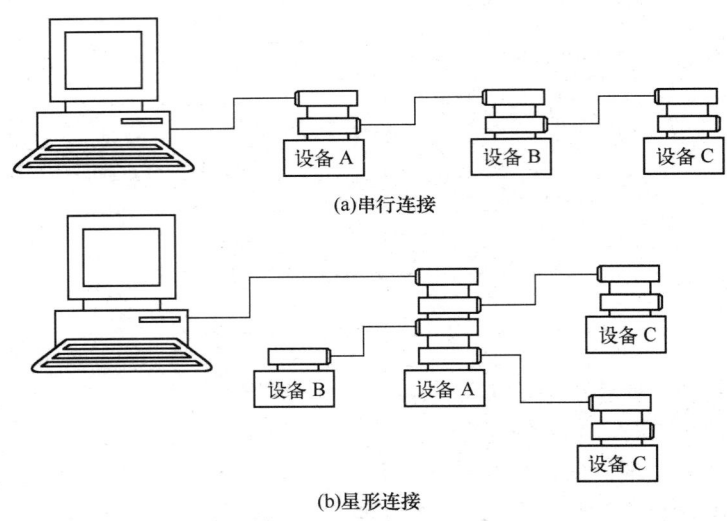

图 2.5 GPIB 仪器系统的连接方式

各设备的接口部分都装有 GPIB 电缆插座,系统内所有器件的同一信号线全部并接在一起。此外,GPIB 电缆的每一端都是一个组合式插头座(又称为 GPIB 连接口),可把一个插头和一个插座背靠背地叠装在一起,这样就可以在连接成系统时,把一个插头插在另一个插座之上,同时还留有插座供其他 GPIB 仪器使用。任何一个 GPIB 仪器,只要在它的 GPIB 插座上插上一条 GPIB 电缆,并把电缆的另一头插在系统中的任意一个插座上,这台仪器就被接入了仪器系统。一般情况下,系统中 GPIB 电缆的总长度不应超过 20m,过长的传输距离会使信噪比下降,电缆中的电抗性分布参数也会对信号的波形和传输质量产生不利的影响。

2.2 VXI 总线

VXI 总线是 VME(Versa Module Eurocard)总线在仪器领域的扩展。VXI 总线以其开放的系统结构、模块化的设计、紧凑的机械结构、良好的电磁兼容性,以及可靠性高、小型便携和灵活的通信能力等一系列优点满足了工业领域(尤其是军事领域)对测试与测量的需求。

VME 总线是美国 Motorola 公司在 1981 年开发成功的微型计算机总线,它是以 Versa 总线和 Eurocard(欧洲插板)的标准作为参考,针对 32 位微处理器 68000 而开发的。采用 VME 总线的微型计算机在工业控制领域得到应用,VME 总线被公认为性能良好的微型计算机总线。但 VME 总线不能完全满足仪器系统在电气、机械等性能方面的要求。为此,1987 年 4 月,美国 HP 等 6 家著名仪器公司求同存异,组成 VXI 总线联合体,提出基于 VME 总线来开发开放式、模块化仪器系统的总线标准,于 1987 年 7 月发布了 VXI 总线规范的第一个版本,它 1992 年被批准为 IEEE 1155—1992 标准。经过多年的发展,VXI 总线技术得到了长足的发展和应用,相关技术规范也得到了不断的补充和完善。

2.2.1 VXI 总线的特点

VXI 总线是在吸取了 VME 总线高速通信和 GPIB 总线易于组合的优点后产生的。基于 VXI 总线组建的仪器系统在结构及软/硬件开发技术等方面都采纳了新思想、新技术,其特点如下。

(1)模块化结构

VXI 总线系统是插入式模块结构,可方便地引用不同厂家的插入式模块仪器组成仪器系统,且更换模块灵活,特别适合于条件恶劣、需要经常更换仪器或部件的场合,如战争环境、车载、舰载设备和野外条件操作等。

(2)小型、便携

采用 VXI 总线的仪器系统对模块及主机箱的尺寸做了严格规定,并将 VXI 总线印制在主机箱背板的多层印刷电路板中,模块与背板上的 VXI 总线用确定的连接器连接,使系统在机械上与电气上相容。这样,系统内所有模块都牢固地插入一个或几个主机箱内,从而使系统有更紧密的整体性,容易做到小型、便携。用 VXI 总线组建的仪器系统,比用 GPIB 总线组建的系统占用的空间小。

(3)数据传输速率高

由于实时控制、实时处理任务对测试速度的要求越来越高,因而测试速度已成为一个至关重要的问题。GPIB 总线因其数据传输速率的上限通常只能达到 1MB/s,故往往不能满足高速测试的要求。而采用 VXI 总线的仪器系统,并行数据总线的数据传输速率可达 40MB/s,本地总线的数据传输速率可达 1GB/s,明显高于 GPIB 系统的数据传输速率。

（4）可靠性高，可维修性好

VXI 总线是在美国军方广泛应用的 VME 总线的基础上发展起来的，在总线的设计和标准制定中，充分考虑了系统的供电、冷却系统和电磁兼容性能以及底板上的信号传输延迟、同步等，对每项指标都有严格的标准，这就保证了 VXI 总线系统的高精度及运行的稳定性和可靠性。

（5）适应性、灵活性强

随着测试任务的日趋复杂，用户对测试系统的适应性和灵活性的要求越来越高。VXI 总线把标准化与灵活性和谐地统一起来，因此，它不仅像 GPIB 总线一样，可根据测试任务的要求，用不同厂家的模块仪器组成系统，而且所选用的模块除仪器外，还可以是 CPU、存储器、A/D 和 D/A 转换器等部件，从而使仪器的结构更开放，便于组成多 CPU 的分层式系统。VXI 总线系统有 4 种规格的机箱（A、B、C、D）和 4 种规格的模块（A、B、C、D）供用户选择，支持 8 位、16 位、24 位和 32 位的数据传输，方便灵活。

2.2.2 VXI 器件、模块与主机箱

采用 VXI 总线的测试系统最多可包含 256 个器件。一般情况下，一个器件就是一个模块，但也可以在一个模块上存在多个器件，或由多个模块组成一个器件。每台主机箱构成一个 VXI 子系统，多个子系统可组成一个大系统。在一个子系统内，电源和冷却散热装置为主机箱内的全部器件所公用，从而明显提高了资源利用率。VXI 系统的全部总线均集中在多层印刷电路板内，因而有着良好的电磁兼容性能。模块与 VXI 总线通过连接器连接。

1. VXI 器件

器件是 VXI 系统中最基本的逻辑单元。通常，一个器件占据一个 VXI 模块，但也允许在一个模块上实现多个器件或一个器件占据多个模块。在一个 VXI 系统中，最多可有 256 个器件，每个器件都有一个唯一的逻辑地址，逻辑地址的编号为 0~255。在 VXI 系统中，各个器件内部的可寻址单元是统一分配的，可用 16 位、24 位和 32 位三种不同的地址线统一寻址。所有逻辑地址在 16 位地址空间内都有一组设置在 64 字节中的寄存器，器件利用这 64 字节的可寻址单元与系统沟通信息。这 64 字节的空间就是器件基本的寄存器，其中包含每个 VXI 器件都必须具备的配置寄存器，系统可以通过 VXI 总线访问这些配置寄存器，以便识别器件的种类、型号、生产厂家、地址空间及存储器需求等。

器件根据其本身的性质、特点及支持的通信协议可以分为寄存器基器件、消息基器件、存储器器件和扩展器件 4 种类型。

（1）寄存器基器件

寄存器基器件是具有最基本能力的 VXI 总线器件，这类器件的特点是器件的通信是通过对它的寄存器进行读/写来实现的，如简单的开关、数字 I/O 接口卡等。这类器件本身一般不具有智能，不能控制其他器件，而只能受其他器件或系统控制，通常作为从者器件使用。但这种器件的硬件电路简单，易于实现，而且速度快，能充分体现 VXI 总线数据传输速率高的特点。

（2）消息基器件

消息基器件不但具有配置寄存器，同时还具有通信寄存器来支持复杂的通信协议。这种器件一般都是具有本地智能的较复杂器件，如计算机、资源管理器、各类有本地智能的测试

仪器、GPIB-VXI 接口等。

（3）存储器器件

存储器器件是包含一定的存储器特征的、类似寄存器基器件的 VXI 总线器件，如 RAM、ROM 等存储器卡都是存储器器件。这种器件的其他可寻址寄存器就是器件工作时使用的存储单元。这种器件一般由其他器件使用，而不能控制其他器件。

（4）扩展器件

扩展器件是为了 VXI 未来发展而定义的，它允许将来设计更新种类的器件、支持更高级的通信协议。

上述 4 种器件在 VXI 系统中担当的角色是基于一种器件分层关系进行分配的，即相互通信的两个器件，一个称为命令者，另一个称为从者。命令者是消息基器件，能控制一个或几个其他器件，被控器件就是该命令者的从者。命令者和从者是相对的，在多层次结构中，某些器件既可以是命令者，也可以是从者。由于 VXI 总线规范允许命令者/从者分层结构嵌套，所以一个消息基器件可能在本层是命令者，而在上层则是从者。命令者必须配置主模块功能，从者必须配置从模块功能。

2. VXI 模块

VXI 系统的最小物理单元是组件模块，它由带电子器件和连接器的组件板、前面板和任选的屏蔽壳组成。VXI 系统的每个模块都要符合一定的尺寸要求，且插入主机箱并接牢连接器才能工作。VXI 规定的模块尺寸共有 4 种，如图 2.6 所示。

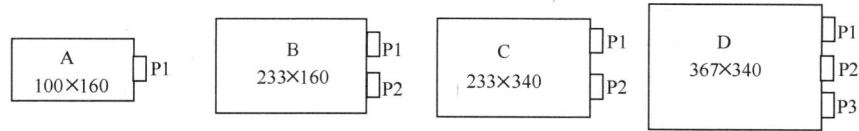

图 2.6　VXI 模块尺寸（单位：mm）

A 尺寸模块（高×长）为 100mm×160mm；
B 尺寸模块（高×长）为 233mm×160mm；
C 尺寸模块（高×长）为 233mm×340mm；
D 尺寸模块（高×长）为 367mm×340mm。

A、B 尺寸模块是 VME 总线规范所规定的模块，厚度为 20mm，C 和 D 尺寸模块是 VXI 总线新增加的，厚度为 30mm，但均允许扩展若干整数倍。

各种尺寸模块所用的连接器（又称接插件）如图 2.7 所示。其中，P1 连接器是各种尺寸模块都必需的连接器，也是 VXI 总线和 VME 总线都不可少的。B、C 尺寸模块除 P1 外还可使用 P2 连接器。D 尺寸模块除 P1 外，还可使用 P2 与 P3 连接器。每个连接器都是 96 插脚的 DIN 接插件，该接插件均为三列，每列 32 个插脚。

A 和 B 尺寸模块在体积和价格上有明显的优势，特别适合功能相对简单的模块；由于尺寸限制，实现模块屏蔽比较困难。D 尺寸模块体积最大，适合用于对定时要求特别严格、触发要求高速等应用场合。C 尺寸模块可满足绝大多数高性能模块化仪器的要求，能兼顾体积、成本、性能和产品屏蔽等因素，目前应用最为普遍。VXI 模块的外形如图 2.8 所示。

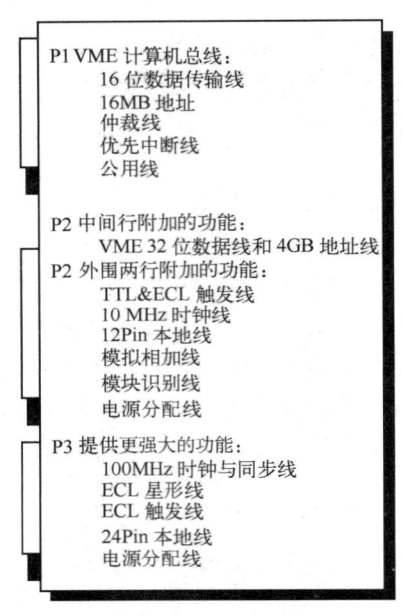
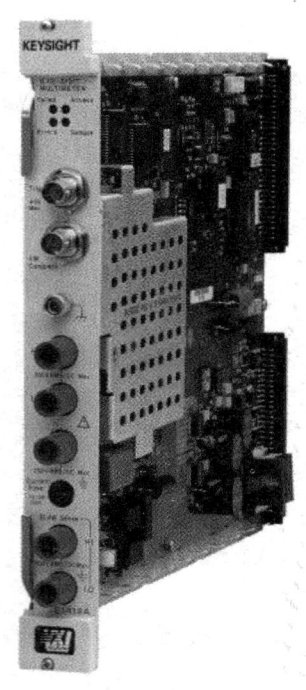

图 2.7 VXI 模块用连接器　　　　　　图 2.8 VXI 模块的外形

3．VXI 主机箱

VXI 模块的机械载体是主机箱。与模块尺寸类型相适应，主机箱也有 A、B、C、D 四种尺寸可选择。大尺寸的主机箱通常也允许插入小尺寸的模块。模块的互联载体是主机箱的背板，背板与模块之间通过总线连接器连接。VXI 标准主机箱如图 2.9 所示，模块从前面垂直插入，模块上的元件面朝右。VXI 规定：一个主机箱最多有 13 个槽位（0～12），其中 0 号槽比较特殊，位于机箱的最左边或底部。一个模块一般占一个槽位，但 VXI 系统也允许设计和使用占多个槽位的"厚"模块。

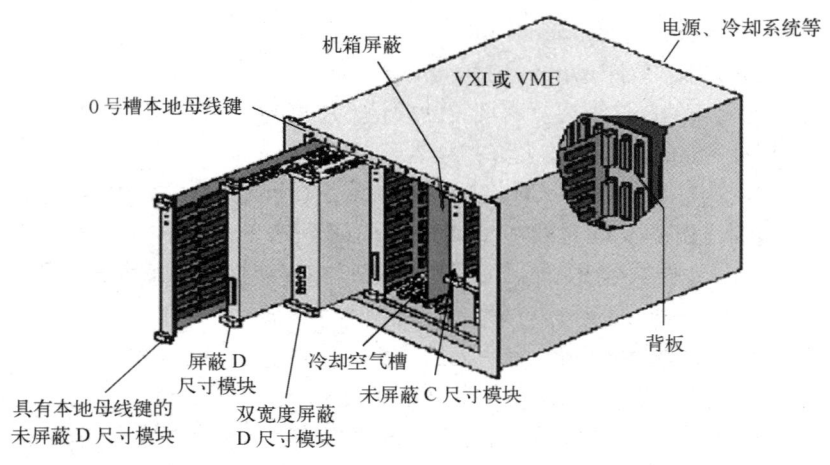

图 2.9 VXI 标准主机箱

VXI 的全部总线都印制在主机箱的背板上，并通过 3 个 96 芯的 J 型连接器 J1、J2、J3 与各模块连接，模块上的连接器对应为 P1、P2、P3。96 芯连接器分成 A、B、C 三列，每列 32 个引脚。如果机箱连接器竖放，那么从插座正面看，A 列位于左边，C 列位于右边。

VXI 主机箱不仅提供背板，而且还需提供冷却、通风设备及满足模块仪器工作要求的公用电源等。

2.2.3 VXI 总线组成及功能

1. VXI 总线组成

在 VXI 总线系统中，各种命令、数据、地址和其他消息都是通过总线传递的，了解总线的构成是进一步掌握 VXI 总线系统的一个重要基础。VXI 总线系统的各种总线都被印制在主机箱的多层背板上，通过 P1/J1、P2/J2、P3/J3（"P"表示插头 Plug，"J"表示插座 Jack）连接器与各模块相连接。P/J 型连接器是 96 芯连接器。

因为 VXI 总线是 VME 总线在仪器领域的扩展，所以 VXI 总线实际上是在 VME 总线的基础上扩展了一些适应仪器系统所需的总线而构成的。

VXI 总线的结构如图 2.10 所示。从功能上划分，VXI 总线定义的信号线可以分为 7 类：VME 总线、模块识别线、时钟和同步线、触发总线、相加总线、本地总线和电源线（图中未画出）。

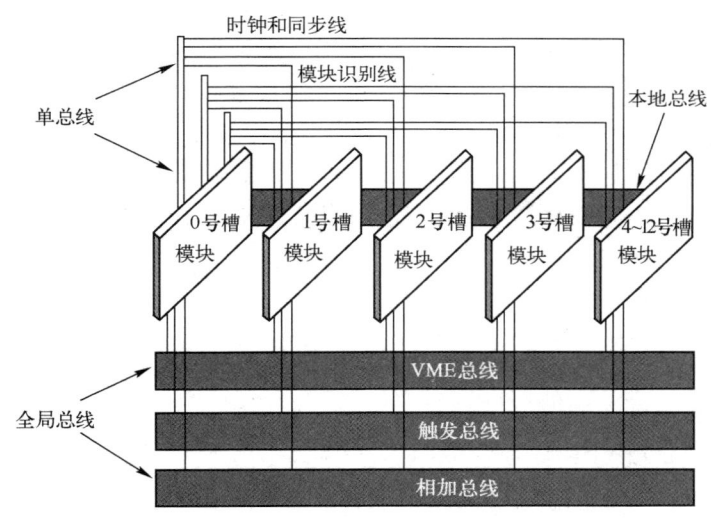

图 2.10 VXI 总线的结构

除 VME 总线外，其余总线均可认为是 VME 总线的扩展，由此可以将 VXI 总线分为 VME 总线和 VME 总线扩展的总线部分。VME 总线被安排在 P1/J1 连接器和 P2/J2 连接器的 B 列。VXI 总线系统中除保留 VME 总线的定义外，还定义了一些面向仪器应用的信号线，这些信号线被安排在 P2/J2 连接器的 A、C 列及 P3/J3 连接器上，包括模块识别线、时钟和同步线、触发总线、相加总线、本地总线和电源线。

2. VXI 总线功能

VXI 总线是模块间信号的载体，各种命令、数据、地址和其他消息都通过总线进行传递。

（1）VME 总线

VME 总线是构成 VXI 总线的基础，它包含数据传输总线（Data Transfer Bus，DTB）、DTB 仲裁总线（DTB Arbitration Bus）、优先中断总线（Priority Interrupt Bus）和公用总线（Utility Bus）。

① 数据传输总线（DTB）

数据传输总线用于传输数据。在 VME 总线系统中，DTB 主要用于在 CPU 板的主模块和从属于它的存储器板及 I/O 板上的从模块之间传递消息，也可用于在中断模块与中断管理模块之间传递状态和识别消息。数据传输总线按功能可分为地址线、数据线和控制线 3 组。

地址线：包括地址线 A01～A31、地址修改线 AM0～AM5、数据选通线 DS0*～DS1*、长字线 LWORD*。

数据线：有 32 根，为 D00～D31。

控制线：包括地址选通线 AS*、数据选通线 DS0*～DS1*、总线错误线 BERR*、数据传输应答线 DTACK*、读/写信号线 WRITE*。

在主、从模块交换数据时，地址线由主模块驱动以进行寻址，根据利用的地址线数目不同，地址可以是短地址（寻址 64KB）、标准地址（寻址 64MB）和扩展地址（寻址 4GB），地址线的数目由地址修改线 AM0～AM5 规定。数据线 D00～D31 用来传输 1～4 字节数据。主模块由数据选通线 DS0*～DS1*、长字线 LWORD*和地址线 A01 配合指定不同的数据传输周期类型。数据传输总线是异步进行的，主模块用地址选通线 AS*和数据选通线 DS0*～DS1*向从模块发出控制，而从模块用数据传输应答线 DACK*来响应。

② DTB 仲裁总线

VME 总线支持多处理器的分布式系统，即在一个 VME 系统中，允许多个具有主模块功能的模块存在，仲裁总线用来解决多个主模块争夺 DTB 总线使用权的问题，防止总线冲突。DTB 仲裁总线包括下列信号线：

- 总线请求线 BR0*～BR3*；
- 总线允许输入线 BG0IN*～BG3IN*；
- 总线允许输出线 BG0OUT*～BG3OUT*；
- 总线忙线 BBSY*；
- 总线清除线 BCLR*。

DTB 仲裁总线通过总线允许输入线和总线允许输出线构成菊花链式仲裁。

③ 优先中断总线

优先中断总线用于 VME 总线系统的中断器和中断处理器之间进行中断请求及中断认可，前者是提出中断请求的器件，后者是管理和处理中断的器件。各 CPU 之间通过 DTB、DTB 仲裁总线和优先中断总线建立通信路径。

VME 总线系统最多可以有 7 级中断，优先中断总线包括：

- 中断请求线 IRQ1*～IRQ7*；
- 中断应答线 IACK*；
- 中断应答输入线 IACKIN*；
- 中断应答输出线 IACKOUT*。

④ 公用总线

VME 公用总线为系统提供时钟、系统初始化及故障检测等功能。它包括如下信号线：
- 系统时钟线 SYSCLK；
- 序列时钟线 SERCLK；
- 序列数据线 SERDAT*；
- 交流故障线 ACFAIL*；
- 系统复位线 SYSRESET*；
- 系统故障线 SYSFAIL*。

SYSCLK 提供一个占空比为 50%的 16MHz 的时间基准。SERCLK 和 SERDAT*用于实现扩展的串行数据传输。ACFAIL*反映交流电源是否出现故障，SYSRESET*用于控制整个系统进行复位，两者都由电源监视器进行监测和控制。系统开机和复位时都需要经过自检，其结果由 SYSFAIL*给出。此外，在系统运行过程中，如果模块出现异常，也可使用 SYSFAIL*报告故障。

除上述 4 种总线外，VME 总线还提供了电源线、地线和保留线。

（2）VXI 扩展的信号线

为满足高速、高性能仪器组件模块的需要，VXI 在保留 VME 系统的数据传输总线（DTB）、DTB 仲裁总线、优先中断总线和公用总线的基础上，新定义了一些面向仪器应用的信号线。这些信号线位于 P2 和 P3 连接器上，包括模块识别线、时钟和同步线、触发总线、相加总线、本地总线和电源线。

① 模块识别线 MODID

MODID 线用来检测特定位置上的模块是否存在，或者识别一个特定器件的物理槽位。这些线（MODID00～MODID12）源于 VXI 系统的 0 号槽模块，分别接至 1～12 槽（的 MODID），连接形式如图 2.11 所示。0 号槽自己的识别线就是 MODID00。

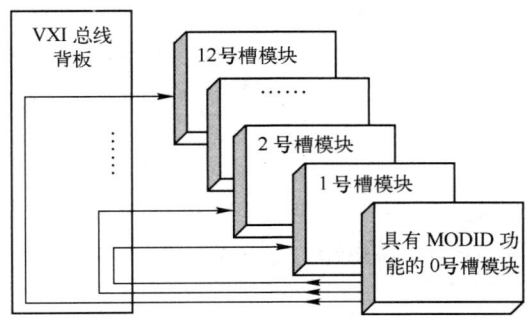

图 2.11　MODID 线的连接

MODID 线的用途有：
- 检查各插槽中模块是否存在，包括已有故障的模块；
- 识别一个特定器件的物理位置（插槽号）；
- 用指示灯或其他方法指出模块的实际物理位置；
- 检测 0 号槽模块的位置是否正确。

② 时钟和同步线

时钟和同步线包括一个 10MHz 的系统时钟 CLK10、一个与 CLK10 同步的 100MHz 时钟 CLK100 和一个与 CLK100 上升沿同步的同步时钟 SYN100。SYN100 主要用于多个器件之间准确的时间配合，执行群触发功能。

CLK10 和 CLK100、SYN100 都源于 0 号槽模块，分别分布于 P2 和 P3 连接器上。它们都采用单一连接方式，并且在背板上为各槽信号提供单独的 ECL 差分驱动。这些信号都有较高的性能，如频率准确度高于 0.01%、CLK10 的绝对时延小于 8ns、100MHz 信号的插入时延小于 2ns 等。

③ 触发总线

为了适应仪器的触发、定时和消息传递的要求，VXI 系统增加了 3 种触发线：TTL、ECL 和星形触发线。

8 条 TTL 触发线 TTLTRG0*～TTLTRG7*分布在 P2 连接器上，采用总线连接方式、集电极开路、负逻辑、TTL 电平相容。包括 0 号槽在内的任何模块都可驱动这些线，它是一组通用触发线，可用于模块间的触发，时钟、挂钩和逻辑状态的传送。为适应各种信息传输需要，VXI 定义了同步触发、半同步触发、异步触发、启/停触发 4 种标准定时协议。数据传输速率最高可达 12.5Mb/s。

6 条 ECL 触发线 ECLTRG0～ECLTRG5 分布在 P2 和 P3 连接器上，主要作为模块高速定时资源。其连接方式、标准定时协议和用途均与 TTL 触发线相似，只不过它为正逻辑、ECL 电平相容，要求信号线阻抗终端负载严格按 50Ω 设计。

星形触发线 STARX 和 STARY 分布在 P3 连接器上，用于模块间的异步通信。星形触发线在 0 号槽和 1～12 号槽之间按星形方式连接，0 号槽模块可以通过一个交叉矩阵开关，控制 STARX 和 STARY 所连接的实际信号通路，也可以把从一条星形触发线上接收的信号广播到一组星形触发线上去。星形触发线是双向的，采用 ECL 差分驱动和接收。

④ 相加总线

相加总线 SUMBUS 是 VXI 系统背板上的一条模拟相加线。该线通过一个 50Ω 的电阻接地，任何模块都可利用模拟电流源驱动该线，也可以借助高输入阻抗接收器（如模拟放大器）从该线接收信号。

⑤ 本地总线

本地总线 LBUS 采用菊花链路连接，分布在 P2 和 P3 连接器上。它由相邻安装的模块确定，用于两者之间的高速通信。P2 连接器上的 LBUS 数据传输速率可高达 250MB/s，而 P3 连接器上的 LBUS 数据传输速率可达 1GB/s。使用这些本地总线，可省去两个模块间经过前面板的跳接电缆。本地总线可以支持 TTL、ECL、模拟低、模拟中、模拟高 5 种电平信号通信。VXI 系统规定模块必须设置机械锁定键，指示该模块在两边可以非破坏性地接收或驱动本地总线的信号种类。

⑥ 电源线

VXI 总线系统的电源可为每个仪器模块提供的最高功率为 268W，通过 VXI 背板总线可以提供 7 种不同电压：+5V、±12V、±24V、-5.2V、-2V。其中+5V、±12V 是 VME 标准规定的，±24V 是为模拟电路设计的，-5.2V 和-2V 是为高速 ECL 电路设计的。对于更大的功率要求或特殊的电源，也可通过仪器模块的前面板直接由外部供给。

2.2.4 VXI 总线的通信协议

1. VXI 总线通信协议模型

VXI 总线系统的通信协议分若干层次，由器件的不同硬件和软件提供支持，执行不同层次的通信控制规程，如图 2.12 所示。

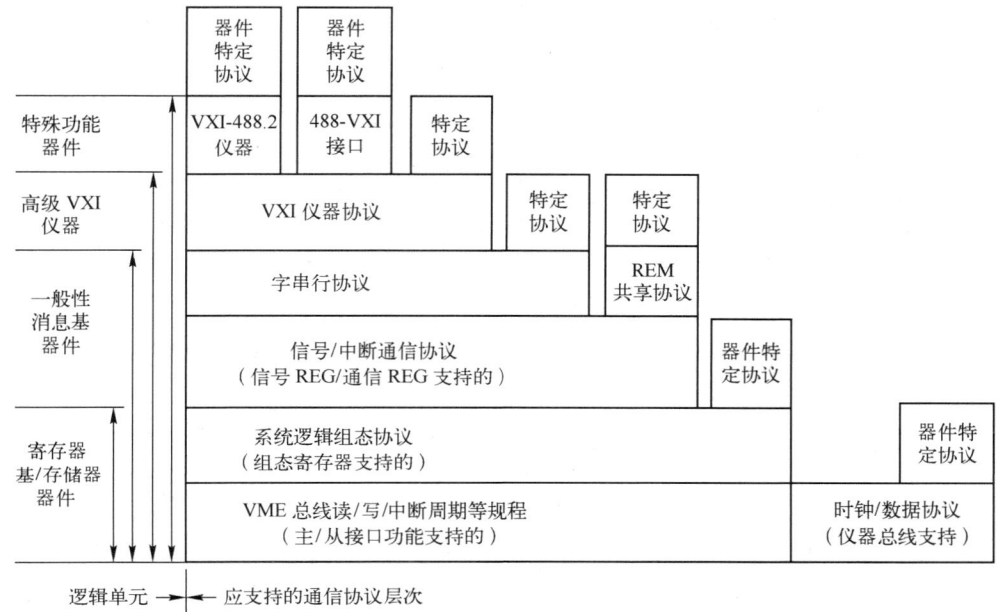

图 2.12　VXI 总线通信协议模型

VME 总线的读/写/中断周期等规程是 VXI 总线低层的通信协议。如果一个器件还支持在此之上的系统逻辑组态协议，即按 VXI 规范配置组态寄存器，那么它就是 VXI 器件。寄存器基器件和存储器器件就是仅具有这种通信能力的器件。

中断通信协议是指从者具有请求中断周期，向其命令者传送状态/识别字（STATUS/ID），表明它出于何原因请求中断；信号通信协议是指从者可以通过直接写命令者的响应寄存器（而不是用中断方式）向命令者报告响应/事件信息。信号/中断通信协议仍属于 VME 总线周期之列，只是具有命令者可编程特性，是消息基器件可选择支持的通信协议。

受通信寄存器支持的字串行协议才是消息基器件必须执行的、命令者/从者器件间通信应该遵守的标准通信规程。字串行协议用于命令者向它的消息基从者传送 ASCII 命令或数据，这就允许用户用 ASCII 编码写命令程序，像控制 GPIB 仪器一样控制 VXI 器件。采用字串行协议控制消息基器件编程方便，但数据传输速率低。

REM 共享协议为消息基器件提供了更强的通信能力。这种通信协议允许两个非命令者/从者关系的、在同一种水平上的器件通过存储器块进行双向通信，其特点是速度快、吞吐量更大。

VXI 总线规范要求所有消息基器件都必须支持字串行通信协议。但为适应自动测试系统的需要，还要求器件执行某些公共的测试操作命令。为此，VXI 总线定义了"VXI 仪器"，并制定了相应的 VXI 仪器通信协议。在此基础上又派生出某些特殊的器件，如 VXI-488.2 仪器、488-VXI 接口等，这些器件还执行某些特定的协议。

以上通信协议是器件以 VME 的数据传输总线为媒介进行信息传输的控制协议。除此之外，VXI 总线系统还允许器件利用高性能、高速仪器信号线进行信息传输，因此定义了相应的时钟、触发、数据、状态传输协议。

还有一种器件特定协议，它是由器件设计者定义或采纳的、与仪器操作命令相关的编码、句法和语义规程，如 IEEE 488.2 或 GB/T17563—1998、SCPI 等，主要描述程控仪器软件环境方面的内容。

2．VXI 总线通信协议

VXI 总线中参与通信的单元包括寄存器基从者、消息基从者和消息基命令者。

寄存器基从者是指寄存器基器件的通信单元。这类器件的通信协议在 VXI 标准中没有定义，即寄存器基从者不支持 VXI 总线的任何通信协议。控制寄存器基器件的协议完全取决于器件。这类器件的设计者可随意规定寄存器间的配合和正常操作所需的控制协议。

消息基从者通常具有独立执行复杂命令的能力，并可控制分层仪器系统中的其他器件。消息基命令者是消息基器件对其他器件进行控制的接口。消息基从者和命令者都使用 VXI 总线消息基的器件协议进行通信。

命令者和从者之间进行通信的协议，涉及从者的协议寄存器、响应寄存器和数据寄存器。最简单的通信是使用数据寄存器和响应寄存器，以字串行方式传送数据。所有消息基器件都能执行这种协议，字串行协议是为消息基器件定义的最基本的通信方式，在硬件和软件的实现上很简单，而且还能为完成系统任务提供所需的通信能力。

（1）字串行协议

字串行协议是串行地从一个固定地址向另一个固定地址传送数据的通信协议，它是基于全双工 UART（通用异步接收器/发送器）的一种通用方式，每个操作都用双向数据寄存器和一个响应寄存器来实现。数据寄存器为全双工的，其读与写是完全独立的，每次写入的数据被解释为一个命令，除非事先已规定为数据。在连续写入时，命令可以包括嵌入的数据或被要求发送的数据，这样的命令/数据序列通常不允许中断。数据传送过程由响应寄存器中的状态位来协调。状态位表明写数据寄存器是否为空，以及读数据寄存器是否为满。只有当响应寄存器中 WRDY 位为 1 时，数据才能被写入写数据寄存器中。当数据已放在写数据寄存器中时，WRDY 位清 0，直至数据被从者接收。只有当响应寄存器中 RRDY 位置 1 时，有效数据才能从读数据寄存器中读出。当数据已从读数据寄存器中读出时，RRDY 位清 0，直至从者将另一个数据放入读数据寄存器中。

字串行通信有 3 种方式：字串行传输（16 位）、长字串行传输（32 位）、扩展长字串行传输（48 位）。其中，长字串行传输和扩展长字串行传输协议的支持是可选的，任何一种数据传输协议都可以随意地与其他两种协议混合使用。

① 字串行传输

字串行传输是所有消息基器件均具备的最基本的数据传输协议，其数据通道宽度为 16 位。数据是由对数据低寄存器的读或写来进行传输的。在默认情况下，所有的写操作都被解释为命令，每次传输都改变响应寄存器的 RRDY 或 WRDY 位的状态。

② 长字串行传输

长字串行传输是通过读/写数据高寄存器、数据低寄存器来传送数据的，其数据通道宽度为 32 位。在默认情况下，所有的写操作都被解释为命令，每次长字串行传输都改变响应寄存器的 RRDY 或 WRDY 位的状态。

③ 扩展长字串行传输

扩展长字串行传输是数据通道宽度为 48 位的只写协议，通过对数据低寄存器、数据高寄存器和数据扩展寄存器的写来进行数据传输。在默认情况下，所有的写操作都被解释为命令，每次扩展长字串行传输都改变响应寄存器的 WRDY 位的状态。

（2）快速握手传输

字串行协议可以使用两种握手方式来传送数据，即正常传送方式和快速握手方式。

正常传送方式是用从者响应寄存器的 RRDY 位和 WRDY 位来使数据同步传送，而快速握手方式则用从者的数据传输应答线 DTACK* 和总线错误线 BERR* 来保证适当的同步。在这种方式下，从者在每次 VME 总线传送中等待读或写准备好条件，最多可持续 20μs。在这段时间内，相应准备好条件为真，则从者置 DTACK* 线有效，完成这次数据传送；否则从者置 BERR* 线有效，指出总线错误。

基于消息的从者即使处于快速握手方式时，也可支持正常传送方式。从者用其协议寄存器的"快速握手"位来表示对快速握手方式的支持，用响应寄存器中的 FHSAC（快速握手作用）位来表示快速握手当前的状态。

从者可通过清零 FHSAC 位来启动快速握手方式。在数据传送过程中，若从者不能在 20μs 内完成快速握手传送，则它需置 BERR* 线有效来终止这种传送。这时，从者可将 FHSAC 位置 1，以正常传送方式传送数据，直至读/写准备好后，再恢复快速握手传送。

（3）字节传输协议

字节传输协议是在命令者与其从者之间传输 8 位数据的协议，它使用"字节有效"和"字节请求"命令实现数据传送，具体方法如下。

① "字节有效"命令

命令者利用"字节有效"命令向从者发送 1 字节的数据，格式如下：

D15	D14	D13	D12	D11	D10	D9	D8	D7～D0
1	0	1	1	1	1	0	END	数据字节

其中，D15～D9 为命令标识，内容固定；D7～D0 是命令者向从者发送的数据字节；D8 用来传送 END 消息，为 1 时表示这次发送的字节是字节串的最后 1 字节，为 0 说明还有字节要发送。

② "字节请求"命令

命令者可用"字节请求"命令从其从者处取回 1 字节数据。"字节请求"命令是一个固定的 16 位命令，其编码为 DEEFH，写入从者的数据低寄存器，要求从者在其数据低寄存器返回一个数据字节，格式如下：

D15	D14	D13	D12	D11	D10	D9	D8	D7～D0
1	1	1	1	1	1	1	END	数据字节

其中，D15～D9 均为 1；D7～D0 为从者发给命令者的数据字节；D8 用来传送 END 消息，为 1 时表示这是从者发送的最后 1 字节，为 0 说明还有字节要发送。

在这种用命令直接传送数据字节的方式中，数据的流动由从者响应寄存器中的 DIR 位和 DOR 位来控制。当 DIR 位为 1 时，说明从者已准备好输入数据，能接收"字节有效"命令；当 DOR 位为 1 时，说明从者已准备好输出数据，能接收"字节请求"命令；当 DOR 位或 DIR 位为 0 时，命令者不能向其发送"字节请求"或"字节有效"命令。

2.2.5 VXI 总线系统资源

VXI 总线规范规定，系统公用资源器件用于系统资源管理。第一个公用资源器件是 0 号槽器件，它在物理连接层向系统提供公用资源（如系统时钟、模块识别线）；第二个公用资源器件称为资源管理器，它提供系统的逻辑组态和管理服务。

1. 0 号槽器件

0 号槽器件向 VXI 总线系统的 1～12 号槽提供公用资源，其逻辑组成和主要功能可归纳为以下几点：

① 系统时钟功能模块，提供 VXI 总线的 SYSCLK（16MHz）、CLK10、CLK100 和 SYN100 时钟和同步信号。

② 星形触发线 STARX 和 STARY 程控组合矩阵。

③ 系统复位等管理模块，提供和处理 SYSRESET*、ACFAIL*和 SYSFAIL*信号。

④ 模块识别功能模块，驱动和接收 MODID00～MODID12 线。

0 号槽器件首先应具有相应的 VXI 总线器件的配置能力，在逻辑上识别 0 号槽器件的依据是：

① 器件型号寄存器中的生产厂家卡识别码必须在 0～255 之内，非 0 号槽或丧失 0 号槽功能器件必须取在 0～255 之外。

② 0 号槽器件必须插在 0 号槽位上，逻辑地址通常也为 0。

0 号槽器件可以是寄存器基器件或消息基器件，其功能也可以由高级的资源管理器提供（而且通常都是如此）。对于 0 号槽寄存器基器件和消息基器件，资源管理器实现"器件识别"的方法略有不同。0 号槽寄存器基器件定义了一个 MODID 寄存器，通过读/写该寄存器操作 MODID 线。0 号槽消息基器件则通过支持"读 MODID""置 MODID 低""置 MODID 高"命令，完成 MODID 线操作。

2. 资源管理器

资源管理器是提供总线系统组态和管理服务的 VXI 器件。一个资源管理器必须是具有命令者能力的消息基器件，其逻辑地址为 0，通常也提供 0 号槽服务。资源管理器按其组态能力可分为静态资源管理器和动态资源管理器。所谓动态和静态，主要指是否支持器件动态逻辑地址组态。

静态资源管理器为系统提供 6 种组态服务功能，通常在系统上电时执行。

① 识别系统中所有的 VXI 总线器件。当 0 号槽器件释放 SYSRESET*之后，等待所有器件释放自检信号 SYSFAIL*，或者等待 4.9s 后，在已定义的 256 个配置寄存器地址范围内，读出每个地址的状态寄存器，如果成功，则相应的器件存在；若发生总线错误，则该器件不存在。

② 管理系统自测试和诊断序列。等待系统各 VXI 总线器件完成初始化、自检过程。器件成功通过自检的标志是释放 SYSFAIL*线和置状态寄存器的"准备好"位为 1、"通过"位为 1。

如果个别器件没有通过自检，即系统 SYSFAIL*线没释放、"通过"位为 0，则资源管理器可把"1"写入其控制寄存器的"复位"位或"SYSFAIL 禁止"位，强迫器件进入软复位状态，或直接释放 SYSFAIL*线。

③ 配置系统的 A24 和 A32 地址空间。读器件 ID 寄存器，确定器件操作寄存器寻址方式和器件类别。读器件型号寄存器，确定器件所需的存储器单元数 m。根据上述信息，计算出特定器件 A24/A32 空间操作寄存器基地址偏移量。把基地址偏移量写入器件偏移寄存器的高（m+1）位，并在控制寄存器"A24/A32 使能"位写"1"。

④ 配置系统的命令者/从者层级。资源管理器必须能在整个系统范围内建立起通信分层结构，该结构是一个或多个倒树的形式，一个器件既可以是命令者，也可以是从者，但顶层的命令者只拥有从者。命令者对其直接从者的通信寄存器和控制寄存器享有专用控制权。资源管理器建立分层结构的方法为：首先，检查每个消息基器件的协议寄存器的"命令者"位，找出所有的命令者器件；然后，使用"读从者区域"命令，读出每个命令者的从者区域大小，并决定命令者/从者层次；最后，使用"选中器件"命令，给命令者分配从者。

⑤ 分配 VME 总线的 IRQ 线。资源管理器负责为系统中各中断处理器和中断分配 IRQ 线。每条 IRQ 线仅分配给一个中断处理器，但可分配给几个中断。

⑥ 启动正常系统操作。完成上述过程之后，资源管理器可以提供一些系统相关的启动服务。资源管理器向所有顶层的命令者发送"开始正常操作"命令。顶层命令者收到该命令后，也向它的消息基从者器件发送同样的命令。依次类推，该命令从命令者到从者一级级往下传，直到所有消息基器件都收到。至此系统开机过程结束，进入实时运行状态。

2.2.6 VXI 仪器系统

VXI 总线系统结构允许不同厂家生产的各种仪器、接口插板或计算机以模块形式共存于同一 VXI 总线主机箱中。VXI 总线没有规定特定的系统层次或拓扑结构，也没有规定系统中所使用的 CPU 的类型、操作系统及主计算机的接口，但还是推荐了 VXI 仪器系统的几种典型结构，如图 2.13 所示。VXI 仪器系统的典型结构有单 CPU 系统、多 CPU 系统、独立系统和分层式仪器系统等。

（1）单 CPU 系统

所有仪器模块都由一个 CPU 模块集中控制（含 VXI 总线运行和仪器操作）。

（2）多 CPU 系统

多 CPU 系统是分布式多 CPU 系统，每个仪器模块的 CPU 仅接受主计算机接口控制。

（3）独立系统

主机箱内含主计算机，可看成是独立的 VXI 总线测试系统，其他仪器模块可以是多 CPU 系统，也可以是单 CPU 系统。

（4）分层式仪器系统

分层式仪器系统也是多 CPU 系统，每个并行 CPU 在接受主计算机控制的同时，各自又都控制若干仪器模块。

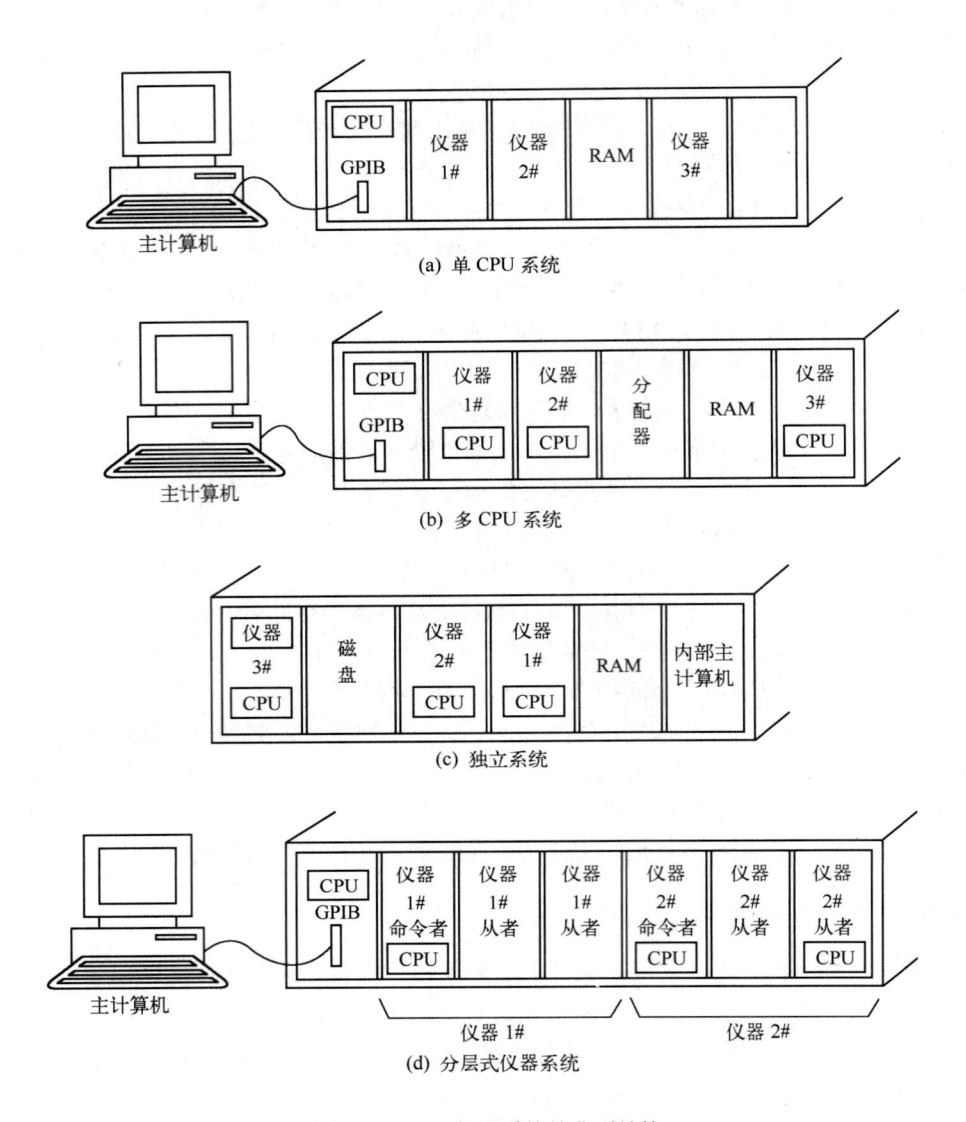

图 2.13 VXI 仪器系统的典型结构

2.3 PXI 总线

  PXI 总线是 PCI 总线在仪器领域的扩展，是与 VXI 总线并行的另一种模块化仪器总线标准。它由 PXI 联盟在 1997 年制定，将 CompactPCI（坚固 PCI）规范定义的 PCI 总线技术发展成适合于试验、测量与数据采集场合应用的机械、电气和软件规范，从而产生了新的虚拟仪器体系结构。制定 PXI 规范的目的是将通用 PC 的性价比优势应用到模块化仪器领域，形成一种高性价比的虚拟仪器测试平台。

2.3.1 PXI 总线的特点

PXI 总线系统的构成与 VXI 系统有相似之处,由总线、模块和机箱构成,如图 2.14 所示。PXI 总线的主要特点有:

① 高速 PCI 总线结构,数据传输速率可达 132MB/s(33MHz、32 位总线)和 528MB/s(66MHz、64 位总线),与 PCI 完全互操作。

② 模块化仪器结构,具有标准的系统电源、集中冷却和电磁兼容性能。

③ 具有 10MHz 系统参考时钟、触发线和本地线。

④ 具有"即插即用"仪器驱动程序。

⑤ 具有价格低、易于集成、灵活性较好和工业标准开放等优点。

⑥ 标准系统提供 8 槽机箱结构,多机箱可通过 PCI-PCI 接口桥接。

⑦ 具有兼容 GPIB 和 VXI 系统的 GPIB 接口和 MXI(Multisystem eXtensions Interface)接口。

⑧ 具有内嵌式控制器和通过 MXI-3 接口扩展的外接 PC 控制器两种系统控制方式。

图 2.14 PXI 总线系统示意图

2.3.2 PXI 总线规范

PXI 总线规范涵盖了三大方面的内容:机械规范、电气规范和软件规范,如图 2.15 所示。

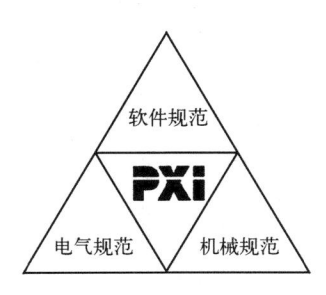

图 2.15 PXI 总线规范涵盖的内容

PXI 总线规范的体系结构如图 2.16 所示。

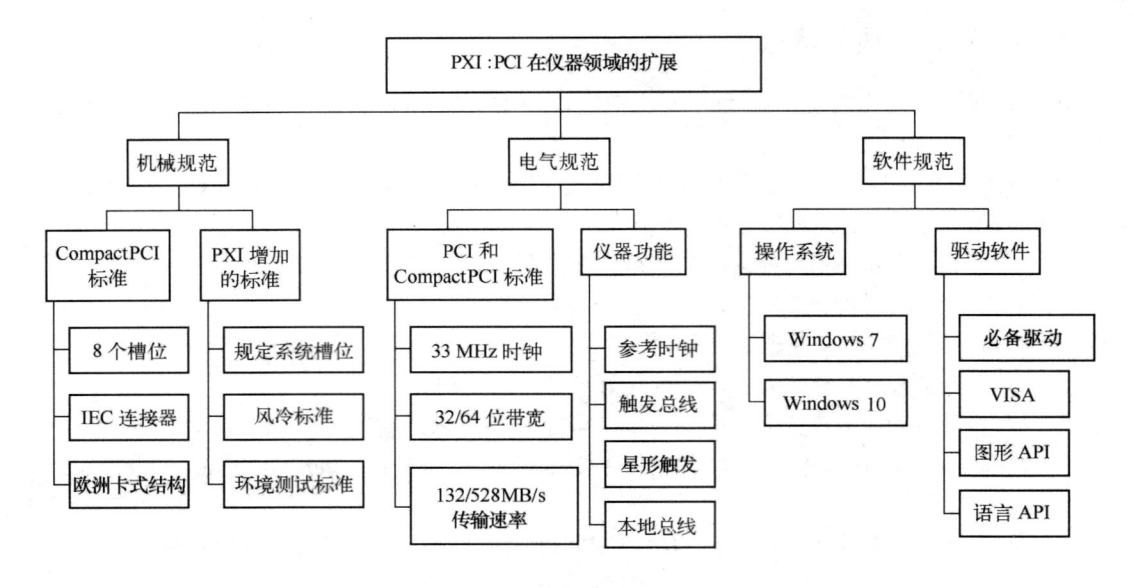

图 2.16 PXI 总线规范的体系结构

1. PXI 机械规范

PXI 总线系统除支持 CompactPCI 机械特性外，为了更易于系统集成，另外增加了一些其他机械特性，包括系统槽的位置、控制器的互换性、PXI 的标志、环境测试、制冷、接地和电磁兼容（EMI）的指导方针等。

（1）模块尺寸与连接器

PXI 支持 3U 和 6U 两种尺寸的模块（1U=44.45mm），分别与 VXI 总线的 A 尺寸和 B 尺寸模块相同，如图 2.17 所示。3U 模块的尺寸为 100mm×160mm，模块后部有两个连接器 J1 和 J2。连接器 J1 提供 32 位 PCI 局部总线定义的信号线，连接器 J2 提供用于 64 位 PCI 传输和实现 PXI 电气特性的信号线。6U 模块的尺寸为 233.35mm×160mm，除具有 J1 和 J2 连接器外，还增加了可以在未来对 PXI 进行特性扩展的 J3、J4 和 J5 连接器。

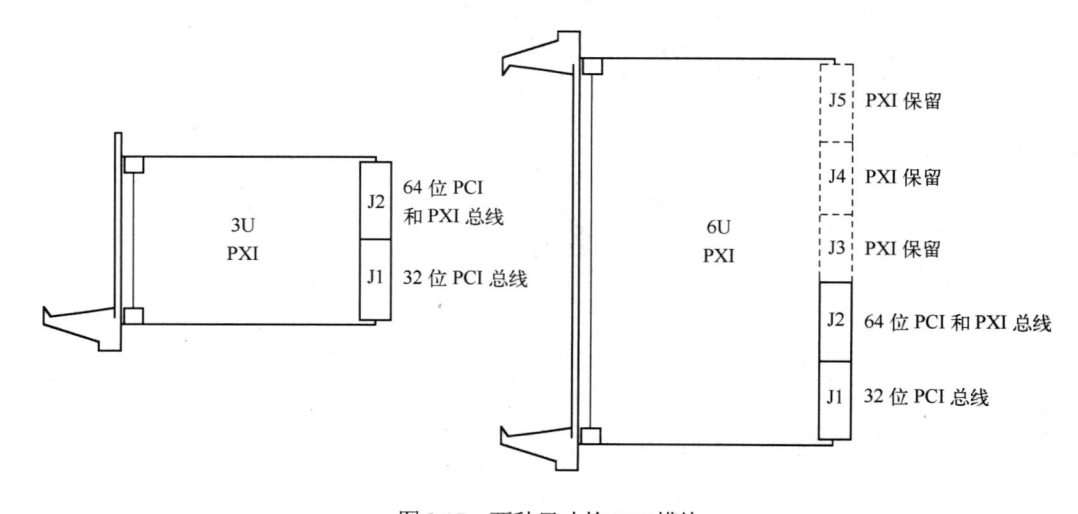

图 2.17 两种尺寸的 PXI 模块

PXI 使用与 CompactPCI 相同的高密度、屏蔽性、针孔式连接器，连接器引脚间距为 2mm，符合 IEC 1076 国际标准。

CompactPCI 规范（PICMG2.0 R3.0）中定义的所有机械规范均适用于 PXI 3U 和 6U 模块。

（2）机箱与系统槽

一个 PXI 总线系统由一个机箱构成，机箱带有背板总线，并提供系统控制器模块与外围模块连接的方法。一个典型的 PXI 系统示意图如图 2.18 所示。

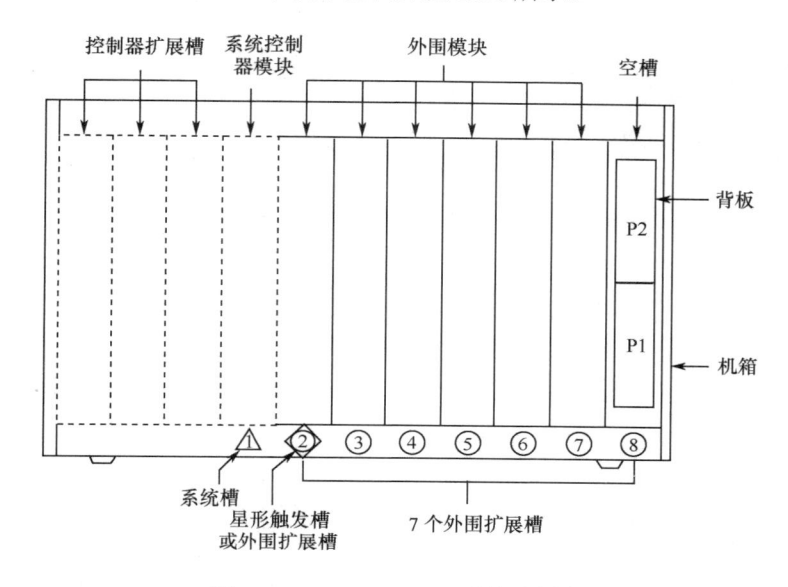

图 2.18　33MHz 3U PXI 系统示意图

每个机箱都有一个系统槽和一个或多个外围扩展槽。星形触发控制器是可选模块，如果使用该模块，应将其置于系统控制模块的右侧；如果不使用该模块，其槽位可用于外围模块。3U 尺寸模块的 PXI 背板上有两个连接器 P1 和 P2，与 3U 模块的 J1 和 J2 连接器相对应。一个单总线段的 33MHz PXI 系统最多可以有 7 个外围模块，66MHz PXI 系统则最多可以有 4 个外围模块。使用 PCI-PCI 桥接器能够增加总线段的数目，为系统扩展更多的插槽。

CompactPCI 规范允许系统槽位于背板的任意位置，而在 PXI 总线系统中，系统槽的位置被定义在一个 PCI 总线段的最左端，这就简化了系统集成的复杂性，提高了 PXI 控制器与机箱之间的兼容程度。此外，PXI 规范规定：如果系统控制器需要占用多个插槽，它只能以固定槽宽（一个插槽宽度为 20.32mm）向系统槽的左侧扩展，从而避免了系统控制器占用其他外围模块的槽位。控制器扩展槽没有连接器与背板相连，不能用于插接外围扩展模块。

PXI 与 CompactPCI 的兼容性使两者保持了较好的互操作性，用户可以在 PXI 机箱中使用 CompactPCI 模块，或者在 CompactPCI 机箱中使用 PXI 模块。

（3）PXI 商标和兼容性标志

PXI 商标如图 2.19 所示，各 PXI 产品生产商都可以向 PXI 联盟申请商标的使用授权，成为 PXI 联盟成员，在所生产的 PXI 模块前面板或插拔手柄上印制 PXI 产品商标，表明该产品完全符合 PXI 规范要求。PXI 商标可以替代 CompactPCI 标志。另外，一个产品可以同时带有 CompactPCI 和 PXI 标志。

PXI 机箱必须清楚地给每个插槽标明唯一的标号，而且标号是叠放在特定的兼容性标志上的，如图 2.18 所示。系统槽的兼容性标志为正三角形，外围扩展槽的标志为圆形，星形触发槽的标志为旋转 45°的正方形，如图 2.20 所示。因为星形触发槽同时可以支持标准的外围模块，故外围扩展槽的标志与星形触发槽的标志可一起使用。

一个机箱可以拥有多个总线段，多个 PCI 总线段机箱和底板采用总线段的分隔符将每个总线段分隔开，如图 2.21 所示。

图 2.19　PXI 商标　　　　图 2.20　星形触发槽标志　　　　图 2.21　PCI 总线段分隔符

（4）环境测试

PXI 机箱、系统控制器和外围模块均应进行储藏温度和工作温度指标测试，并推荐进行湿度、振动和冲击测试。PXI 规范推荐所有环境测试按照 IEC 60068 规范描述的过程进行，测试结果应随产品一起提供给最终用户。如果生产商选择按照其他标准进行环境测试，也应将相应的测试过程文档提供给最终用户。

（5）冷却规范

PXI 模块在机箱中应有一个如图 2.22 所示的从底到顶的合适的气流通路。生产商应在产品文档中标明模块的正常使用功率。机箱在设计时要考虑为每个模块提供如图 2.22 所示的冷却通路，机箱的说明书中应注明机箱能提供的最大消耗功率及插槽允许消耗的最大功率，并在文档中注明进行功率测试的具体过程。

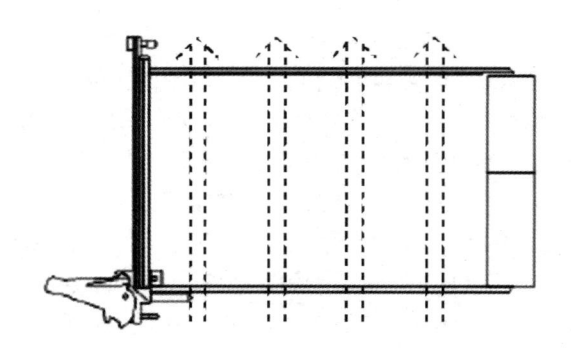

图 2.22　PXI 系统模块冷却气流图

（6）机箱与模块的接地和 EMI

PXI 机箱应留有能实现机箱地与大地直接（低阻）相接的端子。建议 PXI 模块使用 PICMG2.0 R3.0 规范中描述的带金属护套的连接器，以实现 EMI/RFI 防护的功能。按照 IEEE 1101.10 规范的要求，金属护套应通过低阻路径与模块的前面板实现电气连接。尽量不要将 PXI 模块电路板上的逻辑地与机箱地相连。

2. PXI 电气规范

PXI 总线规范是在 PCI 规范的基础上发展而来的,具有 PCI 的性能和特点,包括 32 位/64 位数据传输能力,以及分别高达 132MB/s 和 528MB/s 的数据传输速率,还支持 3.3V 系统和即插即用。PXI 在保持 PCI 总线所有优点的前提下,还增加了专门的系统参考时钟、总线型触发线、星形触发线、参考时钟和本地线,单个 PXI 机箱的仪器模块插槽达到 7 个,比 PC 多提供了 3 个模块插槽。PXI 总线的电气性能如图 2.23 所示。

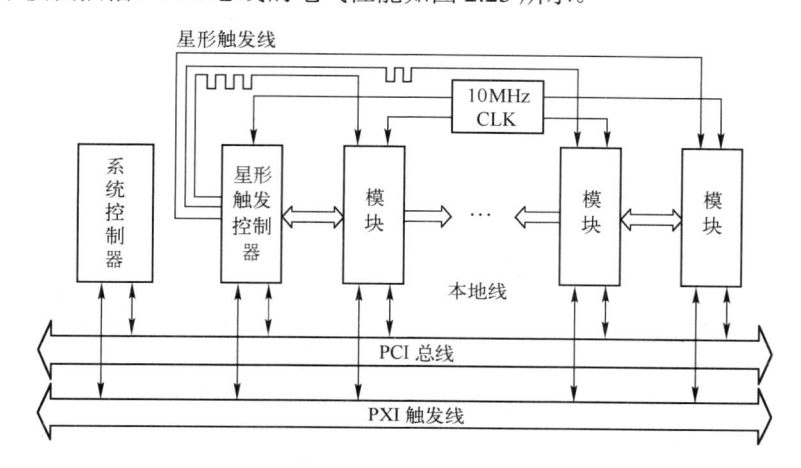

图 2.23 PXI 总线的电气性能

PXI 电气规范描述了 PXI 系统中各种信号的特征及时限要求,规定了 PXI 连接器的引脚定义、机箱电源规范和 6U 尺寸的实现规范等。

(1) PXI 总线的信号线

PXI 总线的信号可以分为两类:一类是直接从 CompactPCI 系统中映射过来的信号,包括 32 位总线模式映射于 P1/J1 连接器的信号和 64 位模式映射于 P2/J2 连接器的信号;另一类是在标准 PCI 总线的基础上增加的仪器专用信号线。仪器专用信号线包括总线型触发线、星形触发线、参考时钟和本地线,以满足仪器用户对高级定时、同步和边带通信的需要。

① 参考时钟(10MHz Reference Clock)

PXI 总线规范定义了将 10MHz 参考时钟(PXI_CLK10)分布到系统中所有模块的方法。该参考时钟可用作同一测量或控制系统中的多卡同步信号。PXI 严格定义了背板总线上的参考时钟,而且参考时钟具有的低时延性能使各个触发总线的时钟边缘更适合于支持复杂的触发协议。

② 总线型触发线(PXI Trigger Bus)

PXI 有 8 条总线型触发线 PXI_TRIG[0:7],利用触发线可以实现无法由 PXI_CLK10 得到的可变频率时钟信号。

使用总线型触发线的方法可以是多种多样的。例如,通过触发线可以同步几个不同 PXI 模块上的同一操作,或者通过一个 PXI 模块控制同一系统中其他模块上一系列动作的时间顺序。为了准确地响应正在被监控的外部异步事件,可以将触发从一个模块传给另一个模块。所需触发线数量随事件的数量与复杂程度的变化而变化。

③ 星形触发线（Star Trigger）

PXI 星形触发线为 PXI 总线系统用户提供了超高性能的同步功能。星形触发线是在紧邻系统槽的第一个仪器模块槽与其他 6 个仪器模块槽之间各配置了一根唯一确定的触发线形成的。在星形触发专用槽中插入一个星形触发控制模块，就可以给其他仪器模块提供非常精确的触发信号。当然，如果系统不需要这种超高精度的触发，也可以在该槽中安装其他仪器模块。

需要注意的是，当需要向触发控制器报告其他槽的状态或报告其他槽对触发控制信号的响应情况时，就要使用星形触发方式。PXI 系统的星形触发结构具有两个突出的优点：一是确保系统中的每个模块有一根唯一确定的触发线，对大型系统来说，这就避免了在一根触发线上组合多个模块功能或者人为地限制触发时间；二是每个模块中的单个触发点所具有的低时延连接性能，保证了系统中每个模块间非常精确的触发关系。

④ 本地线（Local Bus）

PXI 定义了与 VXI 总线相似的菊花链或本地线，这是一种具有多种用途的用户定义线，用于相邻模块间传送信号。本地线有 13 根信号线，可用来传送模块间的模拟信号或提供不影响 PXI 带宽的高速边带数据传输。对多数插槽来说，本地线的功能是用户定义的。另外，在 PXI 总线规范中还规定，本地线信号的范围可从高速 TTL 信号直至高达 42V 的模拟信号。本地线的配置是由初始化软件实现的，初始化软件根据各个模块的配置信息来使能本地线，禁止类型不兼容的本地线同时使用。

（2）6U 尺寸的实现

6U 尺寸的模块用于需要更多电路板空间的系统及未来需要通过 J3 和 J4 连接器实现功能扩展的系统中。PXI 规范中规定，6U 外围模块只实现 J1 和 J2 连接器上的功能，不应使用 J3、J4 和 J5 连接器，而留待 PXI 规范的未来版本使用。

（3）采用 PCI-PCI 桥接技术实现扩展

使用标准的 PCI-PCI 桥接技术能够将 PXI 系统扩展为多个总线段。双总线段星形触发线结构如图 2.24 所示。

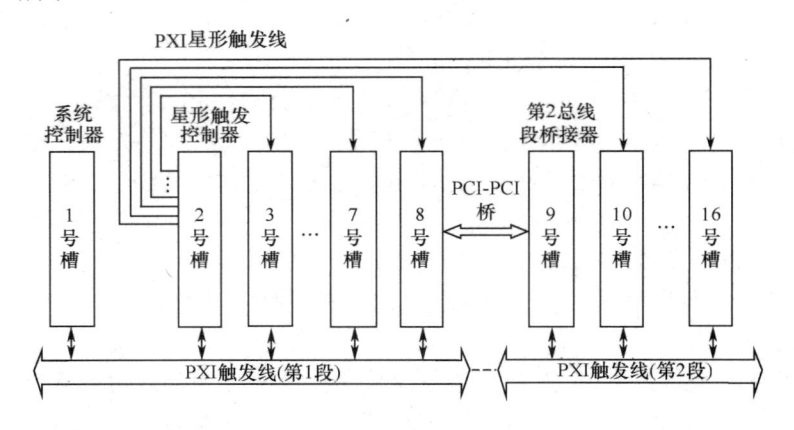

图 2.24 双总线段星形触发线结构

在两个总线段的 PXI 系统中，桥接器位于第 8 和第 9 号槽位上，连接两个 PCI 总线段。双总线段的 33MHz PXI 系统能够提供 13 个外围扩展槽，计算公式如下：

(2个总线段)×(8个槽/总线段)-(1个系统槽)-(2个PCI-PCI桥插槽)=13个外围扩展槽

同样，三总线的PXI系统能够提供19个外围扩展槽。

在进行系统扩展时，PXI不允许在两个总线段之间直接将触发线进行物理连接，以免降低触发线的性能。建议采用缓冲器的方式实现多总线段PXI系统间的逻辑连接。

星形触发控制器至多提供对双总线段13个外围模块的访问能力，不提供对更多总线段的支持。

（4）机箱电源规范

PXI机箱电源应按照表2.2和表2.3所示的规范进行设计。

表2.2　5V机箱电源电流规范

电流	5V		3.3V		+12V	-12V
	系统槽	外围槽	系统槽	外围槽	所有槽	所有槽
需要值	4A	2A	6A	0A	0.5A	0.1A
推荐值	6A	2A	6A	0A	0.5A	0.1A

表2.3　3.3V机箱电源电流规范

电流	5V		3.3V		+12V	-12V
	系统槽	外围槽	系统槽	外围槽	所有槽	所有槽
需要值	0.5A	0.5A	6A	3A	0.5A	0.1A
推荐值	6A	2A	6A	3A	0.5A	0.1A

PXI模块生产商需在产品文档中给出各模块所需的电源电流指标。单一的系统控制器模块或外围扩展模块不能从任一电源引脚吸入或向任一地引脚返回大于1A的电流。

3．PXI软件规范

像其他总线标准体系一样，PXI定义了保证多生产商产品互操作性的仪器段（硬件）接口标准。与其他规范所不同的是，PXI在总线级电气要求的基础上还增加了相应的软件要求，以进一步简化系统集成。这些要求包括支持标准操作系统框架、支持VXI即插即用系统联盟定义的VPP规范和VISA规范、生产商需提供外围模块的相应驱动程序等。

PXI总线规范提出了PXI系统使用的软件框架，包括Windows 7、Windows 10等。无论在哪种框架中运行的PXI总线控制器，都应支持当前流行的操作系统，而且必须支持未来的更新换代。这种要求的好处是控制器能支持最流行的工业开发环境，诸如NI的LabVIEW与LabWindows/CVI，Microsoft的VC、VB等。

PXI规范要求所有模块提供在合适框架运行的驱动程序，还要求生产商而不是用户开发驱动程序，因而减轻了用户的负担。

与VXI系统相似，PXI总线系统也提供VISA软件标准，作为配置与控制GPIB、VXI、串行与PXI总线仪器的手段。VISA提供PXI至VXI机箱与仪器或分立式GPIB与串行仪器的连接。VISA是用户确立配置与控制PXI模块的标准手段。

PXI总线规范还规定了仪器模块和机箱生产商必须提供用于定义系统能力和配置情况的初始化文件等。初始化文件所提供的信息是正确配置系统必不可少的。例如，通过这种机制，可以确定相邻仪器模块是否具有兼容的本地线。要是丢失任何信息，本地线将无法操作和利用。

2.3.3 PXI 仪器系统

与 VXI 系统类似，一个典型的 PXI 系统一般由 PXI 机箱、PXI 控制器和若干 PXI 模块构成。

1．PXI 机箱

PXI 机箱主要由总线背板、仪器插槽、冷却系统、壳体组成，有 3U 和 6U 两种尺寸。机箱为系统提供了坚固的模块化封装结构。按尺寸不同，机箱有 4 槽到 18 槽不等，并且还可以有一些专门特性，如 DC 电源和集成式信号调理。根据外形和配置方式分类，机箱有便携式、台式和机架式等。PXI 机箱如图 2.25 所示。

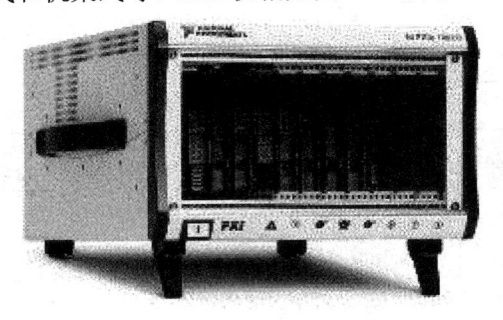

图 2.25　PXI 机箱

2．PXI 控制器

PXI 控制器有嵌入式和外置式两种形式。

（1）嵌入式控制器

嵌入式控制器提供了丰富的标准和扩展接口，如串行接口、并行接口、USB 接口、鼠标接口、键盘接口、以太网接口及 GPIB 接口等。丰富的接口最直接的好处就是节省仪器扩展槽的使用，最大程度上在 PXI 机箱内插入更多的仪器模块。PXI 规定系统槽位于总线最左端，主控机只能向左扩展其自身的扩展槽，不能向右扩展而占用仪器模块插槽。嵌入式控制器必须放在系统槽内。

嵌入式控制器如图 2.26 所示，其优点是结构紧凑，易于维护。多数嵌入式控制器为 6U 尺寸，部分为 3U 尺寸，占用 1～4 个槽位，通常内置硬盘、显示器接口和其他一些外围接口，CPU 为 Pentium 处理器级别。

（2）外置式控制器

外置式控制器采用外置 PC 结合总线扩展器的方式实现系统控制。通常需要在 PC 扩展槽中插入一块 MXI-3 接口卡，然后通过铜缆或光缆与 PXI 机箱 1 号槽中的 MXI-3 模块相连。MXI-3 是 NI 公司提出的一种基于 PCI-PCI 桥接器规范的多机箱扩展协议，它将 PCI 总线以全速形式进行扩展，外置 PC 中的 CPU 可以透明地配置和控制 PXI 模块。MXI-3 模块通常为 3U 尺寸。

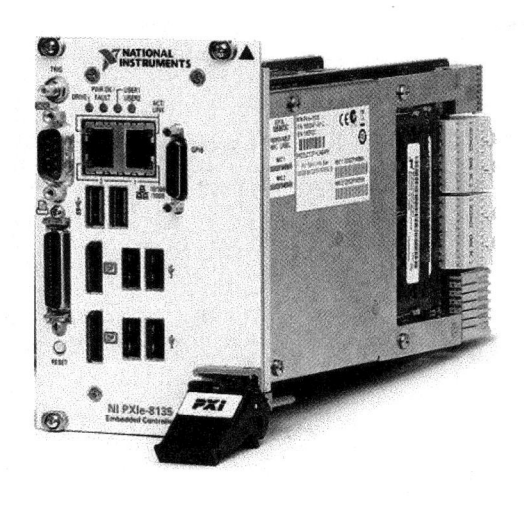

图 2.26 PXI 嵌入式控制器

MXI-3 接口可实现两条 PCI 总线的桥接，达到 1.5Gbit/s 的串行连接速度，具有软件和硬件的透明性，独立于操作系统平台，可以工作在 Windows 等操作系统中。从物理连接特性来看，MXI-3 外置式控制器有两种配置方式：直接 PC 控制和 PXI 多机箱控制。

① 直接 PC 控制

直接 PC 控制如图 2.27 所示。在外部主控 PC 扩展槽内插入 MXI-3 接口卡，通过线缆与 PXI 机箱系统槽上的 MXI-3 模块连接。在这种方式下，随着 PC 的升级换代，非常有利于 PXI 控制器的升级。

图 2.27 直接 PC 控制（带 MXI-3 接口的外置式 PC 控制器）

② PXI 多机箱控制

PXI 多机箱控制如图 2.28 所示。在主机箱内有两个 MXI-3 模块，其中，第一个 MXI-3 模块安装在主机箱的系统槽上，用来实现 PC 的直接控制；而另一个 MXI-3 模块安装在任意一个仪器槽内，用来实现 PXI 机箱的级联。连接电缆可以是铜缆，也可以是光缆。采用铜缆时，连接距离限制在 10m 以内；采用光缆时，最远连接距离可达 200m；可根据应用场合灵活选用。值得注意的是，MXI-3 接口仅扩展了 PCI 总线，而不能扩展 PXI 的时钟和触发信号。

这种配置方式的优点是可以充分利用先进的 PC 技术且系统的成本低。

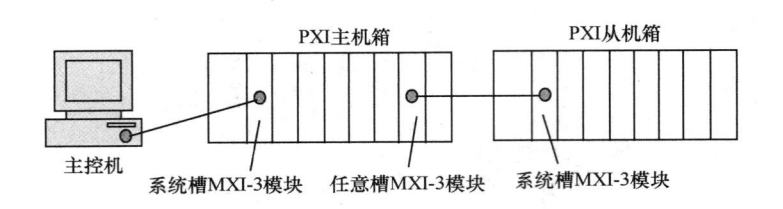

图 2.28　PXI 多机箱控制

3．PXI 模块

自从 PXI 总线成为开放的工业标准以来，各公司生产的 PXI 模块已有数百种。

（1）PXI 接口模块

PXI 接口模块包括各种与其他仪器总线接口模块（如 GPIB、RS-232/RS-485、VXI 等）、军用接口模块（如 MIL-STD-1553 和 ARINC-429 等）及通信接口模块（如 CAN、Ethernet、光纤、PCMCIA 等）。

（2）PXI 模拟仪器模块

PXI 模拟仪器模块主要有数字多用表、计数器、任意波形发生器、函数发生器、模数转换器、数模转换器、数字化仪、程控功率源等。

（3）PXI 数字仪器模块

PXI 数字仪器模块有数字 I/O 模块、光电隔离数字 I/O 模块等。

（4）PXI 开关模块

开关模块是实现测试自动化的重要部件，PXI 开关模块主要有扫描器、开关矩阵、复用器和独立继电器等。

（5）特种 PXI 模块

在常用模块的基础上，很多公司还推出了一些满足特殊应用场合需求的 PXI 模块，如单色和彩色图像采集模块、边界扫描模块、运动控制器、协议分析仪、视频信号发生器等。

PXI 模块的结构如图 2.29 所示。

图 2.29　PXI 模块的结构

2.4 LXI 总线

从美国 HP 公司在 1972 年提出 GPIB 总线以来，测试仪器的发展经历了 GPIB 总线、VXI 总线和 PXI 总线等多种形式。采用这些总线技术组建的测试系统被广泛地使用。但是不管采用哪种技术的自动测试系统都存在不足。例如，GPIB 系统的体积大，质量轻，数据传输速率低，且要用 GPIB 卡和电缆来实现程控，成本较高；VXI 系统虽然有较小的体积和较轻的质量，通道数也很多，但是它必须采用 VXI 机箱、0 号槽控制器及 IEEE 1394-PCI 接口卡才可实现程控，构建系统的成本比较高；PXI 系统虽然比 VXI 系统的体积小，质量轻，成本也低，但其功能覆盖面有限，通道数和电磁兼容性都比 VXI 系统差。另外，GPIB、VXI、PXI 自身也无法构建分布式测试系统。

为了更好地研发自动测试系统，Agilent 公司和 VXI 公司于 2005 年 9 月联合推出了基于局域网（LAN）的新一代模块化平台标准 LXI（LAN eXtensions for Instrumentation）。LXI 基于著名的工业标准以太网（Ethernet）技术，扩展了仪器需要的语言、命令、协议等内容，构成了一种适用于自动测试系统的新一代模块化仪器平台标准。

2.4.1 LXI 仪器的特点和优势

LXI 是以太网技术在测试自动化领域应用的拓展，其总线规范融合了 GPIB 仪器的高性能、VXI/PXI 插卡式仪器的紧凑灵活和以太网的高速吞吐率，而且比以往测试系统的解决方案更紧凑、更快速、更廉价，也更持久。相对于其他的测试总线仪器，LXI 仪器有以下特点。

（1）开放式工业标准

LAN 和 AC 电源具有工业界最稳定和生命周期最长的开放式工业标准，由于其开发成本低廉，各厂商很容易将现有的仪器产品移植到基于 LAN 仪器平台上来。

（2）向后兼容性

因为基于 LAN 的 LXI 模块只占 1/2 标准机柜宽度，所以体积上比可扩展式（VXI、PXI）仪器更小。同时，升级现有的自动测试系统不需重新配置，并允许扩展为大型插卡式（VXI、PXI）仪器系统。

（3）成本低廉

在满足军用和民用客户要求的同时，LXI 仪器保存现有台式仪器的核心技术，结合最新科技，保证其成本低于相应的台式仪器和 VXI/PXI 仪器。

（4）互操作性

作为合成仪器（Synthetic Instrument），LXI 仪器可以高效且灵活地组合成面向目标服务的各种测试单元，从而彻底减小自动测试系统的体积，提高系统的机动性和灵活性。

（5）及时方便地引入新技术

由于各 LXI 模块具有完备的 I/O 定义文档，所以模块和系统的升级仅需要核实新技术是否涵盖了其替代产品的全部功能。

因此，与传统的插卡式仪器相比，LXI 仪器具有以下优势：
① 集成更为方便，不需要专用的机箱和 0 号槽计算机。
② 可以利用网络界面精心操作，不需要编程和其他虚拟面板。
③ 连接和使用更为方便，可以利用通用的软件进行系统编程。
④ 非常容易实现校准计量和故障诊断。
⑤ 灵活性强，可以作为系统仪器，也可以单独使用。

另外，由于 LXI 仪器本身配备有处理器、LAN 连接器、电源供应器和触发输入接口，所以它不像模块化卡槽那样必须使用昂贵的电源供应器、背板、控制器及 MXI 插卡和接线。

2.4.2 LXI 总线规范

LXI 总线规范由 LXI 联盟制定，其目的是开发基于 LAN 的标准仪器和相关的外围器件。LXI 总线规范包含 6 个主要方面，即物理要求、LXI 仪器的同步和触发、LXI 模块间的数据通信、驱动程序接口、LXI 的 LAN 规范、网络接口。LXI 总线规范最具挑战性的是模块仪器的同步、定时，网络结构和软件互用性的测试，而冷却、机械、电磁兼容、电源等条款则参照 VXI、PXI 等的规定，实现比较容易。

1．LXI 仪器分类

基于 LAN 的测试设备很多，但仅仅有网络接口是不能称为 LXI 设备的。LXI 总线规范定义了 3 类仪器，这 3 类仪器能在测试系统中混用。

① C 类仪器。这是独立型仪器或台式仪器，具有 LAN 的所有能力，并且把网络接口用于仪器设置和数据访问。C 类仪器必须符合基本的物理规范、Ethernet 协议和 LXI 总线规范。C 类仪器提供 IVI 驱动程序 API（应用程序接口）。C 类仪器是 LXI 仪器的基本类型，所有 LXI 仪器都需达到 C 类仪器要求。

② B 类仪器。这类仪器可用于分布式测量系统。B 类仪器除应满足 C 类仪器的要求外，还要支持基于 LAN 的触发和 IEEE 1588 定时同步协议。

③ A 类仪器。这类仪器除满足 C 类和 B 类仪器要求外，还要支持硬件触发总线。

2．LXI 的物理规范

LXI 的物理规范定义了仪器的机械、电气和环境规范，兼容现存的 IEC 60297 标准，可以支持传统的全宽机架安装仪器以及由各仪器厂商自定义的新型半宽机架安装仪器。

1）机械规范

机械规范主要规定了 LXI 仪器的机箱尺寸和冷却等规范。

（1）机箱尺寸

符合 LXI 物理规范的仪器有 4 种机箱尺寸，即非机架安装仪器、符合 IEC 60297 标准的全宽机架安装仪器、符合厂商自定义标准的半宽机架安装仪器和 LXI 规范定义的半宽机架安装仪器。多种可选的机箱尺寸给 LXI 仪器提供了很大的灵活性，能够满足各种不同应用的要求。

① 非机架安装仪器

适合小尺寸的应用，如传感器等。

② 符合 IEC 60297 标准的全宽机架安装仪器

符合 IEC 60297 标准的全宽机架安装仪器符合现存的 IEC 60297 标准，在设计仪器时，应遵循当前版本标准的相关部分进行设计。

③ 符合厂商自定义标准的半宽机架安装仪器

这种半宽机架安装仪器不是官方公布的，而是由众多厂商大量生产，在世界各地广泛使用的，已形成了事实上的标准。LXI 规范推荐此类仪器为 2U 高度，并应满足 LXI 模块单元机械互换性和热互换性。

④ LXI 规范定义的半宽机架安装仪器

这是 LXI 规范定义的新的仪器。LXI 模块单元高为 1U～4U，推荐宽度为 215.9mm，总深度要求符合相应的 IEC 标准。这种模块化和标准化的设计，使系统搭建更为方便和灵活，能够满足各种不同应用的要求。

基于 LXI 规范定义的半宽机箱尺寸如图 2.30 所示，具体尺寸见表 2.4。

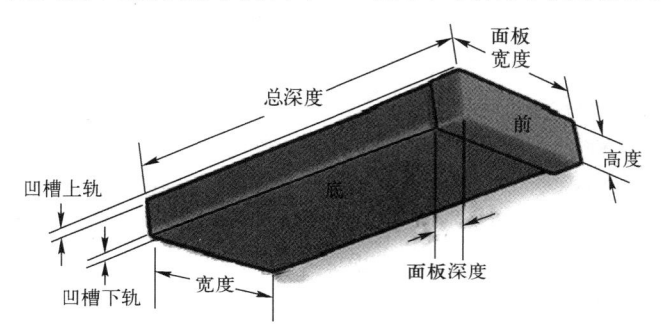

图 2.30 基于 LXI 规范定义的半宽机箱尺寸

表 2.4 基于 LXI 规范定义的半宽机箱最大尺寸

	1U	2U	3U	4U
高度/mm(英寸)	43.69 (1.72)	88.14 (3.47)	132.59 (5.22)	177.04 (6.97)
面板宽度/mm(英寸)	215.9 (8.5)			
宽度/mm(英寸)	215.9 (8.5)			
总深度	IEC 标准			
凹槽(上轨)/mm(英寸)	1.6 (0.0625)			
凹槽(下轨)/mm(英寸)	4.0 (0.16)			

从表 2.4 可知，LXI 系统的最小模块单元是 1U 半宽机箱，最大模块单元是 4U 的全宽机箱，具有很大的伸缩性。这种无面板模块结构与 VXI 和 PXI 模块结构有所不同，不同之处主要表现为以下几个方面：

① LXI 模块不需要专用和昂贵的笼式机箱，以及多层背板、高速风扇、电源管理、笼式机箱和 PC 控制器之间的专用通信链路。

② LXI 模块能够紧密放置，并且适用于装入现有的 GPIB 台式仪器。

③ LXI 模块有各种尺寸可供使用，不像笼式模块那样需要在性能和尺寸之间进行折中选择。

（2）机箱的冷却

LXI 模块采用独立的通风冷却通路，气流从模块两侧进入，由后面排出。半宽模块设计成在一侧被其他模块阻挡时仍具有足够的通风量。LXI 模块不允许气流从上、下两面作为进入口，以便模块可上、下堆叠。

LXI 的机箱冷却方式与 GPIB 仪器相似，它们都有独立的通风冷却。VXI 和 PXI 模块依靠笼式机箱的风扇进行通风冷却作用。由于多个模块公用一个机箱，所以在冷却设计时必须考虑合理分配总空气流量，要在性能和冷却之间做出折中。

2）电气规范

LXI 的电气规范定义了电源供电、连接器、开关、指示灯和有关组件的类型及位置。

（1）供电

LXI 模块的交流供电取自单相交流电网，电压为交流 100～240V，频率为 47～66Hz。LXI 模块的供电方式与 GPIB 台式仪器相似，但与笼式模块的供电方式不同。

VXI 和 PXI 模块的供电完全取自背板的直流电源，因而其电压、电流受到一定限制，但笼式机箱的总电源却相当大，以便满足 10 多个模块的功率要求。

每个 LXI 模块均直接由交流电网供电，再经直流调整器获得电源，因此具有灵活性。

（2）安全性和电磁兼容

LXI 模块应符合各地区或市场要求的供电安全标准，如 CSA、EN、UL 和 IEC 等国际或业界标准。此外，还要遵循相关的电磁兼容标准。

（3）连接器、开关和指示灯

LXI 规范对模块的连接器、开关和指示灯的类型及安装位置实行标准化配置，其安排如下。

① 后面板左边是以太网连接器，后面板右边是电源连接器和电源开关，触发总线连接器安排在后面板电源旁边。

② 无前面板的模块必须设置 LCI（LAN 配置启动）按钮，最好安排在后面板并且标志为 LAN RST（或 LAN RESET）；按钮应有机械保护或有时间延迟，以避免非故意操作；LCI 必须使模块在失去与 PC 通信时进入已知状态。

③ 前面板设置信号指示灯。当模块无前面板显示器时，必须在前面板左下方安排以下 3 个指示灯：

- 下面是电源指示灯，电源接通时发绿光；
- 中间是 LAN 网络指示灯，正常工作时发绿光，在识别过程中发闪烁绿光，当 LAN 故障时发红光；
- 上面是 IEEE 1588 同步指示灯，未同步时熄灭，建立从机同步时发固定绿光，作为主机使用时每秒闪烁一次，请求主机回应时每两秒闪烁一次，故障时发红光。

3）环境规范

LXI 仪器遵循的环境规范有 IEC 61010-1、IEC 61326-1、IEC 60068-1 和 TIA/EIA-899 等。

3. LXI 仪器的同步与触发

同步，即基于一个共同的时间标准对准多个动作（如测量序列、信号激励序列等）的功能。触发，即基于异步事件启动仪器动作（如测量、闭合开关、输出波形等）的功能。同步与触发是测试测试仪器的关键功能，在自动化测试领域有着特别重要的意义。

LXI 触发是 LXI 规范的一大特色，它把 Ethernet 通信、IEEE 1588 标准和 VXI 背板触发总线很好地结合在一起。利用 LXI 的触发和同步功能，系统集成者能够控制模块和系统内的状态序列，控制本地或系统事件发生和处理的时间，并基于时间标准对测量数据或重要事件进行排序或关联。

LXI 规范对 LXI 仪器实施以下 3 级触发。

① C 级，基本级别，对触发没有特殊要求。LXI 仪器供应商可选用最适合自己的触发器。

② B 级，除包括 C 级的全部功能外，还增加了 IEEE 1588 协议的触发能力。

③ A 级，在 C 级和 B 级要求基础上增加了 LXI 触发总线。

LXI 触发总线配置在 A 级模块，它是 8 线的多点低压差分系统（M-LVDS）总线，可将 LXI 模块配置成为触发信号源或接收器，触发总线接口也可设置成"线或"逻辑。每个 LXI 模块都装有输入、输出连接器，可供模块进行菊花链连接。LXI 触发总线与 VXI 和 PXI 的背板总线十分相似，它们可配置成串行总线或星形总线。由于 LXI 模块仪器相互靠得很近，所以采用触发总线是一种可取的解决方案。

2.4.3 LXI 仪器系统

LXI 规范综合利用了机架堆叠仪器和笼式机箱仪器的优点，构成了新一代仪器的开放式接口，它的推出对测试仪器业界有重大影响。台式仪器有可能从 GPIB 转为以太网接口，可保留前面板和显示器但增加以太网功能，以使仪器方便地进入局域网和广域网，即具有 LXI C 级仪器的特性。当测量系统内的仪器在物理上相互分开、分散应用，需要远程控制数据采集时，LXI B 级仪器是首选产品，它的 IEEE 1588 定时和同步测量能力可以得到充分发挥，从而实现从不同地点的远程控制和精确测量。当测量系统内的仪器在物理上相互靠近时，LXI A 级仪器的触发总线有助于仪器的同步运作，IEEE 1588 可提供数据的时间戳，获得极佳的定时同步。因此，新一代的高性能、分散式的合成仪器将是 LXI A 级仪器的最佳应用。无面板的 LXI 模块将广泛应用在对占用面积有严格要求的生产车间，而对于环境要求苛刻的系统和军用的测量系统，基于 LXI 模块的合成仪器将发挥更大的作用。

1. LXI 仪器模块的构成

不同于 VXI 和 PXI，每个 LXI 仪器模块都自带电源、冷却通路、触发总线、EMC 屏蔽和以太网通信接口等，如图 2.31 所示。

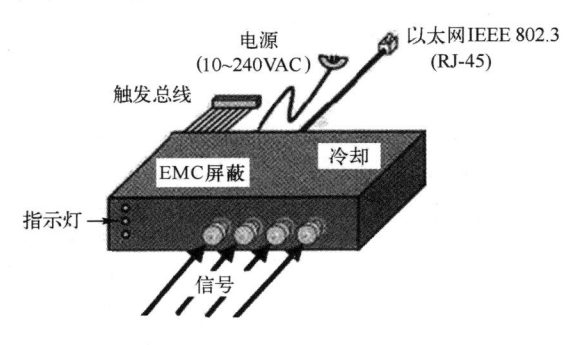

图 2.31 LXI 仪器模块的构成

LXI 总线规范追求简化系统集成和实现的物理一致性，规定 LXI 仪器模块必须具备 LAN 接口，并且遵循以太网标准 IEEE 802.3。

LXI 仪器模块的外形结构如图 2.32 所示。

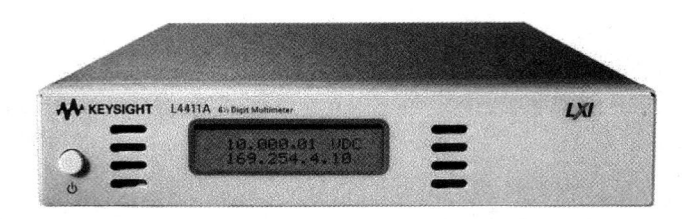

图 2.32　LXI 仪器模块的外形结构

LXI 仪器模块的高度为 1U 或 2U，宽度为全宽或半宽，因而能容易地混装各种功能的模块。信号输入和输出功能在 LXI 仪器模块的前面，LAN 和供电输入功能则在模块的后面。LXI 仪器模块由计算机控制，所以不需要传统台式仪器的显示屏幕、按键和旋钮。

LXI 仪器模块具有以下特点。

① LXI 综合了 VXI 和 Ethernet 的优点，为用户提供可靠性高、紧凑灵活、体积小、成本低廉、性能优异、生命周期长的自动测试系统。

② LAN 已安装到每台计算机，并已得到人们的广泛接受。网络硬件的售价在降低，速度在加快，LAN 提供的对等层通信是其他点对点接口标准所不能实现的。

③ 高速 LAN 替代专用测试接口，日益增长的 Ethernet 吞吐能力（10Gbit/s）能满足测试领域更高数据传输率的需要。

④ LXI 的体系结构为仪器长寿命提供了基础。LXI 不受带宽、软件和计算机背板结构的限制，使用灵活，是新一代自动测试系统的理想方案。

⑤ LAN 连通能力使 LXI 模块能在世界任何地方访问，构成分布式网络测试系统。以太网的连接距离可达 100m（点到点），使用 Hub、路由器等可达 200m，使用光纤可扩展到数千千米。

2．LXI 仪器系统的组成结构

建立 LXI 仪器系统通常有以下两种设计方案。

（1）单一 LXI 总线仪器系统结构

LXI 总线仪器可以像其他总线仪器一样，仅用单一的 LXI 总线仪器构建，如图 2.33 所示。

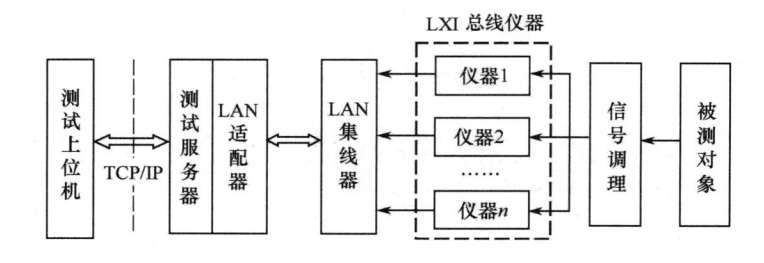

图 2.33　单一 LXI 总线仪器系统结构

（2）LXI 与其他总线仪器混合结构

LXI 总线仪器可以通过接口适配器和网关与传统仪器混合构建，将 GPIB、VXI 和 PXI 总线仪器接入 LXI 系统中，从而构成混合式仪器系统。通过 LXI 总线，可将传统的总线仪器转变成受控于标准计算机的以太网连接节点。LXI 仪器模块可以构建成总线仪器的组件，或将基本仪器模块与软件相结合以构成更高级的合成仪器。通过 LAN，模块间可直接通信，而不只是通过控制器通信，也可以实现多台仪器的并发通信。与其他模块化仪器不同，LXI 模块可以简便地进行重新配置。

① 利用接口适配器构建 LXI 混合测试系统

利用接口适配器构建 LXI 与其他总线仪器混合的测试系统，如图 2.34 所示。在接口适配器的选型上可选择普通的网络适配器，也可自行设计性能更好的适配器。

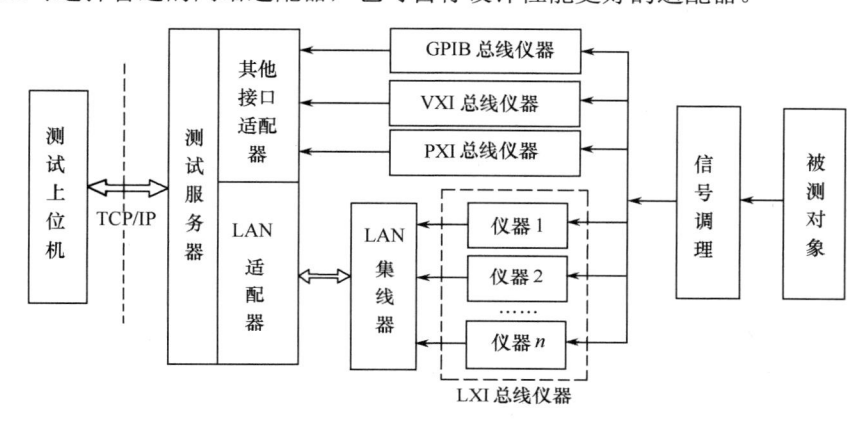

图 2.34 利用接口适配器构建的 LXI 混合测试系统的结构

利用接口适配器构建混合仪器系统时，接口适配器的作用是将 GPIB、VXI、PXI 接口转换成 LAN 接口，从而实现非网络仪器的网络通信和交互。这种构建的特点是可进行复杂数据处理和高级监控，且可实现高速的数据传输。接口适配器上挂接的所有总线仪器都可实现双向数据通信，并且快速地与上位机进行数据交换，接口适配器在这里起着"承上启下"的桥梁作用。当接口适配器上的总线仪器有动作产生时，接口适配器会把它的信息接收下来并通过网络立即转发给上位机，从而对其进行监视和处理。同样地，当上位机需要传送监控命令或参数设置信息时，接口适配器将及时、准确地将上位机的信息发送给相应的总线仪器。

② 利用专用网关设备构建 LXI 混合测试系统

使用专用网关设备构建 LXI 与其他总线仪器混合的测试系统，如图 2.35 所示。GPIB、VXI、PXI 等总线仪器可通过专用的网关设备转化为 LAN 接口后连接至 LAN 适配器。

这种连接方法最大的优点是既提高了仪器系统的安全性，避免了各种恶意的网络威胁，又不会影响仪器系统接入企业网和 Internet。该构建方案能保护仪器系统免受来自 Intranet 或 Internet 的潜在威胁，允许处于专用 LAN 中的 PC 和仪器设备之间通信，或者以虚拟专用网 VPN 方式访问仪器，禁止任何其他类型的外部访问。

LXI 仪器基于开放的以太网技术，它不受带宽、软件和计算机背板总线等的限制，覆盖范围更广、继承性能更好、生命周期更长、成本更低，具有广阔的发展应用前景。依托以太网日益提高的吞吐能力和性能优势，LXI总线必将成为网络化虚拟仪器和下一代自动测试系统的理想解决方案。

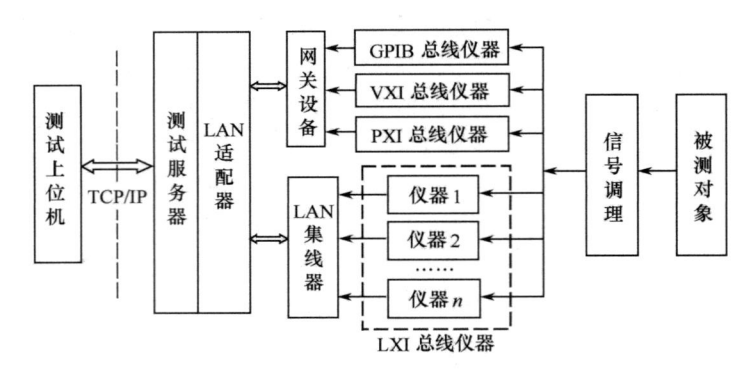

图 2.35　利用专用网关设备构建的 LXI 混合测试系统的结构

思考题和习题 2

2.1　GPIB 接口总线有多少条信号线？分为哪 3 类？
2.2　什么是 GPIB 器件？按器件在系统中运行功能的不同，GPIB 器件可分为哪几类？
2.3　简述控者、讲者、听者的作用及相互关系。
2.4　GPIB 标准接口定义了哪 10 种接口功能？每种 GPIB 器件是否必须同时具备这些接口功能？
2.5　什么是 GPIB 消息？按照接口系统中传输消息的类型，可以将接口消息分为哪两类？
2.6　什么是 VXI 总线？VXI 总线具有什么特点？
2.7　简述 VXI 总线系统的基本组成结构。
2.8　VXI 总线按功能可分为哪 7 类？
2.9　解释消息基器件和寄存器基器件的差别。
2.10　在 VXI 机箱中，0 号插槽的作用是什么？
2.11　简述 VXI 总线与 PXI 总线的主要区别，试分析各自的应用范围和发展前景。
2.12　什么是 PXI 总线？它有哪些特点？
2.13　PXI 总线有哪几种规范？
2.14　PXI 总线在标准的 PCI 总线基础上，增加了仪器所需要的特殊信号，试列举其中的几种。
2.15　简述 PXI 系统槽的位置和规则。
2.16　PXI 有哪几种控制器？
2.17　简述 LXI 总线的技术特点。
2.18　根据同步与触发方式的不同，LXI 总线将 LXI 仪器分为哪 3 个功能等级？
2.19　画出以 LXI 为主体的虚拟仪器系统架构。
2.20　相对于 GPIB、VXI 和 PXI 总线，LXI 总线的优势是什么？

第3章 虚拟仪器软件开发平台 LabVIEW

构造一台虚拟仪器，基本硬件确定以后，就可以通过不同的软件实现不同的功能。软件是虚拟仪器的关键。目前流行的虚拟仪器软件开发工具有两类：文本式编程语言，有 C、C++、VB、VC、LabWindows/CVI 等；图形化编程语言，有 LabVIEW、Agilent VEE 等。其中，LabVIEW 是目前应用最广、发展最快、功能最强的图形化软件之一。

本章主要介绍图形化编程语言 LabVIEW 的概念和特点，以及 LabVIEW 2024 Q3 的编程环境与操作方法，并通过一个具体示例来说明 LabVIEW 2024 Q3 创建虚拟仪器的一般步骤。

3.1 LabVIEW 概述

3.1.1 LabVIEW 的含义

LabVIEW（Laboratory Virtual Instrument Engineering Workbench，实验室虚拟仪器集成环境）是一种用图标代替文本行创建应用程序的图形化编程语言（又称 G 语言），是由 NI 公司推出的虚拟仪器开发平台。

LabVIEW 作为一种强大的虚拟仪器开发平台，广泛地被工业界、学术界和研究实验室所接受，被视为一个标准的数据采集和仪器控制软件。LabVIEW 集成了 GPIB、VXI、PXI、RS-232C、USB 的硬件和数据采集卡通信的全部功能，并且它还内置了便于应用 TCP/IP、Active X 等软件标准的库函数。因此，LabVIEW 是一个功能强大且灵活的软件，利用它可以方便地组建自己的虚拟仪器。

使用 LabVIEW 开发平台编制的程序称为 VI（Virtual Instrument）。LabVIEW 简化了虚拟仪器的开发过程，缩短了仪器开发和调试周期，它让用户从烦琐的计算机代码编写中解脱出来，把大部分精力投入仪器设计和分析中，而不再拘泥于程序的细节。

3.1.2 LabVIEW 的特点

LabVIEW 是一种图形化编程语言，使用这种语言编程时，基本上不用写程序代码，取而代之的是程序框图。LabVIEW 尽可能地利用了技术人员、科学家、工程师所熟悉的术语、图标等概念，因此是一个面向最终用户的工具。它提供了实现仪器编程和数据采集的便捷途径，使用它进行原理研究、设计、测试并实现仪器系统时，可以大大提高工作效率。

LabVIEW 通过图形符号来描述程序的行为，消除了令人烦恼的语法规则，减轻了用户编程的负担，提高了效率。总而言之，LabVIEW 的特点如下。

（1）图形化的编程环境

LabVIEW 的基本编程单元是图标，不同的图标表示不同的功能模块。用 LabVIEW 编写程序的过程也就是将多个图标连接起来的过程，连线表示功能模块之间存在数据的传递。被连接的对象之间的数据流控制着执行顺序，并允许有多个数据通路同步运行。LabVIEW 的编程过程近似人的思维过程，直观易学，编程效率高，无须编写任何文本格式的代码，易为多数工程技术人员接受。

（2）开发功能高效、通用

LabVIEW 是一个带有扩展功能库和子程序库的通用程序设计系统，提供了数百种功能模块（类似其他计算机语言的子程序或函数），包括信号采集、信号分析与处理、信号输出、数据存取、数据通信等，涵盖了仪器的各个环节，用户通过拖放及简单连线，就可以在极短的时间内设计好一个高效的仪器程序。

（3）支持多种仪器和数据采集硬件的驱动

LabVIEW 提供了数百种仪器的驱动程序，包括 DAQ、GPIB、VXI、PXI、RS-232C 等，根据需要还可以在 LabVIEW 中自行开发各种硬件驱动程序，也可以通过动态链接库（DLL）利用其他语言开发驱动函数库，从而进一步扩展其功能。

（4）查错、调试能力强大

LabVIEW 的查错、调试功能非常强大。程序查错无须先编译，只要有语法错误，LabVIEW 就会自动显示并给出错误类型、原因及准确的位置。进行程序调试时，既有传统的程序调试手段，如设置断点、单步运行等，又有独到的高亮执行工具，就像电影中的慢镜头一样，使程序动画式地执行，利于设计者观察程序的运行细节。同时可以在任何位置插入任意多的数据探针，在调试状态下运行程序时，LabVIEW 会给出各种探针的具体数值，通过观察数据流的变化情况、程序运行的逻辑状态，就可以寻找错误、判断原因，从而大大缩短程序调试时间。

（5）网络功能强大

LabVIEW 支持常用网络协议，如 TCP/IP、UDP、DataSocket 等，方便远程测控系统的开发。

（6）开放性强

LabVIEW 具有很强的开放性，是一个开放的开发环境，能和第三方软件连接。通过 LabVIEW 可以把现有的应用程序和.NET 组件、ActiveX、DLL 等相连，可以和 MATLAB 混合编程，也可以创建能在其他软件环境中调用的独立执行程序或动态链接库。

3.1.3 LabVIEW 的发展

1986 年 10 月，NI 公司基于 Macintosh 平台正式发布了 LabVIEW 1.0，随后对编辑器、图形显示及其他细节进行重大改进，在 1990 年 1 月发布了 LabVIEW 2.0。1992 年 LabVIEW 实现了从 Macintosh 平台到 Windows 平台的移植，1993 年 1 月 LabVIEW 3.0 正式发布。此时 LabVIEW 已经成为包含了几千个 VI 的大型应用软件系统，作为一个比较完整的软件开发环境得到认可，并迅速占领市场。

1996 年 4 月 LabVIEW 4.0 问世，实现了应用程序生成器（LabVIEW Application Builder）的单独执行，并向数据采集（DAQ）通道方向进行了延伸。1998 年 2 月发布的 LabVIEW 5.0 对以前版本进行全面修改，重写了编辑器和执行系统，尽管增加了复杂性，但也大大增强了 LabVIEW 的可靠性。1999 年 6 月，NI 公司发布了实时应用程序的分支——LabVIEW RT 版。

2000 年 6 月 LabVIEW 6.0 发布，LabVIEW 6.0 拥有新的用户界面特征（如 3D 显示）、扩展功能及各层内存优化，另外具有一项重要的功能——强大 VI 服务器。2003 年 5 月发布的 LabVIEW 7 Express 引入了波形数据类型和一些交互性更强、基于配置的函数，使用户应用开发更简便，在很大程度上简化了测量和自动化应用任务的开发，并对 LabVIEW 使用范围进行扩充，实现了对 PDA 和 FPGA 等硬件的支持。2005 年发布的 LabVIEW 8.0，为分布在不同计算目标上的各种应用程序的开发和发布提供支持。

2006 年，NI 公司为庆祝和纪念 LabVIEW 正式推出 20 周年，在当年 10 月发布了 LabVIEW 8.2。该版本增加了仿真框图和 MathScript 节点两大功能，同时第一次推出了简体中文版，方便了我国科技人员的学习和使用。

2007 年 8 月 LabVIEW 8.5 发布。LabVIEW 8.5 凭借并行数据流特性，简化了多核及 FPGA 应用的开发。2008 年 8 月发布的 LabVIEW 8.6，通过采用多核处理器技术提高测试系统的吞吐量，在基于 FPGA 的高级控制及嵌入式原型应用中缩短了开发时间。2009 年 8 月发布的 LabVIEW 2009，通过对软件工程过程（包括对关键测试软件的开发、发布和维护）流水线化，有效简化了复杂测试系统的开发。2010 年 8 月发布了 LabVIEW 2010，新增即时编译技术，可将执行代码的效率提高 20%。2011 年 8 月发布了 LabVIEW 2011，通过新的工程实例库及其对大量硬件设备和部署目标的交互支持，极大地提高了效率。2012 年 8 月发布了 LabVIEW 2012。2013 年 8 月发布的 LabVIEW 2013，不仅支持 Linux 操作系统，而且是 cRIO-9068 软件定制的控制器的基础。2014 年 8 月发布的 LabVIEW 2014，通过跨系统复用相同的代码和工程流程来标准化用户与硬件交互的方式，这一方式也使得开发人员能够根据未来需求调整应用程序。2015 年 8 月发布的 LabVIEW 2015，提供了快速便捷的开发方式和调试工具，帮助开发人员更高效地与所创建的系统进行交互。2016 年 8 月发布的 LabVIEW 2016，新增了通道连线功能等，可简化并行代码之间的复杂通信，有助于提高代码可读性及减少开发时间。2017 年 5 月发布的 LabVIEW 2017，增加了多个 VI 服务器对象、多个 VI 脚本对象以及 LabVIEW 第三方许可和激活工具包。2018 年 5 月发布的 LabVIEW 2018，改进了生成优化机器代码的后台编译器，使代码执行速度大大提高。2019 年 5 月发布的 LabVIEW 2019，简化了分布式测试和控制系统的设计，可以帮助用户缩短产品的上市时间。2020 年 5 月发布的 LabVIEW 2020，使用 LabVIEW 接口提高了代码的灵活性。2021 年 8 月发布了 LabVIEW 2021。2022 年 7 月发布的 LabVIEW 2022 Q3，支持独立于 LabVIEW 版本的驱动程序/工具包。2023 年 7 月发布的 LabVIEW 2023 Q3，新增程序框图缩放、双击完成连线等功能。2024 年 7 月发布的 LabVIEW 2024 Q3，新增对在 Windows 上加载和运行.NET Core (8.0)程序集提供一定的支持功能。

3.1.4 LabVIEW 的应用

LabVIEW 在航空航天、通信、汽车、交通运输、半导体、生物医学与电子等众多领域得到了广泛应用。从简单的仪器控制、数据采集到尖端的测试和工业自动化，从大学实验室到工厂企业，从探索研究到技术集成，都有 LabVIEW 应用的成果。

1．LabVIEW 应用于测试和测量

LabVIEW 提供了工业界众多的仪器驱动程序库及开发工具，通过 GPIB、VXI、PXI、串行设备和插卡式数据采集设备构成实际的数据采集系统，使复杂的测试和测量任务变得简单易行。

2．LabVIEW 应用于过程控制和工业自动化

LabVIEW 强大的硬件驱动、图形显示能力和便捷的快速程序设计为过程控制和工业自动化应用提供了优秀的解决方案。

3．LabVIEW 应用于实验室研究与计算分析

LabVIEW 为科学家和工程师提供了功能强大的高级数学分析库，包括统计、估计、回归分析、线性代数、信号生成算法、时域和频域算法等，可满足各种计算和分析需要，解决实际工作中的各种应用问题。

3.1.5　LabVIEW 的安装和启动

LabVIEW 2024 Q3 可安装在 Windows 10、Windows 11 等操作系统上，系统能运行和使用 LabVIEW 的最低要求是 Pentium 4M（或同等性能）/更高主频的处理器、1GB RAM、1024×768 像素的屏幕分辨率、5GB 硬盘空间。

LabVIEW 2024 Q3 的安装过程比较简单，进入 NI 公司的网站，注册、登录后，下载 NI Package Manager 软件包，然后在 NI Package Manager 中选择 LabVIEW 2024 Q3 及驱动程序、工具包等。

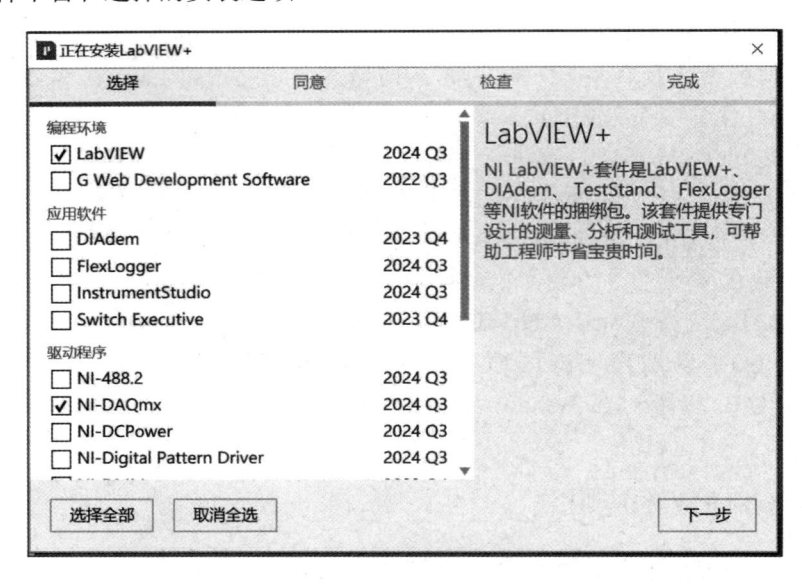

从 NI Package Manager 安装 LabVIEW 2024 Q3 的界面如图 3.1 所示。整个系统的安装时间取决于硬件平台和选择的安装选项。

图 3.1　从 NI Package Manager 安装 LabVIEW 2024 Q3 的界面

当 LabVIEW 2024 Q3 成功安装到计算机后，在 Windows 的"开始"菜单中便会自动列出 NI LabVIEW 2024 Q3 程序。例如，若选择安装了 LabVIEW 2024 Q3（32 位）中文版支持

的驱动程序和工具包，则在"开始"菜单中就会出现 NI LabVIEW 2024 Q3（32 位），单击就可启动 LabVIEW 2024 Q3，启动界面如图 3.2 所示。

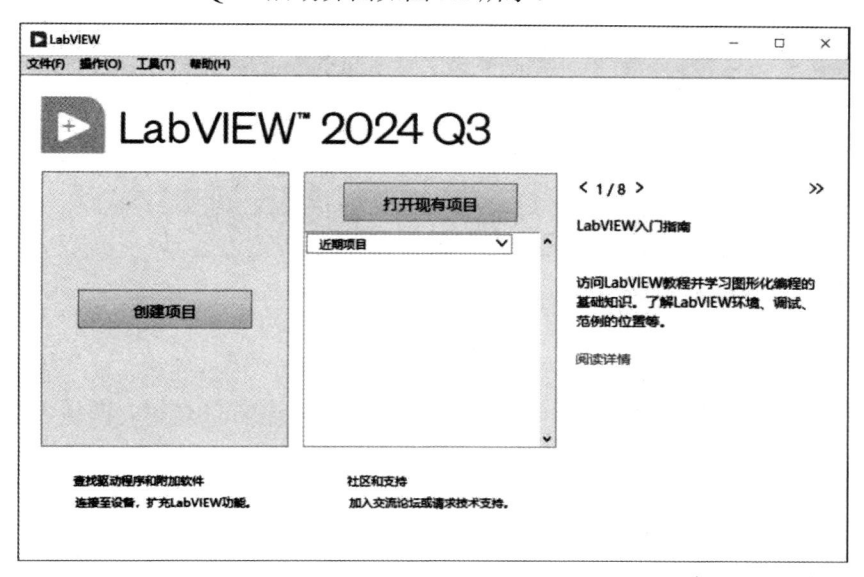

图 3.2　LabVIEW 2024 Q3 的启动界面

在 LabVIEW 2024 Q3 的启动界面可新建 VI（LabVIEW 的程序文件）或打开现有的 LabVIEW 文件，可创建项目或打开现有项目，也可查找驱动程序和附加软件以及访问 LabVIEW 的扩展资源。

3.2　LabVIEW 2024 Q3 的编程环境

LabVIEW 2024 Q3 开发环境采用图形化的编程方式，无须编写任何代码，它不仅包含丰富的数据采集、分析及存储的库函数，还提供了 GPIB、VXI、PXI、RS-232C、USB 等通信总线标准的功能函数，可以驱动不同总线接口的设备和仪器。LabVIEW 2024 Q3 具有强大的网络功能，支持常用的网络协议，可以方便地设计开发网络测控仪器，并有多种程序调试手段，如断点设置、单步调试等。

3.2.1　LabVIEW 程序的基本构成

使用 LabVIEW 开发环境编制的程序称为 VI。VI 由以下 3 部分构成。
● 前面板：即用户界面。
● 程序框图：包含用于定义 VI 功能的图形化代码。
● 图标和连线板：用以识别 VI 的接口，以便在创建 VI 时调用另一个 VI。当一个 VI 应用在其他 VI 中时，则称该 VI 为子 VI。子 VI 相当于文本编程语言中的子程序。

1．前面板

前面板是 VI 的用户界面。创建 VI 时，通常应先设计前面板，然后设计程序框图，执行在前面板上创建的输入/输出任务。前面板示例如图 3.3 所示。

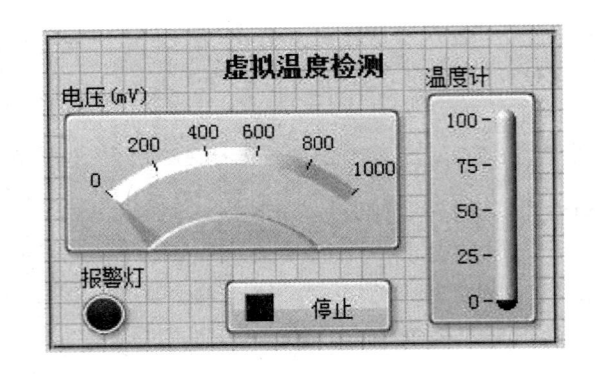

图 3.3　前面板示例

前面板上有输入控件和显示控件两类对象，用于模拟真实仪表的前面板。输入控件和显示控件用各种各样的图形形式出现在前面板上，具体表现为旋钮、按钮、图形、指示灯及其他的控制和显示对象等，这使得用户界面更加直观易懂。

2. 程序框图

前面板创建完毕后，便可使用图形化的函数添加代码来控制前面板上的对象。程序框图是图形化代码的集合，图形化代码又称 G 代码或程序框图代码。含有接线端、函数和连线等的程序框图示例如图 3.4 所示。

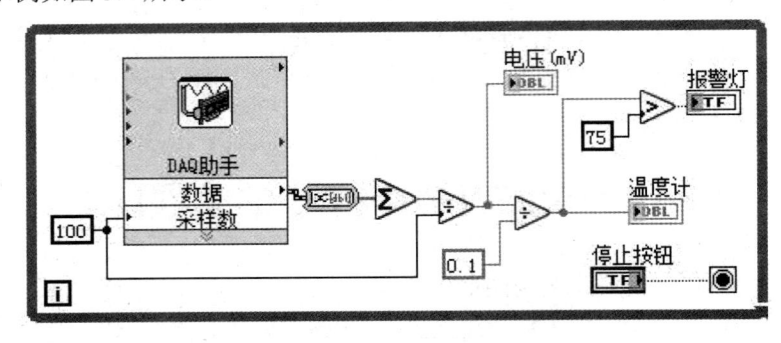

图 3.4　程序框图示例

程序框图对象包括接线端和节点，将各个对象用连线连接便创建了程序框图。接线端的颜色和符号表明了相应输入控件或显示控件的数据类型。程序框图由接线端、节点、连线和结构等构成，功能简介如下。

（1）接线端

接线端用来表示输入控件和显示控件的数据类型。在程序框图中，可将前面板的输入控件和显示控件显示为图标或数据类型接线端（如图 3.4 中的温度计、报警灯等）。接线端是在前面板和程序框图之间交换信息的输入/输出接口。

（2）节点

节点是程序框图上的对象，具有输入/输出接口，在 VI 运行时进行运算。节点相当于文本编程语言中的语句、运算符、函数和子程序。如图 3.4 中的"÷""＞"函数就是节点。

（3）连线

程序框图中对象的数据传输通过连线实现。每根连线都只有一个数据源，但可以与多个读取该数据的VI和函数连接。不同数据类型的连线有不同的颜色、粗细和样式。

（4）结构

结构是文本编程语言中的循环和条件语句的图形化表示。使用程序框图中的结构，可以对代码块进行重复操作，如按条件执行代码或按特定顺序执行代码。

3．图标和连线板

创建VI的前面板和程序框图后，创建图标和连线板，以便将该VI作为子VI调用。图标和连线板相当于文本编程语言中的函数原型。每个VI都显示为一个图标，位于前面板和程序框图窗口的右上角，如图3.5（a）所示。

图标是VI的图形化表示，可包含文字、图形或图文组合。如果将一个VI当作子VI使用，程序框图上将显示代表该子VI的图标，可双击图标进行修改或编辑。

若将VI当作子VI使用，还需创建连线板，如图3.5（b）所示。连线板用于显示VI中所有输入控件和显示控件的接线端，类似于文本编程语言中调用函数时使用的参数列表。连线板标明了可与该VI连接的输入端和输出端，以便将该VI作为子VI调用。连线板在其输入端接收数据，然后通过前面板的输入控件传输至程序框图的代码中，并从前面板的显示控件中接收运算结果并传输至其输出端。

（a）图标

（b）连线板

图3.5　图标和连线板

3.2.2　LabVIEW 2024 Q3的操作选板

设计一个LabVIEW应用程序，主要是利用LabVIEW提供的3个操作选板来完成。这3个操作选板是：工具选板、控件选板和函数选板，这些选板集中反映了LabVIEW的功能与特征。下面分别介绍工具选板、控件选板和函数选板。

1．工具选板

在前面板和程序框图中都可以看到工具选板，它提供了用于创建、编辑、修改前面板和程序框图中的对象，以及调试VI的各种工具。

LabVIEW 2024 Q3的工具选板如图3.6所示。如果"自动选择工具"已打开，当光标移到前面板或程序框图的对象上时，LabVIEW将自动从工具选板中选择相应的工具。如果打开的VI没有出现工具选板，在LabVIEW 2024 Q3的菜单中选择【查看】→【工具选板】，即可打开工具选板。当从工具选板中选择了任意一种工具后，光标就会变成该工具相应的形状。

图3.6　LabVIEW 2024 Q3的工具选板

工具选板中各工具的图标、名称及功能见表3.1。

表 3.1　工具选板中各工具的图标、名称及功能

图　标	名　称	功　　能
	自动选择工具	按下自动选择工具后，当光标在前面板或程序对象图标上移动时，系统自动从工具选板上选择相应的工具，方便用户操作
	操作值工具	用于操作前面板的控制和显示
	定位/调整大小/选择工具	用于选择、移动或改变对象的位置和大小
	编辑文本工具	用于输入标签文本或创建标签
	连线工具	用于在程序框图中连接两个对象的数据端口。当使用连线工具接近对象时，会自动显示出其数据端口以供连线之用
	对象快捷菜单工具	使用该工具单击窗口任意位置，均可以弹出对象的快捷菜单
	滚动窗口工具	使用该工具可以不需要使用滚动条就可以自由滚动整个图形
	设置/清除断点工具	在调试程序过程中设置/清除断点
	探针数据工具	可以在程序框图内的数据流线上设置探针，通过探针窗口来观察该数据流线上的数据变化
	获取颜色工具	提取对象的颜色，来编辑其他对象的颜色
	设置颜色工具	用于设置窗口中对象的前景色和背景色

2．控件选板

控件选板仅位于前面板，它包含了用于创建前面板对象所需的各种输入控件和显示控件。输入控件是指按钮、旋钮、转盘等输入装置，用来模拟仪器的输入，为 VI 的程序框图提供数据；显示控件是指图表、指示灯等显示装置，用来模拟仪器的输出，显示程序框图获取或生成的数据。

如果打开的 VI 没有出现控件选板，在 LabVIEW 2024 Q3 的菜单中选择【查看】→【控件选板】，或在前面板活动窗口单击鼠标右键，即可弹出控件选板。LabVIEW 将记住控件选板的位置和大小，因此当 LabVIEW 重启时，控件选板的位置和大小保持不变。

LabVIEW 2024 Q3 的控件选板如图 3.7 所示。

控件选板中控件的种类有：数值（如滑动杆和旋钮），布尔（如按钮和开关），字符串与路径，数据容器（如数组与簇），列表、表格和树，图形，下拉列表与枚举，布局，I/O，变体与类，修饰，引用句柄等。控件样式有新式、Fuse Design System、银色、系统和经典等。LabVIEW 2024 Q3 的新式控件子选板中的图标、名称及功能见表 3.2。

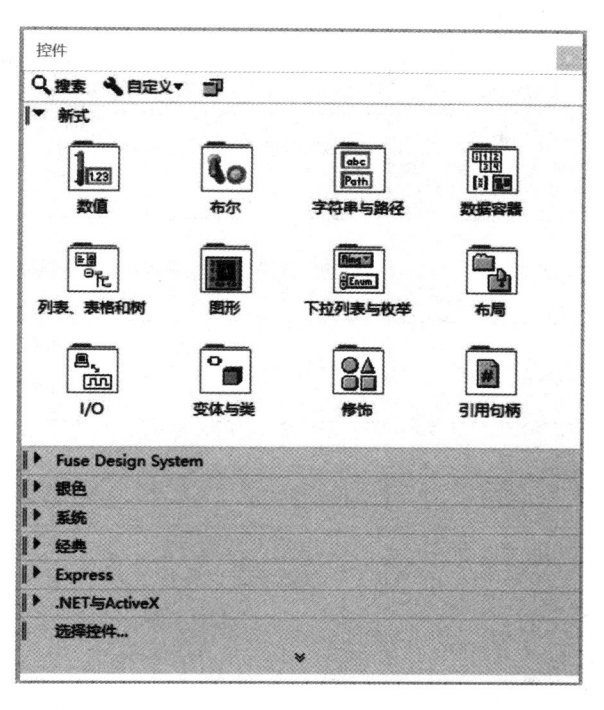

图 3.7 LabVIEW 2024 Q3 的控件选板

表 3.2 LabVIEW 2024 Q3 的新式控件子选板中的图标、名称及功能

图标	名 称	功 能
	数值	提供各种数值输入和显示控件，如滑动杆、滚动条、旋钮、转盘和数值显示框等
	布尔	提供各种布尔型的输入和显示控件，包含各种开关、按钮、指示灯等
	字符串与路径	提供字符串输入、显示控件和文件路径控件
	数据容器	用来创建数组、簇和矩阵类型的输入及显示控件
	列表、表格和树	用来创建列表、表格和树形式数据的输入及显示控件
	图形	提供以图形和图表的方式显示数值结果的控件，如波形图、波形图表、XY 图、强度图、数字波形图、三维图等控件

续表

图 标	名 称	功 能
	下拉列表与枚举	用来创建文本下拉列表、菜单下拉列表、枚举、图片下拉列表等类型的控件
	布局	用来创建水平与垂直分隔栏、容器、子面板等控件
	I/O	用来对配置的DAQ通道名称、VISA资源名称和IVI逻辑名称等进行传递
	变体与类	用于变体与类的数据进行交互
	修饰	用于前面板的设计和装饰,如用于装饰界面的框和线条等
	引用句柄	包含各类引用句柄控件,用于传递文件、目录、设备和网络连接等被操作对象的标识信息

3. 函数选板

函数选板仅位于程序框图,它包含了编写程序过程中用到的VI和函数,主要用于构建程序框图中的节点,对VI程序框图进行设计。

LabVIEW 2024 Q3 的函数选板如图 3.8 所示。

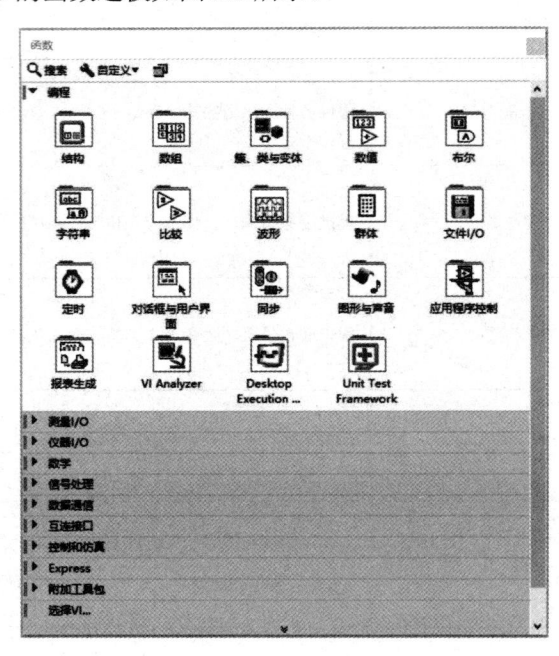

图 3.8　LabVIEW 2024 Q3 的函数选板

如同控件选板一样，函数选板中所有 VI 和函数被分门别类地存放在一系列子选板中，如编程、测量 I/O、仪器 I/O、数学、信号处理、数据通信等函数子选板。表 3.3 介绍了 LabVIEW 2024 Q3 函数选板中最常用的【编程】函数子选板的图标、名称及功能。

表 3.3 LabVIEW 2024 Q3 函数选板中【编程】函数子选板的图标、名称及功能

图 标	名 称	功 能
	结构	用于程序的流程控制，如循环、顺序、分支等
	数组	用于数组的创建和操作，包括数组运算函数、数组转换函数，以及常数数组等
	簇、类与变体	用于簇、类、变体的创建和操作，如簇的捆绑、解除捆绑等
	数值	常用的数值计算、各种数值型数据类型之间的互相转换、复数计算和常用数学常量
	布尔	用来对单个布尔值或布尔数组进行逻辑操作
	字符串	用于对字符串型数据的操作，如搜索和替换字符串、扫描字符串等
	比较	用于对布尔值、字符串和数值的比较
	波形	用于进行和波形有关的操作，如获取波形成分、创建波形等
	群体	用于创建和操作映射表、集合，如生成映射表、插入映射表、生成集合、插入集合等
	文件 I/O	用于创建、打开、读取及写入文件等，包括各种文件操作函数、路径操作函数
	定时	用于控制程序执行速度，包含各种定时、等待、时间类型转换函数
	对话框与用户界面	用于创建各种按钮对话框、提示对话框、显示对话框以及建立菜单、帮助、事件等
	同步	用于同步并行执行任务并在并行任务间传递数据

续表

图标	名称	功能
	图形与声音	用于创建图形、从图形文件获取数据、对声音信息的处理等，包含各种图形图像显示、声音播放等函数
	应用程序控制	用于打开与关闭应用程序，包括程序的停止、退出等程序控制函数
	报表生成	用于报表的创建及相关操作，如创建报表、打印报表等
	VI Analyzer	用于分析和调试 LabVIEW 程序
	Desktop Execution Trace Toolkit	用于调试和优化大型 LabVIEW 程序
	Unit Test Framework	用于 LabVIEW VI 单元测试、功能验证

3.2.3 LabVIEW 2024 Q3 的菜单和工具栏

菜单和工具栏用于操作和修改前面板及程序框图上的对象。LabVIEW 2024 Q3 为创建的 VI 同时打开两个窗口：前面板窗口和程序框图窗口。这两个窗口具有相同的菜单和工具栏（区别在于调试功能按钮只出现在程序框图窗口中）。

1. 菜单

VI 窗口顶部的菜单为通用菜单。LabVIEW 2024 Q3 的菜单包括文件、编辑、查看、项目、操作、工具、窗口、帮助 8 大项。

（1）文件菜单

主要完成 VI 文件和项目文件的新建、打开、关闭、保存，以及打印、属性设置和退出程序等操作。

（2）编辑菜单

主要完成操作撤销、选定对象的剪切、复制、粘贴、删除，从文件中导入图片，删除断线，对齐所选项，查找和替换等操作。

（3）查看菜单

用于弹出控件选板、函数选板、工具选板、错误列表、VI 层次结构、LabVIEW 类层次结构、浏览关系、书签管理、类浏览器操作及弹出启动窗口、导航窗口等操作。

（4）项目菜单

主要完成项目的创建、打开、关闭、保存、显示项目路径等操作。

（5）操作菜单

主要完成运行、停止、断点、单步、结束时打印、结束时记录、数据记录、改变运行模式和连接远程前面板等操作。

（6）工具菜单

主要完成仪器驱动程序的更新和导入、VI 性能分析、用户名设定、生成应用程序、管理远程面板的连接、网络发布工具、多种选项设定等操作。

（7）窗口菜单

主要完成前面板/程序框图窗口切换、左右两栏显示窗口、上下两栏显示窗口和全屏显示窗口等操作。

（8）帮助菜单

LabVIEW 2024 Q3 提供了功能强大的帮助功能，主要有即时帮助、LabVIEW 帮助、解释错误、查找范例、查找仪器驱动、检查更新等。

2. 工具栏

工具栏用于运行、中断、终止、调试 VI、修改字体、对齐、组合、分布对象等。LabVIEW 2024 Q3 的前面板窗口和程序框图窗口都有各自的工具栏，两者大多数的工具栏按钮相同，区别在于程序框图工具栏增加了几个调试功能按钮。前面板窗口和程序框图窗口工具栏如图 3.9 所示。

（a）前面板窗口工具栏

（b）程序框图窗口工具栏

图 3.9　LabVIEW 2024 Q3 的工具栏

工具栏按钮功能见表 3.4。

表 3.4　工具栏按钮功能一览表

图标	名称	功能说明
	运行	单击此按钮，可运行当前 VI
	连续运行	单击此按钮，可重复连续运行当前 VI
	中止执行	单击此按钮，可终止当前 VI 运行
	暂停	单击此按钮，可暂停当前 VI 运行，再次单击此按钮，VI 又继续执行
	高亮显示执行过程中	单击此按钮，可动态显示 VI 执行时数据的流动（仅程序框图窗口有）
	保存连线值	先单击此按钮，可使 VI 运行后为各条连线上的数据保留值（仅程序框图窗口有）
	开始单步执行	单击开始单步执行按钮，将执行第一个操作，然后在子 VI 或结构的下一个操作前暂停（仅程序框图窗口有）

续表

图标	名称	功能说明
	单步步出	结束当前节点的操作并暂停。VI 结束操作时，单步步出按钮将变为灰色（仅程序框图窗口有）
17pt 应用程序字体	文本设置	用于设置文本的字体、大小和样式等
	对齐对象	可将选定的对象按某一规则对齐，对齐方式有竖直对齐、上边对齐、左边对齐等
	分布对象	用于改变界面上对象的分布方式
	调整对象大小	用于将前面板上的对象调整为相同大小（仅前面板窗口有）
	重新排序	为选定对象重新设定在窗口中的前后叠放顺序
	整理程序框图	自动将程序框图上的对象重新连线以及重新安排位置（仅程序框图窗口有）
	显示即时帮助窗口	单击此按钮可打开即时帮助窗口

3.2.4　LabVIEW 2024 Q3 的数据类型

LabVIEW 作为一种完整的编程语言，与其他文本编程语言一样，数据操作是最基本的操作。LabVIEW 主要的数据类型包括基本数据类型，如数值型、字符型和布尔型，还包括结构类型（包括一个以上的元素），如数组和簇。同时还拥有特殊的一些数据类型。

图形化编程语言与 C 语言有着显著不同，C 语言的数据是放置在已声明的"变量"中，LabVIEW 的数据（常数除外）不是放置在变量中，而是放置在前面板的对象——控件（包括输入控件和显示控件）中，同时控件本身还确定了数据的数据类型。

LabVIEW 以浮点数、定点数、整数、无符号整数及复数表示数值数据。数据类型的差别在于用于存储数据的位数和表示数字的范围不同，双精度和单精度及复数数据在 LabVIEW 中以橙色表示，蓝色则代表所有整数的数值数据。LabVIEW 中数值数据类型见表 3.5。

表 3.5　数值数据类型表

数据类型	标记	简要说明
定点	FXP	定点数，最大位数为 64 位
单精度	SGL	单精度浮点数，存储位数为 32 位
双精度	DBL	双精度浮点数，存储位数为 64 位
扩展精度	EXT	扩展精度浮点数，存储位数为 128 位
单精度复数	CSG	复数单精度浮点数，实部和虚部存储位数均为 32 位
双精度复数	CDB	复数双精度浮点数，实部和虚部存储位数均为 64 位
扩展精度复数	CXT	复数扩展精度浮点数，实部和虚部存储位数均为 128 位

续表

数据类型	标记	简要说明
单字节整型	I8	有符号整数,存储位数为 8 位,取值范围-128～127
双字节整型	I16	有符号整数,存储位数为 16 位,取值范围-32 768～32 767
长整型	I32	有符号整数,存储位数为 32 位,取值范围-2 147 483 648～2 147 483 647
64 位整型	I64	有符号整数,存储位数为 64 位,取值范围-18 446 744 073 709 551 616～18 446 744 073 709 551 615
无符号单字节整型	U8	无符号整数,取值范围 0～255
无符号双字节整型	U16	无符号整数,取值范围 0～65 535
无符号长整型	U32	无符号整数,取值范围 0～4 294 967 295
无符号 64 位整型	U64	无符号整数,取值范围 0～1 844 674 407 309 551 615

布尔型的值为 1 或 0,即真(True)或假(False)。通常情况下,布尔型即为逻辑型,LabVIEW 用 8 位二进制数保存布尔数据,如 8 位的值均为 0,布尔值为 False,所有非 0 值都表示 True。在 LabVIEW 中,用绿色代表布尔型数据。

字符串是可显示或不可显示的 ASCII 字符序列。字符串可以提供与平台无关的信息和数据格式,是 LabVIEW 中一种基本的数据类型,LabVIEW 中的字符串以粉色表示。

路径是一种特殊的字符串,专门用于对文件路径的处理。路径控件用于输入或返回文件或目录的地址,路径控件与字符串控件的工作原理类似,但 LabVIEW 会根据用户使用操作平台的标准句法将路径按一定格式处理。

不同的数据类型在 LabVIEW 中用不同的线型和颜色表示,见表 3.6。

表 3.6 不同数据类型对应的线型和颜色

数据类型	标 量	一维数组	二维数组	颜 色
整型数				蓝色
浮点数				橙色
逻辑量				绿色
字符串				粉色
路径				青色

3.3 LabVIEW 2024 Q3 的初步操作

3.3.1 创建和编辑 VI

在 LabVIEW 2024 Q3 的启动界面单击【文件】→【新建 VI】,就会出现如图 3.10 所示的前面板和程序框图窗口。

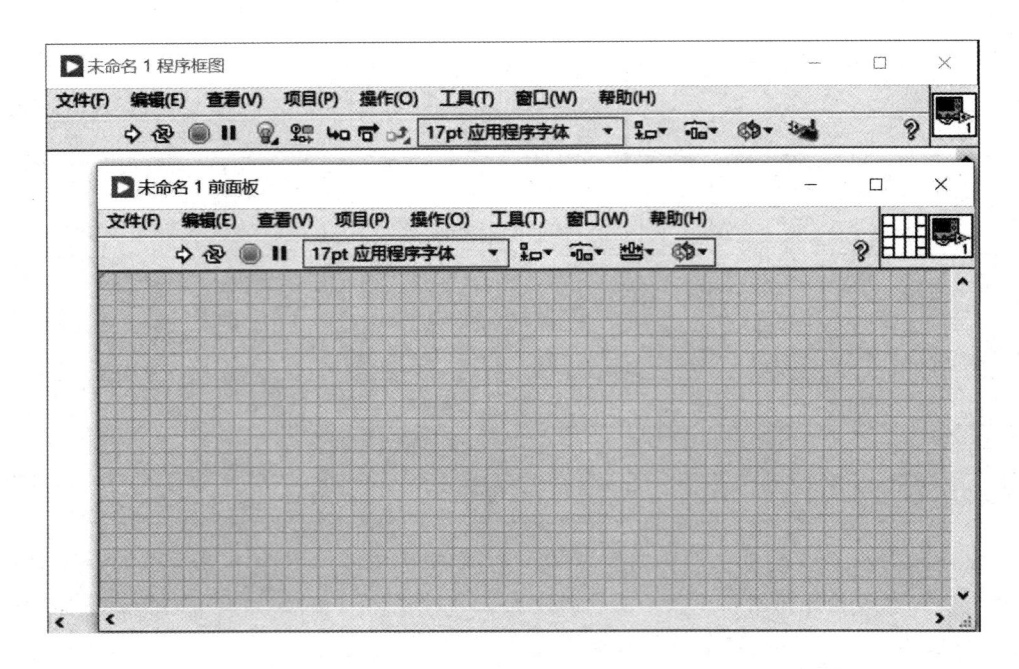

图 3.10　新建 VI 窗口

1．前面板设计

用工具选板中相应的工具去取用控件选板中的程序所需的相关控件，排列到前面板窗口中的合适位置，打开控件的属性设计窗口进行参数设置，并加上各种文字说明或标签，也可以加入一些装饰用的控件。一般情况下，前面板窗口中创建的控件会自动在程序框图窗口创建相应的接线端。一个简单的两数相加与两数相减 VI 的前面板如图 3.11 所示。

2．程序框图设计

每个前面板都有一个程序框图与之对应。程序框图用图形化编程语言编写，可以把它理解成传统编程语言程序中的代码。

用工具选板中相应的工具去取用函数选板中的程序所需的相关控件，排列到程序框图窗口中的合适位置，这些控件即是程序框图中的节点或结构。图 3.11 所示的前面板所对应的程序框图如图 3.12 所示。

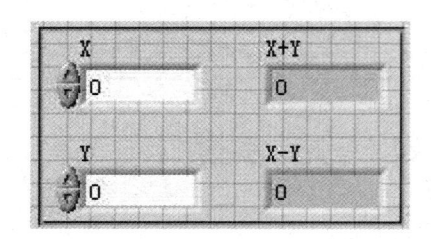

图 3.11　两数相加与两数相减 VI 的前面板　　图 3.12　两数相加与两数相减 VI 的程序框图

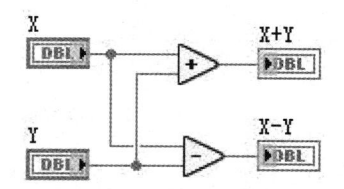

3．数据流编程

数据流编程就是连线操作。程序框图中对象的数据传输通过连线实现。在图 3.12 中，输入控件和显示控件的接线端口通过连线实现加、减运算。连线也是程序设计中较为复杂的问题。程序框图上的每个对象都带有自己的接线端口，连线将构成对象之间的数据通道。由于这不是几何意义上的连线，因此并非任意两个端口间都可连线。连线类似于高级文本语言程序中的变量数据单向流动，从源端口向一个或多个目的端口流动。不同数据类型的连线有不同的颜色、粗细和样式。

当需要连接两个端口时，在第一个端口上单击连线工具（从工具选板中调用），然后移动到另一个端口，再单击第二个端口。端口的先后次序不影响数据流动的方向。

当把连线工具放在端口上时，该端口区域将会闪烁，表示连线将会接通该端口。当把连线工具从一个端口接到另一个端口时，不需要按住鼠标。当需要连线转弯时，单击即可以正交垂直方向弯曲连线，按空格键可以改变转角的方向。

接线头是为了帮助正确连接端口的连线。当把连线工具放到端口上，接线头就会弹出。接线头还有一个黄色小标识框，以显示该端口的名字。

线形为波折形的连线表示坏线。出现坏线的原因有很多，例如连接了两个控制对象，源端口和终端口的数据类型不匹配等。可以通过使用定位工具单击坏线，再按 Delete 键来删除坏线。

4．编辑 VI 图标

为了唯一标识创建的 VI，可为该 VI 创建一个图标。双击前面板窗口或程序框图窗口右上角的图标，或用鼠标右键单击图标，在弹出的快捷菜单中单击【编辑图标】，将弹出图标编辑器对话框，如图 3.13 所示。该对话框包括模板、图标文本、符号、图层等部分，用户可以根据自己的设计需要进行选择。

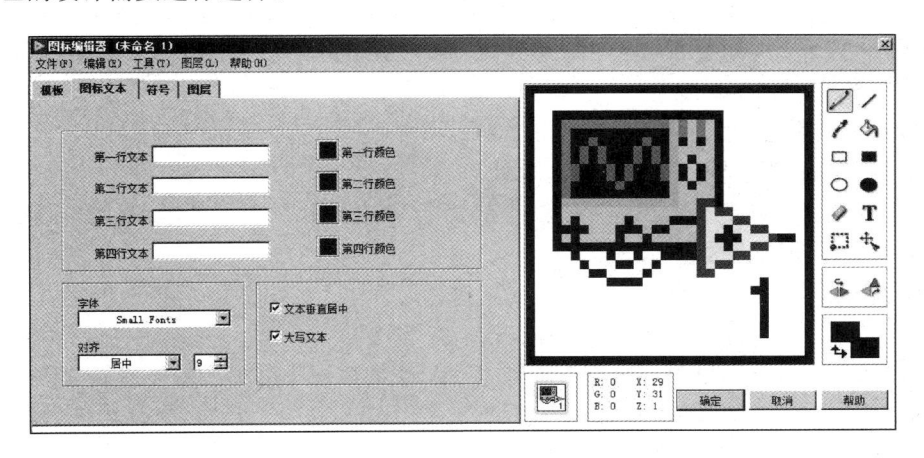

图 3.13 图标编辑器对话框

在图标编辑器中可以创建用户自己的图标。图标编辑器的用法与 Windows 操作系统中的画图工具软件类似，使用图标编辑器右边的图标文本、符号和编辑工具可编辑 VI 图标。

5．保存 VI

在前面板窗口或程序框图窗口中选择菜单中的【文件】→【保存】，然后在弹出的保存文件对话框中选择适当的路径和文件名保存 VI。

3.3.2 运行和调试 VI

运行和调试程序是在用任何一种编程语言编程的过程中最重要的一步。通过这一步，编程者可以查找出程序中存在的错误，根据这些错误和运行结果修改、优化程序，使编写的程序达到预期的效果。LabVIEW 提供了有效的编程调试环境，可帮助用户完成程序的调试。

1．运行 VI

在 LabVIEW 中可以通过两种方式来运行 VI，即运行和连续运行。

（1）运行 VI

在前面板窗口或程序框图窗口的工具栏中单击【运行】按钮 ⇨，可以运行 VI。使用这种方式运行 VI，VI 只运行一次，当 VI 正在运行时，【运行】按钮会变成 ⇨ 状态。

（2）连续运行 VI

在工具栏中单击【连续运行】按钮 ⟲，可以连续运行 VI。连续运行的意思是指一次 VI 运行结束后，继续重新运行 VI。当 VI 正在连续运行时，【连续运行】按钮会变成 ⟲ 状态。单击 ⟲ 按钮，可停止 VI 的连续运行。

当 VI 处于运行状态时，单击工具栏中的按钮 ⏺，可强行终止 VI 的运行；单击按钮 ⏸，可暂停 VI 的运行。

2．查找 VI 中的错误

在编辑过程中 LabVIEW 有自动编译的效果，即正在创建或编辑的 VI 没有错误时，运行按钮为正常状态 ⇨，若运行按钮呈断开的形状，则说明程序中存在错误。单击断开的按钮 ⇨ 或选择菜单中的【查看】→【错误列表】，可查找 VI 断开的原因。错误列表列出了所有的错误。单击【帮助】按钮，可显示 LabVIEW 帮助中对错误的详细描述和纠正错误的相关主题。

VI 断开的常见原因如下：

① 数据类型不匹配或存在未连接的接线端。
② 必须连接的程序框图接线端没有连线。
③ 子 VI 处于断开状态或在程序框图上放置子 VI 图标后编辑了该子 VI 的连线板。

3．高亮显示执行过程

单击程序框图窗口工具栏中的【高亮显示执行过程中】按钮 💡，可查看程序框图的动态执行过程。

高亮显示执行过程通过沿连线移动的圆点显示数据在程序框图上从一个节点移动到另一个节点的过程。使用高亮显示执行过程的同时，结合单步执行，可查看 VI 中的数据从一个节点移动到另一个节点的全过程。

按照下列步骤，使用高亮显示执行过程：

① 打开任意 VI 的程序框图。
② 单击程序框图窗口工具栏中的【高亮显示执行过程中】按钮，启用执行过程高亮显示。
③ 运行 VI，并查看 VI 运行时的程序框图。
④ 再次单击【高亮显示执行过程中】按钮，即可马上停止高亮显示执行过程。

4．单步执行

单步执行 VI 时可查看运行时程序框图上的每个执行步骤。所有单步执行按钮仅在单步执行方式下影响 VI 或子 VI 的运行。单步执行一个 VI 时，该 VI 的各个子 VI 既可单步执行，也可正常运行。

按照下列步骤单步执行 VI：

① 单击程序框图窗口工具栏中的 ![] 或 ![]（开始单步执行）按钮，VI 就可进入单步执行方式。单击一次单步执行按钮，VI 按节点顺序执行一步。

![] 与 ![] 按钮不同之处是：当遇到循环或子 VI 时，前者会跳入循环或子 VI 内部继续逐步执行 VI，而后者不跳入其内部逐条执行其中的内容，而是将其作为一个整体节点执行。

② 单击程序框图窗口工具栏中的 ![]（单步步出）按钮，可跳出单步执行 VI 的操作并暂停。VI 结束操作时，单步步出按钮将变为灰色。

通过 VI 的单步执行，可以清晰地了解 VI 的执行顺序和数据流动方向，进而检查程序逻辑是否正确。

5. 设置探针

工具选板中的探针工具 ![] 用于检查 VI 运行时连线上的值。若程序框图较复杂且包含一系列每步执行都可能返回错误值的操作，则可使用探针工具。利用探针并结合高亮显示执行过程、单步执行和断点，可确认数据是否有误并找出错误数据。当 VI 运行时，若有数据流过探针查看的数据连线，探针对话框会自动显示这些流过的数据。当执行过程由于单步执行或断点而在某一节点处暂停时，可用探针探测刚才执行的连线，查看流经该连线的数值。

6. 设置断点

使用断点工具 ![] 在 VI、节点或连线上放置一个断点，程序运行到该处时暂停执行。在连线上设置断点后，数据流经该连线且暂停按钮为红色时程序将暂停执行。在程序框图上放置一个断点，使程序框图在所有节点执行后暂停执行。此时程序框图边框变为红色，断点不断闪烁以提示断点所在位置。

VI 暂停于某个断点时，程序框图将出现在最前方，同时一个选取框将高亮显示含有断点的节点或连线。光标移动到断点上时，断点工具光标的黑色区域变为白色。

（1）设置断点

① 用断点工具 ![] 在需暂停执行的 VI、节点或连线上单击；也可用鼠标右键单击 VI、节点或连线，从快捷菜单中选择【设置断点】。

② 运行 VI。程序执行到一个断点时，VI 将暂停执行，同时暂停按钮显示为红色，VI 的背景和边框开始闪烁。此时，可进行下列操作：

- 单击【开始单步执行】按钮单步执行程序；
- 查看连线上在 VI 运行前事先放置的探针的实时值；
- 若启用了保存连线值选项，则可在 VI 运行结束后，查看连线上探针的实时值；
- 改变前面板控件的值；
- 检查调用列表下拉菜单，查看停止在断点处调用该 VI 的 VI 列表；
- 单击【暂停】按钮，可继续运行到下一个断点处或直到 VI 运行结束。

（2）启用和禁用断点

若要禁用断点，使 VI 在断点处暂停执行后继续，可用鼠标右键单击断点所在的对象，从快捷菜单中选择【断点】→【禁用断点】。若要启用之前禁用的断点，用鼠标右键单击程序框图对象，从快捷菜单中选择【断点】→【禁用断点】。可一次禁用或启用一个断点，也可使用断点管理器一次禁用或启用全部断点。

（3）删除断点

用断点工具单击一个现有断点并将其删除。也可用定位工具鼠标右键单击断点，从快捷菜单中选择【断点】→【清除断点】将其删除。选择【编辑】→【从层次结构中删除断点】，可删除 VI 层次结构中所有的断点，也可使用断点管理器一次移除 VI 层次结构中的所有断点。

3.3.3 创建和调用子 VI

可将新创建的 VI 用于另一个 VI。一个 VI 被其他 VI 在程序框图中调用，则称该 VI 为子 VI。子 VI 相当于文本编程语言中的子程序，可重复调用。子 VI 的控件和函数从调用该 VI 的程序框图中接收数据，并将数据返回至该程序框图。

1. 创建子 VI

构造一个子 VI 的主要工作就是需先为子 VI 创建图标和连线板。

每个 VI 在前面板窗口和程序框图窗口的右上角都有一个图标。图标是 VI 的图形化表示，可包含文字、图形或图文组合。若将 VI 当作子 VI 调用，程序框图上将显示该子 VI 的图标。

默认图标中有一个数字，表明 LabVIEW 启动后打开新 VI 的个数。用鼠标右键单击前面板窗口或程序框图窗口右上角的图标并从快捷菜单中选择【编辑图标】，或双击前面板窗口右上角的图标，会弹出一个图标编辑器对话框，如图 3.13 所示。在图标编辑器中可创建用户自己的图标。

在完成图标创建后，将其作为子 VI 调用的主要工作就是创建连线板。

用鼠标右键单击前面板窗口右上角的连线板，从快捷菜单中选择【模式】，会出现一个图形化下拉菜单。菜单中列出了 36 种不同的连线板，如图 3.14 所示，可为 VI 选择不同的连线板。

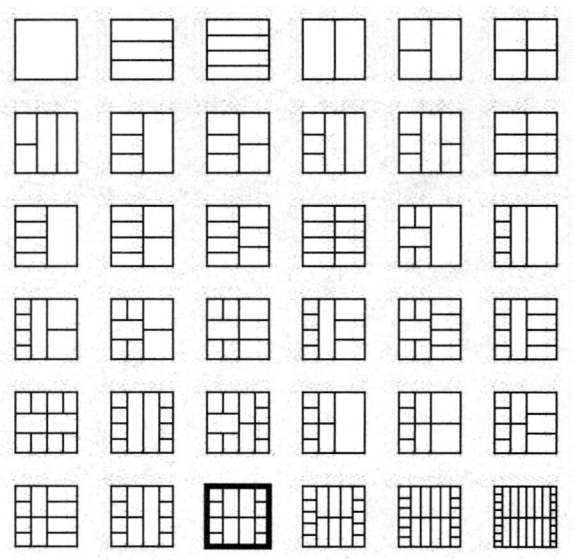

图 3.14 LabVIEW 的连线板

连线板集合了 VI 各个接线端，与 VI 中的控件相互对应，类似文本编程语言中函数调用的参数列表。连线板标明了可与该 VI 连接的输入端和输出端，以便将该 VI 作为子 VI 调用。连线板在其输入端接收数据，然后通过前面板控件将数据传输至程序框图的代码中，从前面板的显示控件中接收运算结果并传递至其输出端。

连线板上的每个单元格代表一个接线端，使用各个单元格分配输入和输出。默认的连线板模式为 4×2×2×4。使用默认模式可保留多余的接线端，当需要为 VI 添加新的输入或输出端时再进行连接。

连线板中最多可设置 28 个接线端。如果前面板上的控件不止 28 个，可将其中的一些对象组合为一个簇，然后将该簇分配至连线板上的一个接线端。

完成了连线板的创建之后，接下来的工作就是定义前面板中的输入控件和显示控件与连线板中各输入端、输出端的关联关系。方法是：单击连线板中的一个矩形（代表一个接线端），光标自动变成连线工具，同时接线端变成黑色，再单击需要连接的前面板对象，此时该前面板对象被虚线框包围，选中的端口的颜色变为与该前面板对象的数据类型一致的颜色，表明该前面板对象和接线端建立起一对一的关系。如果接线端是白色的，则表示没有连接成功。

例如，将前面创建的虚拟仪器例子——两数相加与两数相减 VI 创建为子 VI，将其图标使用图标编辑器中的文本工具编辑为"加减程序"；因该 VI 有两个输入参数（X，Y）与两个输出参数（X+Y，X-Y），其连线板可选择 2×2 模式。为该 VI 创建的图标和连线板如图 3.15 所示。

图 3.15 创建两数相加与两数相减 VI 为子 VI 的图标和连线板

最后，在前面板的菜单中选择【文件】→【保存】，将保存该 VI，即完成了子 VI 的创建。

2．调用子 VI

在函数选板中选择【选择 VI…】，弹出一个名为【选择需打开的 VI】对话框，在对话框中找到需要调用的子 VI，选中后单击【确定】按钮，此时，在光标上会出现这个子 VI 的图标，将其移动到程序框图窗口中的适当位置并单击，将图标加入主 VI 的程序框图中。然后，用连线工具将子 VI 的各个连接端与主 VI 中的其他节点按照一定的逻辑关系连接起来，至此，就完成了子 VI 的调用。

例如，调用创建的两数相加与两数相减子 VI 的 VI 程序框图如图 3.16 所示。

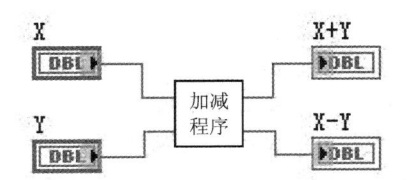

图 3.16 调用创建的两数相加与两数相减子 VI 的 VI 程序框图

调用创建的两数相加与两数相减子 VI 视频

3.3.4　VI 创建举例——虚拟温度计

下面以虚拟温度计为例，详细介绍用 LabVIEW 2024 Q3 开发虚拟仪器的方法。

实际的温度测量有多种方式，如使用热敏电阻、热电偶等。本例采用电流型集成温度传感器 AD590，其温度测量范围为-55～150℃，线性电流输出为 1μA/K。AD590 以热力学零点作为零输出点，在25℃时的输出电流为 298.2μA。

假设温度测量范围为 0～100℃，按图 3.17 所选定的电路参数，该电路的输出电压灵敏度为 10mV/℃。因为 AD590 直接测量的是热力学温度（单位为 K），所以，为了以摄氏温度读出，其输出必须以 273.15μA 偏置。令 AD590 的输出电流流过 1kΩ电阻，这样将 1μA/K 的电流灵敏度转换为 1mV/K 的电压灵敏度，再将转换后的输出电压连接到仪表放大器 AD524 的同相输入端。基准电压芯片 AD580 输出的 2.5V 基准电压用电阻分压到 273.15mV，接仪表放大器的反相输入端，设置 AD524 的放大倍数为 10，这样，经 AD524 对两输入端的差值放大后，就可将 0～100℃的温度输入转换为 0～1V 的电压输出，即该温度测量电路的输出电压灵敏度为 10mV/℃。

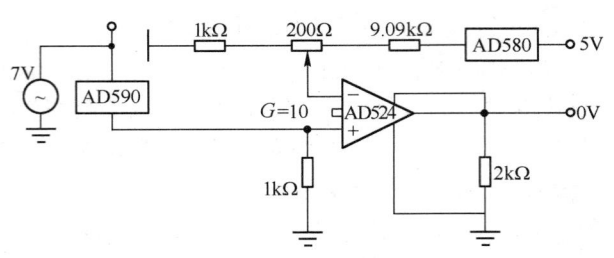

图 3.17　温度测量电路

为了设计方便，本例用一个随机数据代替温度测量电路模拟产生的电压输出。设温度测量范围为 0～100℃，VI 设计步骤如下。

1．前面板设计

启动 LabVIEW 2024 Q3 后，在启动界面上，选择新建 VI，创建一个新 VI，然后按下面的步骤进行设计。

① 在控件选板的【新式】→【数值】子选板中选择"仪表"控件，放置到前面板窗口的合适位置，将标签"仪表"改为"电压（mV）"。然后，用鼠标右键单击该控件，在弹出的快捷菜单中选择【属性】，在弹出的属性窗口中选择【标尺】，在标尺窗口中设置最小值为 0，最大值为 1000。

② 在控件选板的【新式】→【数值】子选板中选择"温度计"控件，放置到前面板窗口的合适位置。

③ 在控件选板的【新式】→【布尔】子选板中选择"开关按钮"控件，放置到前面板窗口的合适位置，将标签"布尔"改为"开关"，用鼠标右键单击该控件，在弹出的快捷菜单中单击【显示项】→【标签】，隐藏该控件的标签显示。然后，用鼠标右键单击该控件，在弹出的快捷菜单中单击【属性】，在弹出的属性对话框中单击【外观】→【显示布尔文本】，将"开时文本"框中的内容改为"开"，将"关时文本"框中的内容改为"关"，再单击【确定】按钮。

④ 选用工具选板中的"编辑文本"工具，在前面板窗口的合适位置单击，输入文本"虚拟温度计"，再选用工具选板中的"定位/调整大小/选择"工具，单击前面板窗口上的工具栏【文本】，可改变输入文本大小、样式等。

⑤ 在控件选板的【新式】→【修饰】子选板中选择"下凹框"控件，放置到前面板窗口的合适位置，并设置合适的大小。

完成以上5个步骤后的虚拟温度计 VI 前面板如图 3.18 所示。

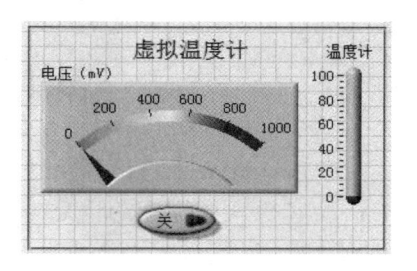

2．程序框图设计

程序框图的设计步骤如下。

① 打开程序框图窗口，调整与前面板相对应的控件图标位置，以便后续摆放函数与连线。

② 在函数选板的【编程】→【数值】子选板中选择"随机数(0-1)"函数，放置到程序框图窗口的合适位置。

图 3.18　虚拟温度计 VI 前面板

③ 在函数选板的【编程】→【数值】子选板中选择"乘"函数，放置到程序框图窗口的合适位置（放置2个乘法器函数）。

④ 在函数选板的【编程】→【数值】子选板中选择"数值常量"函数，放置到程序框图窗口的合适位置（放置3个数值常量，常数数值分别设置为0、100、10）。

⑤ 在函数选板的【编程】→【比较】子选板中选择"选择"函数，放置到程序框图窗口的合适位置。

3．数据流编程

选用工具选板中的"连线"工具，根据温度计的设计原理连接各个节点和函数，即可完成数据流编程。

设计好的虚拟温度计 VI 程序框图如图 3.19 所示。

4．编辑 VI 图标

双击前面板窗口右上角的图标，在弹出的图标编辑器对话框右边的工具栏中，单击【选择】，将原来默认图标全部选中，按 Delete 键，删除选中的默认图标。然后，单击【图标文本】选项卡，在"第一行文本"栏中输入"温度"，在"第二行文本"栏中输入"测量"，单击【确定】按钮，即可将该 VI 的图标编辑为"温度测量"图形化标识。

5．运行和保存 VI

在前面板窗口选用工具选板中的"操作值"工具，单击前面板上放置的开关按钮，使其显示为"开"状态，然后单击前面板窗口工具栏中的【运行】按钮，就可运行设计好的虚拟温度计 VI，运行结果如图 3.20 所示。

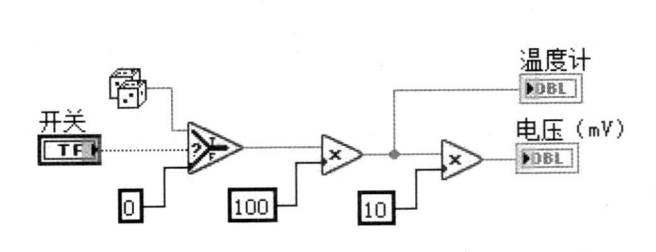

图 3.19　虚拟温度计 VI 程序框图 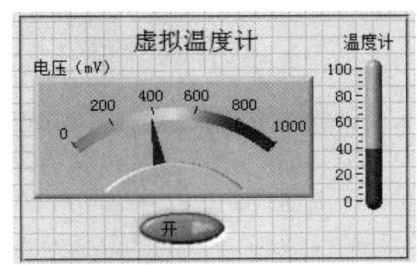　　　　图 3.20　虚拟温度计 VI 运行结果

运行 VI 检验程序设计正确后，可在前面板或程序框图窗口选择菜单中的【文件】→【保存】，在弹出的文件保存对话框中选择合适的路径，输入文件名，单击【确定】按钮即可保存 VI 文件。

3.4 获取 LabVIEW 帮助

在 LabVIEW 的程序开发过程中，如果遇到疑问或者初次使用的函数，可以通过 LabVIEW 的帮助文档获取详细的信息。了解 LabVIEW 的帮助信息，用户可以更好地学习和掌握 LabVIEW。

LabVIEW 的帮助信息主要包括显示即时帮助、LabVIEW 帮助、查找范例及网络资源等。这些帮助信息可以通过前面板或程序框图窗口中的"帮助"菜单来获得。

3.4.1 显示即时帮助

显示即时帮助是 LabVIEW 提供的实时快捷帮助窗口，即时帮助信息对于 LabVIEW 的初学者来说非常有用。

选择 LabVIEW 菜单中的【帮助】→【显示即时帮助】，即可弹出即时帮助窗口。此时如果用户需要了解当前程序框图中的 VI、节点或控件的帮助信息，只需将光标移动到相关 VI、节点或控件上面，即时帮助窗口将显示其基本的功能说明信息，从这些帮助信息中用户可以了解到 VI、节点或控件的基本功能。

例如，对于一个"+"函数，其即时帮助窗口如图 3.21 所示。

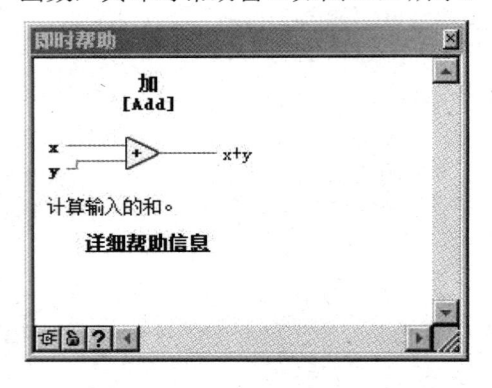

图 3.21 "+"函数的即时帮助窗口

3.4.2 LabVIEW 帮助

LabVIEW 帮助提供了 LabVIEW 选板、菜单、工具、VI 和函数的参考信息，还提供使用 LabVIEW 功能的分步指导信息。选择 LabVIEW 菜单中的【帮助】→【LabVIEW 帮助】，可通过网页浏览器连接到 NI 公司的官网，进入 LabVIEW 编程参考手册网页，查找所需要的帮助文档。

3.4.3 查找范例

查找范例包含了 LabVIEW 各个功能模块的应用实例，借鉴 LabVIEW 提供的典型范例是快速、深入地学习 LabVIEW 的一个好方法。

选择 LabVIEW 菜单中的【帮助】→【查找范例】，即可弹出 NI 范例查找器窗口，如

图 3.22 所示。

图 3.22　NI 范例查找器窗口

在图 3.22 的左侧，可选择"任务"或"目录结构"浏览方式查找 LabVIEW 范例，也可以使用搜索功能查找感兴趣的 LabVIEW 范例。

在 LabVIEW 的学习过程中，用户可以充分利用 LabVIEW 自带的例程，掌握 LabVIEW 的编程方法。很多情况下，只需对这些例程稍做修改，就可以直接应用到自己的 VI 中，从而提高程序的开发效率。

3.4.4　网络资源

选择 LabVIEW 菜单中的【帮助】→【网络资源】，即可通过网页浏览器连接到 NI 公司的官网。官网上提供了大量的 LabVIEW 的最新技术与应用方案，还能共享代码、获取技术支持等。

思考题和习题 3

3.1　什么是 LabVIEW？LabVIEW 编写的程序由哪几部分组成？

3.2　LabVIEW 有哪 3 个选板？简述其各自的功能。

3.3　LabVIEW 的前面板与程序框图如何切换？

3.4　简述用 LabVIEW 编写程序的一般步骤。

3.5　程序框图主要由哪几类对象构成？它们分别起什么作用？

3.6　比较前面板工具栏和程序框图工具栏的相同及不同之处。

3.7　简述 LabVIEW 程序调试的基本方法。

3.8　如何利用错误列表快速定位程序框图中的错误？

3.9 什么是子 VI？

3.10 如何更改 VI 的图标？

3.11 简述创建并调用子 VI 的操作过程。

3.12 在前面板创建 3 个数值控件，分别按上边缘对齐、下边缘对齐、左边缘对齐和右边缘对齐排列这 3 个数值控件。

3.13 设计 VI，在前面板上放置一个转盘控件和温度控件，数值范围都设置为 0～100，要求温度计指示值随转盘指针的转动而改变。

3.14 设计 VI，把两个输入数值相加，再把和乘以 20。

3.15 设计 VI，输入一个数，判断这个数是否在 10～100 之间。

3.16 设计 VI，比较两个数，如果其中一个数大于另一个数，则点亮 LED 指示灯。

3.17 设计 VI，产生一个 0.0～10.0 之间的随机数与 10.0 相乘，然后通过一个子 VI 将积与 100 相加后开方。

3.18 设计 VI，求 3 个输入数的平均值，并将平均值与一个 0.0～1.0 之间的随机数相乘。要求将其中求平均值的部分创建为子 VI 来实现 VI 设计。

3.19 LabVIEW 帮助系统提供了哪些获取帮助的方式？

3.20 说明如何进行范例查找。

第 4 章 虚拟仪器设计基础

LabVIEW 为虚拟仪器设计者提供了一个便捷、轻松的设计环境。利用它,设计者可以像搭积木一样,轻松组建仪器系统并构造自己的仪器面板,无须进行任何烦琐的计算机程序代码的编写。本章主要介绍程序结构,字符串、数组和簇,局部变量和全局变量,文件操作,图形显示等几种虚拟仪器设计中常用的功能程序设计方法。

4.1 程 序 结 构

LabVIEW 中的结构是文本编程语言中的循环和条件语句的图形化表示。使用程序框图中的结构可对代码块进行重复操作,根据条件或特定顺序执行代码。

LabVIEW 的图形化编程使得这些结构实现起来更为简单和直观。每种结构都含有一个可调整大小的清晰边框,用于包围根据结构规则执行的程序框图部分。结构边框中的程序框图部分被称为子程序框图。从结构外接收数据和将数据输出结构的接线端,称为隧道。隧道是结构边框上的连接点。

LabVIEW 提供的结构位于函数选板的【编程】→【结构】子选板中,如图 4.1 所示。

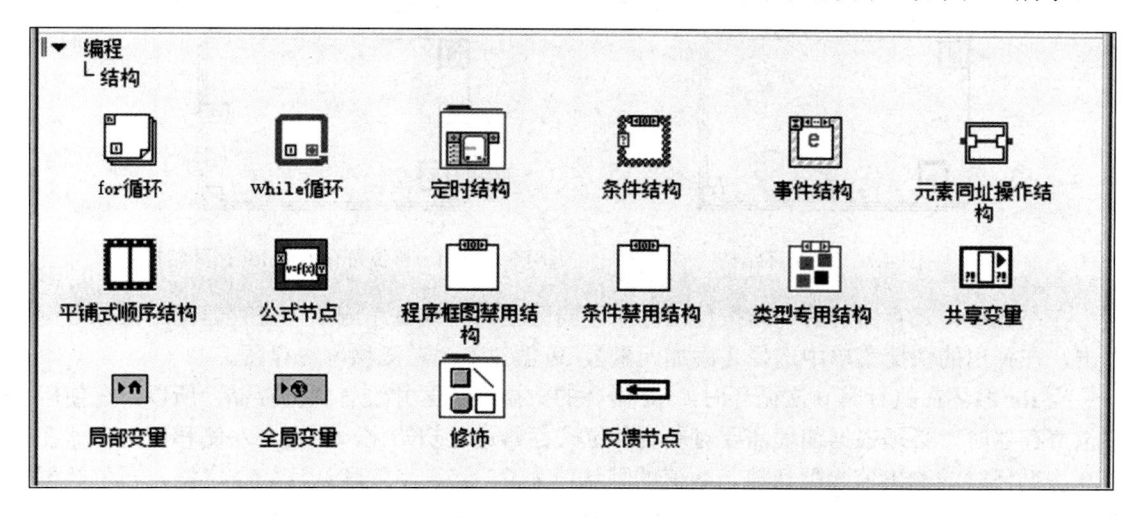

图 4.1 【结构】子选板

LabVIEW 提供了多种进行程序流程控制的方式,包括循环结构、分支结构、顺序结构、事件结构、定时结构、公式节点、反馈节点等。也正是这些用于流程控制的机制,使得 LabVIEW 成为一种集结构化与面向对象技术于一体的优秀编程语言。

4.1.1 循环结构

LabVIEW 中的循环结构主要通过 while 循环和 for 循环实现。这两种循环结构的功能基本相同，但使用上有一些差别。for 循环必须指定循环的次数，循环一定的次数后自动退出循环；而 while 循环则不用指定循环的次数，只需要指定循环退出的条件。下面分别介绍这两种循环结构。

1. for 循环

for 循环是 LabVIEW 最基本的结构之一，它按设定的次数执行子程序框图，相当于 C 语言中的 for 循环。

LabVIEW 中的 for 循环可以从【结构】子选板中创建，如图 4.2 所示，它包含两个接线端口：总数接线端 N 和计数接线端 i。

总数接线端 N 用于指定 for 循环内部代码执行的次数，它是一个输入端口。计数接线端 i 用于记录循环已经完成的次数，取值范围是 $0 \sim N-1$，它是一个输出端口。这两个参数都必须为整型。

另外，为实现 for 循环的各种功能，LabVIEW 在 for 循环中引入了移位寄存器的新概念。移位寄存器的功能是将第 $i=1$，$i=2$，$i=3$，…次循环的计算结果存在 for 循环的数据缓冲区内，并在第 i 次循环时将这些数据从循环框图左侧的移位寄存器中送出，供循环框图内的节点使用，其中，$i=0$，1，2，3，…。在 LabVIEW 的循环结构中，创建移位寄存器的方法是在循环框图的左边或右边单击鼠标右键，在弹出的快捷菜单中选择【添加移位寄存器】，可创建一个移位寄存器。增加了移位寄存器的 for 循环结构如图 4.3 所示。

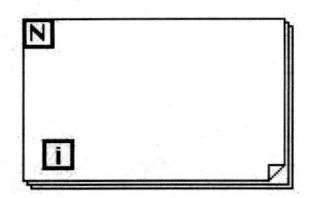

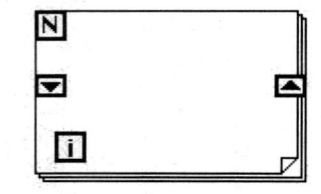

图 4.2　for 循环结构　　　　图 4.3　增加了移位寄存器的 for 循环结构

在左侧移位寄存器的右下角按住鼠标左键向下拖动，或在左侧移位寄存器上用鼠标右键单击，在弹出的快捷菜单中选择【添加元素】，可创建多个左侧移位寄存器。

当 for 循环在执行第 0 次循环时，for 循环的数据缓冲区并没有数据存储，所以，在使用移位寄存器时，必须根据编程需要对左侧移位寄存器进行初始化，否则，左侧移位寄存器在第 0 次循环时的输出值为默认值，数值的默认值为 0、字符串的默认值为空字符、布尔数据的默认值为 False。另外，连接至右侧移位寄存器的数据类型和用于初始化左侧移位寄存器的数据类型必须一致，例如都是数值型或都是字符串型、布尔型等。

需要注意的是，左侧移位寄存器除初始化时可以输入数据外，其他情况下只能输出数据；而右侧移位寄存器除在循环结束时向循环外输出数据外，其他情况下只能输入数据。

【例 4.1】　求 $\sum_{n=1}^{100} n$。

求和 VI 的前面板和程序框图如图 4.4 所示。

编程步骤如下。

(1) 首先，新建一个 VI，从控件选板的【新式】→【数值】子选板中选取"数值显示控件"，放置在前面板窗口的适当位置，并将其标签改为"和"。

(2) 切换到程序框图窗口，从函数选板的【结构】子选板中选取"for 循环"，放置到程序框图窗口上，拖动以形成一个框图；从【数值】子选板中分别选取一个"+"函数和一个"+1"函数，放置到 for 循环框图内；再从【数值】子选板中选取两个"数值常量"放置到 for 循环框图外，将其值分别置为 0、100。

(3) 为 for 循环创建移位寄存器，并按图 4.4 所示的程序框图进行连线。

运行程序，结果如图 4.4 中的前面板所示。

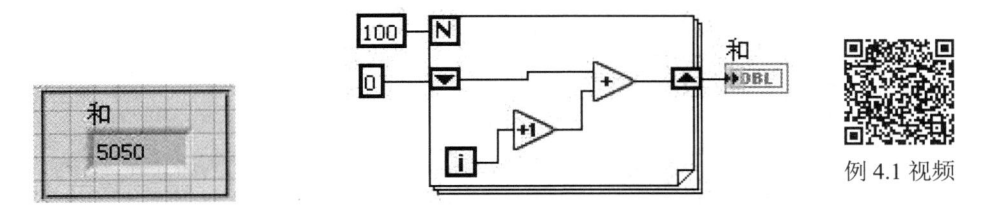

图 4.4 求和 VI 的前面板和程序框图

在 LabVIEW 的程序框图设计中，当 for 循环（或 while 循环）边框比加大时，使用移位寄存器会造成过长的连线，因此，LabVIEW 提供了反馈节点 ⬅。反馈节点和移位寄存器可以互换，方法是：在反馈节点或移位寄存器图标上单击鼠标右键，在弹出的快捷菜单中选择【替换为移位寄存器】或【替换为反馈节点】即可。需要注意的是，当移位寄存器在接线端多于 1 个时，不能转换为反馈节点。

对于图 4.4 所示的求和 VI 的程序框图，若用反馈节点替换移位寄存器，其程序框图如图 4.5 所示。

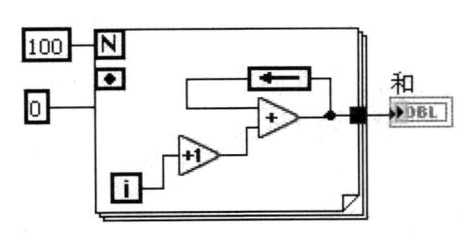

图 4.5 反馈节点的程序框图

反馈节点箭头的方向表示数据流的方向。反馈节点有两个接线端，输入接线端在每次循环结束时将当前值存入，输出接线端在每次循环开始时把上一次循环存入的值输出。

LabVIEW 没有类似于其他编程语言中的 go to 之类的转换语句，故不能随心所欲地将程序从一个正在执行的 for 循环中跳转出去。也就是说，一旦确定了 for 循环执行的次数，并开始执行后，就必须在执行完相应次数的循环后，才能终止其运行。若确定需要根据某种逻辑条件跳出循环，可用 while 循环代替 for 循环。

【例 4.2】 求一组随机数的最大值和最小值。

求最大值和最小值 VI 的前面板和程序框图如图 4.6 所示。

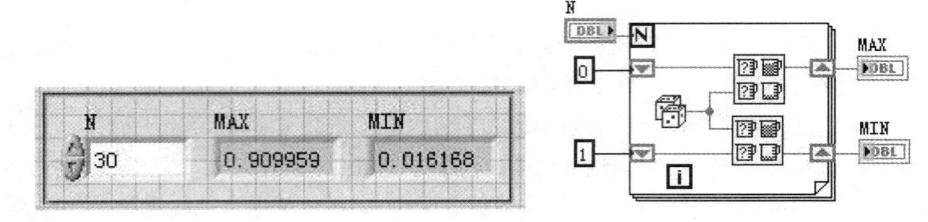

图 4.6　求最大值和最小值 VI 的前面板和程序框图

程序设计中，通过控制 for 循环的次数，确定随机数的长度。随机数是通过放置在 for 循环框图中的"随机数(0-1)"函数产生的，该函数位于【数值】子选板。从函数选板的【比较】子选板中选取"最大值与最小值"函数，用来求取随机数的最大值和最小值。程序运行结果如图 4.6 中的前面板所示。

2．while 循环

当循环次数不能预先确定时，就需用到 while 循环。while 循环也是 LabVIEW 最基本的结构之一，相当于 C 语言中的 while 循环和 do…while 循环。

while 循环可以从【结构】子选板中创建，while 循环包含两个端口：条件接线端和计数接线端，如图 4.7 所示。

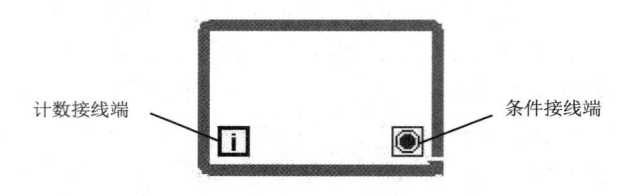

图 4.7　while 循环结构

条件接线端输入的是布尔变量，它用于判断循环在什么条件下停止执行。它有两种使用状态：Stop if True 和 Continue if True。当每次循环结束时，条件接线端便会检测通过数据连线输入的布尔值，并根据输入的布尔值和其使用状态决定是否继续执行循环。用鼠标右键单击条件接线端，在弹出的快捷菜单中选择【真(T)时停止】或【真(T)时继续】，可以切换条件接线端的使用状态。

计数接线端 i 提供当前的循环计数，第一次迭代的循环计数始终从零开始。

while 循环也有移位寄存器，其用法和 for 循环类似。

【例 4.3】　求 $n!$。

阶乘运算 VI 的前面板和程序框图如图 4.8 所示。

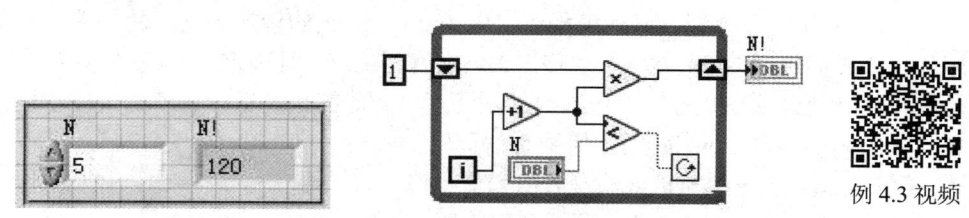

例 4.3 视频

图 4.8　阶乘运算 VI 的前面板和程序框图

程序设计中，通过对 while 循环结构增加移位寄存器来存储乘积，利用"<"函数的输出状态控制循环结束，该函数位于【比较】子选板。

【例 4.4】 求 $1^2+2^2+3^2+\cdots+n^2>1000$ 的最小 n 值及对应该 n 值的累加和。

求平方和 VI 的前面板和程序框图如图 4.9 所示。

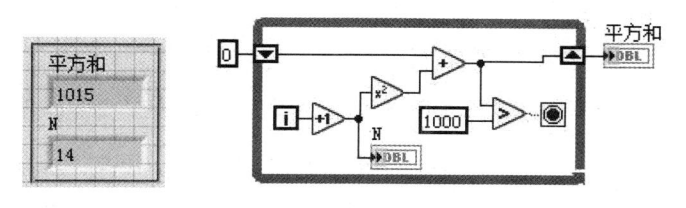

图 4.9　求平方和 VI 的前面板和程序框图

程序设计中，通过对 while 循环结构增加移位寄存器来存储平方和，利用">"函数的输出状态控制循环结束。

4.1.2　条件结构

条件结构是 LabVIEW 最基本的结构之一，条件结构类似于文本编程语言中的 switch 语句或 if…then…else 语句。条件结构可从【结构】子选板中创建，条件结构由选择框架、分支选择器、选择器标签及【递增】/【递减】按钮组成，如图 4.10 所示。

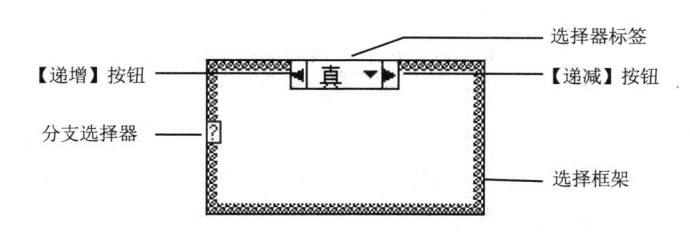

图 4.10　条件结构

在条件结构中，分支选择器相当于 C 语言的 switch 语句中的"表达式"。编程时，将外部控制条件连接至分支选择器上，程序运行时分支选择器会判断送来的控制条件，引导条件结构执行相应框架中的内容。

输入分支选择器的控制条件的数据类型有布尔型、整型、字符串型和枚举型。当控制条件为布尔型数据时，有真和假两种选择框架，这是 LabVIEW 默认的选择框架类型。当控制条件为整型、字符串型或枚举型数据时，条件结构可以使用任意个分支。

应指定条件结构的默认条件分支以处理超出范围的数值，否则应明确列出所有可能的输入值。例如，若分支选择器的数据类型是整型，并且已指定 1、2 和 3 分支，则必须指定一个默认选择框架，以便在输入数据为 0 或任何其他有效的整数值时执行。整型条件结构如图 4.11 所示。

选择框架的个数可根据实际需要确定，在选择框架的右键弹出菜单中选择【在后面添加分支】或【在前面添加分支】，可以添加选择框架。

当控制条件为字符串和枚举值时，条件结构的选择器标签的值为双引号括起来的字符串。

枚举条件结构如图 4.12 所示。选择框架的个数是根据实际需要确定的。

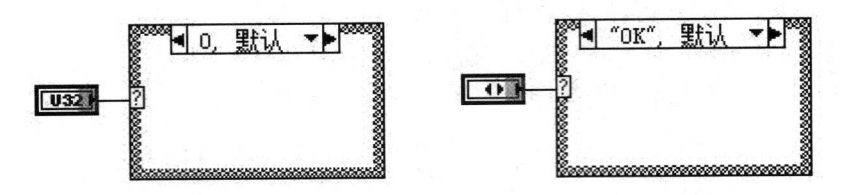

图 4.11　整型条件结构　　　　图 4.12　枚举条件结构

注意：在使用条件结构时，控制条件的数据类型必须与选择器标签中的数据类型一致。二者若不匹配，LabVIEW 会报错，同时，选择器标签中字体的颜色将变为红色。

可为条件结构创建多个输入、输出隧道。所有输入都可供条件分支选用，但条件分支不需使用每个输入。但是，必须为每个条件分支定义各自的输出隧道。在某个条件分支中创建一个输出隧道时，所有其他条件分支边框的同一位置上也会出现类似隧道。只要有一个输出隧道没有连线，该结构上的所有输出隧道都显示为白色正方形。每个条件分支的同一输出隧道可以定义不同的数据源，但各个条件必须兼容这些数据类型。右键单击输出隧道并从快捷菜单中选择【未连线时使用默认】，所有未连线的隧道将使用隧道数据类型的默认值。

在 VI 处于编辑状态时，单击【递增】/【递减】按钮可将当前的选择框架切换到前一个或后一个选择框架；用鼠标右键单击选择器标签，可在下拉菜单中选择切换到任何一个选择框架。

【例 4.5】　求一个数的平方根，当该数大于或等于 0 时，输出开方结果；当该数小于 0 时，输出错误代码 -999.00，并发出警告。

这是条件结构的一个典型应用，输入一个数后，首先判断该数是否大于或等于 0，若大于或等于 0，则输出计算结果，否则输出错误代码 -999.00，并产生蜂鸣警告。求平方根 VI 的前面板和程序框图如图 4.13 所示。

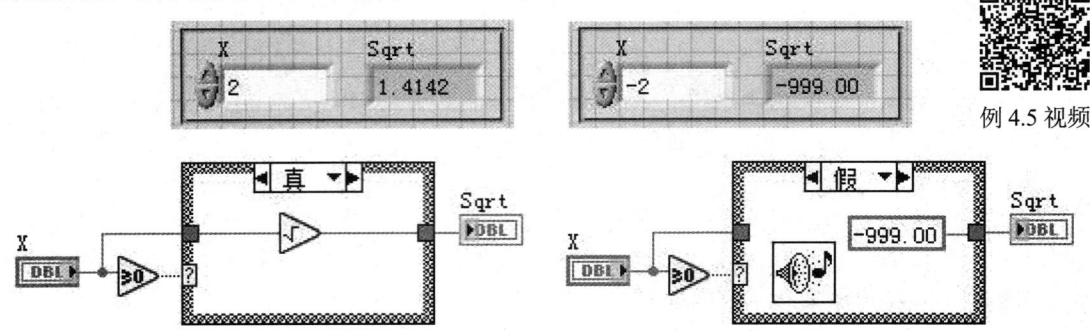

例 4.5 视频

图 4.13　求平方根 VI 的前面板和程序框图

图 4.13 展示了真、假两个条件分支的程序框图与运行结果，其中，"蜂鸣声"函数从【编程】→【图形与声音】子选板中选取。

【例 4.6】　利用条件结构编写温度采集报警程序，当采集温度大于设定值时产生报警。
温度报警 VI 的前面板和程序框图如图 4.14 所示。

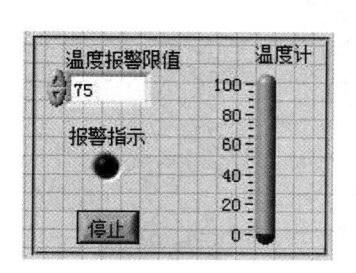

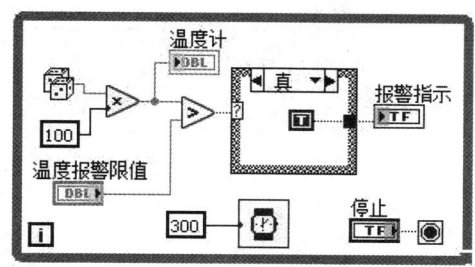

图 4.14 温度报警 VI 的前面板和程序框图

程序设计中，利用"随机数(0-1)"函数乘以 100 模拟产生 0～100℃的温度采集值，利用"等待(ms)"函数（从【定时】子选板中选取）设置采集间隔（本例为 300ms），利用条件结构根据温度采集值与温度报警限值（本例为 75℃）的比较情况产生报警指示（点亮绿色 LED 指示灯）。

4.1.3 顺序结构

LabVIEW 中程序的运行顺序依据数据流的走向而定，因此可以依靠数据连线来限定程序执行的顺序。另外，还可以通过顺序结构来强制程序按一定的顺序执行。

LabVIEW 提供了两种顺序结构：平铺式顺序结构和层叠式顺序结构，如图 4.15 所示。

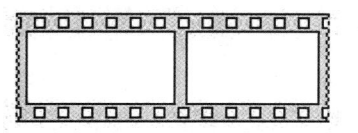

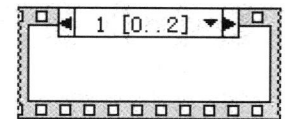

图 4.15 两种顺序结构

平铺式顺序结构可以一次显示所有的帧。当所连接的数据都传递至顺序结构时，将按照从左到右的顺序执行所有的帧，直到执行完最后一帧。每帧执行完毕后，会将数据传递至下一帧。使用平铺式顺序结构可以避免使用顺序局部变量，并且可以更好地为程序框图编写说明信息。在平铺式顺序结构中添加或删除帧时，结构会自动调整尺寸大小。

层叠式顺序结构将所有的帧依次层叠，因此每次只能看到其中的一帧，并且按照帧 0、帧 1、……，直至最后一帧的顺序执行。层叠式顺序结构仅在最后一帧执行结束后返回数据。若需节省程序框图空间，可使用层叠式顺序结构。

位于层叠式顺序结构顶部的顺序选择器标签显示当前的帧号和帧号范围。程序运行时，顺序结构就会按顺序选择标识符 0，1，2，…的顺序逐步执行各帧的内容。在程序编辑状态时，单击【递增】/【递减】按钮可将当前编号的帧切换到前一编号或后一编号的帧。

【例 4.7】 计算生成等于某个给定值的随机数所用时间。

采用层叠式顺序结构设计程序，前面板和程序框图分别如图 4.16 和图 4.17 所示。

程序框图设计方法如下。

（1）从【结构】子选板中选取"平铺式顺序结构"，放到程序框图窗口中的合适位置并拖动为合适大小，用鼠标右键单击框架，在弹出的快捷菜单中选择【替换为层叠式顺序】。

图 4.16 层叠式顺序结构 VI 的前面板

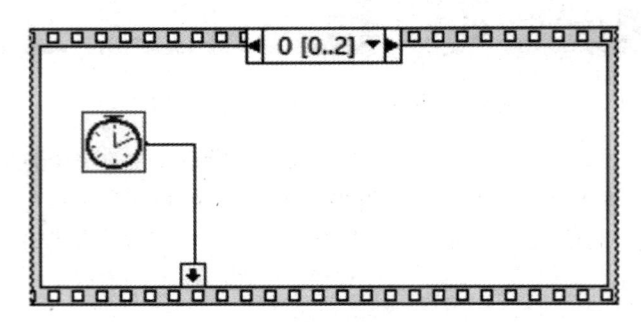

（a）层叠式顺序结构帧 0

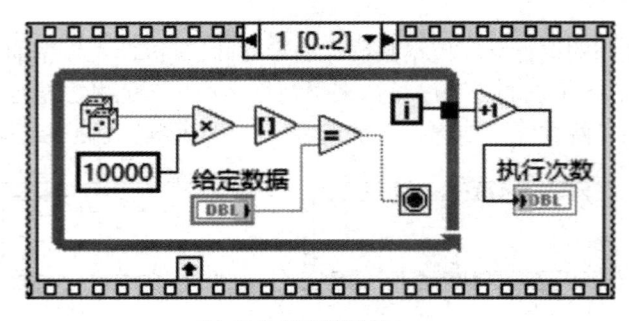

（b）层叠式顺序结构帧 1

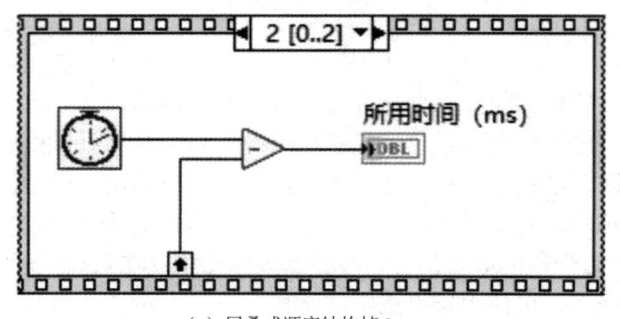

（c）层叠式顺序结构帧 2

图 4.17 层叠式顺序结构 VI 的程序框图

例 4.7 视频

（2）再用鼠标右键单击框架，在弹出的快捷菜单中选择【在后面添加帧】，添加第 1、2 帧。

（3）选择第 0 帧，从【定时】子选板中选取"时间计数器"函数，放置到 0 帧中，用于记录开始产生随机数据的系统时间。另外，为把在 0 帧中获得的系统时间传递到第 2 帧中求时间差，使用了顺序局部变量。顺序局部变量是层叠式顺序结构中特有的变量，用于向后续的帧传递数据。在层叠式顺序结构框架的右键弹出菜单中选择【添加顺序局部变量】，可添加顺序局部变量，如图 4.17（a）所示。注意：顺序局部变量只能向后续的帧传递数据。

（4）选择第 1 帧，添加 while 循环，然后从【数值】子选板中选取"乘""随机数(0-1)""最近数取整""数值常量"函数，置数值常量为 10000（约定给定数据是 0~10000 范围内的整数）。从【比较】子选板中选取"="函数放置到 while 循环内，使用【数值】子选板中的"+1"函数将 while 循环的计数加 1，记录循环的执行次数。第 1 帧的程序框图如图 4.17（b）所示。

（5）选择第 2 帧，放置一个"时间计数器"函数，用于确定 while 循环结束后的系统时间，并将它减去顺序局部变量传递过来的 0 帧的初始时间，得到实现给定值的匹配循环运行时间，如图 4.17（c）所示。

程序运行结果如图 4.16 所示。

4.1.4 事件结构

事件结构也是一种可改变数据流执行方式的结构，使用事件结构可以实现用户在前面板的操作（事件）与程序执行的互动。

1. 事件驱动的概念

LabVIEW 的程序设计主要是基于一种数据流驱动方式进行的，这种驱动方式的含义是将整个程序看作一个数据流的通道，数据按照程序流程从控制量到显示量流动。在这种结构中，顺序、分支和循环等流程控制函数对数据流的流向起着十分重要的作用。

数据流驱动的方式在图形化编程语言中有其独特的优势，这种方式可以形象地表现出图标之间的相互关系，使程序的流程简单、明了，强化结构化特征。但是数据流驱动的方式也有其缺点和不完善之处，这是由于它过分依赖程序的流程，使得很多代码用在了对其流程的控制上。这在一定程度上增加了程序的复杂性，降低了程序的可读性。

"面向对象技术"的诞生使得这种局面得到改善，"面向对象技术"引入的一个重要概念就是"事件驱动"。在这种驱动方式中，系统会等待并响应用户或其他触发事件的对象发出的消息。这时，用户就不必在研究数据流的走向上面花费很多精力，而把主要的精力花在编写"事件驱动程序"，即对事件进行响应上。这在一定程度上减轻了用户编写代码进行流程控制的负担。

正是基于以上原因，LabVIEW 引入了"事件驱动"的机制。

LabVIEW 在编程中可以设置某些事件，对数据流进行干预。这些事件就是用户在前面板的互动操作，例如，单击鼠标产生鼠标事件、按下按键产生的按键事件等。

在事件驱动程序中，首先是等待事件发生，然后按照对应指定事件的程序代码对事件进行响应，最后回到事件等待状态。

在 LabVIEW 中，如果需要进行用户和程序间的互动操作，可以用事件结构实现。使用事件结构，程序可以响应用户在前面板上面的一些操作，如按下某个按键、改变窗体大小、退出程序等。

2. 事件结构的创建

事件结构位于【结构】子选板，它的外形和条件结构非常相似，如图 4.18 所示，它包含结构框、选择器标签、超时端口和事件数据节点。

选择器标签说明了当前程序框图是响应的什么事件。在默认情况下，事件结构已经建立了一个超时事件，超时端口连接一个数值来指定等待事件的时间（单位为 ms），默认值为-1，表示无限等待。

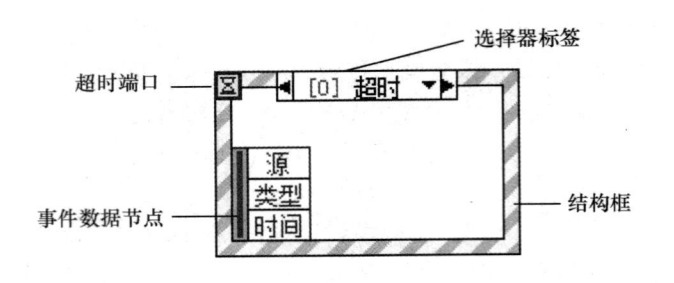

图 4.18 事件结构

事件数据节点可以输出事件的参数值，端口数目和数据类型根据事件的不同而不同。编程时，可以根据需要读取这些参数信息，如发生事件的类型、时间、光标的坐标、按键编号、键盘的键值等。

如果添加了多个事件，就可以通过事件选择器标签来切换到不同的事件结构框。

3．事件结构的编辑

对于事件结构，无论是进行编辑还是添加或复制等操作，都会使用编辑事件对话框，如图 4.19 所示。

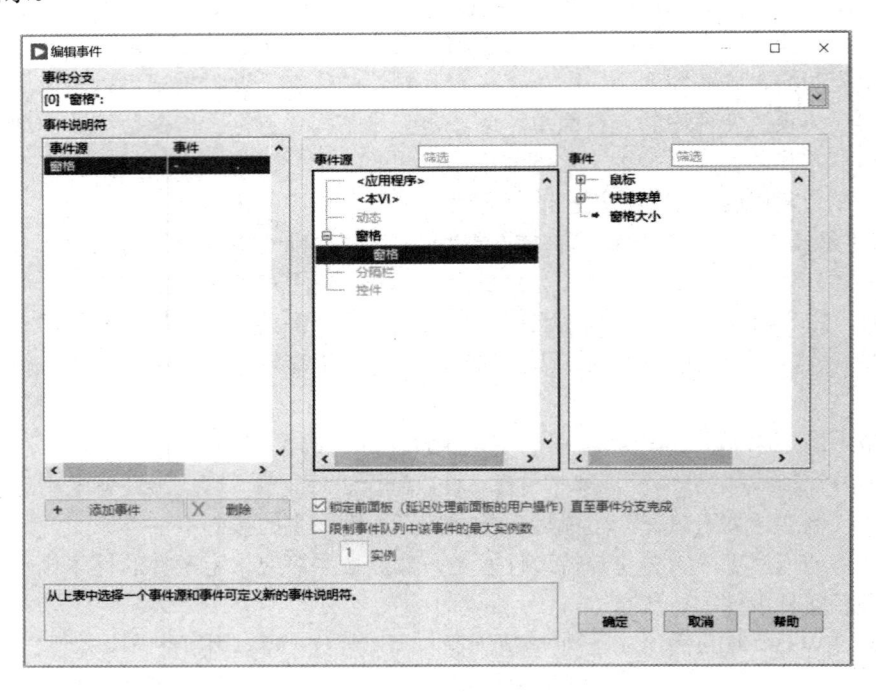

图 4.19 编辑事件对话框

编辑事件对话框主要包含以下几部分。

（1）事件分支：列出事件结构中分支的总数和名称。通过从下拉菜单中选择事件分支进行事件编辑。当选择其他分支时，事件结构将进行更新，并在程序框图中显示选定的事件分支。

（2）事件说明符：列出事件源和事件结构的当前分支处理的所有事件的名称。单击事件源或事件中的项,可改变对话框的事件说明符部分显示的项。单击【添加事件】按钮或【删除】按钮,可添加或删除该列表中的事件。

(3) 事件源:列出按类排列的事件源。

(4) 事件:列出在对话框的事件源栏和事件栏中选定的事件源的可用事件。通知事件用绿色的右箭头符号表示,过滤事件用红色的右箭头符号表示。

通过编辑事件对话框,可以设定某个事件结构分支响应的事件。

用户可以在一个事件结构分支中设定多个事件,当然,也可以在事件结构中添加多个分支,以响应多个事件。添加分支的方法是:在事件结构框单击鼠标右键,在弹出的快捷菜单中选择【添加事件分支…】。

4．事件结构的应用

【例 4.8】 建立一个 5s 的超时事件和一个确定按钮按下事件。

在前面板上放置一个"确定"按钮控件,在程序框图中添加一个 while 循环结构,在 while 循环结构再放置一个事件结构。要使一个 5s 的超时事件和确定按钮事件分别由不同的事件结构框编辑,可在事件结构框单击鼠标右键,在弹出的快捷菜单中选择【添加事件分支…】,以此来创建一个事件结构的一个新分支。在编辑事件对话框中,选取事件源栏中的"确定按钮",在事件栏中选择"值改变",单击【确定】按钮退出编辑事件对话框,这样就在事件结构中创建了两个分支来响应不同事件的发生。事件结构的程序框图如图 4.20 所示。

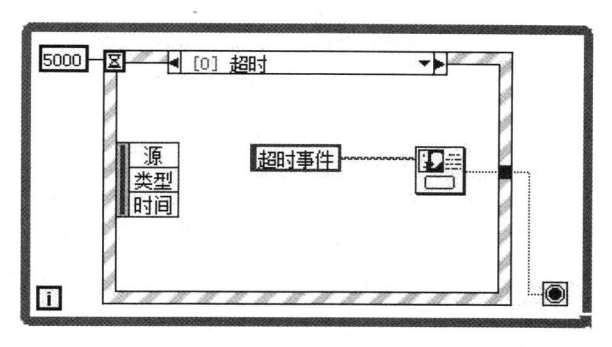

(a) 5s 超时事件分支

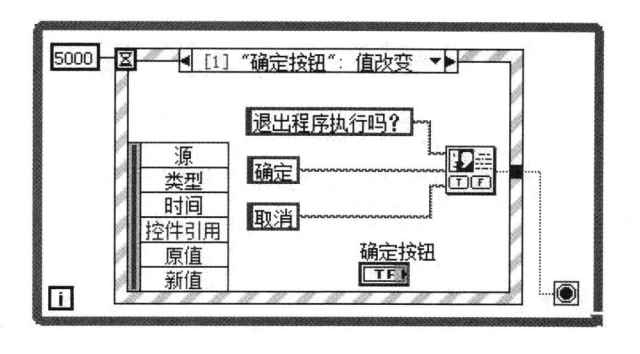

(b) 确定按钮事件分支

图 4.20　事件结构 VI 的程序框图

在超时事件结构分支中，使用了"单按钮对话框"函数（位于【对话框与用户界面】子选板），当超时时间到时，会自动弹出一个超时事件发生的对话框，在该对话框中，单击【确定】按钮，将停止程序执行；在确定按钮事件结构分支中，使用了"双按钮对话框"函数，当 VI 处于运行状态、用户单击前面板窗口上的【确定】按钮时，就会发生一个确定按钮值改变事件，此时事件结构就会运行【"确定按钮":值改变】事件中的程序，即"双按钮对话框"函数，此时会弹出一个对话框，询问用户是否退出程序执行，如图 4.21 所示。当单击【确定】按钮时，程序就会停止执行；当单击【取消】按钮时，程序就会继续执行。

图 4.21　确定按钮值改变事件对话框

【例 4.9】 设计一个 VI，能对前面板的按键做出检测。例如单击【前进】按钮，按键状态显示"前进"；单击【左转】按钮，按键状态显示"左转"；单击【右转】按钮，按键状态显示"右转"；单击【后退】按钮，按键状态显示"后退"。

按键检测 VI 的前面板如图 4.22 所示。

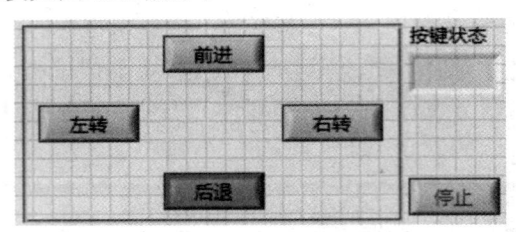

图 4.22　按键检测 VI 的前面板

例 4.9 视频

采用事件结构设计程序，设计方法如下。

（1）在程序框图中放置一个 while 循环，然后在循环中放置事件结构。用鼠标右键单击事件结构框架，在弹出的快捷菜单中选择【编辑本分支所处理的事件…】，事件源栏中选择"前进按钮"，事件栏中选择"鼠标释放"，编辑前进按钮事件分支，编辑事件对话框如图 4.23 所示。

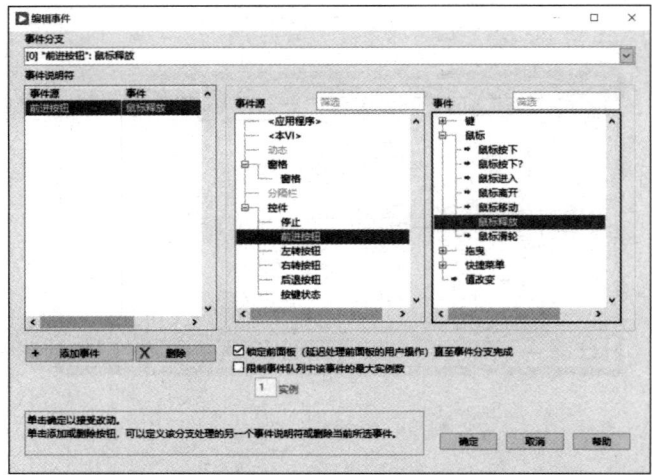

图 4.23　前进按钮事件分支编辑对话框

（2）从【字符串】子选板中选取"字符串常量"函数，放置到前进按钮事件分支中，并编辑为"前进"，连接到按键状态接线端。前进按钮事件分支程序框图如图4.24所示。

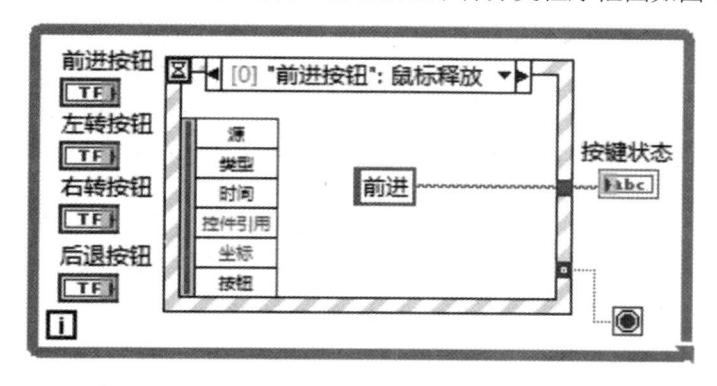

图4.24　前进按钮事件分支程序框图

（3）用鼠标右键单击事件结构框架，在弹出的快捷菜单中选择【添加事件分支…】，添加左转按钮、右转按钮、后退按钮、停止按钮4个事件分支，按照与前进按钮事件分支类似的方法编辑这4个事件分支。注意，在停止按钮事件分支中，若要通过单击【停止】按钮停止VI运行，则需要从【布尔】子选板中选取"真常量"函数，连接到while循环的条件接线端。另外，从【字符串】子选板中选取"空字符串常量"函数，连接到"按键状态"接线端，在停止VI运行时，使按键状态置空。停止按钮事件分支程序框图如图4.25所示。

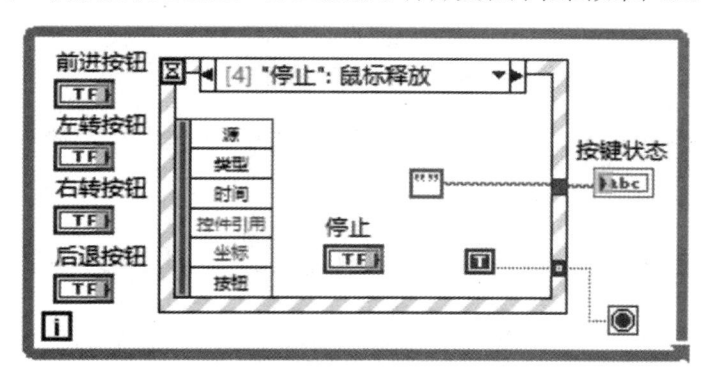

图4.25　停止按钮事件分支程序框图

VI运行时，单击前进、左转、右转、后退任意一个按钮，"按键状态"中将显示对应的按键名称，单击停止按钮，将停止VI运行，并将按键状态置空。

4.1.5　公式节点

LabVIEW是一种图形化编程语言，主要编程元素和结构是系统预先定义的，用户只需要调用相应节点构成程序框图即可，这种方式虽然方便直接，但是灵活性受到限制。尤其对于复杂的数学处理，LabVIEW就不可能把所有的数学运算和组合方式都形成节点。为了解决这一问题，LabVIEW提供了一种专用于处理数学公式编程的特殊结构形式，称为公式节点。

公式节点是一种便于在程序框图上执行数学运算的文本节点。用户无须使用任何外部代码或应用程序，且创建方程时无须连接任何基本算术函数。除接受文本方程表达式外，公式节点还接收文本形式且为 C 语言编程者所熟悉的 if 语句、while 循环、for 循环和 do…while 循环。这些程序的组成元素与在 C 语言程序中的元素相似，但并不完全相同。

公式节点尤其适用于含有多个变量或较为复杂的方程，以及对已有文本代码的利用。可通过复制、粘贴的方式将已有的文本代码移植到公式节点中，无须通过图形化编程的方式再次创建相同的代码。

公式节点是一个类似于 for 循环、while 循环、条件结构、顺序结构且大小可改变的方框。然而，公式节点不含有子程序框图，而是含有一个或多个由分号隔开的类似 C 语言的语句。与 C 语言一样，可通过将注释的内容放在斜杠/星号对（/*comment*/）中，或在注释前添加两个斜杠（//comment）来添加注释。

1．公式节点的创建

公式节点的创建通常按以下步骤进行。

（1）在【结构】子选板中选择公式节点，然后按住鼠标在程序框图中拖动，画出公式节点的框架，如图 4.26 所示。

（2）添加输入/输出端口。用鼠标右键单击公式节点框架，在弹出的快捷菜单中选择【添加输入】，然后在出现的端口图标中输入端口的名称，就完成了一个输入端口的创建。输出端口的创建与此类似。注意：输入变量的端口都在公式节点框架的左边，而输出变量的端口则分布在框架的右边，如图 4.27 所示。

（3）按照 C 语言的语法规则在公式节点的框架中加入程序代码。特别要注意的是，公式节点框架内每个语句后必须用分号结束，如图 4.28 所示。

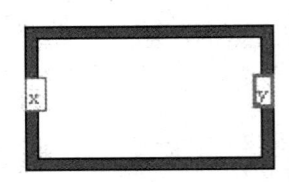

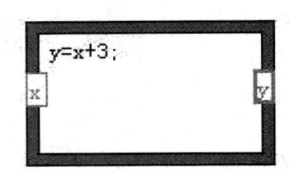

图 4.26　创建公式节点　　图 4.27　添加输入/输出端口　　图 4.28　输入程序代码

完成一个公式节点的创建后，公式节点就可以像其他节点一样使用了。

2．公式节点的应用

【例 4.10】　输入三角形的 3 个边长，求三角形的面积。

已知三角形的 3 个边长求三角形面积可利用海伦公式求取。

半周长
$$p = \frac{1}{2}(a+b+c)$$

三角形面积
$$s = \sqrt{p(p-a)(p-b)(p-c)}$$

例 4.10 视频

为简单起见，设输入的 3 个边长 a、b、c 能构成三角形。基于海伦公式，求三角形面积 VI 的前面板和程序框图如图 4.29 所示。

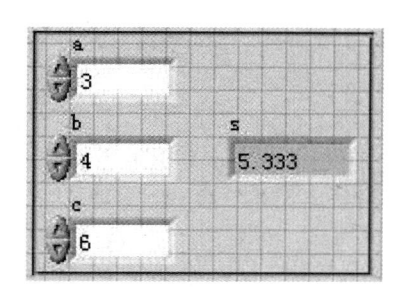

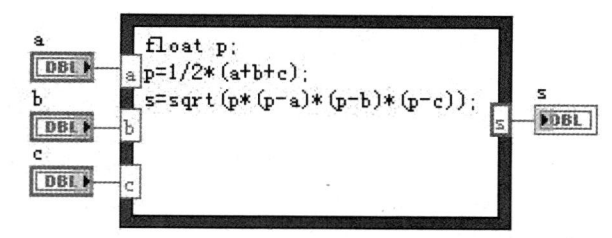

图 4.29 求三角形面积 VI 的前面板和程序框图

公式节点中代码的语法与 C 语言类似，可以进行各种运算。这种兼容性使 LabVIEW 的功能更强大，也更容易使用。

在使用公式节点中的变量时，需要注意以下几点。

① 一个公式节点中包含的变量或方程的数量不限。

② 两个输入或两个输出不可使用相同名称，但一个输出可与一个输入名称相同。

③ 用鼠标右键单击公式节点框架，从弹出的快捷菜单中选择【添加输入】，可声明一个输入变量。不可在公式节点内部声明输入变量。

④ 用鼠标右键单击公式节点框架，从弹出的快捷菜单中选择【添加输出】，可声明一个输出变量。输出变量的名称必须与输入变量的名称或在公式节点内部声明的输出变量的名称相匹配。

⑤ 用鼠标右键单击变量，从弹出的快捷菜单中选择【转换为输入】或【转换为输出】，可指定变量为输入或输出变量。

⑥ 公式节点内部可声明和使用一个与输入或输出连线无关的变量。

⑦ 必须连接所有的输入端。

⑧ 变量可以是浮点数值标量,其精度由计算机配置决定;变量也可使用整数和数值数组。

⑨ 变量不能有单位。

4.2 字符串、数组和簇

字符串、数组和簇是 LabVIEW 中的 3 种数据类型。字符串是 ASCII 码的集合，数组与其他编程语言中的数组概念是相同的，簇相当于 C 语言中的结构数据类型。LabVIEW 为上述 3 种数据类型的创建和使用提供了大量灵活便捷的工具，使编程效率得到提高。可以说，字符串、数组和簇是学习 LabVIEW 编程必须掌握的数据类型。

4.2.1 字符串

在 LabVIEW 编程中，常用到字符串控件或字符串常量，用于显示一些屏幕信息。

字符串是一系列 ASCII 码的集合，这些字符可能是可显示的，也可能是不可显示的，如换行符、制表位等。程序通常在以下几种情况使用到字符串：

● 创建简单的文本信息。

● 将数值数据以字符串形式传送到仪器，再将字符串转换为数值。

● 将数值数据存储到磁盘。若需将数值数据保存到 ASCII 文件中，需在数值数据写入磁盘文件前将其转换为字符串。
● 用对话框指示或提示用户。

在前面板上，字符串以表格、文本输入框和标签的形式出现。LabVIEW 提供了用于对字符串进行操作的内置 VI 和函数，可对字符串进行格式化、解析字符串等操作。

1．字符串显示类型

用鼠标右键单击前面板上的字符串输入控件或显示控件，从表 4.1 所示的显示类型中选择显示类型。

表 4.1　字符串显示类型

显示类型	说　明
正常显示	可打印，字符以控件字体显示。不可显示字符通常显示为一个小方框
'\' 代码显示	所有不可显示字符显示为反斜杠
密码显示	每个字符（包括空格在内）显示为星号（*）
十六进制显示	每个字符显示为其十六进制数的 ASCII 码，字符本身并不显示

图 4.30 表示了输入字符串"There are four display types"的 4 种字符串显示方式，可以很清楚地看出各种显示方式的区别。

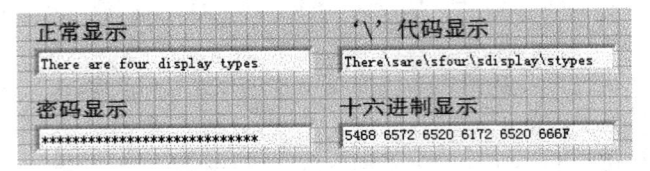

图 4.30　字符串的 4 种显示方式

2．字符串函数

LabVIEW 提供了大量用于字符串处理的函数，放置在函数选板的【字符串】子选板中，如图 4.31 所示。

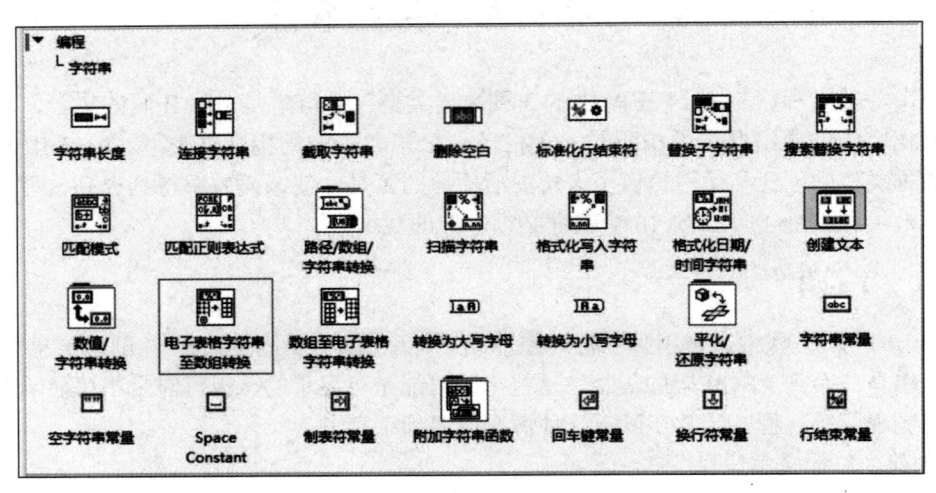

图 4.31　【字符串】子选板

字符串函数可通过以下方式编辑字符串：
① 查找、提取和替换字符串中的字符或子字符串；
② 将字符串中的所有文本转换为大写或小写；
③ 在字符串中查找和提取匹配模式；
④ 从字符串中提取一行；
⑤ 将字符串中的文本移位和反序；
⑥ 连接两个或多个字符串；
⑦ 删除字符串中的字符。

3．字符串的应用

【例4.11】 将一些字符串和数值转换成一个新的输出字符串。

组合字符串VI的前面板和程序框图如图4.32所示。VI的功能是将浮点型数据12.3转换为"12.300"，单位为"V"，结果显示"Voltage=12.300"的组合字符串。

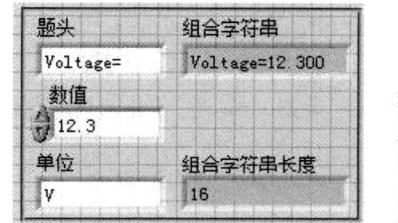

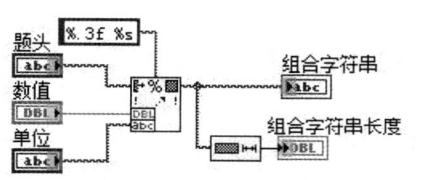

图4.32 组合字符串VI的前面板和程序框图

程序设计中，使用了【字符串】子选板中的"格式化写入字符串"函数组合字符串。对于"格式化写入字符串"函数，拖动它的输入端口，可增加输入端口。用鼠标右键单击"格式化写入字符串"函数，在弹出的快捷菜单中选择【编辑格式字符串】，可以对"格式化写入字符串"函数输入参数进行设置，如图4.33所示。配置好格式字符串后，单击【确定】按钮，该函数自动产生一个字符串常量，并与格式字符串输入端口连接。

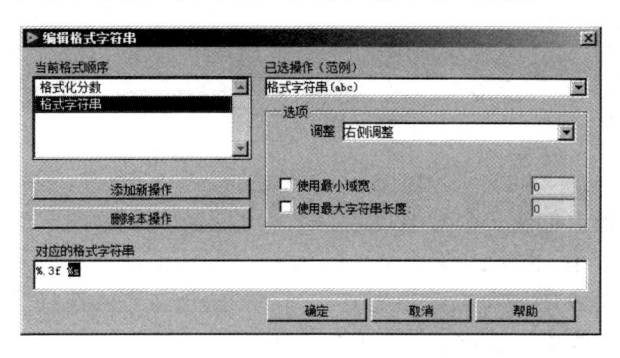

图4.33 编辑格式字符串对话框

【例4.12】 将一个给定字符串的首字母转换成大写，其余字母转换为小写。

转换字符串VI的前面板和程序框图如图4.34所示。VI的设计思路是：首先利用"转换为小写字母"函数将输入字符串的所有字母都转换成小写字母，得到一个新的字符串，然后，利用"截取字符串"函数截取新字符串的首字母，并利用"转换为大写字母"函数将其转换成大写字母，最后用"替换子字符串"函数将该大写字母替换新字符串中的首字母，就可获得满足要求的转换结果。

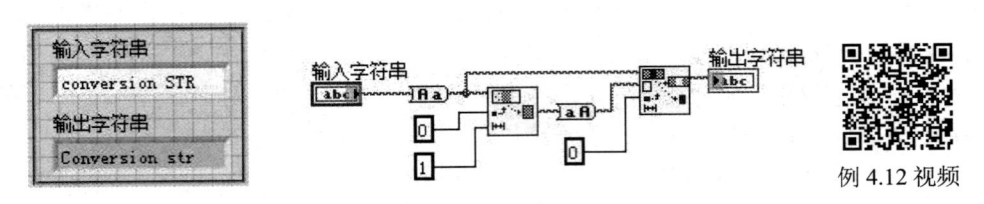

图 4.34 转换字符串 VI 的前面板和程序框图

4.2.2 数组

与其他的编程语言一样，LabVIEW 也提供了数组结构。数组是相同数据类型的集合，这些数据类型可以是数据型、布尔型、字符串型等。一个数组可以是一维、二维或多维，每一维最多可以有 $2^{31}-1$ 个元素。数组的索引是从 0 开始的，范围为 $0\sim n-1$，其中 n 是数组中元素的个数。

需要注意的是，数组中的元素必须是同一种数据类型，而且必须同时都是输入控件或者同时都是显示控件。

1. 数组的创建

（1）前面板上创建数组

在前面板上创建一个数组控件的方法是：在前面板上放置一个数组框架，然后将一个数据对象添加到数组框架中。数据对象或元素可以是数值、布尔值、字符串、路径、引用句柄、簇输入控件或显示控件。创建数值型数组的方法如图 4.35 所示。单击框架下拉箭头，系统会自动添加更多的元素。框架左上角的小方框内是索引号，可以根据索引号直接定位到数组，显示数组的多个元素，也可以通过键盘上的↑、↓、←、→调整显示框的大小。

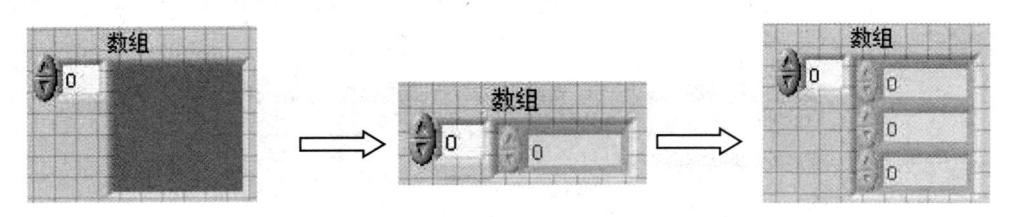

图 4.35 创建数值型数组

如果需要在前面板上创建一个多维数组控件，可用鼠标右键单击索引框并从弹出的快捷菜单中选择【添加维度】；也可改变索引框的大小，直到出现所需的维数。若需一次删除数组的一个维度，用鼠标右键单击索引框并从弹出的快捷菜单中选择【删除维度】；也可改变索引框的大小来删除维度。创建好的二维数组如图 4.36 所示。使用操作值工具，可对索引元素逐个进行赋值。

若需在前面板上显示某个特定的元素，可在索引框中输入索引数字或使用索引框上的箭头找到该数字。

例如，图 4.36 所示的二维数组包含行和列。左边的两个方框中上面的索引为行索引，下面的索引为列索引。行和列是从零开始的，即第一列为列 0，第二列为列 1，依次类推。

• 92 •

（2）程序框图上创建数组

在程序框图上创建数组和在前面板上创建数组有些类似，首先在函数选板的【数组】子选板上选择"数组常量"，在程序框图上创建一个数组外壳，然后在数组外壳里选择放入数值常量、字符串常量、布尔常量等。刚刚放入常量后，所有的数组元素显示为灰色，可以用操作值工具依次给它们赋值，赋值范围以外的数组元素保持灰色不变。如果跳过一些数组元素给后面的元素赋值，则前面的元素自动赋一个系统默认值。

如图 4.37 所示，在数组外壳里放置数值常量创建了一个数值型数组，在它的第三个元素里用操作值工具置数值"3"，则它之前的元素自动赋值为"0"，而它之后的元素依然以灰色显示。

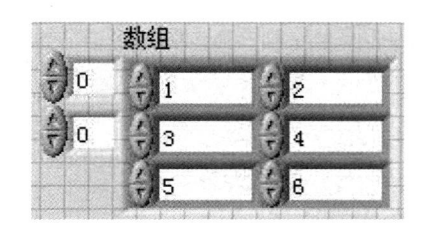

图 4.36　创建好的二维数组　　　　图 4.37　创建数值常量数组

2. 数组函数

在 LabVIEW 函数选板的【数组】子选板中有许多用于数组处理的函数，【数组】子选板如图 4.38 所示。

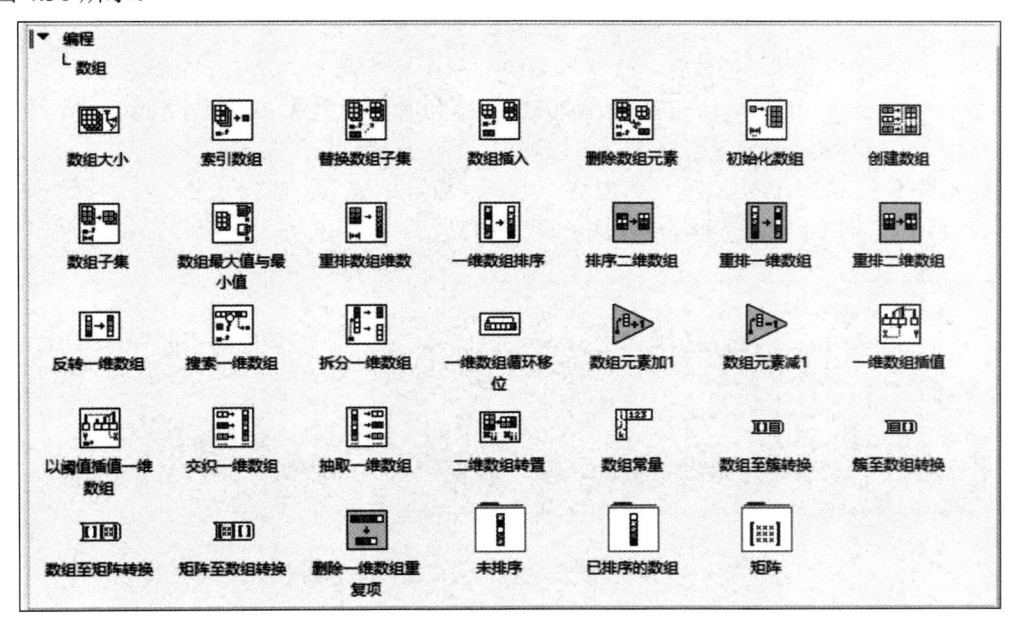

图 4.38　【数组】子选板

数组函数可创建数组并对其操作。例如，执行以下操作：

● 从数组中提取单个数组元素；

- 在数组中插入、删除或替换数组元素;
- 分解数组。

索引数组、替换数组子集、数组插入、删除数组元素和数组子集等函数可自动调整大小,以匹配所连接的输入数组的维数。例如,将一个一维数组连接到以上某个函数,则该函数只显示单个索引输入。若将一个二维数组连接到同样的函数,则该函数显示两个索引输入,其中一个用于行索引,另一个用于列索引。

3. 数组的应用

【例 4.13】 利用"创建数组"函数创建数组。

创建数组 VI 的前面板和程序框图如图 4.39 所示。

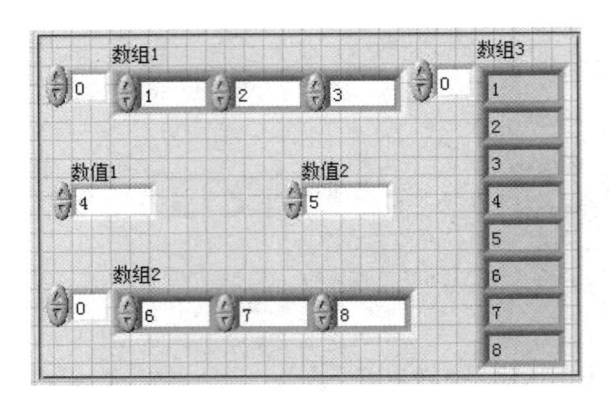

例 4.13 视频

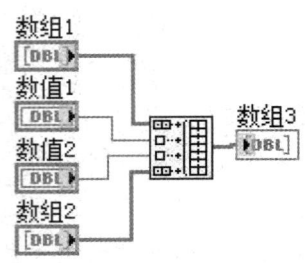

图 4.39 创建数组 VI 的前面板和程序框图

本例利用"创建数组"函数将两个一维数组和两个标量元素创建成一个新数组。"创建数组"函数合并数组或元素时,按左侧端口输入的数组和元素从上到下的顺序组成一个新数组。

如果两个一维数组作为元素输入,可以输出一个二维数组。

【例 4.14】 利用"数组子集"函数从一个二维数组中取出一部分元素。

求数组子集 VI 的前面板和程序框图如图 4.40 所示。

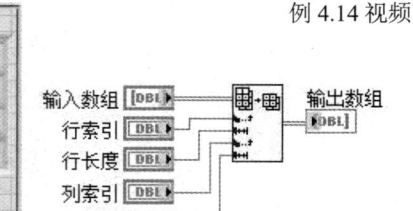

例 4.14 视频

图 4.40 求数组子集 VI 的前面板和程序框图

本例利用"数组子集"函数,按输入的行、列索引条件,从输入数组中提取部分元素,组成一个输出数组。输出数组的维数与输入数组的维数相同。

【例 4.15】 将一个一维数组变为二维数组。

重排数组 VI 的前面板和程序框图如图 4.41 所示。

图 4.41　重排数组 VI 的前面板和程序框图

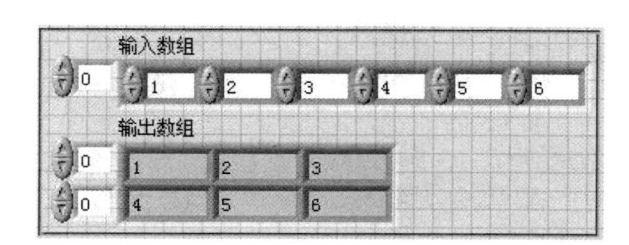

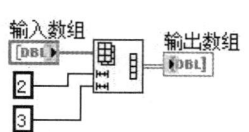

程序设计中，利用了"重排数组维数"函数把一个一维数组变形为一个二维数组，二维数组的维数由输入的维数大小确定。

4.2.3　簇

簇是 LabVIEW 中一个比较特别的数据类型。一个簇可包含任意数目、任意数据类型的元素，类似于文本编程语言中的结构体。簇不同于数组的地方是簇的元素类型可以相同，也可以不同，而数组只能包含相同类型的元素。与数组一样的是，簇包含的元素必须同时都是输入控件或同时都是显示控件。使用簇把数据类型不同但逻辑相关的控件封装在一起，从而使操作更为方便。

1．簇的创建

（1）前面板上创建簇

在前面板上创建簇的方法与创建数组的方法类似，首先，在控件选板的【数据容器】子选板中选择"簇"控件，在前面板上放置一个簇框架，然后向框架中添加所需的数据对象或元素。数据对象或元素可以是数值、布尔值、字符串、路径等。

在 LabVIEW 中，簇只能包含输入控件和显示控件中的一种，不能既包含输入控件又包含显示控件。在前面板上创建的簇输入控件和簇显示控件如图 4.42 所示。

簇中的数据元素是有逻辑顺序的，顺序与它们在簇框架中的位置无关，而是按它们放入簇的先后顺序排序。放入簇中的第一个对象标记为 0，第二个对象标记为 1，以此类推。若删除某个元素，则顺序会自动调整。簇顺序决定了簇元素在程序框图中的"捆绑"函数和"解除捆绑"函数上作为接线端出现的顺序。用鼠标右键单击簇框架，从弹出的快捷菜单中选择【重新排序簇中控件…】，可查看和修改簇顺序。

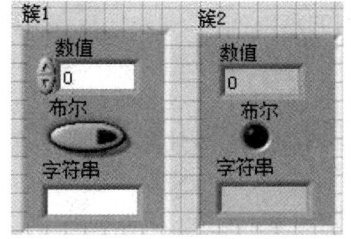

图 4.42　前面板上创建簇

若需连接两个簇，则二者必须有相同数目的元素，由簇顺序确定的相应元素的数据类型也必须兼容。例如，一个簇中的双精度浮点数值在顺序上对应于另一个簇中的字符串，那么程序框图的连线将显示为断开且 VI 无法运行。如果数值的表示不同，LabVIEW 会将它们强制转换成同一种表示法。

（2）程序框图上创建簇

若需在程序框图中创建一个簇常量，则从【簇、类与变体】子选板中选择一个簇常量，将该簇框架放置于程序框图上，再将数值常量、布尔常量、字符串常量放置到该簇框架中，如图 4.43 所示。簇常量用于存储常量数据或同另一个簇进行比较。

如果用户想要簇严格地符合簇内对象的大小，可以用鼠标右键单击簇框架，在弹出的快捷菜单中选择【自动调整大小】，可自动定义簇大小。有 4 种类型可供选择，分别为：无、调整为匹配大小、水平排列和垂直排列。

图 4.43　程序框图上创建簇常量

2. 簇函数

LabVIEW 对簇操作的函数放置在函数选板的【簇、类与变体】子选板中，如图 4.44 所示。

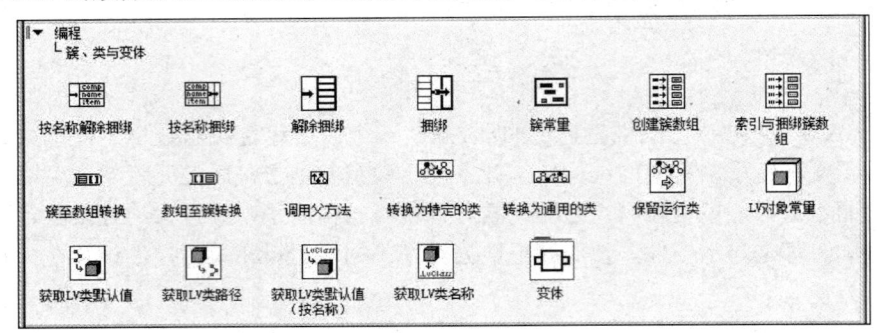

图 4.44　【簇、类与变体】子选板

LabVIEW 的簇函数中最主要的是构造打包生成簇的"捆绑"函数和从簇中解包提取簇中元素的"解除捆绑"函数。它们是根据簇元素的顺序来进行操作的，这也说明了簇元素顺序排列的重要性。

簇函数可创建和操作簇。例如，可执行以下操作：
- 从簇中提取单个数据元素；
- 向簇中添加单个数据元素；
- 将簇拆分成单个数据元素。

3. 簇的应用

【例 4.16】　将几个基本数据类型的数据元素合成一个簇。

本例首先在前面板上放置学号、姓名、性别与年龄这几个数值型与字符串型输入控件，再在前面板上创建一个对应学号、姓名、性别、年龄的簇显示控件，然后在程序框图中，利用"捆绑"函数，将输入的 4 个数据元素合成簇。合成簇 VI 的前面板和程序框图如图 4.45 所示。

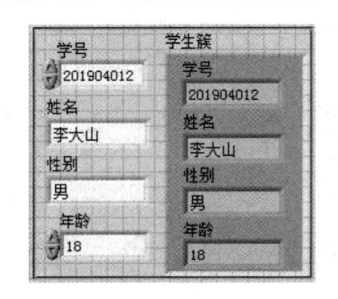

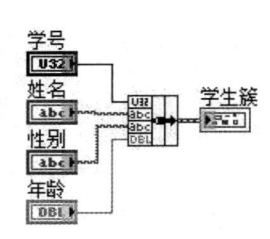

例 4.16 视频

图 4.45　合成簇 VI 的前面板和程序框图

【例4.17】 将一个簇中的每个数据元素进行分解。

分解簇VI前面板和程序框图如图4.46所示。在前面板上创建一个包含学号、姓名、性别、年龄这4个数据元素的簇输入控件以及对应着这4个数据元素的显示控件,在程序框图中利用"解除捆绑"函数分解出簇元素。

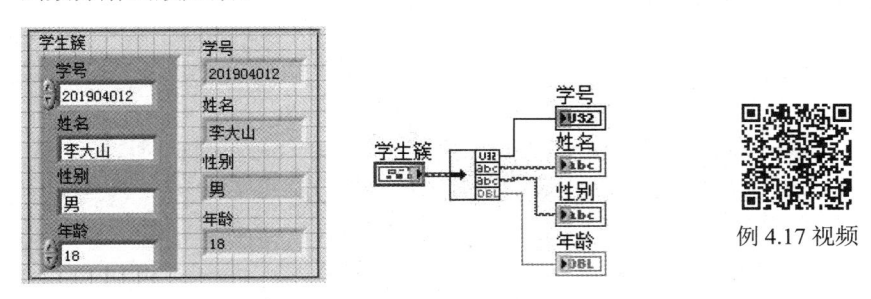

图4.46 分解簇VI的前面板和程序框图

【例4.18】 利用簇模拟汽车面板控制。

本例的编程思路是：在前面板上创建一个包含模拟汽车左转灯、右转灯与时速、转速指示仪表的簇显示控件,以及一个模拟汽车左转灯、右转灯与挡位、油门控制的簇输入控件。簇输入控件可以对簇显示控件进行控制,控制规律是：时速=挡位×油门×0.5(km/h),转速=挡位×油门×10(转/秒)。模拟汽车面板控制VI的前面板和程序框图如图4.47所示。

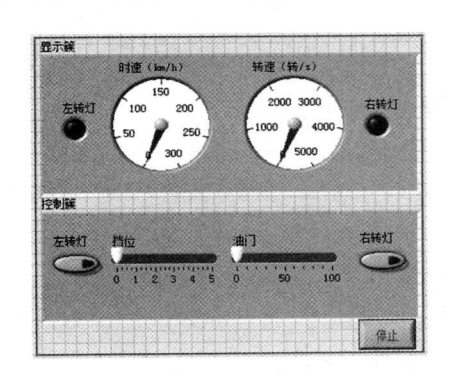

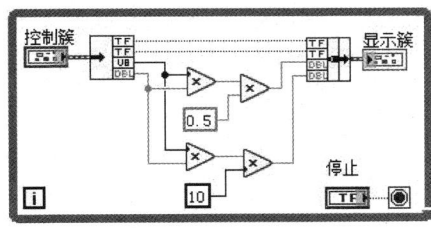

图4.47 模拟汽车面板控制VI的前面板和程序框图

4.3 局部变量和全局变量

在LabVIEW中,各个对象之间传递数据的基本途径是通过连线实现的。但是需要在几个同时运行的程序之间传递数据时,显然是不能通过连线完成的。即使在一个程序内各部分之间传递数据时,有时也会遇到连线困难。还有的时候,需要在程序中的多个位置访问同一个面板对象,甚至有些是对它写入数据,有些是由它读出数据。在这些情况下,就需要使用变量。变量是LabVIEW中传递数据的工具,主要解决数据和对象在同一VI程序中的复用和在不同VI程序中的共享问题。

LabVIEW中的变量有局部变量和全局变量两种,与其他编程语言不一样的是,LabVIEW

中的变量不能直接创建,必须关联到一个前面板对象,依靠此对象来存储、读取数据。也就是说,变量相当于前面板对象的一个副本,区别是变量既可以存储数据,也可以读取数据,而不像前面板对象只能进行其中的一种操作。

4.3.1 局部变量

局部变量可从一个 VI 的不同位置访问前面板对象,并将无法用连线连接的数据在程序框图上的节点之间传递。

局部变量可对前面板上的输入控件或显示控件进行数据读/写。写入一个局部变量相当于将数据传递给其他接线端。但是,局部变量还可向输入控件写入数据和从显示控件读取数据。事实上,通过局部变量,前面板对象既可作为输入访问也可作为输出访问。

1. 创建局部变量

创建局部变量的方法有两种。

(1) 直接为前面板对象创建局部变量

用鼠标右键单击一个前面板对象或程序框图接线端,并从弹出的快捷菜单中选择【创建】→【局部变量】,便可创建一个局部变量。该对象的局部变量的图标将出现在程序框图上,如图 4.48(a)所示。

(2) 通过函数选板创建局部变量

这种方式是在函数选板的【编程】→【结构】子选板中选择局部变量,将其图标放在程序框图中,如图 4.48(b)所示。此时的局部变量节点为一个带问号的图标,表示它还没有与前面板对象关联,还需要为局部变量节点指定一个前面板对象。若需使局部变量与输入控件或显示控件相关联,可用鼠标右键单击该局部变量节点,从弹出的快捷菜单中选择【选择项】。展开的快捷菜单将列出所有带有自带标签的前面板对象。LabVIEW 通过自带标签将局部变量和前面板对象相关联,因此,必须用描述性的自带标签对前面板输入控件和显示控件进行标注。

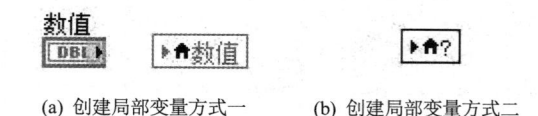

(a) 创建局部变量方式一　　　(b) 创建局部变量方式二

图 4.48　创建局部变量

需要注意的是,局部变量具有读、写两种属性。用鼠标右键单击创建的局部变量,在弹出的快捷菜单中选择【转换为读取】或【转换为写入】,可改变局部变量的读、写属性。

2. 局部变量的应用

由局部变量的创建可见,局部变量必须依附在一个前面板对象上,相当于其接线端的一个复制,它的值与该接线端的数据相同。使用局部变量可以在程序框图的不同位置访问前面板对象。

【例 4.19】 红、绿、蓝 3 种颜色 LED 灯的显示控制。

本例的编程思路是:在前面板上创建一个包含红、绿、蓝 3 种颜色的 LED 灯簇显示控件,从控件选板的【下拉列表与枚举】子选板中选择一个枚举控件放置在前面板上,将其标签改为"亮灯控制",并编辑枚举项的内容为红色、绿色和蓝色。程序框图设计中,将枚举控件连接到条件结构的分支选择器上，作为选择红灯、绿灯、蓝灯点亮的条件。在条件结构的 3 个分支中，分别创建 3 个布尔数据类型的簇常量，连接到 LED 灯簇显示控件图标的端口以及为该控件创建的两个局部变量的输入端口上。LED 灯显示控制 VI 的前面板和程序框图如图 4.49 所示。

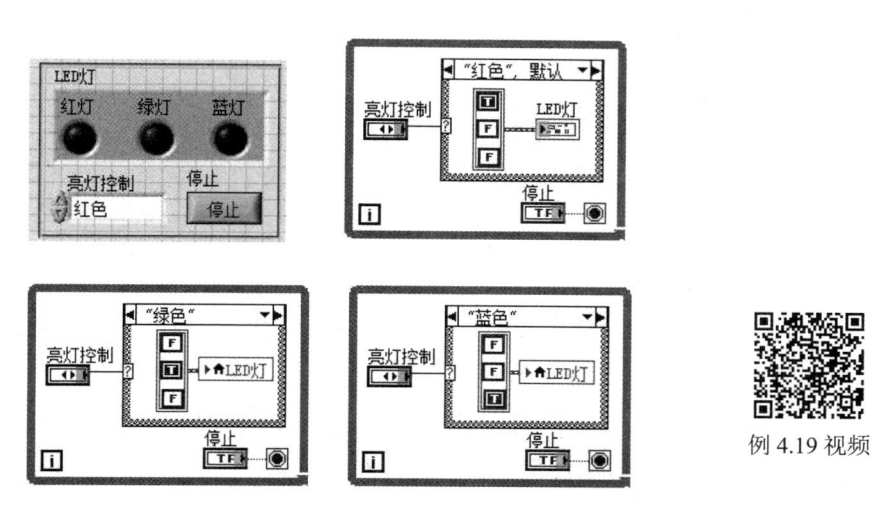

图 4.49　LED 灯显示控制 VI 的前面板和程序框图

在每个条件结构分支中，LED 灯的亮、灭由布尔数据类型的簇常量控制，当其中某个元素值为 True 时，对应 LED 灯点亮，为 False 时对应 LED 灯熄灭，因而可通过设置簇常量的值，分别实现红色、绿色、蓝色 3 个条件结构分支中的红灯亮、绿灯亮和蓝灯亮。

需要说明的是，LED 灯的 3 种颜色设置是通过改变其布尔属性中"开"的颜色来实现的。

3. 局部变量的特点

局部变量的引入，为用户使用 LabVIEW 提供了方便。局部变量有许多特点，了解这些特点，有助于用户更加有效地使用 LabVIEW 编程。

① 局部变量只能在同一个 VI 中使用，其生存期与它所在的 VI 密切相关。VI 停止运行，在此 VI 内定义的局部变量自动消失。

② 局部变量必须依附在一个前面板对象上。一个前面板对象可以建立多个局部变量，但一个局部变量只能有一个接线端与其对应。

③ 局部变量就是其相应前面板对象的一个数据复制，要占用一定的内存。在程序中要控制局部变量的数据，特别是对于那些包含大量数据的数组，若在程序中使用多个这种数组的局部变量，将会占用大量的内存，从而降低程序运行的效率。

④ LabVIEW 是一种并行处理语言，只要节点的输入有效，节点就会执行。当程序中有多个局部变量时，要特别注意这一点，因为这种并行可能造成意想不到的错误。例如，在程序的某一处，用户从一个控制的局部变量中读出数据，在另一处，根据需要又为这个控制的局部变量赋值。如果这两个过程恰好是并行发生的，这就有可能使读出的数据不是前面板对象原来的数据，而是赋值后的数据。这种错误不是明显的逻辑错误，很难发现，因此在编程过程中要特别注意，尽量避免这种情况发生。

4.3.2 全局变量

全局变量可在多个 VI 之间进行数据传递。创建全局变量时，LabVIEW 将自动创建一个前面板但无程序框图的特殊全局 VI。向该全局 VI 的前面板添加输入控件和显示控件，可定义其中所含全局变量的数据类型。该前面板实际便成为一个可供多个 VI 进行数据访问的容器。

1. 创建全局变量

全局变量的创建通常按以下步骤进行。

① 新建一个 VI，从函数选板的【结构】子选板中选择一个全局变量，将其放置在程序框图中，如图 4.50（a）所示。

② 使用操作值工具双击全局变量节点，会自动打开全局变量 VI 的前面板，然后在前面板上放置所需的控制或显示对象，如图 4.50（b）所示。

③ 保存全局变量文件。方法是在 LabVIEW 的菜单中选择【文件】→【保存】，然后关闭全局变量的前面板窗口。

④ 使用操作值工具单击第一步所创建的全局变量图标，或在其用鼠标右键单击图标，在弹出的快捷菜单中选择【选择项】。展开的快捷菜单列出了全局变量包含的所有对象的名称，根据需要选择相应的对象。如图 4.50（c）所示，选择"停止"作为全局变量。

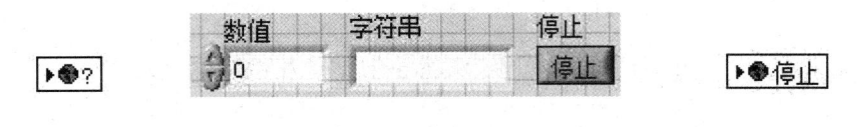

(a) 选择"全局变量"节点　　(b) 创建全局变量 VI 前面板　　(c) 选择一个全局变量对象

图 4.50　创建全局变量

与局部变量相同，全局变量也具有读、写两种属性。用鼠标右键单击创建的全局变量，在弹出的快捷菜单中选择【转换为读取】或【转换为写入】，可以改变全局变量的读、写属性。

2. 全局变量的应用

建立了全局变量以后，就可以在其他 VI 里面调用它，方法如下。

① 在函数选板中选择【选择 VI…】，在弹出的【选择需打开的 VI】对话框中，选择所需的全局变量声明文件，单击【确定】按钮，在程序框图中放置这个全局变量。

② 用鼠标右键单击全局变量节点，在弹出的快捷菜单中选择【选择项】，在列出的所有变量对象中选择所需对象。

③ 若在一个 VI 中需要使用多个全局变量，可使用复制和粘贴全局变量的方法实现全局变量的复制。

【例 4.20】 利用全局变量将第一个 VI 中产生的数值传递到第二个 VI 中显示。

本例的编程思路是：先创建一个数值型全局变量，再设计两个 VI。第一个 VI 产生 0～10 之间的随机数值送至全局变量，第二个 VI 从全局变量中读出数值送前面板上显示。

全局变量应用 VI 的前面板和程序框图如图 4.51 所示。

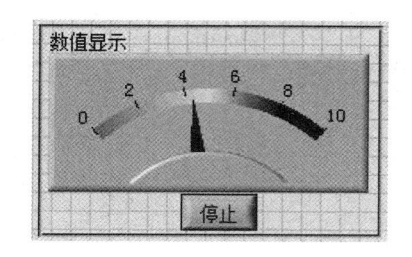

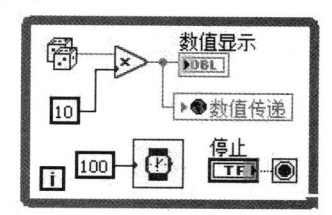

(a) 第一个 VI 的前面板和程序框图

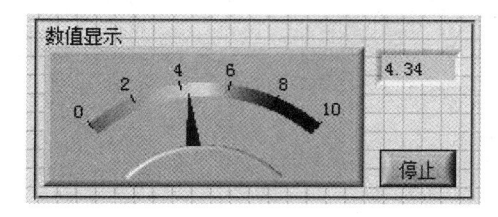

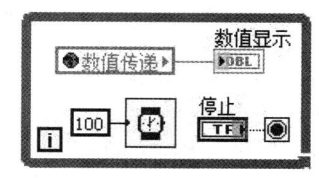

(b) 第二个 VI 的前面板和程序框图

图 4.51　全局变量应用 VI 的前面板和程序框图

例 4.20 视频

3. 全局变量的特点

① LabVIEW 中的全局变量相对于文本编程语言中的全局变量更加灵活。文本编程语言中的全局变量只能是一个变量，一种数据类型。而 LabVIEW 中的全局变量以独立文件的形式存在，并且在一个全局变量中可以包含多个对象，拥有多种数据类型。

② 全局变量与子 VI 的不同之处在于它不是一个真正的 VI，不能进行编程，只能用于简单的数据存储与数据传递。

③ 全局变量不能用于两个 VI 之间的实时数据传递，因为通常情况下两个 VI 对全局变量的读/写速度不能保证严格一致。

4.4　文　件　操　作

文件操作是虚拟仪器软件开发的重要组成部分，数据存储、参数输入、系统管理都离不开文件操作。LabVIEW 为文件的操作与管理提供了一组高效的 VI 集。本节将详细介绍在 LabVIEW 中进行文件输入和输出操作的方法。

4.4.1　LabVIEW 支持的文件类型

文件是存储在磁盘上的数据集合，LabVIEW 可读/写的文件格式有文本文件、二进制文件和数据记录文件 3 种。使用何种格式的文件取决于采集和创建的数据，以及访问这些数据的应用程序。可根据以下条件确定使用文件的格式：

● 若需在其他应用程序（如 Microsoft Excel）中访问这些数据，使用最常见且便于存取的文本文件。

● 若需随机读/写文件或读取速度及磁盘空间有限，可使用二进制文件。在磁盘空间利用和读取速度方面，二进制文件优于文本文件。

● 若需在 LabVIEW 中处理复杂的数据记录或不同的数据类型，使用数据记录文件。如果仅从 LabVIEW 访问数据，而且需存储复杂的数据结构，数据记录文件是最好的方式。

1．文本文件

文本文件又称 ASCII 码文件或字符文件，它的每个字节代表一个字符，存放的是这个字符的 ASCII 码。文本文件的优点是它几乎在任何应用程序中都是可读的，这种文件最易于进行整体互换，用户可以用其他的软件来访问数据。例如，文字处理软件 Word 或电子表格 Excel 等，具有很好的直观性和兼容性。其缺点是占用磁盘空间大，执行速度慢，因为文本文件在存取数据过程中存在 ASCII 码与机器内码的互换问题。

2．二进制文件

二进制文件是把数据按其在内存中存储的形式（机器内码）原样输出到磁盘上，所以它的存取速度最快，格式也最紧凑。用这种格式存储文件，占用空间要比文本文件小得多。但是用这种格式存储的数据文件无法被一般的文字处理软件如 Word 读取，因而其通用性较差。

3．数据记录文件

数据记录文件可访问和操作数据（仅 LabVIEW 中），并可快速方便地存储复杂的数据结构。

数据记录文件本质上也是一种二进制格式的文件，所不同的是，数据记录文件以记录的格式存储数据，一个记录中可以包含多种不同类型的数据。另外，这种数据记录文件只能使用 LabVIEW 对其进行读/写操作。

数据记录文件只需进行少量处理，因而其读/写速度更快。数据记录文件将原始数据块作为一个记录来重新读取，无须读取该记录之前的所有记录，因此使用数据记录文件简化了数据查询的过程，仅需记录号就可访问记录，因此可更快、更方便地随机访问数据记录文件。创建数据记录文件时，LabVIEW 按顺序给每个记录分配一个记录号。

4.4.2 LabVIEW 文件 I/O 函数

LabVIEW 的文件 I/O 操作是通过其 I/O 函数来实现的，这些 I/O 函数位于函数选板的【文件 I/O】子选板中，如图 4.52 所示。

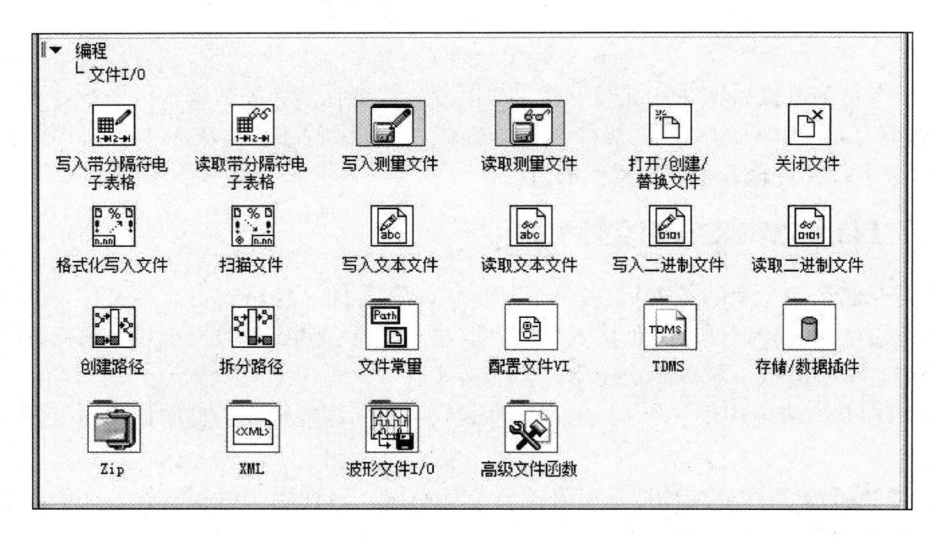

图 4.52 【文件 I/O】子选板

【文件 I/O】子选板上的函数可用于常见文件 I/O 操作，如：
- 在电子表格文本文件中读/写数值；
- 在文本文件中读/写字符；
- 从文本文件读取行；
- 从二进制文件中读/写数据。

高级文件 I/O 函数可控制单个文件 I/O 操作，这些函数可创建或打开文件，向文件读/写数据及关闭文件。可实现的任务有：
- 创建目录；
- 移动、复制或删除文件；
- 列出目录内容；
- 修改文件特性；
- 对路径进行操作。

路径是一种 LabVIEW 数据类型，用来指定文件在磁盘上的位置。LabVIEW 与 C 语言一样，也是通过文件路径来定位文件的。

LabVIEW 用文件路径输入控件输入一个文件路径，用文件路径显示控件显示一个路径。文件路径控件及其图标如图 4.53 所示。

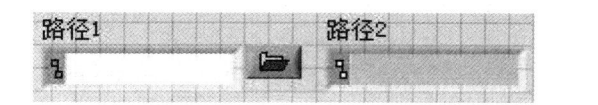

图 4.53　LabVIEW 文件路径输入和显示控件及其图标

路径包含文件所在的磁盘、文件系统根目录到文件之间的路径以及文件名。本质上，路径是特殊形式的字符串，因此，也可以将路径转换为字符串后，使用 LabVIEW 的字符串处理函数对其进行处理。

4.4.3　文件操作

文件操作就是要在磁盘文件中保存和读取数据。典型的文件 I/O 操作包括以下流程：
① 创建或打开一个文件，文件打开后，文件引用句柄即代表该文件的唯一标识符；
② 文件 I/O 函数从文件中读取或向文件中写入数据；
③ 关闭文件。

文件引用句柄是 LabVIEW 对文件进行区分的一种标识码，打开一个文件时，LabVIEW 会生成一个与此文件相关联的引用句柄，对打开文件进行的所有操作均使用该引用句柄来进行。文件引用句柄包含文件的位置、大小、读/写权限等信息。

文件引用句柄是一个被打开文件的临时指针，LabVIEW 将为引用句柄和文件分配内存，当文件关闭后，与之对应的引用句柄和内存就会被释放，即文件引用句柄失效。

1．电子表格文件的写入和读取

电子表格是格式化的文本文件，在电子表格中，用制表符隔开各列，用行结束符隔开各行。LabVIEW 的文件操作函数中提供了两个专门对电子表格进行读/写的函数："写入带分隔符电子表格"函数和"读取带分隔符电子表格"函数。

（1）电子表格文件的写入

【例 4.21】 将用"正弦"函数产生的 100 点正弦数据和循环序号组成的数组，存储到一个电子表格文件"d:\wave_sine.xls"中。

写电子表格文件 VI 的程序框图如图 4.54 所示。

"正弦"函数位于函数选板的【数学】→【初等与特殊函数】→【三角函数】子选板中。程序设计中，利用 for 循环产生 100 点正弦数据，与循环序号一起

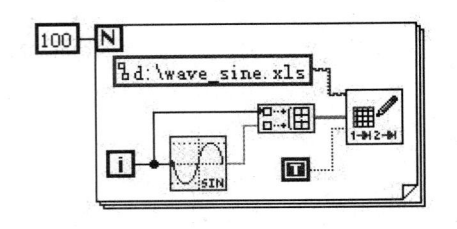

图 4.54 写电子表格文件 VI 的程序框图

组成数组，连接至"写入带分隔符电子表格"函数的一维数组端口。"路径常量"节点位于函数选板的【编程】→【文件 I/O】→【文件常量】子选板中，利用"路径常量"节点可确定存储文件的路径。本例文件路径为 d 盘根目录，文件名为"wave_sine.xls"。

（2）电子表格文件的读取

【例 4.22】 读取上例所创建的电子表格文件"d:\wave_sine.xls"。

读电子表格文件 VI 的前面板和程序框图如图 4.55 所示。

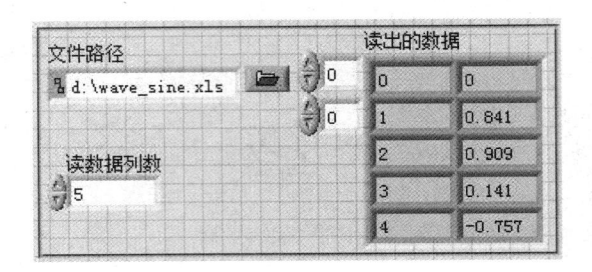

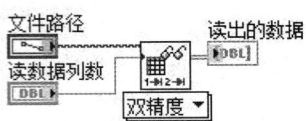

图 4.55 读电子表格文件 VI 的前面板和程序框图

程序设计中，利用文件路径输入控件输入待读取的电子表格文件名，利用输出数组显示读取后的值。

2．二进制文件的写入和读取

以二进制格式对文件进行读/写操作，占用的空间比文本文件小。二进制文件是 LabVIEW 中存储效率最高的一种文件格式，因而在程序设计中得到了广泛的应用。在 LabVIEW 的【文件 I/O】子选板中有对数据以二进制文件的形式进行写入和读取的函数。

（1）二进制文件的写入

【例 4.23】 将用"正弦"函数产生的 100 点正弦数据存储为二进制文件。

二进制文件的输入可由"写入二进制文件"函数来完成。写二进制文件 VI 的程序框图如图 4.56 所示。

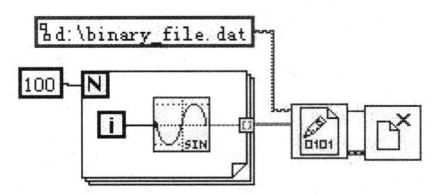

图 4.56 写二进制文件 VI 的程序框图

在程序设计中，用 for 循环产生 100 点正弦数据，在循环中加入自动索引，将正弦数据组合为一个一维数组输出。将存储了 100 点正弦数据的一维数组与"写入二进制文件"函数的数据端口相连。文件的路径为 d 盘的根目录，存储的文件名为"binary_file.dat"。

（2）二进制文件的读取

【例 4.24】 读取上例所创建的二进制文件"d:\binary_file.dat"。

二进制文件的读取可由"读取二进制文件"函数来完成。读二进制文件 VI 的前面板和程序框图如图 4.57 所示，读取结果作为一个一维数组显示在波形图窗口中。

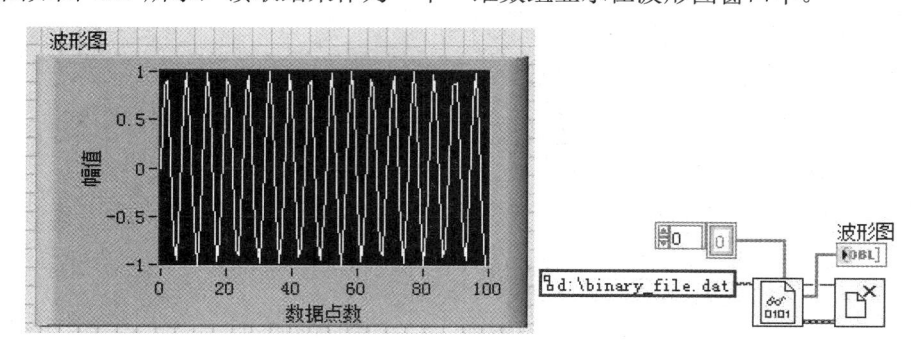

图 4.57 读二进制文件 VI 的前面板和程序框图

3．数据记录文件的写入和读取

用户在编程时，如果不需要把文件存储成可供其他软件访问的格式，可以把数据输出到一个数据记录文件。使用这种格式时，把数据写入文件的操作变得非常简单，这也使得读/写操作的速度更快。访问该文件可以以记录为单位，并且可直接访问文件中的任意一个记录。记录本身的数据结构可由用户自定义，一个记录内可容纳不同的数据类型，它就像一个簇。

使用数据记录文件还可以简化数据采集的工作，因为可以把初始化的数据块作为一个日志或者记录读取，而无须了解其中含有多少数据，LabVIEW 会记录数据的数量，用于记录每个数据记录文件。

数据记录文件实际也是一种二进制文件，输入的数据类型可以是任何类型。操作方法与二进制文件基本相同，不同的是数据记录文件必须用它的专用操作函数。需要注意的是：

① 没有专门用于存储数据记录文件的函数，需要依靠基本的分离函数来实现数据存储。
② 按以下流程存储数据记录文件：

- 建立空文件；
- 将不同类型的数据合成簇；
- 将簇写入文件；
- 关闭文件。

（1）数据记录文件的写入

【例 4.25】 将用"正弦"函数产生的一个周期的正弦波数据连同产生波形的时间存储为数据记录文件。

数据记录文件的输入可由"写入数据记录文件"函数来完成，该函数位于函数选板的【编程】→【文件 I/O】→【高级文件函数】→【数据记录】子选板中。写数据记录文件 VI 的前面板和程序框图如图 4.58 所示。

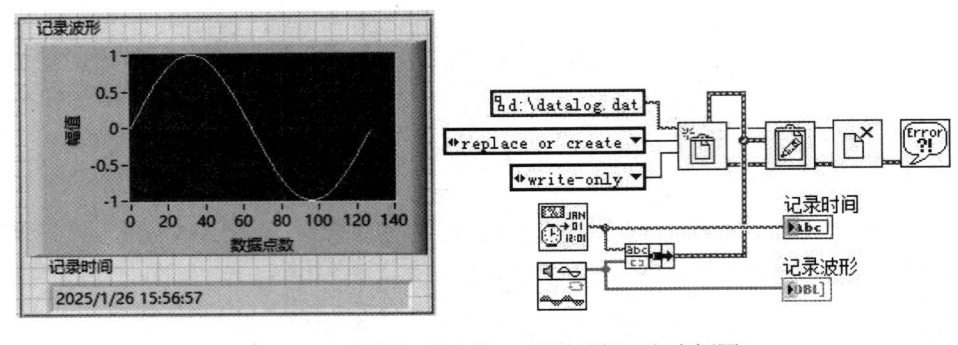

图 4.58　写数据记录文件 VI 的前面板和程序框图

例 4.25 视频

程序设计中，调用了函数选板的【编程】→【文件 I/O】→【高级文件函数】→【数据记录】子选板中的"打开/创建/替换数据记录文件"函数来打开、新建或替换一个文件，然后用"写入数据记录文件"函数写数据记录文件。在函数选板的【信号处理】→【信号生成】子选板中选择"正弦波形"函数产生一个周期的正弦波数据。在函数选板的【编程】→【定时】子选板中选择"格式化日期/时间字符串"函数获取记录时间，用【编程】→【簇、类与变体】子选板中的"捆绑"函数将记录时间与正弦波数据打包为一个簇，输出给"写入数据记录文件"函数的记录端口。

程序运行结果如图 4.58 中的前面板所示。前面板的记录波形显示了一个周期的正弦波，同时显示了程序运行的日期和时间。数据记录文件的路径为 d 盘的根目录，存储的文件名为"datalog.dat"。

（2）数据记录文件的读取

【例 4.26】　读取上例所创建的数据记录文件"d:\datalog.dat"。

数据记录文件的读取可由"读数据记录文件"函数来完成，该函数位于函数选板的【编程】→【文件 I/O】→【高级文件函数】→【数据记录】子选板中。读数据记录文件 VI 的前面板和程序框图如图 4.59 所示。

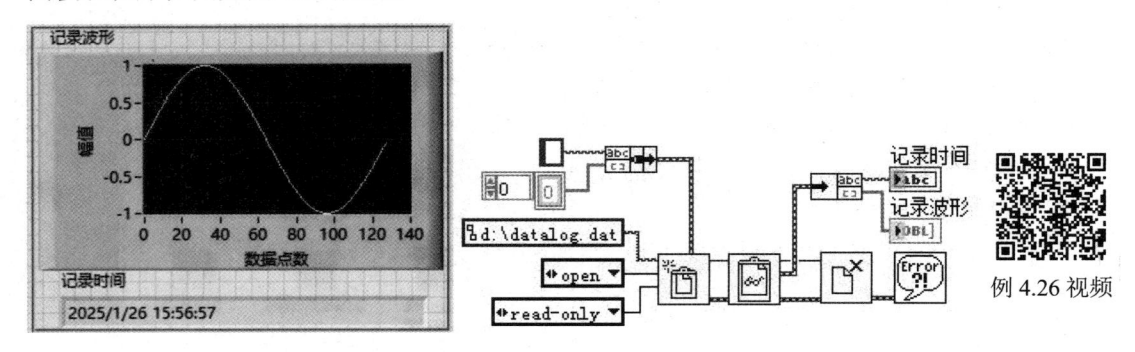

图 4.59　读数据记录文件 VI 的前面板和程序框图

例 4.26 视频

程序中使用"捆绑"函数将一个空字符串和空数组捆绑成一个簇，并将它们输出到"打开/创建/替换数据记录文件"函数的记录类型端口，作为数据记录文件的记录类型。如果记录类型的数据类型与原数据记录文件的不相同，程序运行就不能读出数据，并提示出错。

4.5 图形显示

图形显示是虚拟仪器重要的组成部分，用户可通过数据的图形化显示，直观明了地观察测量数据的变化趋势。在虚拟仪器的设计中，LabVIEW 对图形化显示提供了强大的支持。

LabVIEW 提供了两类基本的图形显示控件：图形和图表。图形控件采集所有需要显示的数据，并可以对数据处理后一次性显示结果；图表控件将采集的数据逐点地显示为图形，可以反映数据的变化趋势，类似于传统的模拟示波器、波形记录仪。

在 LabVIEW 中，用于图形显示的控件主要位于控件选板的【图形】子选板中，如图 4.60 所示。

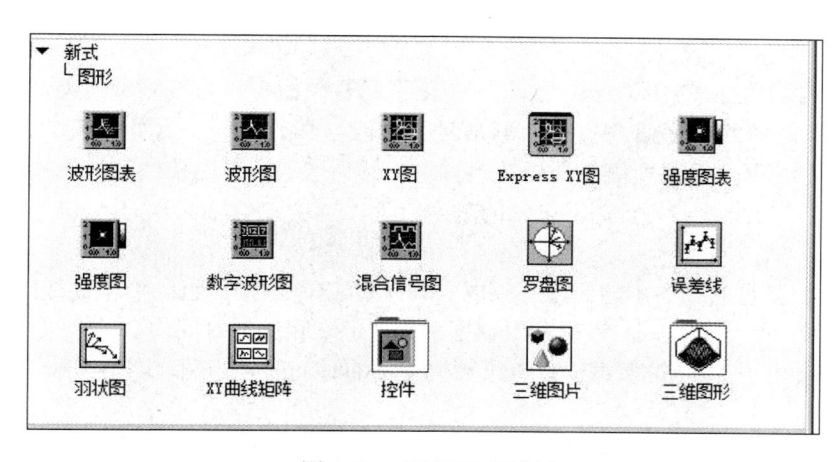

图 4.60 【图形】子选板

LabVIEW 包含以下类型的图形和图表：
① 波形图和波形图表，显示采样率恒定的数据；
② XY 图，显示采样率非均匀的数据及多值函数的数据；
③ 强度图和强度图表，在二维图上以颜色显示第三个维度的值，从而在二维图上显示三维数据；
④ 数字波形图，以脉冲或成组的数字线的形式显示数据；
⑤ 三维图形，在三维前面板图中显示三维数据。

4.5.1 波形图和波形图表

LabVIEW 使用波形图和波形图表显示具有恒定采样率的数据。

1. 波形图

波形图是对已采样数据进行事后处理，它先得到所有需要显示的数据，然后根据实际要求将这些数据组成所需要的图形一次性显示出来。

波形图用于显示测量值为均匀采样的一条或多条曲线。波形图仅绘制单值函数，即在 $y = f(x)$ 中，各点沿 X 轴均匀分布。

波形图既可以显示单个信号波形，也可以同时显示多个信号波形，并且还提供实时任意缩放和图上测量等高级显示工具，它的坐标、网格和标注等都可以根据需要灵活设置。

【例 4.27】 设计一个 VI，显示一个正弦波电压测量结果。电压采样从 0 开始，每隔 2ms

采样一个点，共采样 50 个点。要求程序的显示能够反映出实际的采样时间及电压值。

电压测量 VI 的前面板和程序框图如图 4.61 所示。

图 4.61　电压测量 VI 的前面板和程序框图

程序设计中，在 for 循环结构中放置一个正弦函数来模拟正弦波测量结果，循环次数设为 50。为了使 X 轴的刻度值与实际的测量时间对应，加入了一个起始位置"X0"及步长"DeltaX"，并把这两个数与所测量数据数组打包，然后送入波形图控件的输入端口。

设定 X0=0，DeltaX=2，此时，X 轴的刻度值为 X=X0+n×DeltaX，其中 n 为数据在数组中的序号。

注意：数据打包的顺序不能错，必须以 X0、DeltaX、数据数组的顺序进行。

【例 4.28】　设计一个 VI，进行两组数据采集，但在相同的时间内，一个采集了 30 点的数据，另一个采集了 50 点的数据。设两组数据采集的时间间隔相同，均为 1ms，用波形图显示测量结果。

LabVIEW 在构成一个二维数组时，如果两组数据长度不一致，整个数组的存储长度将以较长的那组数据的长度为准，而数据较少的那组在所有的数据存储完后，余下的空间将被 0 填充。为了避免值为 0 的直线拖尾，程序设计中，先把两组数据数组打包，再组成显示时所需的一个二维数组。显示两组数据 VI 的前面板和程序框图如图 4.62 所示。

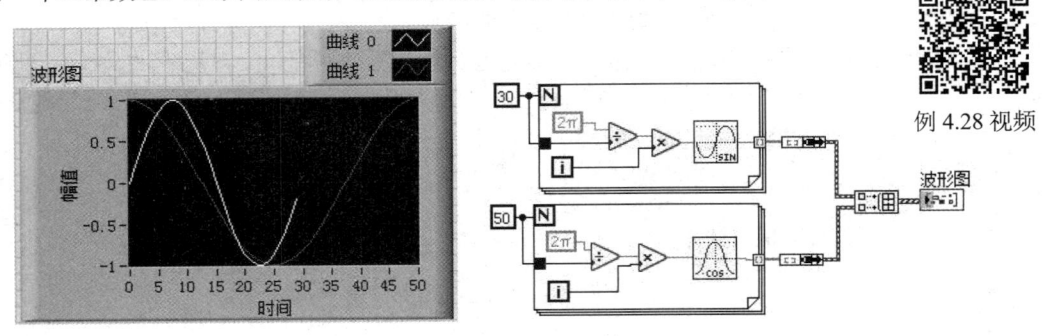

图 4.62　显示两组数据 VI 的前面板和程序框图

程序设计中，用 for 循环结构中放置一个正弦函数来模拟测量结果。第一组数据用一个 30 点的 for 循环模拟，第二组数据用一个 50 点的 for 循环模拟。两组数据分别打包后送入"创建数组"函数的两个输入端口，组成一个二维数组并送波形图显示。

2．波形图表

波形图表可以称为实时趋势图控件，它将数据在坐标系中实时、逐点（或者一次多个点）

显示出来，可以反映被测物理量的变化趋势。

波形图通常把显示的数据先收集到一个数组中，然后把这组数据一次性送入波形图前面板对象中进行显示；而波形图表是把新的数据连续添加到已有数据的后面，波形是连续向前推进显示的，这种显示方法可以很清楚地观察到数据的变化过程。

波形图表一次可以接收一个点的数据，也可以接收一组数据。不过，这组数据与波形图的数据在概念上是不同的。波形图表的数据只不过代表一条波形上的几个点，而波形图的数据代表的则是整条波形。

波形图表内置了一个显示缓冲区，用来保存一部分历史数据，并接收新数据。这个缓冲区的数据存储按照先进先出的规则管理，缓冲区的大小决定了显示数据的最大长度。用鼠标右键单击波形图表，在弹出的快捷菜单中选择【图表历史长度…】，可配置缓冲区的大小。波形图表的默认图表历史长度为1024个数据点。向图表传送数据的频率决定了图表重绘的频率。

波形图表适合用于实时测量中的参数监控，而波形图适合用于事后数据的显示与分析。

【例4.29】 用波形图表来实时显示模拟采集的温度值，当温度超过设定的临界值时，点亮报警指示灯。

温度值显示VI的前面板和程序框图如图4.63所示。

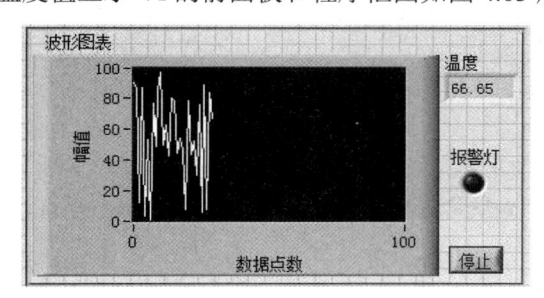

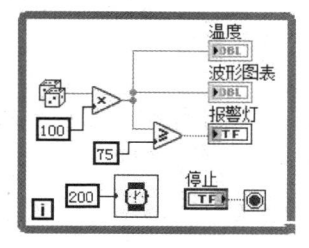

图4.63 温度值显示VI的前面板和程序框图

程序设计中，利用"随机数(0-1)"函数的输出乘以100来模拟0~100℃的温度采集值，该温度采集值不仅送波形图表和数值显示控件显示，而且通过"≥"函数与设定的临界值比较，当采集值大于或等于临界设定值时，点亮报警指示灯。

波形图表接收到数据后，从第0个数据开始显示。程序中，屏幕宽度与缓冲区的大小都使用了默认值，分别为100个点和1024个点。显示长度可用文本编辑工具改变，但不能超过缓冲区的大小。当显示的数据量超过100后，在接收到下一个数据时，波形将自动左移一位，而X轴的开始刻度为1，最后的刻度为101，坐标宽度保持100不变。

若需向波形图表传送多条曲线的数据，可将这些数据打包为一个标量数值簇，其中每个数值代表各条曲线上的单个数据点。

【例4.30】 用波形图表显示两组随机数据。

用波形图表同样可以同屏显示多个信号波形，其数据组织方法主要有以下两种。

（1）把每种测量的一个点捆绑在一起，然后把该数据包送到波形图表中显示。这是最简单也是最常用的方法。利用这种方法，波形是通过单个点的平移刷新的。波形图表显示两路波形VI的前面板和程序框图如图4.64所示。

（2）先对单个点进行捆绑，但不直接送去显示，然后将这些数据包组成一个数组，最后送到波形图表中显示,如图 4.65 所示。在此例中,每 10 个点显示一次。

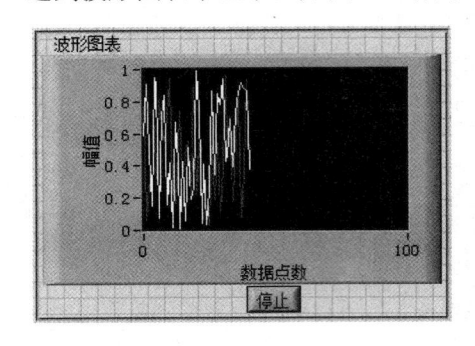

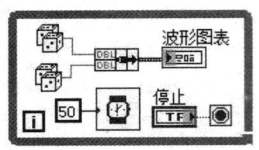

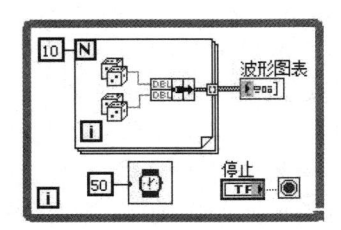

图 4.64 波形图表显示两路波形 VI 的前面板和程序框图 1

图 4.65 波形图表显示两路波形 VI 的程序框图 2

4.5.2 XY 图

波形图显示控件有一个特征,其 X 是测量点序号、时间间隔等,是均匀分布的,Y 是测量数据值,因而在使用上有一定局限性,例如,不能描绘出非均匀采样得到的数据和封闭曲线。因此,LabVIEW 提供了 XY 图用于这种数据显示。曲线是一系列的坐标点连续绘制而成的,XY 图的输入数据本质上都是点,这些点由 X 坐标和 Y 坐标来描述。XY 图不要求横坐标等间隔分布,而且允许绘制一对多的映射关系。

与波形图相同,XY 图也是一次性完成波形显示刷新;不同的是,XY 图的输入数据类型是两组数据打包构成的簇,簇的每对数据都对应一个显示数据点的 X、Y 坐标。下面通过例子来介绍 XY 图的使用方法。

【例 4.31】 应用 XY 图描绘同心圆。

描绘同心圆 VI 的前面板和程序框图如图 4.66 所示。

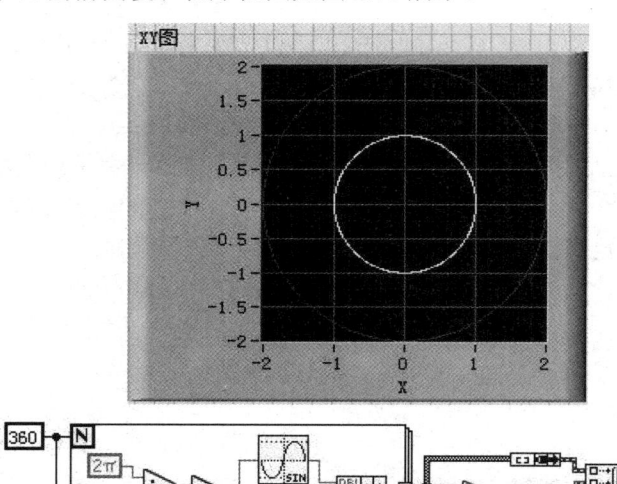

例 4.31 视频

图 4.66 描绘同心圆 VI 的前面板和程序框图

因为 XY 图的显示机制决定了它的输入必须是簇,所以程序设计中用"捆绑"函数将两个簇数组转换为簇,最后用"创建数组"函数组成一个簇数组。一个周期 $0\sim2\pi$ 之间数据的正弦值和余弦值,由函数选板的【数学】→【初等与特殊函数】→【三角函数】子选板中的"正弦"函数和"余弦"函数产生。由于输入的 X、Y 两路信号相位相差 $90°$,则输出的图形为一个圆(李萨育图形)。

4.5.3 强度图和强度图表

强度图和强度图表提供了一种在二维平面上表现三维数据的方法。例如,可以用屏幕色彩的亮度反映一个二维数组元素值的大小。强度图和强度图表之间的差别主要是刷新方式不同。

1. 强度图

强度图是 LabVIEW 提供的另一种波形显示方式,它用一个二维强度图表示一个三维的数据类型。一个典型的强度图如图 4.67 所示。从图中可以看出,强度图与前面介绍过的曲线显示控件在外形上的最大区别是,强度图拥有标签为幅值的颜色控制组件,如果把标签为时间和频率的坐标分别理解为 X 轴和 Y 轴,则幅值组件相当于 Z 轴的刻度。

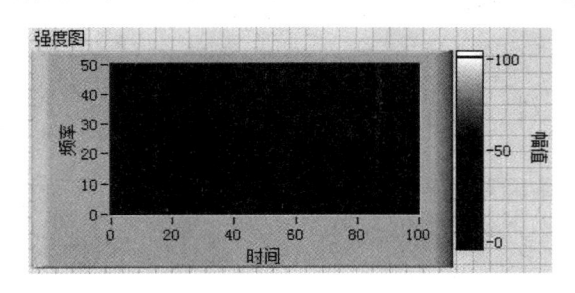

图 4.67 一个典型的强度图

【例 4.32】 使用强度图显示数组元素大小。

在这个程序中,利用了数值型 3×4 二维数组(数据类型为"I8",即单字节整型),控制强度图显示控件的显示。注意强度图显示屏上 X、Y 轴刻度对应的是数组行、列的序号。强度图应用 VI 的前面板和程序框图如图 4.68 所示。

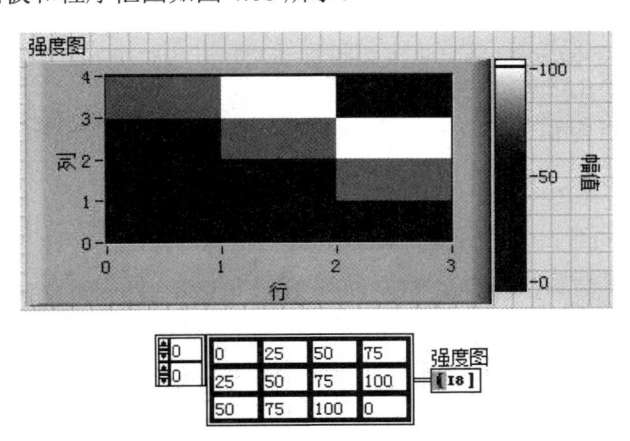

图 4.68 强度图应用 VI 的前面板和程序框图

当改变二维数组内的元素值时，其对应的强度图中的颜色值也跟着发生相应变化。

2. 强度图表

与强度图一样，强度图表也是用一个二维的显示结构来表达一个三维数据。它们之间的主要区别在于图像刷新方式的不同，强度图接收到新数据时，会自动清除旧数据的显示；而强度图表会把新数据的显示接续到旧数据的后面。

与波形图表一样，强度图表也有一个来源于此前更新而产生的历史数据。用鼠标右键单击强度图表，在弹出的快捷菜单中选择【图表历史长度…】，可配置缓冲区的大小。强度图表缓冲区的默认大小为128个点，但缓冲区结构是二维的，而波形图表缓冲区结构是一维的。强度图表的显示需要占用大量的内存。

【例4.33】 使用强度图表显示二维数组数据。

强度图表应用 VI 前面板及程序框图如图 4.69 所示。

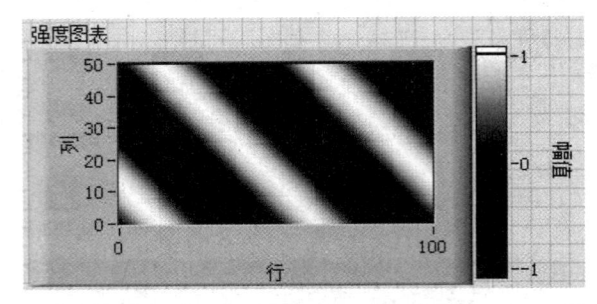

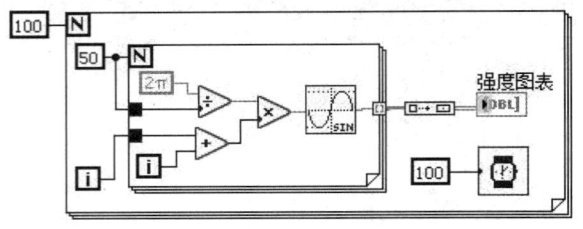

图 4.69　强度图表应用 VI 的前面板和程序框图

程序设计中，先让"正弦"函数在循环的边框通道上形成一个一维数组，然后形成一个列数为 1 的二维数组并送到强度图表控件中显示。因为二维数组是强度图表所必需的数据类型，所以，即使只有一行数据，这一步工作也是必要的。为了便于观察强度图表控件数据的刷新方式，程序框图设计中增加了"等待（ms）"函数。

强度图表的 Z 轴设置与 X、Y 轴的设置有些不同，因为它是以颜色来表示数据的，同时它还是一个坐标轴，所以，它除有颜色设置项目外，还有通用坐标轴的设置项目。

4.5.4　数字波形图

数字波形图用于显示数字数据，尤其在定时框图或逻辑分析器时使用。

数字波形图接收数字波形数据、数字数据和上述数据的数组并作为输入。默认状态下，数字波形图将数据在绘图区域内显示为数字线或数字总线。通过自定义数字波形图，可显示数字总线、数字线，以及数字总线和数字线的组合。若连接的是一个数字数据的数组（每个数组元素代表一条总线），则数组中的一个元素便是数字波形图中的一条线，并以数组元素绘制到数字波形图的顺序排列。

【例4.34】 用数字波形图显示二进制数组,"1"为高电平,"0"为低电平。
数字波形图应用VI的前面板和程序框图如图4.70所示。

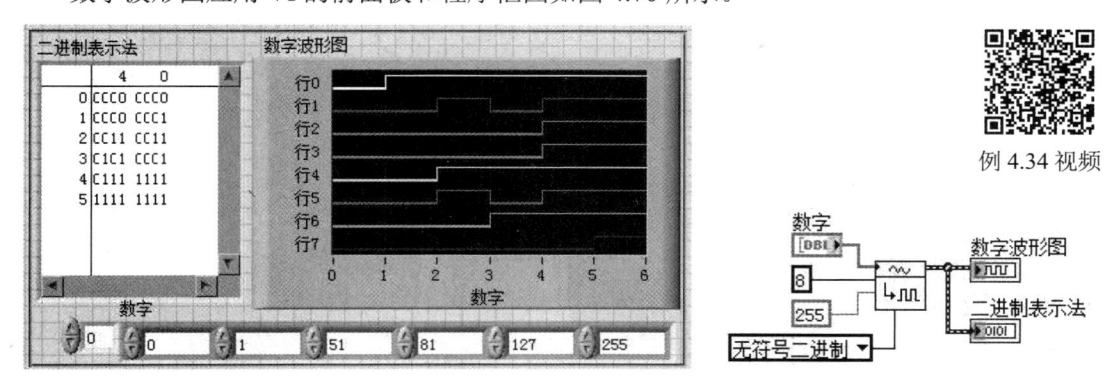

图4.70 数字波形图应用VI的前面板和程序框图

程序设计中,利用函数选板的【编程】→【波形】子选板中的"模数转换"函数先将一组输入数字量转换为二进制数据,然后送入数字波形图和数字显示控件显示。

二进制表示法中显示了这些数字的二进制数表示,表中的每一列代表一个二进制位。例如,数字127显示为"0111 1111"。

4.5.5 三维图形

在实际应用中,大量数据都需要在三维空间中进行可视化显示,例如,某个表面的温度分布、飞机的运动等。三维图形可使三维数据可视化,修改三维图形属性可改变数据的显示方式。为此,LabVIEW提供了一些三维图形显示控件,包括三维曲面图形、三维参数图形、三维线条图形等。【三维图形】子选板如图4.71所示。

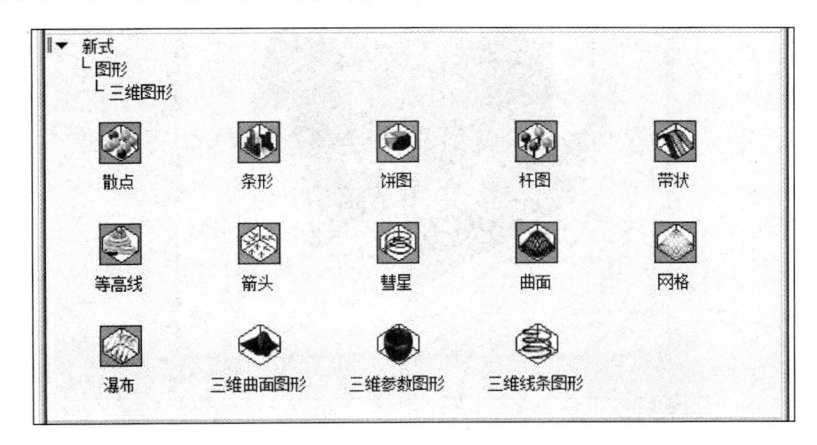

图4.71 【三维图形】子选板

【三维图形】子选板中包含以下三维图形:
● 散点图——显示两组数据的统计趋势和关系;
● 条形图——生成垂直条带组成的条形图;
● 饼图——生成饼状图;

- 杆图——显示冲激响应并按分布组织数据；
- 带状图——生成平行线组成的带状图；
- 等高线图——绘制等高线图；
- 箭头图——生成速度曲线；
- 彗星图——创建数据点周围有圆圈环绕的动画图；
- 曲面图——在相互连接的曲面上绘制数据；
- 网格图——绘制有开放空间的网格曲面；
- 瀑布图——绘制数据曲面和 Y 轴上低于数据点的区域；
- 三维曲面图形——在三维空间绘制一个曲面；
- 三维参数图形——在三维空间绘制一个参数图；
- 三维线条图形——在三维空间绘制线条。

1. 三维曲面图形

三维曲面图形用 X、Y 和 Z 轴数据绘制图形上的各点，再将这些点连接，形成数据的三维曲面。

【例 4.35】 用三维曲面图形显示正弦波，即 $z = \sin\theta$，$\theta \in [0, 4\pi]$，X、Y 坐标的步长均为 $\pi/50$。

三维曲面图形应用 VI 的前面板和程序框图如图 4.72 所示。使用两个 for 循环，计算曲面在每个网格节点的 Z 坐标，然后通过 for 循环边框的索引功能将 Z 坐标组成一个二维数组，送到三维曲面图形控件上显示，X 坐标数组和 Y 坐标数组是相同的。

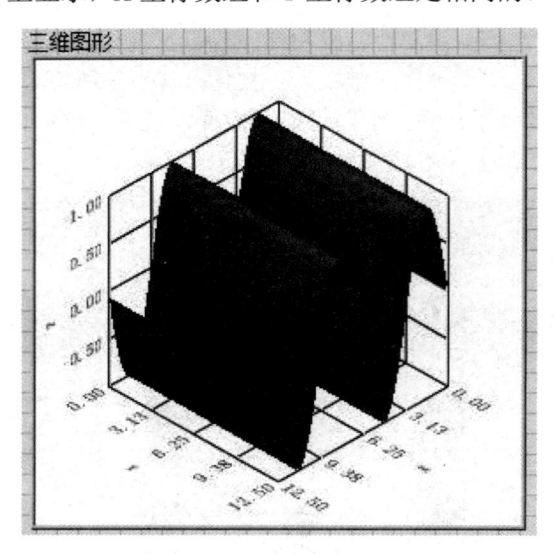

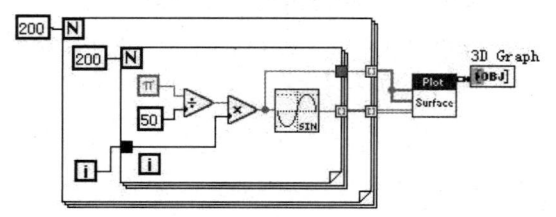

例 4.35 视频

图 4.72 三维曲面图形应用 VI 的前面板和程序框图

2. 三维参数图形

三维参数图形可以用来绘制一些更复杂的空间图形，它的 3 个轴输入的都是二维数组。

【例 4.36】 用三维参数图形模拟水面波纹。

水面波纹的算法由下面公式给出

$$z = \frac{\sin(\sqrt{x^2 + y^2})}{\sqrt{x^2 + y^2}}$$

三维参数图形应用 VI 的前面板和程序框图如图 4.73 所示。

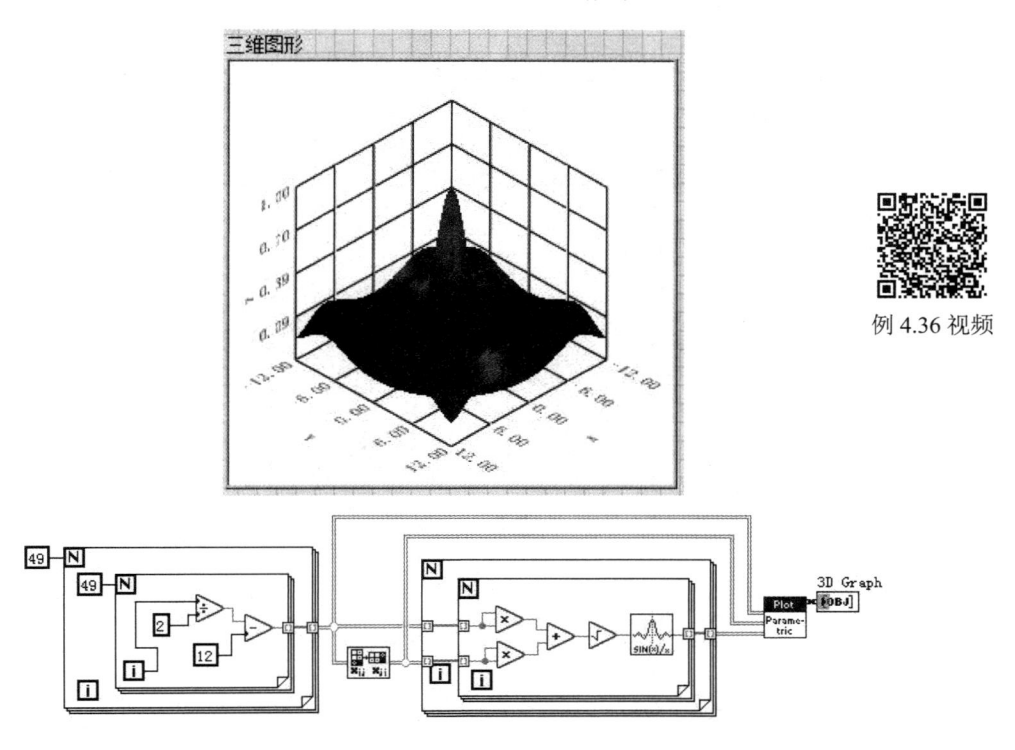

例 4.36 视频

图 4.73 三维参数图形应用 VI 的前面板和程序框图

程序设计中，使用了两个嵌套的 for 循环结构。第一个是用 for 循环结构的自动索引累加功能产生一个变化范围为-12～12 之间的二维数组，二维数组的大小为 49×49，列元素步长为 0.5。将产生的二维数组及其行、列转置后的数组送给三维参数图形的 **X** 矩阵和 **Y** 矩阵端口，二维数组的转置是通过【数组】子选板的"二维数组转置"函数来实现的。第二个是用 for 循环结构的自动索引取数功能将二维数组的元素提取出来并进行计算。先将两个二维数组的元素提取出来进行平方，然后相加并开平方，结果用 Sinc 函数（位于【数学】→【初等与特殊函数】→【三角函数】子选板）来实现 $z = \sin(\sqrt{x^2 + y^2}) / \sqrt{x^2 + y^2}$ 的计算。最后将累加得到的二维数组送给三维参数图形的 **Z** 矩阵端口。

3. 三维线条图形

三维线条图形包含图形上的单个点，每个点均具有 X、Y 和 Z 坐标，VI 用线连接这些点。

三维线条图形可显示运动对象的理想轨迹。

【例 4.37】 使用三维线条图形绘制螺旋线。

要求绘制一条螺旋线，螺旋线的坐标由下面的公式给出

$$\begin{cases} x = \cos\theta \\ y = \sin\theta \\ z = \theta \end{cases}$$

其中 $\theta \in [0, 6\pi]$，步长为 $\pi/50$。

绘制螺旋线 VI 的前面板和程序框图如图 4.74 所示。为了看起来更加直观，在三维线条图形上单击鼠标右键，在弹出的快捷菜单中选择【三维图形属性】，可改变三维曲线图的颜色、格式等属性。

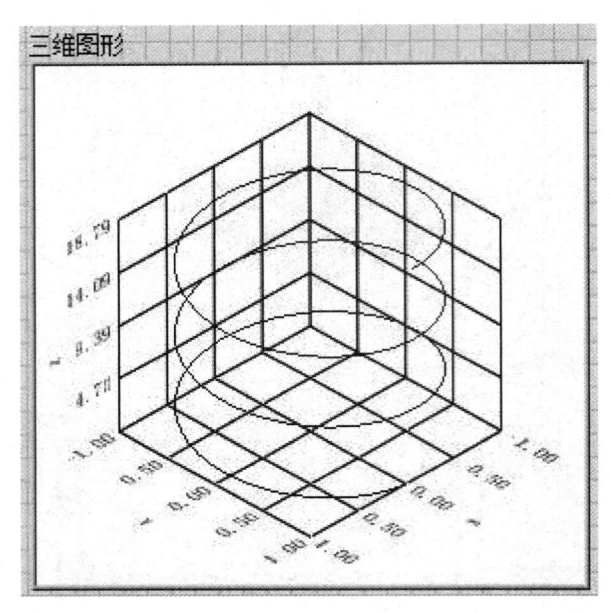

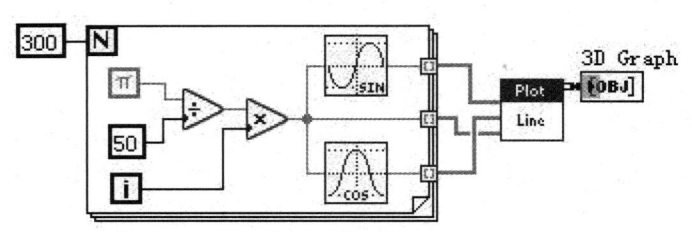

图 4.74 绘制螺旋线 VI 的前面板和程序框图

4.5.6 混合信号图

混合信号图可显示模拟数据和数字数据，且接收所有波形图、XY 图和数字波形图的数据。

一个混合信号图中可包含多个绘图区域，但一个绘图区域仅能显示数字曲线或模拟曲线，

LabVIEW 在绘图区域中绘制图像上的数据。混合信号图在必要时将自动创建足以容纳所有模拟数据和数字数据的绘图区域。向一个混合信号图添加多个绘图区域时，每个绘图区域都有其各自的 Y 轴。所有绘图区域共享同一个 X 轴，以便进行数字数据和模拟数据的比较。

混合信号图可以根据输入数据的情况自动添加绘图区域，也可根据需要添加绘图区域，方法是在混合信号图空间上单击鼠标右键，在弹出的快捷菜单中选择【添加绘图区域】，即可添加一个绘图区域。当不需要某个绘图区域时，在该区域单击鼠标右键，在弹出的快捷菜单中选择【删除绘图区域】，即可删除绘图区域。

【例 4.38】 用混合信号图显示三组模拟信号和一组 8 位数字信号。

混合信号图应用 VI 的前面板和程序框图如图 4.75 所示。

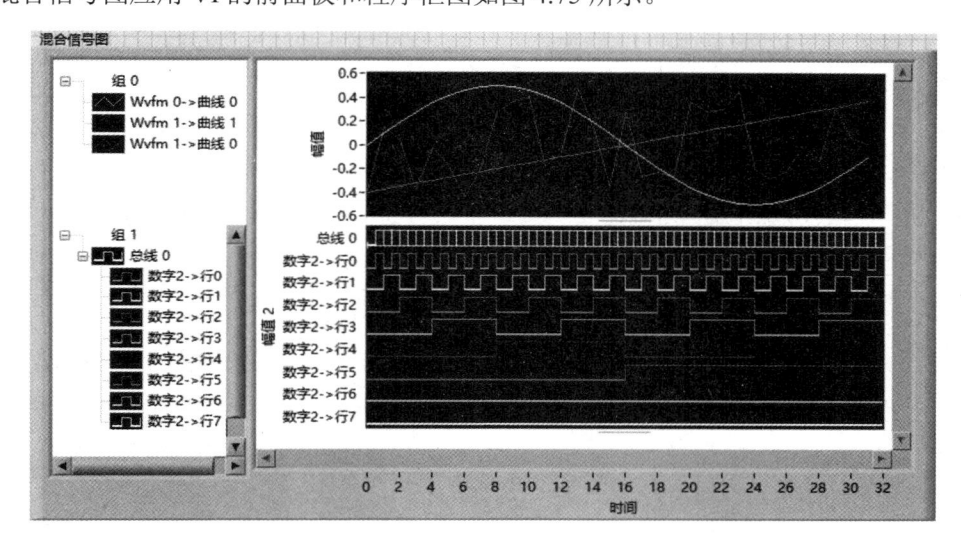

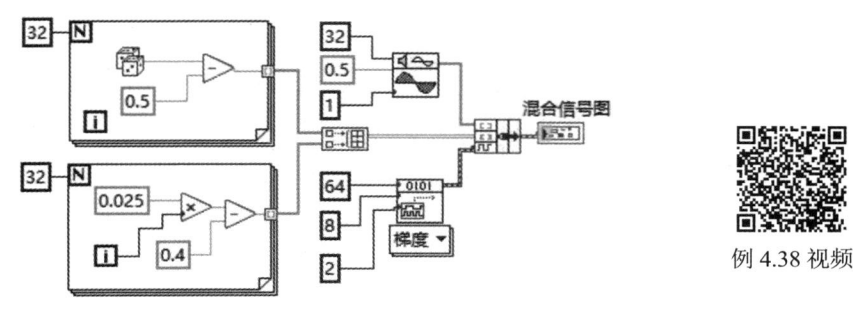

图 4.75 混合信号图应用 VI 的前面板和程序框图

程序设计中，利用了函数选板的【信号处理】→【信号生成】子选板中的"正弦信号"函数产生正弦波，利用了【编程】→【波形】→【数字波形】子选板中的"数字波形发生器"函数产生一组 8 位数字信号。

使用混合信号图时，可通过"捆绑"函数，将多种不同类型数据合并连接至混合信号图中，如图 4.75 中的程序框图所示。

思考题和习题 4

4.1 说明 for 循环和 while 循环的区别。

4.2 顺序结构中如何传递数据？

4.3 数组和簇的区别是什么？

4.4 简述局部变量和全局变量的区别。

4.5 LabVIEW 提供的常用文件类型主要有哪些？

4.6 文本文件和二进制文件的主要区别是什么？

4.7 什么是数据记录文件？

4.8 简述波形图与波形图表的区别。

4.9 设计 VI，求 0～99 之间所有偶数的和。

4.10 设计 VI，计算 $\sum_{x=1}^{n} x!$。

4.11 设计 VI，使用 for 循环产生 100 个 0～1 之间的随机数，并同时判定当前随机数的最大值和最小值。

4.12 设计 VI，在前面板上放置一个布尔按钮和一个字符串显示控件，要求当按钮被按下时，显示"按钮被按下"；当按钮松开时，显示"按钮被松开"。

4.13 设计 VI，判断正负数，如果前面板上输入的数值 $x \geq 0$，指示灯亮；反之，则指示灯灭。

4.14 设计 VI，实现求两个数的加、减、乘、除的简易计算器功能。

4.15 设计 VI，使用顺序结构先显示一个字符串"字符串显示"，5s 后再显示一个数值"999.00"。

4.16 设计 VI，产生 10000 个随机数，求其中的最大值、最小值和这 10000 个数的平均值，并求出程序执行所需的时间。

4.17 设计 VI，使用公式节点，完成下面公式的计算

$$\begin{cases} y_1 = x^3 - 10x^2 + 1 \\ y_2 = ax + b \end{cases}$$

4.18 设计 VI，使用事件结构响应前面板鼠标按下事件。

4.19 设计 VI，将两个字符串连接成一个新的字符串，并计算新字符串的长度。

4.20 设计 VI，求一个一维数组中所有元素的和。

4.21 创建一个 3 行 4 列的二维数组，给数组元素赋值为

1，2，3，4

5，6，7，8

9，10，11，12

并从创建的数组中索引出第 2 行第 3 列元素。

4.22 从习题 4.21 创建的数组中将第 1 行元素替换为：0，2，4，6。

4.23 设计 VI，建立一个簇，包含个人姓名、性别、年龄、民族、专业等信息，并使用"解除捆绑"函数，将簇中的各个元素分别取出。

4.24 设计 VI，通过旋钮改变数值的大小，当旋钮的值小于 5 时，指示灯为一种颜色，并显示提示信息"数值正常！"；当旋钮数值大于或等于 5 时，指示灯为另一种颜色，并显示提示信息"数值超限！"。

4.25 设计 VI，在前面板上放置 3 个 LED 灯，要求第 1 个 LED 灯点亮 3s 熄灭后，点亮第 2 个 LED 灯，保持 4s 熄灭后，点亮第 3 个 LED 灯，保持 5s 后，VI 停止运行。

4.26　设计 VI，利用全局变量将一个 VI 产生的正弦波送另一个 VI 显示。

4.27　设计 VI，将同时产生的 100 点正弦数据和余弦数据存入电子表格文件中。

4.28　设计 VI，将产生的 0~9 这 10 个数据以二进制文件格式存储。

4.29　设计 VI，用波形图绘制曲线 $S = \sum_{X=1}^{N} X^3 (1 \leq N \leq 100,$ 且 X、N 均为整数$)$。

4.30　设计 VI，在波形图上用两种不同的颜色显示一条正弦曲线和一条余弦曲线，每条曲线长度为 128 点，其中正弦曲线的 $X_0 = 0$，$\Delta X = 1$，余弦曲线的 $X_0 = 60$，$\Delta X = 5$。

4.31　设计 VI，用波形图和波形图表分别显示产生的 50 个随机数据曲线。

4.32　设计 VI，用 XY 图显示曲线 $\begin{cases} x = \sin\left(\dfrac{2\pi}{100}i + \dfrac{\pi}{4}\right) \\ y = \cos\left(\dfrac{2\pi}{100}i\right) \end{cases}$，$i = 0 \sim 100$。

4.33　设计 VI，使用 for 循环生成一个 3 行 4 列的二维数组，数组元素由范围为 0~100 之间的随机数组成，要求在强度图中显示二维数组中元素的值。

4.34　设计 VI，用 for 循环构造一个 10×10 的随机数二维数组，并用强度图表显示出来。

4.35　设计 VI，用数字波形图显示数组各元素对应的二进制数，数组为（0，7，14，21，32，64，127）。

4.36　设计 VI，使用三维参数图形绘制一个三维球面，球面的参数方程为
$$\begin{cases} x = \cos\alpha\cos\beta \\ y = \cos\alpha\sin\beta \\ z = \sin\beta \end{cases}$$

其中，α 为从 0 变化到 π，步长为 $\pi/24$；β 从 0 变化到 2π，步长为 $\pi/12$。

第5章 虚拟仪器数据采集

虚拟仪器主要用于获取真实物理世界的数据，也就是说，虚拟仪器必须要有数据采集的功能。从这个角度来说，数据采集就是虚拟仪器设计的核心，使用虚拟仪器必须要掌握如何使用数据采集功能。本章主要介绍数据采集系统的构成、数据采集卡的选用与配置以及基于LabVIEW的数据采集编程方法。

5.1 数据采集系统概述

5.1.1 数据采集系统的含义

在科研、生产和日常生活中，经常需要进行模拟量（如温度、压力、流量、速度、位移等）的测量和控制。数据采集（Data Acquisition，DAQ），就是将被测对象的各种参量（物理量、化学量、生物量等）通过各种传感器进行适当转换后，再经信号调理、采样、量化、编码等送到计算机进行数据处理或记录的过程。用于数据采集的成套设备称为数据采集系统（Data Acquisition System，DAS）。

数据采集系统的任务，就是通过传感器从被测对象获取有用信息，并将其输出信号转换为计算机能识别的数字信号，然后送入计算机进行相应的处理，得到所需的数据。同时，将计算机得到的数据进行显示、存储或打印，以便实现对某些物理量的监视，其中一部分数据还将被生产过程中的计算机控制系统用来对某些物理量进行控制。

数据采集系统性能的好坏，主要取决于它的精度和速度。在保证精度的条件下，应有尽可能高的采样率，以满足实时采集、实时处理和实时控制对速度的要求。

现代数据采集系统具有以下主要特点。

① 现代数据采集系统一般都含有计算机，这使得数据采集的质量和效率等大为提高，同时显著节省了硬件投资。

② 软件在数据采集系统中的作用越来越大，增强了系统设计的灵活性。

③ 数据采集与数据处理结合得日益紧密，形成了数据采集与数据处理相互融合的系统。

④ 速度快，数据采集过程一般都具有"实时"特性。对于通用数据采集系统，一般希望有尽可能高的速度，以满足更多的应用环境。

⑤ 随着微电子技术的发展，电路集成度得以提高，数据采集系统的体积越来越小，可靠性越来越高，甚至出现了单片数据采集系统。

⑥ 总线在数据采集系统中的应用越来越广泛,总线技术对数据采集系统结构的发展起着重要作用。

在生产过程中，应用数据采集系统可对生产现场的工艺参数进行采集、监视和记录，可提高产品的质量、降低成本；在科学研究中，应用数据采集系统可获得大量的动态信息，是研究瞬间物理过程的有力工具。总之，不论在哪个应用领域中，数据的采集与处理越及时，工作效率就越高，取得的经济效益就越大。

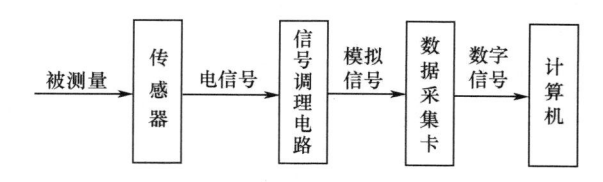

5.1.2 数据采集系统的构成

数据采集系统随着新型传感器技术、微电子技术和计算机技术的发展而得到迅速发展。由于目前数据采集系统一般都使用计算机进行控制，因此数据采集系统又称为计算机数据采集系统。

数据采集系统的构成如图 5.1 所示。

图 5.1 数据采集系统的构成

数据采集系统通常由传感器、信号调理电路、数据采集卡（通常集成有模拟多路开关、放大器、采样/保持器、A/D 转换器及 D/A 转换器）、计算机等组成。其中，传感器是将被测量（通常为非电量）转换成电信号的信号转换元件，由于传感器所产生的电信号一般不能直接输入计算机，必须进行调理后才能被数据采集设备精确、可靠地采集。信号调理就是将传感器输出的电信号进行放大、隔离、滤波等处理，使得数据采集卡便于对信号进行精确采集。一般而言，信号调理电路是基于计算机的数据采集系统不可或缺的组成部分。数据采集卡的作用是将模拟的电信号转换为数字信号传给计算机进行处理，或将计算机处理后的数字信号转换为模拟信号输出。计算机上安装了驱动和应用软件，方便与数据采集卡交互，完成采集任务，并对采集到的数据进行后续分析与处理。

1．传感器

传感器是指能感受规定的被测量并按照一定的规律转换成可用输出信号的器件或装置。传感器不但应对被测量敏感，而且还具有将其对被测量的响应传送出去的功能。由于电信号最便于远程传输，所以绝大多数传感器的输出都是电信号的形式。在实际应用中，要根据被测量的类别、性质、测量范围及测试现场环境等因素选择合适的传感器。

2．信号调理电路

无论何种传感器，都需要使用适当的信号调理电路来提高信号质量或改进其性能。信号调理一般包括放大、隔离和滤波等。

（1）放大

最常用的信号调理形式是放大，即将输入微弱的电信号放大至数据采集卡量程相当的程度，以获得尽可能高的分辨率。典型的信号调理电路如图 5.2 所示，在输入回路中串入 500Ω 的精密采样电阻，可以把 4～20mA 的电流信号转换成所需要的 1～5V 电压信号。在实际应用中，电流型变送器的输出信号一般是 0～10mA DC 或 4～20mA DC 的标准电流信号，而电压型变送器的输出信号通常是 0～5V DC、0～10V DC、-5～5V DC 或-10～10V DC 的标准电压信号。由于电流信号对辐射干扰、长距离导线产生的电压降等不利因素具有较好的抑制能力，所以电流型变送器应用得相对较多。信号调理电路首先将输入的微弱电流信号通过一个精密电阻转化为电压信号，再对该电压信号进行调理和数字化。另外，信号调理电路应尽可能靠近信号源、传感器或变送器，这样信号在受到环境噪声影响之前即被放大，使信噪比得到改善。

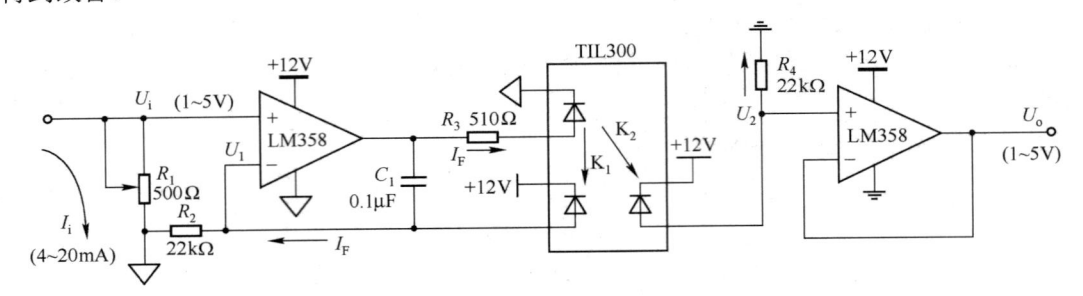

图 5.2　典型的信号调理电路

（2）隔离

隔离是指使用变压器或光电耦合器等在测试系统和被测试系统之间传递信号，以避免直接的电或物理连接。因为被测量常有瞬变或冲击现象，而这足以损坏计算机和数据采集卡，所以将传感器信号同计算机隔离开来，使系统的安全得到保证。另外，通过隔离可以确保数据采集卡的读数不受到"地"电位或共模电压的影响。数据采集卡每次采集输入信号时，都是以"地"为基准的，如果两"地"之间存在电位差，就导致"地"环路的产生，从而造成所采集的信号不准确。如果这一电位差太大，则可能危机到数据采集系统的安全。利用隔离技术就可以消除"地"环路并保证准确地采集信号。一般而言，模拟信号的隔离较数字信号的隔离要困难得多，且商业化的模拟信号隔离放大器用法复杂，价格较高。在图 5.2 所给出的典型电路中，采用的是 TI 公司的精密线性光电耦合器 TIL300 来实现模拟信号的隔离，就是折中考虑精度要求和器件成本的结果。

（3）滤波

滤波的目的就是从所要测量的信号中除去干扰信号。数据采集系统一般在工作现场中使用，工作现场可能存在各种干扰。由于内部和外部干扰的影响，在被测电压或电流信号上叠加着干扰信号，这种干扰信号通常为噪声。噪声对被测信号存在着严重的干扰，当被测信号很弱时，就会被噪声"淹没"掉，导致产生较大的数据采集误差。因此，噪声是数据采集的主要障碍。为了能精确地采集数据，需要抑制和消除系统中的噪声。所以，在分析和设计数据采集系统时，必须考虑到可能存在的干扰对系统的影响，把干扰问题作为系统设计中的一个至关重要的内容，从硬件和软件上采取相应的措施以增强系统的抗干扰能力。

在实际应用中，几乎所有的数据采集系统都会不同程度地受到来自电源线的 50Hz 噪声干扰，因此大多数信号调理电路都包含低通滤波器，以最大限度地剔除 50Hz 噪声。交流信号则往往需要使用抗混叠滤波器。抗混叠滤波器也是一种低通滤波器，然而它具有非常陡峭的截止频率，几乎可以将频率高于数据采集卡输入带宽的信号全部除去。

（4）激励

信号调理电路还可以产生某些传感器所必需的激励信号，例如，应变式传感器、热敏电阻和热电偶等都需要外接电压或电流激励信号。使用热敏电阻进行温度测量时，通常使用电流源将电阻的变化转换为可测量的电压，应变式传感器则一般用带有电压激励源的电桥作为测量电路。

（5）线性化

许多传感器如热敏电阻等，对于被测信号的变化具有非线性响应，因此需附加信号调理电路来纠正非线性误差。目前使用的方法是，基于计算机的数据采集系统可以利用驱动软件来解决这一问题。这些软件含有适用于热电偶、应变片及热敏电阻等线性化例行程序，供用户即调即用。

3. 数据采集卡

一个典型的数据采集卡具有模拟输入、模拟输出、数字 I/O、定时/计数器等功能，这些功能分别由相应的单元电路来实现。

模拟输入是数据采集卡最基本的功能。它一般由模拟多路开关（MUX）、放大器、采样/保持器及 A/D 转换器来实现，通过这些部分，一个模拟信号就可以转化为数字信号。A/D 转换器的性能和参数直接影响着模拟输入信号的质量，要根据实际需要的精度来选择合适的 A/D 转换器。

模拟输出通常是为系统提供输出或控制信号。D/A 转换器的建立时间、转换率、分辨率等因素都会影响模拟输出信号。建立时间和转换率决定了输出信号幅值改变的快慢。建立时间短、转换率高的 D/A 转换器，可以提供一个较高频率的信号。如果用 D/A 转换器的输出信号去驱动一个加热器，就不需要使用速度很快的 D/A 转换器，因为加热器本身就不能很快地跟踪电压变化。应根据实际需要选择 D/A 转换器的参数指标。

数字 I/O 通常用来控制生产过程、产生测试信号、与外设通信等。它的基本参数包括数字 I/O 个数、驱动能力等。如果输出是驱动电机、灯、开关型加热器等，就不必用较高的驱动能力。数字 I/O 个数要同控制对象配合，而且需要的电流要小于数据采集卡所能提供的驱动电流。配上合适的数字信号驱动电路，可以用数据采集卡输出的低电流、TTL 电平信号去控制高电压、大电流的工业设备。数字 I/O 常见的应用是在计算机和外设如打印机、数据记录仪等之间传送数据，应依据具体的应用场合选择有合适参数的数字 I/O。

许多场合要用到定时/计数器，如定时、产生方波等。计数器包括 3 个重要信号：门限信号、计数信号、输出信号。门限信号实际上是触发信号，即使计数器工作或不工作的信号；计数信号即信号源，它提供了计数器操作的时间基准；输出信号是在输出线上产生的脉冲或方波。计数器最重要的参数是分辨率和时钟频率，高分辨率意味着计数器可以计更多的数，时钟频率决定了计数速度的快慢，频率越高，计数速度就越快。

4. 计算机

数据采集系统所使用的计算机会极大地影响连续采集数据的最大速度，目前的计算机能结合更高性能的 PCI、PXI/CompactPCI 和 IEEE 1394 总线以及传统的 ISA 总线和 USB 总线等。

计算机的数据传送能力会极大地影响数据采集系统的性能。目前，绝大多数计算机采用直接内存访问（DMA）方式，使用专门的硬件把数据直接传送到计算机内存，从而提高了数据吞吐量。采用这种方式后，微处理器不需要控制数据的传送，因此它就可以处理更复杂的工作。

5.1.3 数据采集的基本原理

计算机是数据采集系统的核心，众所周知，计算机只能接收和处理数字信号，而被采集的各种物理量一般是连续的模拟信号,因此,在数据采集系统中同时存在着两种不同形式的信号:数字信号和模拟信号。在开发数据采集系统时,首先遇到的问题是如何把传感器测量得到的模拟信号转换成数字信号。

连续的模拟信号转换成离散的数字信号,需经历以下两个断续过程。

① 时间断续。对连续的模拟信号 $x(t)$,按一定的时间间隔 T_s,抽取相应的瞬时值(离散化),这个过程称为采样。连续的模拟信号 $x(t)$ 经过采样后转换为时间上离散的模拟信号(幅值仍是连续的模拟信号),简称为采样信号。

② 数值断续。把采样信号以某个最小数量单位的整数倍数来度量,这个过程称为量化。采样信号经量化后转换为量化信号,再经过编码,转换为离散的数字信号 $x(n)$(时间和幅值是离散的信号),简称为数字信号。

在对连续的模拟信号进行离散化处理时,必须遵守一定的原则,如果随意进行,将会产生如下问题:

● 可能使采样点增多,导致占用大量的计算机内存,严重时计算机将因内存不足而无法工作;

● 也可能使采样点太少,使采样点之间相距太远,引起原始数据值的失真,复原时不能复现出原来连续变化的模拟信号 $x(t)$,从而造成误差。

为了避免产生上述问题,在对模拟信号离散化时,必须依据采样定理规定的原则进行。

1. 采样过程

把连续的模拟信号转换成离散信号的过程称为采样过程,这一过程是通过采样器实现的。采样器按预定的时间间隔对模拟信号离散化,从而把连续的模拟信号转化为离散的脉冲信号。采样过程如图 5.3 所示。

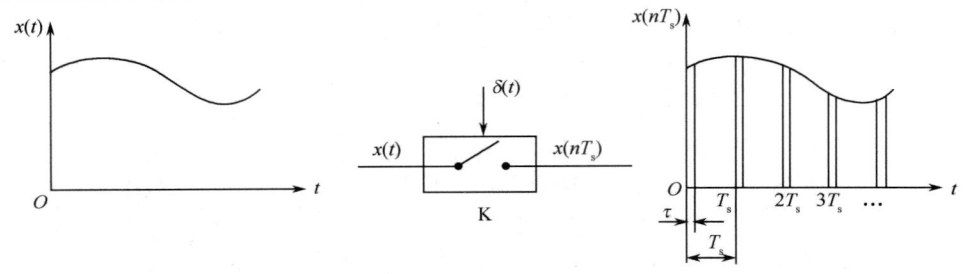

图 5.3 采样过程

图 5.3 中,$\delta(t)$ 为采样开关控制信号,$x(nT_s)$ 为采样信号,0、T_s、$2T_s$、$3T_s\cdots$ 称为采样时刻,τ 称为采样时间,T_s 称为采样周期,其倒数 $f_s=1/T_s$ 称为采样频率。应该指出,在实际系统中,$\tau \ll T_s$,也就是说,在一个采样周期内,只有很短的一段时间采样开关 K 是闭合的。

采样过程可以看作脉冲调制过程,采样开关可看作调制器。这种脉冲调制过程是将输入的连续模拟信号 $x(t)$ 的波形,转换为宽度非常窄而幅度由输入信号确定的脉冲序列。

2. 采样定理

采样周期 T_s 决定了采样信号的质量和数量。T_s 太小,会使 $x(nT_s)$ 的数量剧增,占用大量的计算机内存;T_s 太大,会使模拟信号的某些信息丢失,这样一来,若将采样后的信号恢复成原来的信号,就会出现失真现象,影响数据处理的精度。因此,必须有一个选择采样周期 T_s 的依据,以确保使 $x(nT_s)$ 不失真地恢复原信号 $x(t)$。这个依据就是采样定理。

采样定理：对于一个有限频谱的连续信号，当采样频率大于信号成分最高频率的 2 倍时，采样信号才能不失真地恢复成原来的连续信号。采样定理又称奈奎斯特（Nyquist）定理，它是采样频率选取的理论基础。

一般地，信号的最高频率难以确定，当含有噪声时，则更为困难。采样定理要求在取得全部采样值后才能求得被采样函数，而实际在某一采样时刻，计算机只取得本次采样值和以前各次采样值，因此必须在以后的采样值尚未取得的情况下进行计算与分析。因此，实际的采样频率值高于理论值，一般为信号最高频率的 5～10 倍。

5.1.4 数据采集系统的主要性能指标

1．系统分辨率

系统分辨率是指数据采集系统可以分辨的输入信号的最小变化量。通常用最低有效值（LSB）占系统满度值的百分比表示，或用系统可分辨的实际电压值来表示，有时也可用满度信号可以分的级数来表示。

2．系统精度

系统精度是指当系统工作在额定采样频率下每个离散子样的转换精度。实际的情况是，系统精度往往达不到 A/D 转换器的精度，A/D 转换器的精度是系统精度的极限值。这是因为系统精度取决于系统各个环节的精度，如放大器、滤波器、模拟多路开关等，只有这些部件的精度都明显优于 A/D 转换器的精度时，系统精度才能达到 A/D 转换器的精度。这里还应注意系统精度与系统分辨率的区别，系统精度是系统的实际输出值与理论输出值之差，是系统各种误差的总和。

3．采样频率

采样频率是指在满足系统精度的前提下，系统对输入模拟信号在单位时间内所完成的采集次数，或者说是系统每个通道、每秒可采集的离散子样数目。这里所说的"采集"包括对被测物理量进行采样、量化、编码、传输、存储等全部过程。在时间域上，性能指标为采样周期，它是采样频率的倒数，表征了系统每采集一个有效数据所需的时间。

4．动态范围

动态范围是指某个物理量的变化范围，通常定义为所允许输入的最大幅值 V_{imax} 与最小幅值 V_{imin} 之比的分贝数，即

$$I_i = 20\lg \frac{V_{imax}}{V_{imin}}$$

式中，最大允许输入幅值 V_{imax} 是指使数据采集系统的放大器发生饱和或使 A/D 转换器发生溢出的最小输入幅值；最小允许输入幅值 V_{imin} 一般用等效输入噪声电平 V_{IN} 来代替。

5．非线性失真

非线性失真也称谐波失真，是指当给系统输入一个频率为 f 的正弦波时，其输出中出现很多频率为 kf（k 为正整数）的新分量的现象。

5.2　数据采集卡的选用与配置

为了满足数据采集的需要，国内外许多厂商生产了各种各样的数据采集卡，用户只要把

这类板卡插入 PC 主板上相应的总线（如 PCI）扩展槽中或与 PC 的通信接口（如 USB）相连接，就可以迅速、方便地构成一个数据采集系统。这种数据采集系统的构成方式既节省大量的硬件研制时间和投资，又可以充分利用 PC 的软/硬件资源，还可以使用户集中精力对数据采集与处理的理论和方法、系统设计及程序编制等进行研究。

5.2.1 数据采集卡的类型及选用

所有能够在 PC 控制下完成数据采集和控制任务的板卡产品都称为数据采集卡，它是虚拟仪器实现数据采集最基本的硬件。数据采集卡分为内插式卡和外挂式卡。内插式数据采集卡包括基于 ISA、PCI、PXI/CPCI、PCMCIA 等总线卡，特点是速度快，但插拔不方便；外挂式数据采集卡包括基于 USB、IEEE 1394、RS-232/RS-485 的接口卡，特点是使用方便，但速度相对较慢。典型的内插式 PCI 数据采集卡和外挂式 USB 数据采集卡如图 5.4 所示。

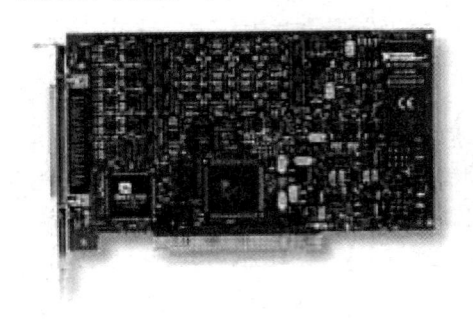

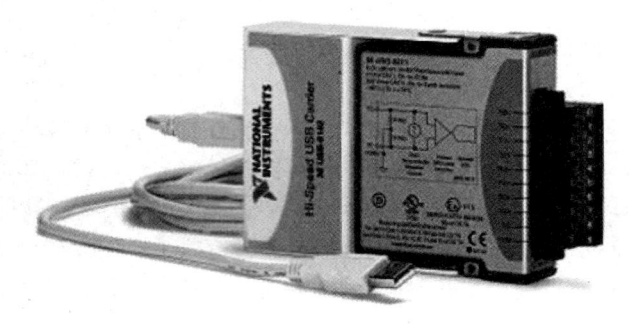

(a) 内插式 PCI 数据采集卡　　　　　　(b) 外挂式 USB 数据采集卡

图 5.4 典型的数据采集卡

在选用数据采集卡时，用户主要考虑的是根据需求选取适当的总线形式，适当的采样频率，适当的模拟输入、模拟输出，适当的数字 I/O 个数等，做到既能满足工作要求，又能节省投资的目的。

选用数据采集卡的基本原则如下。

（1）数据分辨率和精度

在组建测试仪器或系统时，对测量结果要有一个精度指标。这个精度是从整个系统考虑的，不仅涉及 A/D 转换器的精度，还要考虑到传感器、放大器、采样/保持器、模拟多路开关、计算机数据处理等各部分的误差，因此要根据实际情况确定对数据采集卡的精度要求。

另外，数据采集卡的分辨率往往高于其精度，和 A/D 转换器的位数直接相关。一般 A/D 转换器的分辨率优于精度一个数量级或按二进制来说高出 2～4 位比较合适。

（2）最高采样频率

数据采集卡的最高采样频率表示其单通道采样能使用的最高采样频率，这也就限制了数据采集卡能够处理信号的最高频率（最高采样频率/2）。如果要进行多通道采样，则能够达到的采样频率是原最高采样频率除以通道数。因此，在选择这个指标时，首先要明确测试信号的最高频率及需要同时采样的通道数。

（3）通道数

通道数指能够同时采样的通道个数，可根据测试任务进行选择。

（4）总线接口类型

不同总线接口类型的数据采集卡，其接口硬件形式不一样，数据传输的规则和数据传输速率也不一样。PCI 总线是台式计算机中目前最通用的总线；而笔记本电脑中通常使用 PCMCIA 总线；PXI 和 VXI 是比较新兴的高速传输总线。

（5）是否有隔离

工作在强电磁干扰环境中的数据采集系统，选择具有隔离配置的数据采集卡，对保证数据采集系统的可靠性是非常重要的。

（6）支持的驱动程序及软件

和数据采集卡的硬件接口类似，数据采集卡能在什么软件中使用，使用时是否还需要用户编制驱动程序，这也是选择数据采集卡很重要的因素。数据采集卡的软件除和现有的测试系统软件兼容外，还应考虑其更广泛的兼容性和灵活性，以备在其他测试任务和系统中也能使用。

另外，数据采集卡的选择还有一些常用的指标，如输入电压的最大范围、输入触发的类型等。

5.2.2 典型数据采集卡介绍

目前，很多公司都推出了不同性能的数据采集卡。但考虑到在 LabVIEW 环境下实现数据采集，最简单的方式就是直接利用 NI 公司生产的数据采集卡，因此，下面将以 NI 公司的数据采集卡为例介绍数据采集卡的基本特性。

NI 公司作为虚拟仪器技术的开创者，在不断推出全球数据采集产品的同时，面向国内的广大用户设计出了一系列高品质的通用数据采集卡，如 B 系列基本多功能 DAQ 卡、S 系列同步采样多功能 DAQ 卡、M 系列新一代多功能 DAQ 卡等。下面分别介绍内插式 PCI 数据采集卡——PCI-6251 和外挂式 USB 数据采集卡——myDAQ。

1．NI PCI-6251 数据采集卡

PCI-6251 是首款基于 PC 的 PCI Express 多功能高速数据采集卡，它将 PCI Express 总线技术和 NI 公司的 M 系列数据采集技术完美地结合在一起，提供了快速模拟和数字 I/O，以及先进的 PCI Express 每通道带宽。NI PCI-6251 具备 NI-STC 2 系统控制器、NI-PGIA 2 放大器和 NI-MCal 校准技术，从而提高了性能和精度。NI-PGIA 2 放大器专为高采样率下的快速稳定时间而设计，它可确保即使以最快速度测量所有通道时也可达到 16 位精度。NI-STC 2 系统控制器能进行高速数字 I/O 和定时/计数器操作，为所有的 I/O 操作提供专门的 DMA 数据高速通路，并具有灵活的强大定时和触发功能。NI-MCal 校准技术通过在自校准中补偿非线性误差确保了所有信号范围内模拟测量的精确性，将测量精度提高了 5 倍。PCI-6251 数据采集卡如图 5.5 所示。

PCI-6251 数据采集卡的主要性能指标如下：

① 16 路模拟输入通道，16 位分辨率，单通

图 5.5　PCI-6251 数据采集卡

道采样率 1.25MS/s，多通道采样率 1MS/s。

② PGIA 2 放大器可以快速调节放大倍数以适应每个通道对输入范围的要求，提供 7 个可选输入电压范围（-10～+10V、-5～+5V、-2～+2V、-1～+1V、-0.5～+0.5V、-0.2～+0.2V、-0.1～+0.1V），方便了信号的采样和调理，提高了实际分辨率和精度。

③ 2 路模拟输出通道，16 位分辨率，最大更新速率单通道 2.86MS/s，输出范围-5～+5V、-10～+10V。

④ 24 路数字 I/O 通道，各端子可通过编程独立配置为输入或输出，采样频率 0～10MHz。

⑤ 2 个通用定时/计数器，32 位分辨率，内部基准时钟 80MHz、20MHz、0.1MHz，外部基准时钟 0～20MHz。

⑥ 6 个 DMA 通道，可提高数据吞吐量。

⑦ 触发方式——模拟和数字触发。

⑧ 时间精确度为采样率的 0.005%，时间分辨率为 50ns，输出阻抗为 0.2Ω，过载保护电压-25～+25V，过载电流 20mA。

PCI-6251 数据采集卡选用 68 针高性能屏蔽电缆 SHC68-68-EPM 和 68 针屏蔽高性能接线端子 SCB-68，如图 5.6 所示。

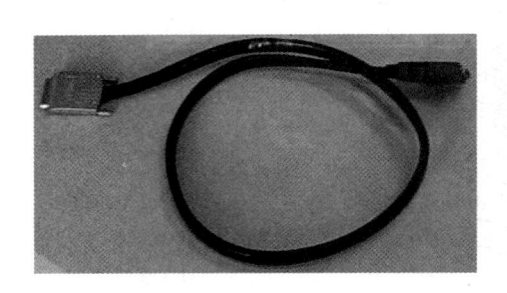

（a）68 针高性能屏蔽电缆 SHC68-68-EPM　　（b）68 针屏蔽高性能接线端子 SCB-68

图 5.6　68 针屏蔽电缆与接线端子

PCI-6251 数据采集卡与配合使用的电缆和接线端子的连接图如图 5.7 所示。

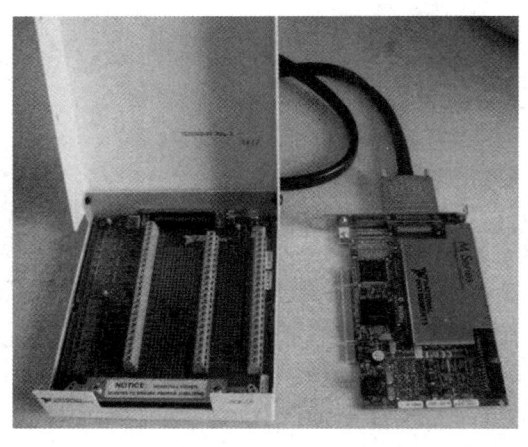

图 5.7　PCI-6251 数据采集卡与配合使用的电缆和接线端子的连接图

68针插座头各引脚定义如图5.8所示。

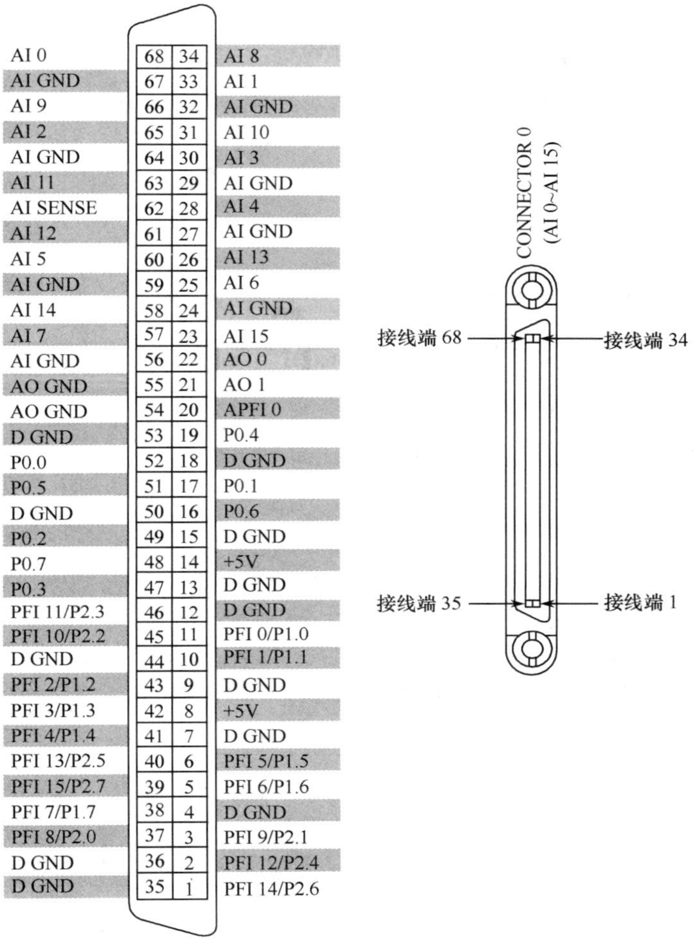

图5.8 68针插座头各引脚的定义

图5.8中，AI<0..15>为模拟信号输入接线端，当选择单端测量方式时，接线方式是把信号源的正端接入AI n（$n=0\sim15$），信号源的负端接入AI GND；当选择差分测量方式时，接线方式是把信号源的正端接入AI n（$n=0\sim7$），信号源的负端接入AI $n+8$。例如，单端时，通道0的正、负接入端分别是AI 0和AI GND；差分时，通道0的正、负接入端分别是AI 0和AI 8。AO 0、AO 1为模拟信号输出接线端。P0.<0..7>、PFI <0..7>/P1.<0..7>、PFI <8..15>/P2.<0..7>为24个数字I/O通道，可以通过软件设置每个数字I/O通道为输入或输出。

2．NI myDAQ 数据采集卡

NI myDAQ是低成本便携式的数据采集卡，具有体积小、可携带、完全由USB供电等特性，可靠性很高。NI myDAQ数据采集卡如图5.9所示。

NI myDAQ的主要性能指标如下。

① 2路模拟输入通道，16位分辨率，每通道最大采样率可达200kS/s，测量信号范围为±10V。2个模拟输入通道可配置为通用高阻抗差分电压输入或音频输入，模拟输入为多路复用。

② 2 个模拟输出通道，16 位分辨率，每通道最大更新速率 200kS/s，生成信号范围为 -10～+10V。两通道均带一个专用 D/A 转换器。

③ 8 个数字 I/O（DIO）通道，每个通道可通过编程任意配置为输入或输出，逻辑电平为 5V，兼容 LV TTL 输入、3.3V LV TTL 输出。

④ 1 个通用定时/计数器，分辨率为 32 位，内部基准时钟 100MHz，最大计数和脉冲生成更新速率为 1MS/s。使用定时/计数器时，默认路径为 CTR 0 SOURCE（连接源）经由 DIO 0，CTR 0 GATE（连接门）经由 DIO 1，CTR 0 AUX（辅助输入）经由 DIO 2，CTR 0 OUT（输出）经由 DIO 3，FREQ OUT（频率输出）经由 DIO 4。

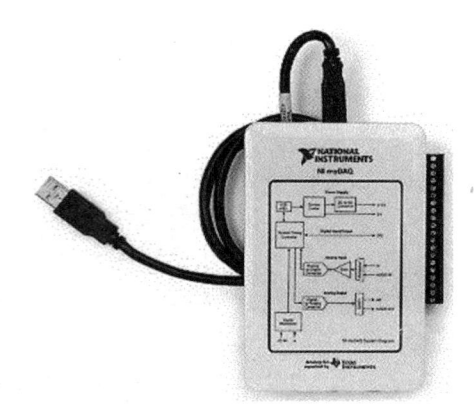

图 5.9　NI myDAQ 数据采集卡

⑤ 数字万用表（DMM），分辨率为 3.5 位，可用于 DC 电压、AC 电压、DC 电流、AC 电流、电阻、二极管和连续性测量。DC 电压测量量程 200mV、2V、20V 和 60V；AC 电压测量量程（有效值）200mV、2V 和 20V；DC 电流测量量程 20mA、200mA 和 1A；AC 电流测量量程（有效值）20mA、200mA 和 1A；电阻测量量程 200Ω、2kΩ、20kΩ、200kΩ、2MΩ、20MΩ；二极管测量量程 2V。

NI myDAQ 可通过 3.5mm 音频插头和螺栓端子连接器连接音频、AI、AO、DIO、GND 和电源信号，其 20 针螺栓端子 I/O 连接器如图 5.10 所示。

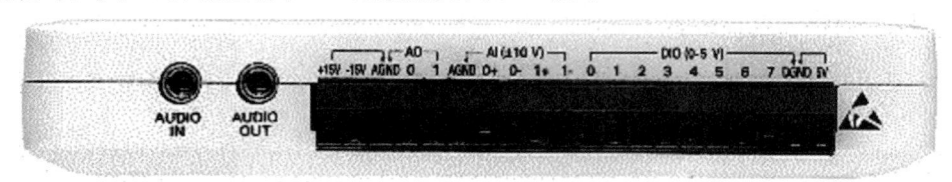

图 5.10　NI myDAQ 20 针螺栓端子 I/O 连接器

NI myDAQ 20 针螺栓端子信号说明见表 5.1。

表 5.1　NI myDAQ 20 针螺栓端子信号说明

信号名称	参考	方向	说明
AUDIO IN	—	输入	音频输入，立体声连接器的左声道和右声道音频输入
AUDIO OUT	—	输出	音频输出，立体声连接器的左声道和右声道音频输出
+15V/-15V	AGND	输出	+15V/-15V 电源
AGND	—	—	模拟地，AI、AO、+15V 和-15V 的参考地
AO 0/AO 1	AGND	输出	模拟输出通道 0 和 1
AI 0+/AI 0- AI 1+/AI 1-	AGND	输入	模拟输入通道 0 和 1
DIO <0..7>	DGND	输入或输出	数字 I/O 信号，通用数字通道或计数器信号
DGND	—	—	数字地，DIO 数字通道和+5V 电源的参考地
5V	DGND	输出	5V 电源

此外，DIO<0..4>还可配置为定时/计数器。DIO 0、DIO 1 和 DIO 2 配置为计数器后，输入端可用于计数器、定时器、脉宽测量和正交编码器。关于 DIO 接线端的相应定时/计数器信号分配见表 5.2。

表 5.2　NI myDAQ 定时/计数器信号分配

NI myDAQ 信号	可编程函数接口（PFI）	定时/计数器信号	正交编码器信号
DIO 0	PFI 0	CTR 0 SOURCE	A
DIO 1	PFI 1	CTR 0 GATE	Z
DIO 2	PFI 2	CTR 0 AUX	B
DIO 3*	PFI 3	CTR 0 OUT	
DIO 4	PFI 4	FREQ OUT	

*脉宽调制（PWM）的脉冲序列由 DIO 3 生成。

NI myDAQ 上数字万用表的连接示意图如图 5.11 所示，图中分别显示了电压、电流、电阻、二极管和连续性测量连接端。

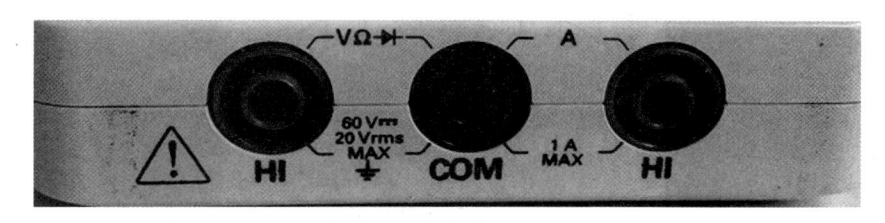

图 5.11　NI myDAQ 上数字万用表的连接示意图

5.2.3　数据采集卡的测试及配置

在安装 LabVIEW 软件或 NI-DAQmx 驱动程序时，系统会自动安装一个名为 Measurement & Automation Explorer（简称 MAX）的专用管理软件，即测试与自动化资源管理器，用于管理和配置硬件设备。MAX 的功能比较丰富，可以浏览系统中的设备与仪器，并快速检测及配置硬件和软件，通过测试面板可验证和诊断硬件的运行情况等。MAX 是访问计算机中 NI 的各种软/硬件资源的一个接口。

数据采集设备一旦安装在计算机中，且安装无误，则在 MAX 的【设备和接口】下的目录中就会显示出相应的设备型号。例如，系统安装的是 NI myDAQ，如图 5.12 所示。

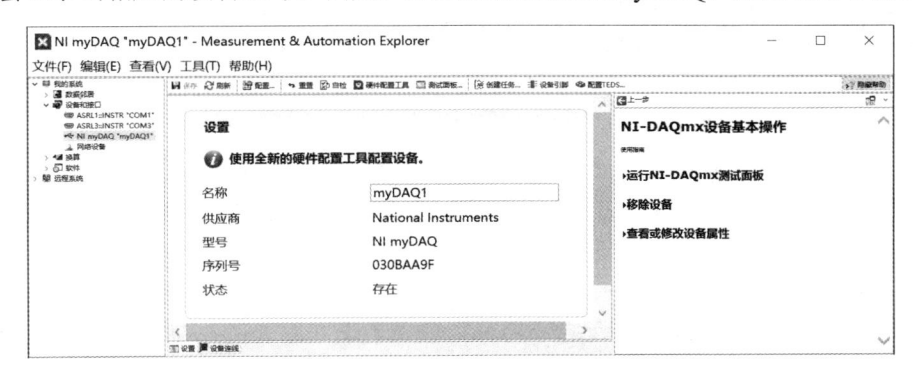

图 5.12　MAX 的目录

在图 5.12 的左侧目录中，选中【NI myDAQ "myDAQ1"】，窗口中间将列出 myDAQ1 的一些属性，如名称、供应商、型号、序列号等，同时，用鼠标右键单击【NI myDAQ "myDAQ1"】，将弹出如图 5.13 所示的快捷菜单，在该菜单中可以选择对 myDAQ1 自检、创建任务等操作。下面主要介绍 MAX 的测试面板与创建任务功能。

（1）测试面板

测试面板用于对物理硬件设备和仿真设备进行数据采集功能的测试及验证，包括常用的模拟信号输入/输出、数字 I/O 及计数器等。测试面板的操作比较简单，不需要编程。

例如，对安装于计算机上的 NI myDAQ 进行测试，测试面板如图 5.14 所示。

图 5.13 快捷菜单

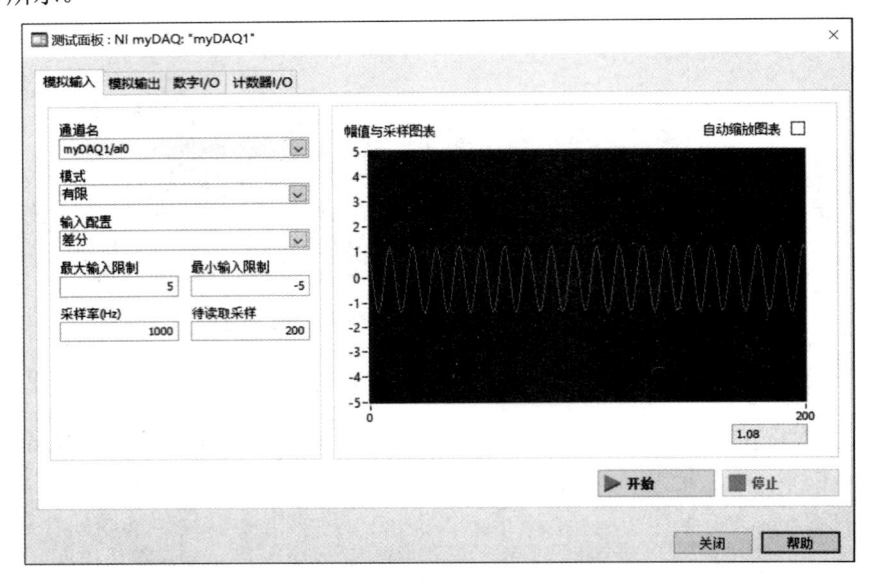

图 5.14 测试面板

以模拟输入为例，在测试面板的左侧，配置通道名、模式、输入配置、采样率等参数信息，单击【开始】按钮，在右侧的"幅值与采样图表"中会显示测试结果。

在测试面板中，还可选择模拟输出、数字 I/O、计数器等测试项目，可分别进行相应项目的测试。

（2）创建任务

在 NI 的数据采集软件中，定义了采集"任务"的功能，也就是把与硬件采集相关的通道设置、采集参数配置等定义为一个任务。任务的类型根据数据采集功能划分为采集信号和生成信号两大类，创建任务的途径有 MAX、DAQ 助手和 DAQmx 函数，创建任务的过程主要为：选择输入/输出信号→信号类型→物理输入/输出通道→相关信号参数→运行任务并保存等。下面以在 MAX 中配置一个模拟输入电压采集的任务为例，介绍创建任务的过程。

• 132 •

① 在图 5.13 快捷菜单中，单击【创建任务】，弹出新建对话框，如图 5.15 所示。

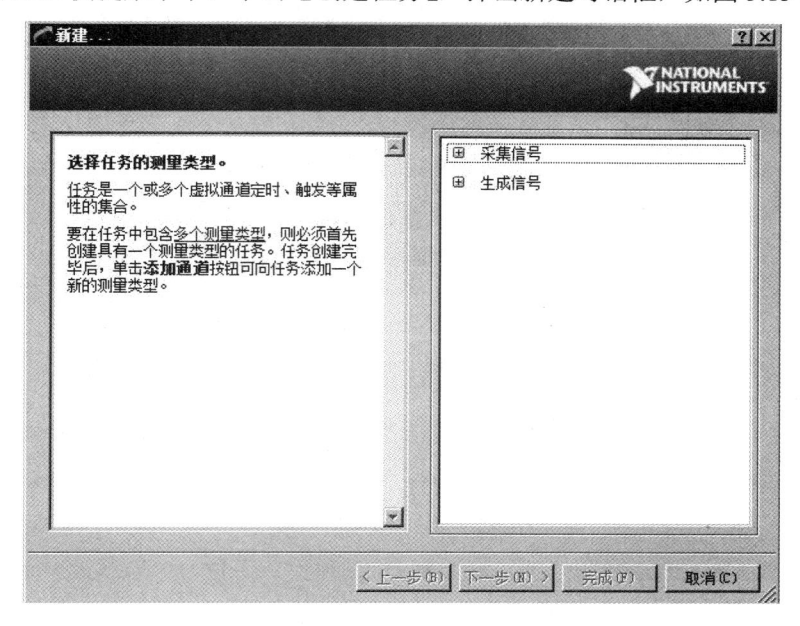

图 5.15　新建对话框

② 在图 5.15 中，选择【采集信号】→【模拟输入】→【电压】，对话框切换为"物理"选择界面，在界面上选择一个信号输入的物理通道，如"ai0"，表明要采集从 ai0 输入的模拟信号，如图 5.16 所示。然后单击【下一步】按钮，进入任务名定义界面，在界面对应文本输入框中输入要指定的任务名称，如"我的电压任务"，单击【完成】按钮，就完成了一个模拟输入电压测量任务的创建。

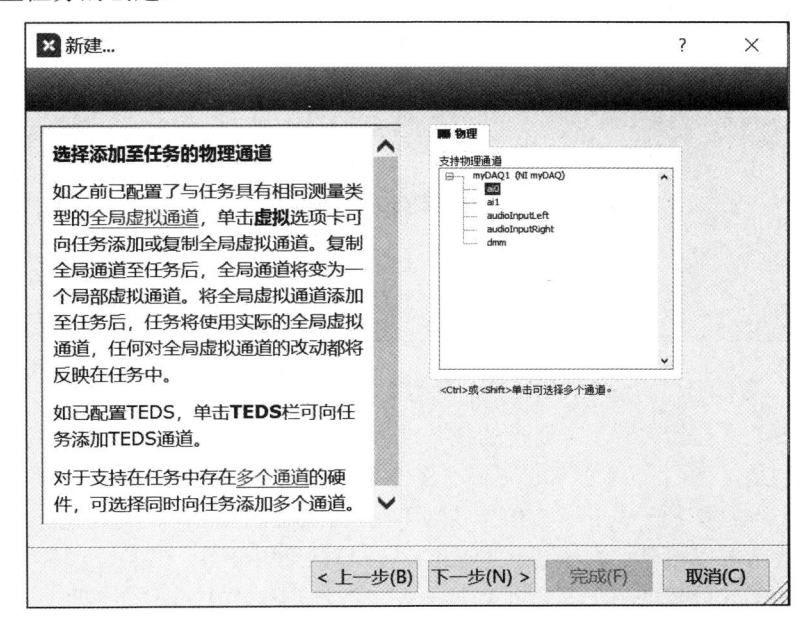

图 5.16　创建一个通道

③ 在 MAX 主窗口左边目录中选择【数据邻居】→【我的电压任务】，在中间窗口中合理配置各种参数后，单击【运行】按钮，则输入信号采集结果显示在窗口中间上部的图表中，如图 5.17 所示。另外，在窗口中还可以为任务重添加新的通道以实现多个测量。

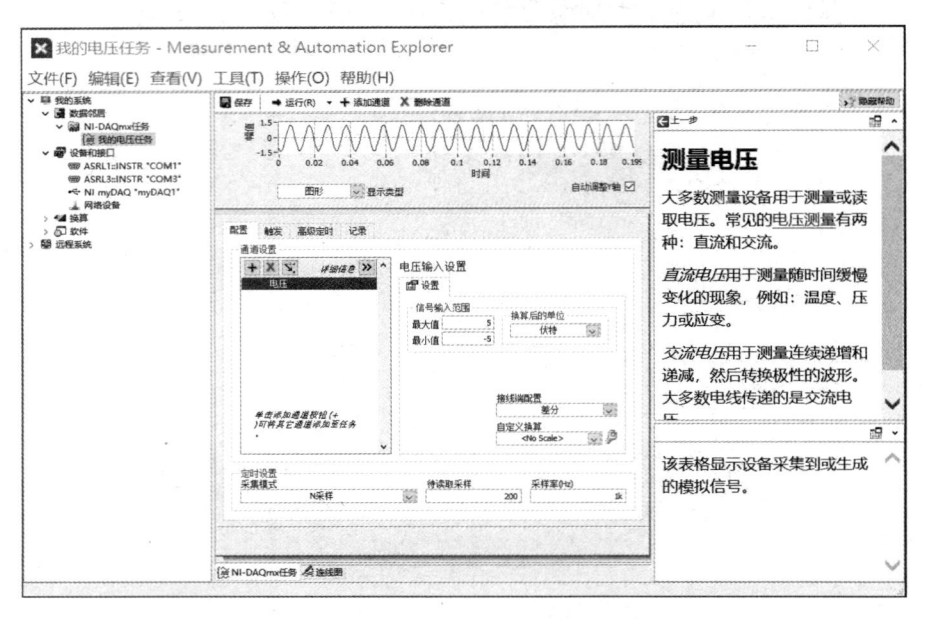

图 5.17 任务配置及运行后的结果

在图 5.17 窗口的下侧单击【连线图】选项卡，将弹出信号输入连线方式，如图 5.18 所示。

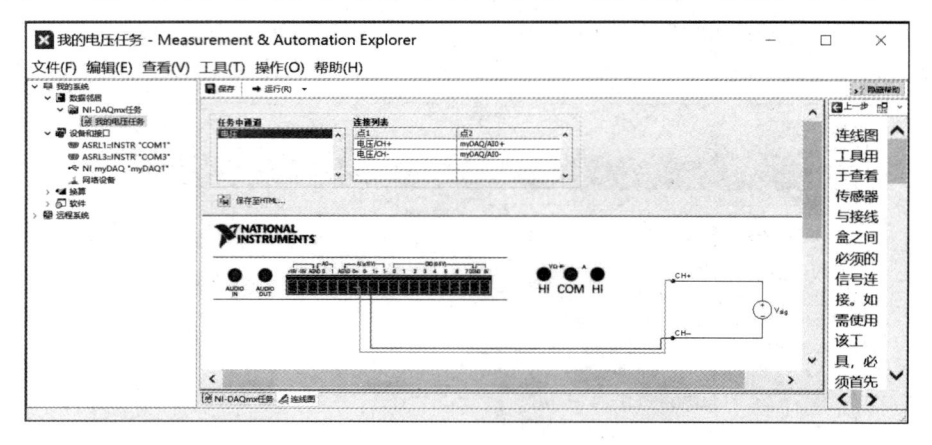

图 5.18 信号输入连线方式

④ 单击【保存】按钮，可以对创建的任务进行保存，保存后可以在其他应用程序中使用。

需要注意的是，"测试面板"和"创建任务"都可以对硬件设备完成模拟信号输入/输出、数字 I/O、计数器操作。但是，两者有明显的不同。测试面板的主要作用是对数据采集卡进行功能检测和板卡故障诊断，只提供了有限的几种数据采集任务，并且无法被开发者在应用程序中调用；而创建任务的主要作用是为了开发者在应用程序中引用，并且具有更多功能，可以满足复杂的多种实际采集需求。

5.3　基于 LabVIEW 的数据采集过程

基于 LabVIEW 开发的虚拟仪器主要用于获取真实物理世界的数据，也就是说，必须要有数据采集的功能，从这个角度来说，数据采集在 LabVIEW 程序设计中占有重要的地位。基于 LabVIEW 的数据采集过程如图 5.19 所示。

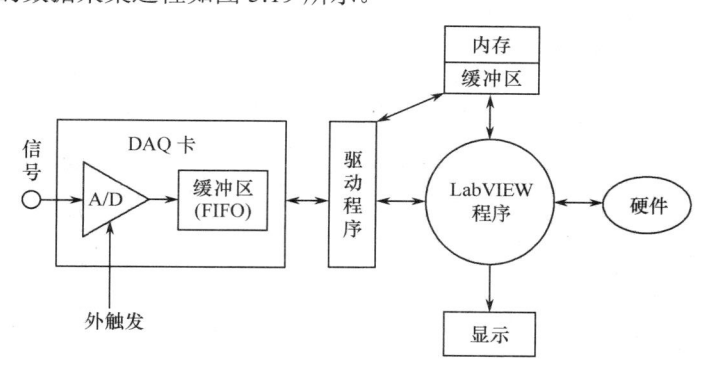

图 5.19　基于 LabVIEW 的数据采集过程

计算机通过 LabVIEW 中的数据采集函数对 DAQ 卡中的采集控制电路进行控制，DAQ 卡和计算机之间通过计算机总线交换数据和传递控制信息。在数据采集之前，程序要对 DAQ 卡初始化，DAQ 卡上和内存中的缓冲区是数据采集存储的中间环节。

数据采集常用术语如下。

（1）通道

在基于 LabVIEW 的数据采集系统中，通道分为物理通道（Physical Channel）和虚拟通道（Virtual Channel）两种。物理通道是测试或产生模拟或数字信号实际进出计算机的路径，是一个端子或引脚。每个信号各自走一个独立的通道，每个通道有一个编号。虚拟通道是一系列设置的集合，包括通道名、对应的物理通道、信号连接方式、测试类型等。

（2）任务

任务是指定时、触发和其他属性的一个或多个虚拟通道的集合。

（3）定时和触发

定时用时钟信号（也称为时基信号）和触发最大的区别是时钟信号一般不产生任何行为，但当时钟信号用作采样信号时，每个时钟信号边沿都会进行一次采样，这样就会产生一次触发。触发有 3 种方式：数字边沿触发、模拟窗口触发和模拟边沿触发。

（4）缓冲区

缓冲区通常指计算机为某个特殊目的而开辟的临时数据存取空间。例如，当需要采集很多数据时，就可以先把采集来的数据放进缓冲区，稍后再进行分析。

（5）采样率

采样率（Sample Rate）是指每秒从各通道采样数据的次数。它等于单个通道的采样率。

（6）采样数

采样数（Number of Samples）指数据采集函数被调用一次，从一个通道采集的数据点数。

（7）扫描

扫描（Scan）指对数据采集中所有通道的一次采集或读数。

5.4 数据采集编程实例

数据采集是虚拟仪器获取信息的必不可少的基本功能，NI-DAQmx 是 LabVIEW 的核心，使用 LabVIEW，必须要掌握如何使用 NI-DAQmx。本节在介绍 NI-DAQmx 的基础上，介绍 DAQ 助手的使用和 NI-DAQmx 编程实例。

5.4.1 NI-DAQmx 简介

NI-DAQmx 集成了全新的驱动架构和 API，并配有用于控制测量设备所需的新 VI、函数和开发工具。与早期版本的 NI-DAQ 驱动相比，架构的变化和全新的特性使得 NI-DAQmx 在性能上得到了显著的提升。

① 提供了 DAQ 助手，无须编程就可进行测量任务，并能生成对应的 DAQmx 代码，易于学习。

② 采集速度更快。

③ API 更为简洁直观。

④ 支持更多的 LabVIEW 功能，可使用属性节点和波形数据类型。

⑤ 对 LabVIEW Real-Time 模块提供更多支持，且速度更快。

为了确保在计算机上安装了 NI-DAQmx，可通过 MAX 窗口（见图 5.12）在左侧目录中展开【我的系统】→【软件】，找到 NI-DAQmx Device Driver 2024 Q3 条目，单击该条目，在 MAX 窗口的右侧将显示该软件的安装信息。用鼠标右键单击【软件】，在弹出的快捷菜单中可选择【获取软件更新】，运行软件升级向导。

NI-DAQmx 为用户提供了多种数据采集及信号输出控制的 DAQmx 函数，灵活使用这些函数，可以完成多种复杂的自动测试和控制任务。这些函数涵盖了虚拟通道创建、数据读/写、采样时钟设置、触发信号选择、DAQ 任务的启停控制等，此外还有多个属性节点及 DAQmx 高级函数。

DAQmx 所有函数位于函数选板的【测量 I/O】→【DAQmx-数据采集】子选板中，如图 5.20 所示。

图 5.20 【DAQmx-数据采集】子选板

表 5.3 列出了常用的 DAQmx 函数及功能说明。

表 5.3 常用 DAQmx 函数及功能说明

名称	功能说明
DAQmx Create Virtual Channel	创建单个或一组虚拟通道，并将其添加至任务
DAQmx Timing	配置要获取或生成的采样数，并创建所需的缓冲区
DAQmx Trigger	配置任务的触发
DAQmx Start Task	使任务处于运行状态，开始测量或生成
DAQmx Write	向用户指定的任务或虚拟通道中写入采样数据
DAQmx Read	从用户指定的任务或虚拟通道中读取采样数据
DAQmx Wait Until Done	等待测量或生成操作完成
DAQmx Stop Task	停止任务，使其返回 DAQmx 开始任务 VI 运行之前或自动开始输入端为 TRUE 时 DAQmx 写入 VI 运行之前的状态
DAQmx Clear Task	清除任务。在清除之前，VI 将中止该任务，并在必要情况下释放任务保留的资源。清除任务后，将无法使用任务的资源，必须重新创建任务
DAQ 助手	使用图形界面创建、编辑和运行任务

5.4.2 DAQ 助手的使用

DAQ 助手是 DAQmx 函数中一个具有独特功能的 VI，它能为用户提供一个交互式采集任务的配置界面，根据它提供的向导就能一步一步地配置测量任务、通道等，并且能自动生成 LabVIEW 代码而无须编程。

1. 创建 DAQ 任务

使用 DAQ 助手创建任务的流程包括启动 DAQ 助手、设置 DAQ 任务类型、设置任务参数等。下面以采集电压信号为例，具体说明如何创建 DAQ 任务。

（1）启动 DAQ 助手

在 LabVIEW 中启动 DAQ 助手有两种方式。第一种方式是在函数选板的【测量 I/O】→【DAQmx-数据采集】子选板中载入 DAQ 助手；第二种方式是在函数选板的【Express】→【输入】子选板中载入 DAQ 助手。

（2）设置 DAQ 任务类型

设置 DAQ 任务类型主要包括输入/输出信号与物理通道的选择两部分。将 DAQ 助手置于程序框图中后，系统自动弹出 DAQ 助手新建任务对话框，在该对话框中，选择【采集信号】→【模拟输入】→【电压】，在对话框中将出现物理通道选择界面，选定模拟输入的物理通道（如 NI myDAQ 的 ai0），单击【完成】按钮，弹出如图 5.21 所示的对话框。

（3）设置任务参数

在图 5.21 中，先操作【配置】选项，将信号输入范围设置为-5～+5V、采样模式为"N 采样"、待读取采样为"200"、采样率为"1kHz"，单击【确定】按钮，保存当前配置并关闭 DAQ 助手，就完成了一个模拟输入采集任务的创建，如图 5.22 所示。

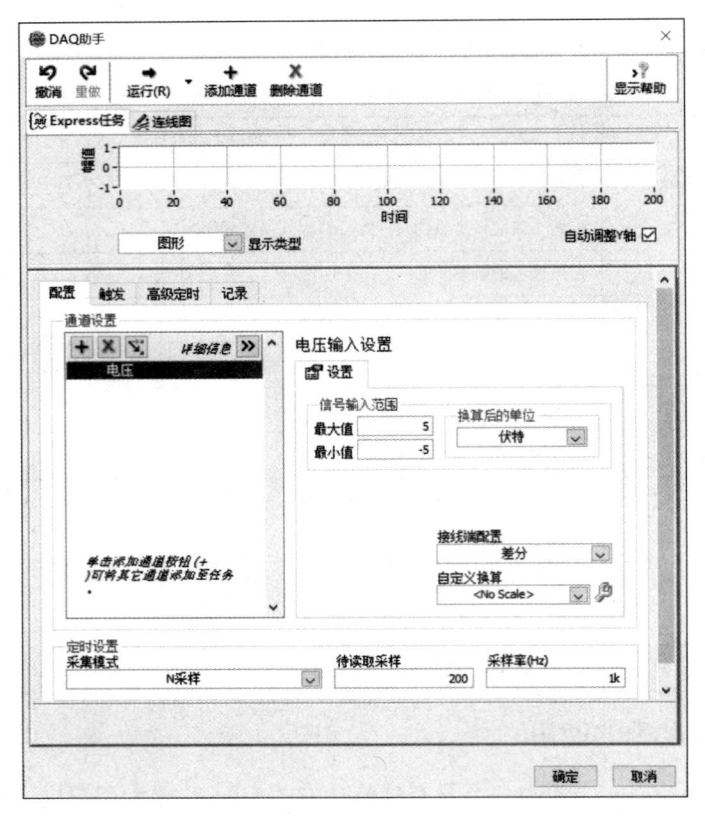

图 5.21　DAQ 助手任务类型配置对话框

图 5.22　完成任务创建的 DAQ 助手图标

2. 运行程序

为了查看 DAQ 助手创建的采集任务的运行结果，可在前面板添加一个波形图显示控件和一个数组显示控件，并在程序框图中，将这两个控件的接线端与 DAQ 助手的数据输出接线端相连接，运行 VI，则可以从波形图上直观显示数据的动态特性，也可在波形数组中查看具体的动态数值，这样就完成了一次数据采集任务，如图 5.23 所示。

此外，由 DAQ 助手创建的任务，根据任务类型还可以产生几个输入端口，如本例有待读取采样、采样率等，改变这些参数就不需要重新创建任务，但是要修改其他没有输入端口的参数，则需双击 DAQ 助手，在弹出的 DAQ 助手对话框中进行修改，确定后重新生成任务。DAQ 助手的输出参数除采集数据输出外，还有任务输出参数，该参数可用于其他 NI-DAQmx 的任务引用。

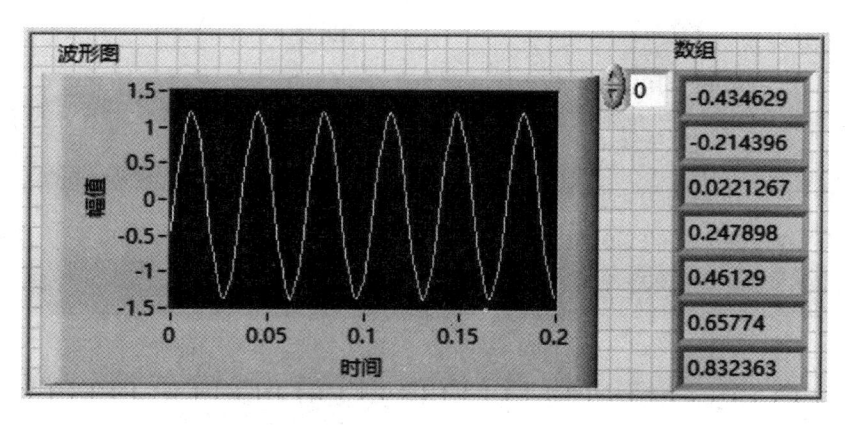

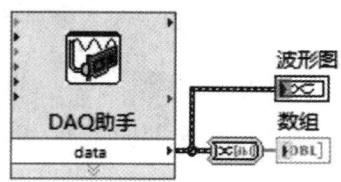

图 5.23 DAQ 助手实现数据采集 VI 的前面板及程序框图

3．生成 DAQmx 任务及代码转换

DAQ 助手创建的任务可以方便转换为 NI-DAQmx 任务，方法是：用鼠标右键单击创建好的 DAQ 助手 VI，选择【转换 NI-DAQmx 任务】即可。用户可以在 MAX 界面的【数据邻居】子选项查找到该任务。

还可以将创建的任务转化成对应的 DAQmx 函数编写的程序代码，方法是：用鼠标右键单击 DAQ 助手，在弹出的快捷菜单中选择【生成 NI-DAQmx 代码】，转换结果如图 5.24 所示。在图中，将"DAQmx 读取"函数采集模式改为"模拟波形 1 通道 N 采样"。

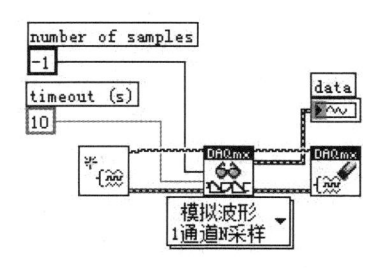

图 5.24 DAQ 助手转换成 DAQmx 函数程序代码

使用 DAQ 助手进行数据采集简单方便，能满足一般的数据采集任务。但 DAQ 助手提供的灵活性有时无法满足某些数据采集的应用，这些应用可能需要简单但功能强大的 DAQmx 函数。

5.4.3 DAQmx 编程实例

本节将从模拟输入信号的采集、模拟输出信号的产生、数字 I/O、计数器等基本应用来介绍 DAQmx 编程实例。

1. 模拟输入信号的采集

采集模拟信号是虚拟仪器最普遍、最典型的任务之一。按数据多少通常分为有限采集和连续采集；按使用通道多少可分为单通道采集和多通道采集。

【例 5.1】 单通道有限模拟输入信号采集。

本例使用 NI myDAQ 的 ai0 通道进行电压数据采集，并显示采集到的数据波形，其 VI 的前面板和程序框图如图 5.25 所示。

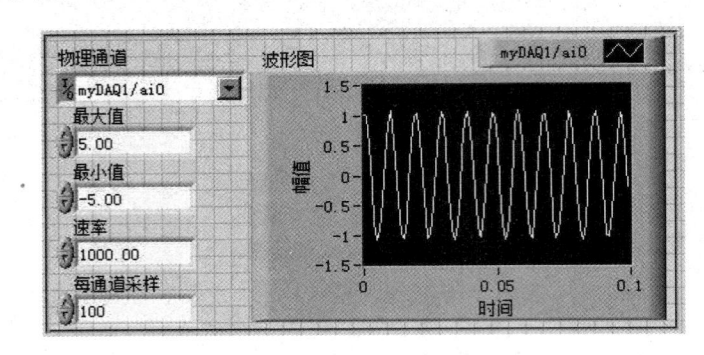

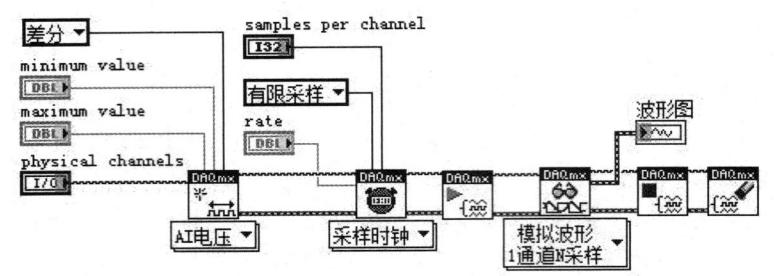

图 5.25 单通道有限模拟输入信号采集 VI 的前面板和程序框图

有限采集是从一个通道采集多个点组成一段波形。由于是多点采集，在采集程序设计时，需要确定采样率、待读取采样等参数。本例中各 DAQmx 函数的功能及其接线端说明如下。

（1）"DAQmx Create Virtual Channel" 函数用来创建一个模拟输入的物理通道，并将其添加至任务。其接线端物理通道（physical channels）可用于选择数据采集的物理通道；最大值（maximum value）与最小值（minimum value）指定所要测量电压的上、下限值；输入接线端配置（input terminal configuration）可选择参考单端模式（RSE）、非参考单端模式（NRSE）、差分模式、伪差分模式。

（2）"DAQmx Timing" 函数用来设置采样时钟的源、频率，以及采集或生成的采样数，其接线端速率（rate）指定采样率，以单通道每秒采样数为单位；采样模式（sample mode）指定任务是连续采样或生成有限数量的采样；每通道采样（samples per channel）指定采样模式为有限采样时每个通道要获取或生成的采样数，若采样模式为连续采样，NI-DAQmx 将使用该值确定缓冲区大小。

（3）"DAQmx Start Task" 函数使任务处于运行状态，开始测量或生成。若未使用该函数，则在"DAQmx Read"函数运行时测量任务将自动开始，而"DAQmx Write"函数的自动开始输入端口用于确定生成任务是否自动开始。

（4）"DAQmx Read"函数用于从指定任务或虚拟通道中读取采集的数据，可设置为返回采样的不同格式、同时读取单个/多个采样或读取单个/多个通道。本例中设置为模拟单通道多采样、数据返回波形。

（5）"DAQmx Stop Task"函数用于停止一个任务，使其返回"DAQmx Start Task"函数尚未运行的状态。

（6）"DAQmx Clear Task"函数用于清除一个任务。在清除之前，VI 将中止该任务，并在必要情况下释放任务保留的资源。清除任务后，将无法使用任务的资源，必须重新创建任务。

本例中，输入信号为正弦信号，频率为 100Hz，峰峰值为 2V，选择 NI myDAQ 的 ai0 作为模拟输入通道，指定输入接线端配置为差分，采样率为 1kHz，每通道采样为 100，采样模式为有限采样，运行结果如图 5.25 中的前面板所示。

【例 5.2】 单通道连续模拟输入信号采集。

要想实现连续的信号采集，只需将读取数据及必要的数据处理程序放入循环即可。注意：不能将整个数据采集程序放入循环，否则每执行一次数据采集操作，都会包含设置、启动、清除等操作，而在相邻的两次采集之间存在这些操作，采集就很难保证连续进行。

单通道连续模拟输入信号采集 VI 的前面板和程序框图如图 5.26 所示。

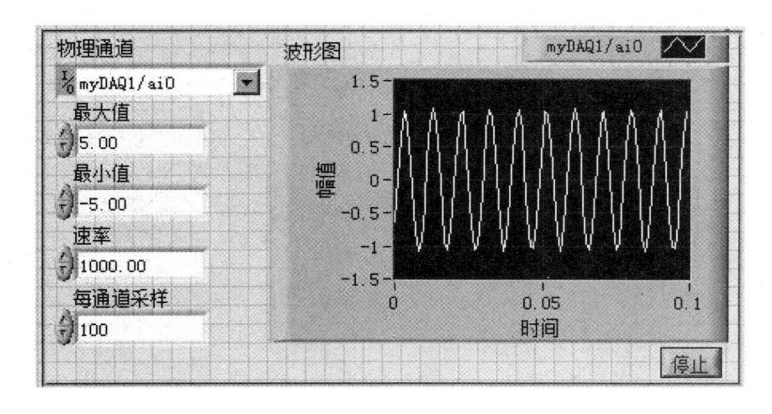

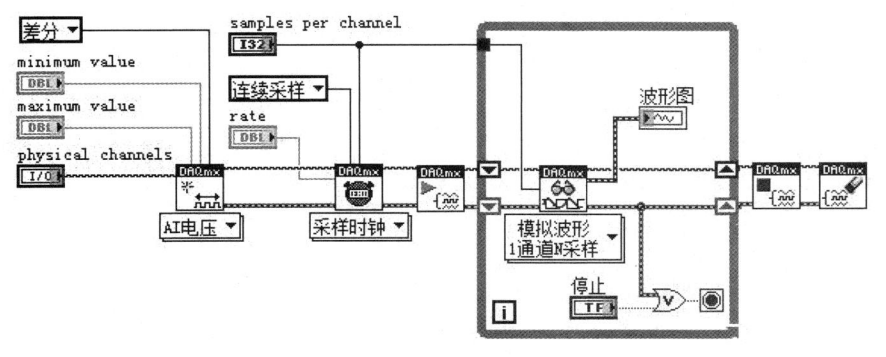

图 5.26 单通道连续模拟输入信号采集 VI 的前面板和程序框图

连续数据采集与有限数据采集不同的是，要将"DAQmx Timing"函数的采样模式设置为连续采样，将"DAQmx Read"函数放置在一个 while 循环中，同时将"DAQmx Read"函数的每通道采样输入端与"DAQmx Timing"函数的每通道采样接线端相连接，表示每次循环从缓冲区中读取多少点采样数据。while 循环的作用是保证任务不结束，这样硬件就会一直输出数据，除非发生错误或单击【停止】按钮。

对于连续采样，必须注意缓冲问题。对于"DAQmx Timing"函数的每通道采样接线端，当采样模式设置为有限采样时，表示每通道需要读取或写入数据的长度；当采样模式设置为连续采样时，表示可以通过该接线端的值来确定缓冲区的大小。NI-DAQmx 对于不同的采样率有一个参考的缓冲区大小，如果每通道采样所设置的值小于参考值，系统会自动选择参考值作为缓冲区的大小。

在连续采样中，如果"DAQmx Read"函数从缓冲区中读取数据的速度小于设备向缓冲区中存放数据的速度，则会产生数据丢失，使数据采样不连续。为了避免这种错误的发生，通常设置每通道采样数为缓冲区大小的 1/2～1/4。

【例 5.3】 多通道连续模拟输入信号采集。

本例使用 NI myDAQ 实现多通道连续模拟输入信号采集，其 VI 的前面板和程序框图如图 5.27 所示。

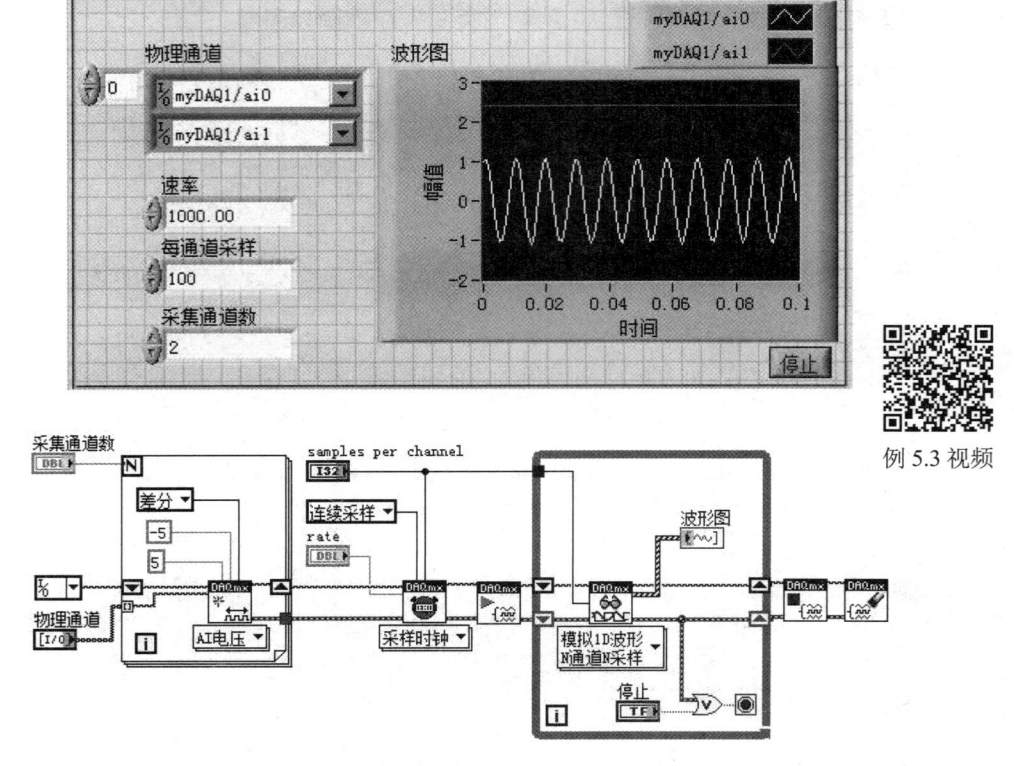

图 5.27 多通道连续模拟输入信号采集 VI 的前面板和程序框图

程序设计中，将"DAQmx Create Virtual Channel"函数置于 for 循环中，创建多通道采集任务，for 循环的次数也就是采集通道数，可由采集通道数指定。将"DAQmx Read"函数设置为模拟→多通道→多采样→1D 波形，并置于 while 循环中，实现多通道连续模拟输入信号的采集。

例如，当在 NI myDAQ 的 ai0 通道输入正弦波、ai1 通道输入 2.5V 的直流信号、置采集通道数为 2 时，运行该程序，其采集结果如图 5.27 中的前面板所示。

2．模拟输出信号的产生

在实际应用中，需要用数据采集卡输出模拟信号，信号包括稳定的直流信号、有限信号和连续信号。模拟输出信号的产生与模拟输入信号的采集所使用的 DAQmx 函数大部分是相同的，最大的区别在于模拟输出信号的产生要用到"DAQmx Write"函数。

【例 5.4】 直流信号产生。

当需要 DAQmx 产生一个模拟直流信号时，一般采用单点输出。本例使用 NI myDAQ 的 ao0 作为模拟信号输出通道，VI 的前面板和程序框图如图 5.28 所示。

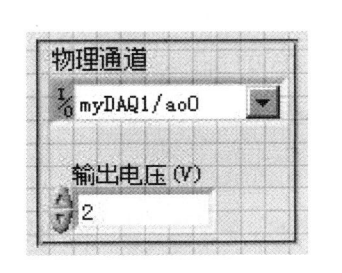

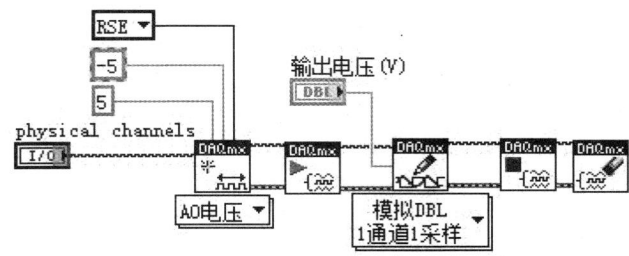

图 5.28 直流信号产生 VI 的前面板和程序框图

程序设计中，将"DAQmx Create Virtual Channel"函数设置为 AO 电压，并通过"DAQmx Write"函数的数据接线端将给定的输出电压写入指定的物理通道。运行结果可用示波器或万用表在 NI myDAQ 的 ao0 端测量其输出电压值进行检验。

【例 5.5】 连续波形产生。

要输出一个连续的周期信号，不需要向缓冲区连续不停地传送数据，只需向一段缓冲区写入待输出信号的一个周期的数据，DAQmx 将在任务结束前自动不断地重复该段数据，以输出连续的周期信号。

本例使用 NI myDAQ 的 ao0 作为连续波形产生的输出通道，产生一个正弦信号连续波形输出，VI 的前面板和程序框图如图 5.29 所示。

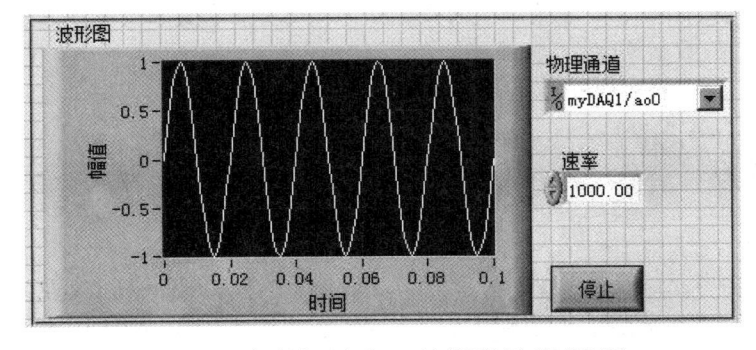

例 5.5 视频

图 5.29 连续波形产生 VI 的前面板和程序框图

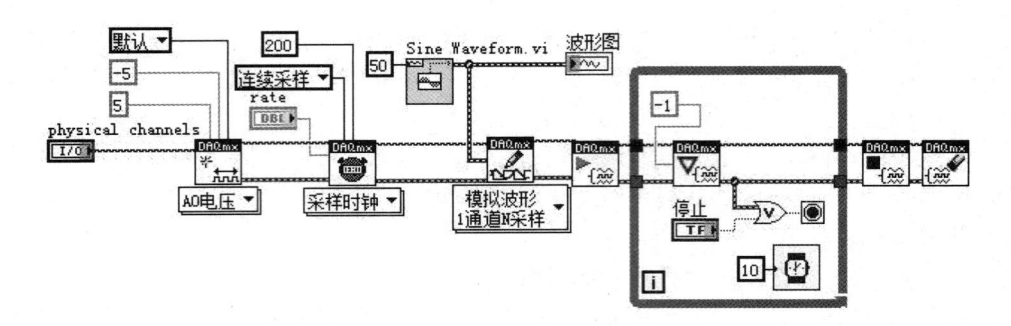

图 5.29 连续波形产生 VI 的前面板和程序框图（续）

程序设计中，将"DAQmx Timing"函数的采样模式设置为连续采样，并将"DAQmx Wait Until Done"函数置于 while 循环中，即可实现连续波形输出。其中，while 循环的作用是保证任务不结束，这样硬件就会一直输出数据，除非发生错误或单击【停止】按钮。

正弦信号利用了函数选板的【信号处理】→【波形生成】子选板中的"正弦波形"函数（Sine Waveform.vi）产生，运行结果可用示波器在 NI myDAQ 的 ao0 端测量其输出电压值进行检验。

3. 数字 I/O

数字 I/O 的用途比较广泛，可以用来实现数据采集的触发、控制及计数等功能，它按照 TTL 电平设计。

在硬件设备上，多路 I/O 数字线（Line）组成一组后被称为数字端口（Port）。数字线是数据采集卡中单独连接一个数字信号的物理端子，它的二进制值是 0 或 1。一个端口由多少路数字线组成是依据设备而定的，一般情况下，8 路数字线组成一个端口。许多数据采集卡要求一个端口中的线同时都是输入线或同时都为输出线，即单向的，但也有一些设备的一个端口的数字线可以是双向的，即有的线输入有的线输出。

如果使用数字 I/O 控制电机、继电器、指示灯等常用工业设备，就不必用较高的数据转换率。数字 I/O 的输出一般不能直接驱动功率设备，如步进电机等，但是，如果加上合适的数字信号调理设备，仍可以用数字 I/O 输出的小电流、TTL 电平信号来驱动高电压、大电流的工业设备。

数字 I/O 在编程方法上与模拟输入、模拟输出的编程差别不大。

【例 5.6】 数字信号的输入。

本例使用 NI myDAQ 的 Port0 端口的 8 个 I/O 引脚作为数字信号输入线，将外部设备连接在 Port0 端口上的数据读取出来，并用指示灯指示读取的结果。

数字信号输入 VI 的前面板和程序框图如图 5.30 所示。

程序设计中，将"DAQmx Create Virtual Channel"函数设置为数字输入，利用 for 循环构成多通道配置任务。另外，将"DAQmx Read"函数放置在一个 while 循环中，实现数字信号的连续输入，同时选择其读取类型为数字→多通道→单采样→1D 布尔（每通道 1 线），读取多个通道的数字输入值。

例如，将受控设备的 8 个开关量输出端分别连接到 NI myDAQ 的 DIO<0..7>端，运行该程序，就可对输入的开关量状态进行指示（高电平指示灯亮，低电平指示灯灭）。

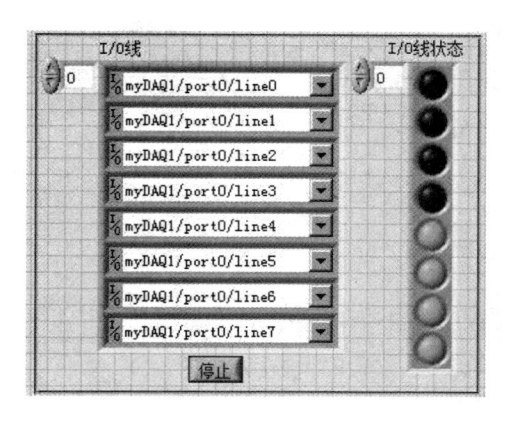

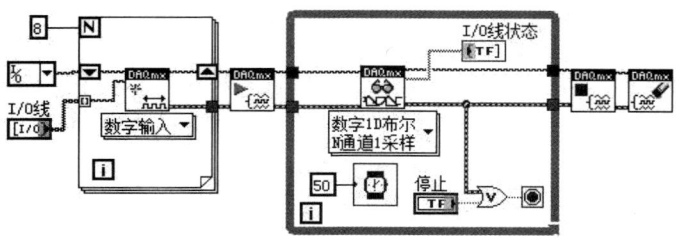

图 5.30 数字信号输入 VI 的前面板和程序框图

【例 5.7】 数字信号的输出。

本例使用 NI myDAQ 的 Port0 端口的 8 个 I/O 引脚作为数字信号输出线，VI 的前面板和程序框图如图 5.31 所示。

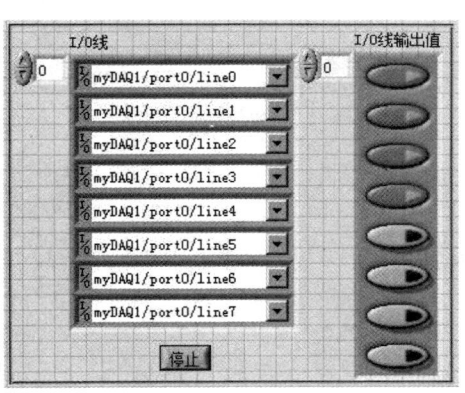

例 5.7 视频

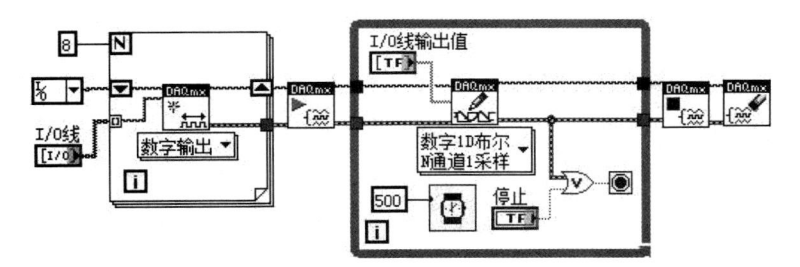

图 5.31 数字信号输出 VI 的前面板和程序框图

· 145 ·

程序设计中，将"DAQmx Create Virtual Channel"函数设置为数字输出，利用 for 循环构成多通道配置任务，并将"DAQmx Write"函数放置在一个 while 循环中，实现数字信号的连续输出，同时选择其写入类型为数字→多通道→单采样→1D 布尔（每通道 1 线），实现多个通道的数字输出。

运行结果可用示波器或万用表在 NI'myDAQ 的 DIO<0..7>端测量其高、低电平状态进行检验（布尔开关开对应输出为高电平，关对应输出为低电平）。

4．计数器

计数器是典型多功能数据采集卡的一个基本功能，计数器具有高精度的定时和计数功能，例如产生方波信号、测量脉冲宽度和脉冲周期。计数器的基本结构模型如图 5.32 所示。

GATE 为计数器的闸门控制信号，用来开始或停止计数；SOURCE（CLK）为计数器的时钟信号源；OUT 为计数器的输出信号。

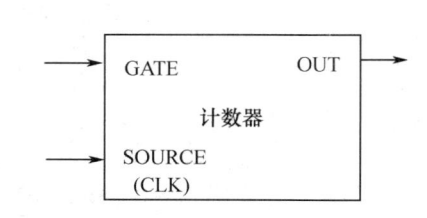

图 5.32　计数器的基本结构模型

【例 5.8】　输出脉冲信号。

脉冲生成是计数器的一个较为常用的功能，它通过计数器的 OUT 端输出一个或一串脉冲来实现。本例使用 NI myDAQ 的 CTR 0 计数器产生一个连续脉冲输出，其 VI 的前面板和程序框图如图 5.33 所示。

例 5.8 视频

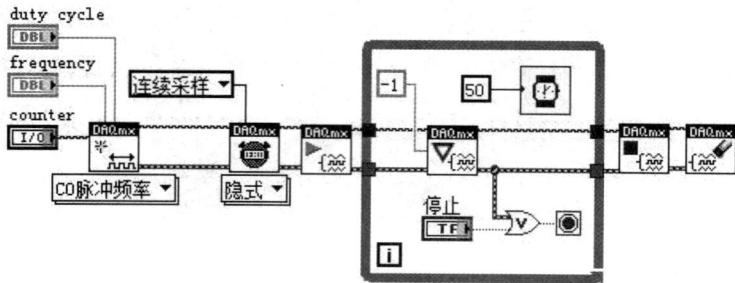

图 5.33　产生连续脉冲输出 VI 的前面板和程序框图

程序设计中，将"DAQmx Create Virtual Channel"函数设置为计数器输出→脉冲生成→频率，从而创建一个输出脉冲信号的虚拟通道，并对输出脉冲的物理通道、频率、占空比等参数进行设置。"DAQmx Timing"函数设置为隐式，并将采样模式设置为连续采样。将"DAQmx Wait Until Done"函数置于 while 循环中，其目的是硬件一直输出脉冲，除非发生错误或单击【停止】按钮。

如图 5.33 所示,可在 NI myDAQ 的 DIO3(CTR 0 OUT)端输出频率为 100Hz 的方波信号,运行结果可用示波器在 NI myDAQ 的 DIO3 端测量其输出脉冲信号进行检验。

【例 5.9】 边沿计数。

边沿计数是使用计数器得到输入脉冲信号的上升或下降的次数。利用这一功能,可以检测生产线上的产品数量。

本例使用 NI myDAQ 的 CTR 0 计数器,将事件信号接入 CTR 0(DIO0)端,其 VI 的前面板和程序框图如图 5.34 所示。

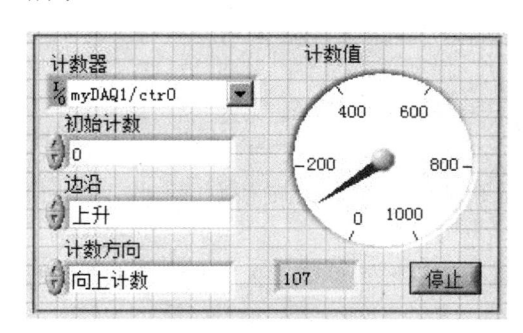

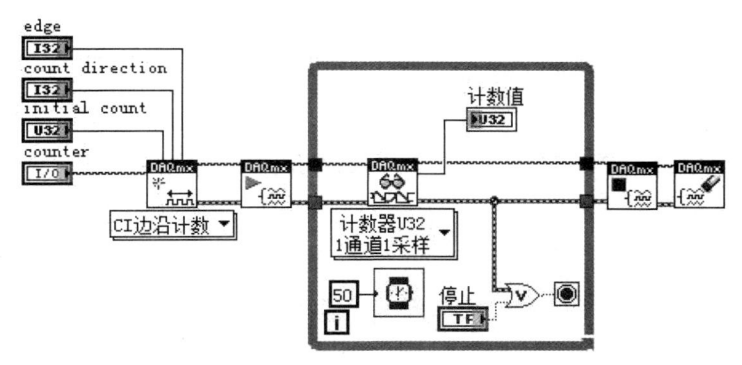

图 5.34 边沿计数 VI 的前面板和程序框图

程序设计中,将"DAQmx Create Virtual Channel"函数设置为计数器输入→边沿计数,从而创建一个事件计数器的虚拟通道,并对边沿计数的物理通道、初始计数、计数方向、边沿等参数进行设置。将"DAQmx Read"函数设置为计数器→单通道→单采样→U32 模式,并将其置于 while 循环中实现连续计数。

运行该程序时,将外部 TTL 事件信号连接到 NI myDAQ 的 CTR 0(DIO 0)端,在前面板上就会显示对应的边沿计数值。

思考题和习题 5

5.1 简述数据采集系统的组成结构。

5.2 信号调理电路在数据采集过程中有何作用?

5.3 为保证采样后的数字信号能够恢复出原来的信号,采样频率应满足什么条件?在工程实际中如何对采样频率取值?

5.4 如果采集一个频率为 1kHz 的方波信号，采样频率应怎样设置？

5.5 简述物理通道、虚拟通道的含义。

5.6 选择数据采集卡时应注意哪些因素？

5.7 NI myDAQ 具有哪些功能单元？

5.8 NI MAX 有何作用？

5.9 什么是 DAQ 助手？

5.10 DAQmx 函数怎样实现采集连续数据和采集有限数据？

5.11 设计 VI，使用 DAQmx 函数实现双通道直流电压采集，要求每秒采集一次，采集电压值用量表控件显示。

5.12 设计 VI，使用 DAQmx 函数进行单通道数据采集，模拟输入范围为-2~+2V，采样率为 2kHz，采样点数为 1000，连续采样，在前面板上显示采集数据波形。

5.13 设计 VI，使用 DAQmx 函数实现单通道可变模拟电压输出，输出电压范围为 0~5V，可用滑动杆控件调节，连续输出。

5.14 设计 VI，使用 DAQmx 函数实现单通道数字信号输入，在前面板上用圆形指示灯指示输入的数字量状态，高电平指示灯点亮，低电平指示灯熄灭，连续输入。

5.15 设计 VI，利用计数器输出一个频率为 100Hz 的连续脉冲信号。

第6章 虚拟仪器信号分析与处理

LabVIEW 作为一种图形化的虚拟仪器开发语言,在信号发生、信号分析与处理上有明显的优势,提供了非常丰富的信号发生、信号分析与处理函数。本章将主要介绍在 LabVIEW 中信号产生、信号分析与处理的方法和技巧,具体包括信号产生、信号的时域分析、信号的频域分析、数字滤波器、曲线拟合等。

6.1 信号分析与处理概述

虚拟仪器通常由3部分组成:信号的获取与采集、信号的分析与处理、结果的输出与显示,其中信号的分析与处理是构成虚拟仪器必不可少的重要部分,是实现虚拟仪器测试功能的理论基础。在虚拟仪器中,信号的获取与采集及结果的输出由计算机为核心的硬件平台完成,结果的显示利用计算机的显示器实现。虚拟仪器最核心的思想就是利用计算机的硬件资源,使某些原本需要硬件实现的功能软件化(虚拟化),从而最大限度地降低系统成本,增强系统的功能与灵活性。在通用硬件平台基础上,调用测试软件完成某种功能的测试任务,便可构成该种功能的虚拟仪器。例如,对采集的数据利用软件进行 FFT 变换,并把各种频率分量的幅值在频率轴上显示出来,就构成一台频谱分析仪。通过信号分析与处理可求取信号的各种特征值,如峰值、有效值、均值、均方根值、方差、标准差及频谱函数、相关函数、概率密度函数等,从而可构成各种测试仪器。

6.1.1 信号分析与处理的基本内容

通常,对作为时间函数的动态信号来说,要完整地描述其特征,至少要从时域、频域两个方面进行分析。信号类型不同时,在不同域中的特征也不一样,软件分析与处理的算法也不相同。

1. 时域分析

测量时直接采集到的信号是时域信号。如果对采集的波形数据通过测试软件进行幅值标定,以数据点间隔进行时间标定,并显示在幅值-时间坐标上,就构成了一台数字示波器。对一个周期性的波形数据进行分析,在幅度信息方面,可计算出信号的峰值、均值、有效值等;在时间信息方面,可计算出周期、频率、脉冲宽度、占空比等。主要的时域分析方法有相关性分析、卷积处理及对信号的其他一些处理。

2. 频域分析

由于时域分析的局限性,人们往往把问题转换到频域来处理。频域分析是一种基于傅里叶变换的分析方法,它可以将时域信号转换到频域上进行分析,从而帮助人们从另一个角度来了解信号在频域的各种特征量及信号的频率组成信息。最主要的频域分析方法就是快速傅里叶变换及其反变换。

6.1.2 LabVIEW 中信号分析与处理实现

与其他编程语言相比，LabVIEW 尤其适合信号分析与处理，这是因为它具有以下优点。

① 良好的图形显示功能，提供种类齐全的各种波形图和波形图表，能够以多样化的方式直观显示各种信号波形。

② 图形化的编程方式，学习门槛较低，易于掌握，省去了许多烦琐的编程细节，能够使用户专注于信号分析与处理算法的研究和设计。

③ 拥有数量众多、功能齐全的各种信号分析与处理 VI，供用户随意调用，从而组合实现需要的信号分析与处理功能。

④ 良好的扩展性，无论是通过附加工具包扩展，还是通过与其他语言（如 MATLAB/Simulink）的接口扩展，都能很方便地扩展其信号分析与处理功能。

LabVIEW 将信号分析与处理中常用的算法实现函数集成在一起，集中在函数选板的【信号处理】子选板中。使用 LabVIEW 编写和设计数字信号分析与处理程序，主要是调用其种类丰富的各种信号分析与处理函数。【信号处理】子选板如图 6.1 所示。

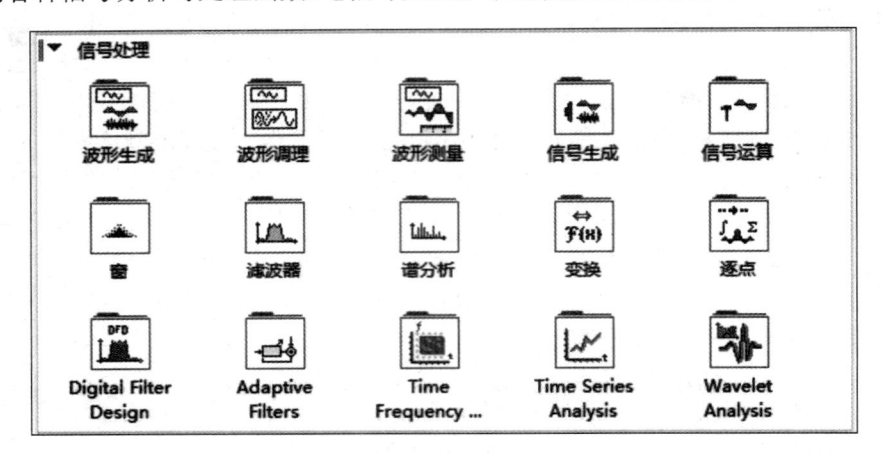

图 6.1 【信号处理】子选板

【信号处理】子选板包含波形生成、波形调理、波形测量、信号生成、信号运算、窗、滤波器、谱分析、变换等函数，其功能描述见表 6.1。

表 6.1 【信号处理】子选板功能描述

名称	功能描述
波形生成	波形生成函数用于生成各种类型的单频和混合单频信号、函数发生器信号及噪声信号等
波形调理	波形调理函数用于执行数字滤波和加窗
波形测量	波形测量函数用于执行常见的时域和频域测量，如直流、谐波失真等
信号生成	信号生成函数用于生成描述特定波形的一维数组
信号运算	信号运算函数用于信号操作并返回输出信号，如卷积、自相关等
窗	窗函数用于实现平滑窗并执行数据加窗
滤波器	滤波器函数用于实现 IIR、FIR 及非线性滤波器的相关操作
谱分析	谱分析函数用于在频谱上执行数组的相关分析，如功率谱、幅度谱和相位谱等

续表

名称	功能描述
变换	变换函数用于实现信号处理中的常见变换，如 FFT、离散余弦变换等
逐点	逐点函数用于方便且有效地逐点处理数据
Digital Filter Design	数字滤波器设计
Adaptive Filters	自适应滤波器
Time Frequency Analysis	时频分析
Time Series Analysis	时间序列分析
Wavelet Analysis	小波分析

6.2 信号产生

信号产生是测试系统的重要组成部分，要评价任意一个测试系统的特性，必须外加一定的测试信号，其性能方能显示出来。最常用的测试信号有正弦波、三角波、方波、锯齿波、噪声波及多频波（由不同频率的正弦波叠加而形成的波形）等。

在 LabVIEW 中用信号发生器产生一个信号，实际上相当于通过软件实现了一个信号发生器的功能。在 LabVIEW 中利用信号发生器产生的信号可以进行测试系统模型的分析或进行信号处理方法的研究，也可以将仿真信号通过 D/A 转换器输出，驱动实际执行机构动作。

6.2.1 数字信号的产生与数字化频率的概念

下面以正弦信号为例，说明数字信号的产生方法并建立有关数字化频率的概念。

已知正弦函数的连续表达式为

$$u(t) = A\sin(\omega t + \theta_0) \tag{6.1}$$

式中，θ_0 是初相位，$\omega = 2\pi f = 2\pi/T$ 是角频率，A 是幅值。

按等间隔 ΔT 在信号的一个周期 T 内进行 n 次采样，得到 n 个离散序列值 $u(i)$ ($i=0, 1, \cdots, n-1$)。设 $n=10$，离散序列值 $u(i)$ 与离散时间 $t = i\Delta T$ 的关系如图 6.2 所示。

图 6.2 中，ΔT 为采样间隔，T 为信号周期，设一个周期内的采样点数为 n，则

$$T = n\Delta T$$

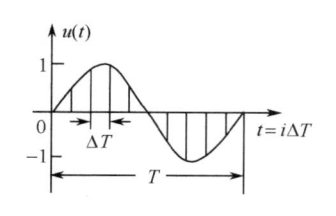

图 6.2 $u(t)$ 与 $i\Delta T$ 的关系曲线

设采样间隔的倒数为采样频率 f_s（f_s 表示每秒的采样点数，单位为 Hz），则

$$f_s = 1/\Delta T$$

于是，得到表示信号频率 f_x、采样间隔 ΔT、采样频率 f_s 三者之间的关系为

$$f_x = 1/T = 1/(n\Delta T) = f_s/n \tag{6.2}$$

当时间 t 取离散值时，将 $t = i\Delta T$ 与 $T = n\Delta T$ 代入式（6.1），则

$$u(i\Delta T) = A\sin(2\pi i/n + \theta_0)$$

式中，i 为离散时间序列序号。

将2π弧度用360°表示,并省略ΔT,则

$$u(i) = A\sin(360° \times i/n + \theta_0) \tag{6.3}$$

式中,$n = f_s/f_x$。设

$$f = f_x/f_s = 1/n$$

则$u(i)$又可表示为

$$u(i) = A\sin(360° \times f \times i + \theta_0) \tag{6.4}$$

式中,f称为数字化频率(也称标准频率),即

$$数字化频率 = 信号频率/采样频率 \tag{6.5}$$

在模拟系统中,信号频率f_x定义为单位时间内周期现象重复的次数,单位为Hz(周期数/秒),而在数字系统中经常使用数字化频率,数字化频率定义为信号频率f_x与采样频率f_s的比值,单位为周期/点数,即为一个信号周期内采样点数n的倒数(1/n)。

6.2.2 信号生成

LabVIEW已经将各种常用的信号函数制作成可以产生正弦波形、三角波形、随机噪声波形等各种仿真信号波形的功能模块,供使用者调用。这些功能模块都是用来产生指定波形的一维数组。在LabVIEW中,【信号生成】子选板位于函数选板的【信号处理】子选板中,如图6.3所示。

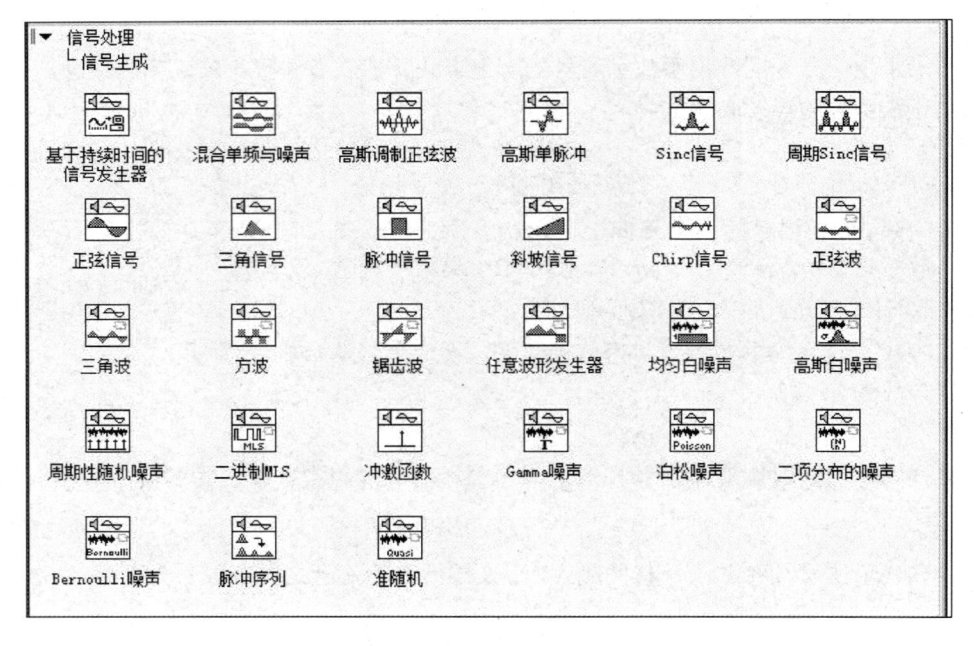

图6.3 【信号生成】子选板

在【信号生成】子选板中的某些函数需要使用数字化频率控制,因此在使用这些函数时,必须确定采样频率,才能将信号频率转换为数字化频率。根据采样定理,在一个信号周期至

少要取两个样点，以及采样频率必须大于或等于 2 倍的最高信号频率。需要使用数字化频率控制的函数包括正弦波、三角波、方波、锯齿波、任意波形发生器等。

1．正弦波生成

LabVIEW 提供的"正弦波"函数可用于生成含有正弦波的数组，其图标及端口如图 6.4 所示。

图 6.4 "正弦波"函数的图标及端口

（1）输入参数

重置相位：确定正弦波的初始相位，默认值为 True。如果重置相位的值为 True，LabVIEW 可设置初始相位为相位输入。如果重置相位的值为 False，LabVIEW 可设置正弦波的初始相位为上一次 VI 执行时相位输出的值。

采样：是正弦波的采样点数，默认值为 128。

幅值：是正弦波的幅值，默认值为 1.0。

频率：是正弦波的数字化频率，为周期/采样的归一化，默认值为 1 周期/128 个采样。

相位输入：是重置相位的值为 True 时正弦波的初始相位，以度为单位。

（2）输出参数

正弦波：是输出的正弦波序列值。

相位输出：是正弦波下一个采样的相位，以度为单位。

"正弦波"函数的等效数学运算式为

$$\text{Sine Wave}[i]=\text{amplitude}\times\sin(360\times f\times i+\text{phase0})$$

式中，i 是离散时间序列序号，i=0, 1, 2, …, samples-1；amplitude 是生成正弦波的幅值；f 是生成正弦波的数字化频率；phase0=phase in（当重置相位为 True 时）或 phase0=phase out（当重置相位为 False 时）。

【例 6.1】 产生一个频率、幅值、相位可调的正弦波。

产生正弦波 VI 的前面板和程序框图如图 6.5 所示。信号频率、信号幅度、初始相位、采样频率、采样点数等参数由前面板上的输入控件设置。

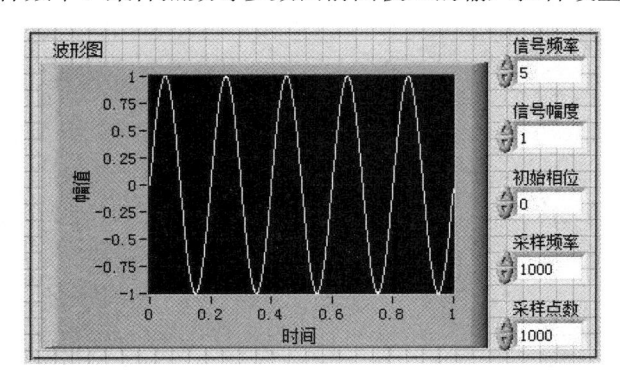

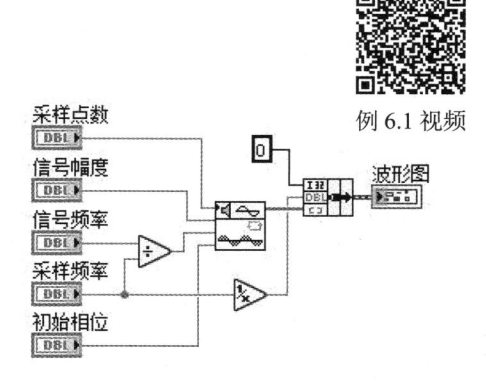

图 6.5 产生正弦波 VI 的前面板和程序框图

程序设计中，利用信号频率除以采样频率转化成数字化频率，再连接至"正弦波"函数的频率接线端口，以实现输出波形的频率控制。由于正弦波生成 VI 产生的信号不包含时间信息，其横坐标索引是数据点数而不是时间，因此须利用"捆绑"函数，将采样时间的起始值 t_0、采样间隔 ΔT 及采样值一维数组组合成一个簇，转换为波形数据（不仅包含信号的幅值，而且包含时间信息和采样信息）送波形图控件，绘制出正弦波波形。

若将信号频率设置为5Hz，信号幅度设置为1，采样频率设置为1000Hz，采样点数设置为1000，初始相位为0，VI 的运行结果如图 6.5 中的前面板所示。

2．函数发生器

【例 6.2】 创建一个可以产生正弦波、三角波、方波和锯齿波的函数发生器。

函数发生器 VI 的前面板和程序框图如图 6.6 所示。

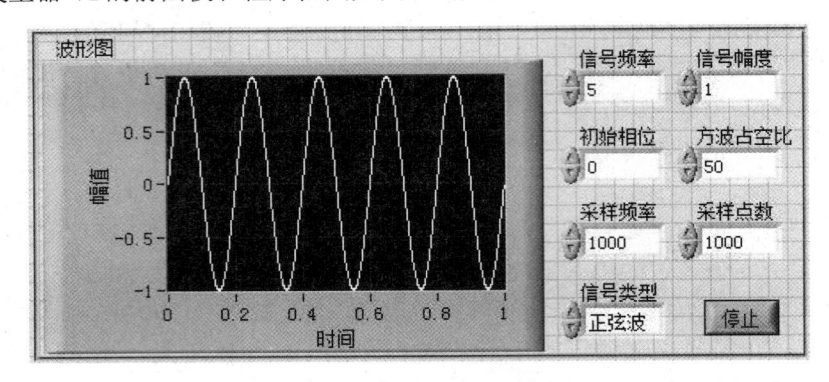

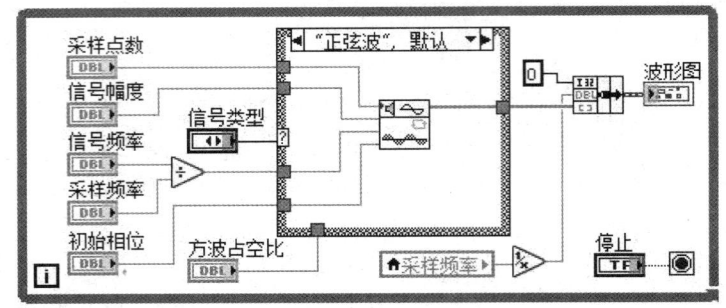

图 6.6 函数发生器 VI 的前面板和程序框图

程序设计中，利用条件结构的 4 个分支分别生成 4 种信号。这 4 种信号的生成分别由正弦波、三角波、方波、锯齿波函数完成。图 6.6 所示的程序框图中，只给出了生成正弦波的分支，其余 3 个分支可参考该分支进行设计。生成信号所需的参数，包括信号类型、信号频率、信号幅度、初始相位、采样频率、采样点数及方波占空比等，由前面板输入控件设定。程序框图中还为采样频率输入控件创建了一个局部变量，通过局部变量可以从前面板取出采样频率值，求倒数得到采样间隔ΔT，再与初始值 t_0 和波形数组打包形成波形数据后送波形图显示控件显示。

需要注意的是，在前面板设计中，信号类型选用的是枚举控件。枚举控件可在 LabVIEW 控件选板的【新式】→【下拉列表与枚举】子选板中选取。枚举控件选择项内容的编辑方法是：用鼠标右键单击枚举控件，在弹出的快捷菜单中选择【编辑项】，弹出如图 6.7 所示的枚举类的属性对话框。在对话框中输入信号类型，完成编辑后单击【确定】按钮。

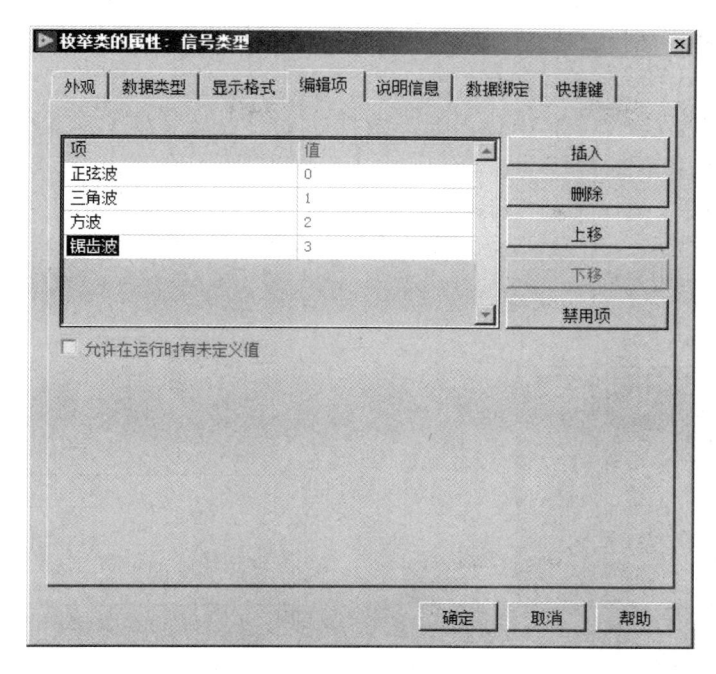

图 6.7 枚举类的属性对话框

6.2.3 波形生成

前面介绍的信号生成函数仅产生指定波形的一组采样数据。LabVIEW 在函数选板的【信号处理】子选板中还提供了【波形生成】子选板，如图 6.8 所示。该选板能够产生正弦波形、方波波形、三角波形、锯齿波形、均匀白噪声波形、高斯白噪声波形、周期性随机噪声波形等多种常用波形。

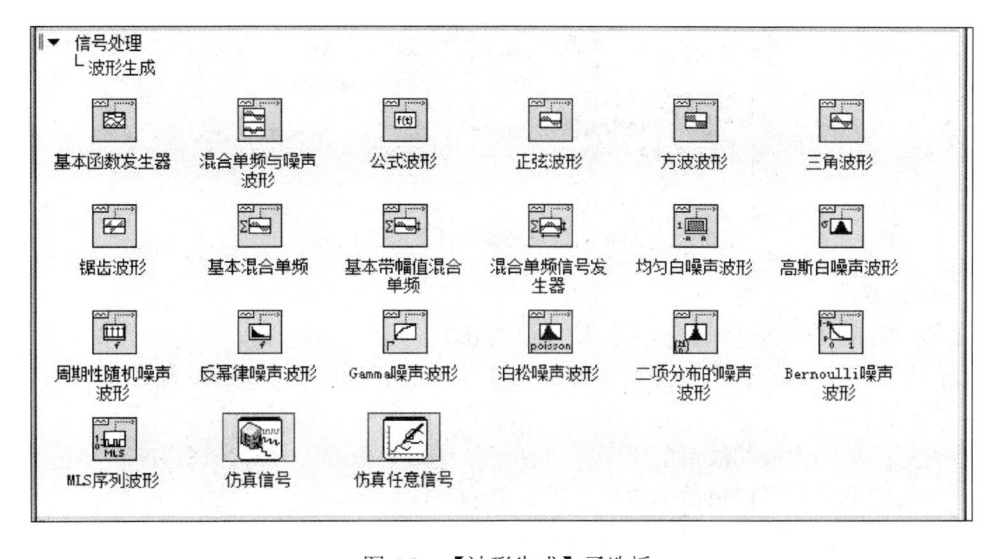

图 6.8 【波形生成】子选板

• 155 •

1. 波形生成函数的特点

在【波形生成】子选板中的所有函数不仅输出包含指定波形的数字型数组，而且包含时间参数，这种数据在 LabVIEW 中称为波形数据。波形数据以簇的形式给出，如图 6.9 所示，包含起始时间 t_0、采样时间间隔 dt 和一个由采样数据构成的数组。

对于一般的数组，可以通过"创建波形"函数将其转化为波形数据，"创建波形"函数图标及端口如图 6.10 所示。该函数既可构成一个新的波形数据，也可以对已有的波形数据中的任意元素进行编辑。

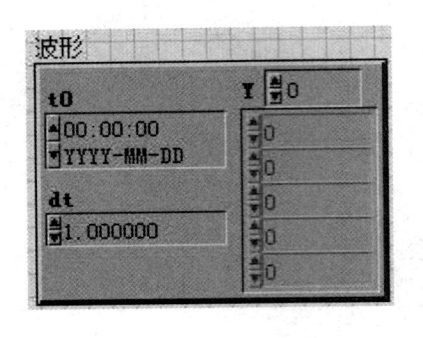

图 6.9　波形数据　　　　　　　图 6.10　"创建波形"函数图标及端口

2. 基本函数发生器

【波形生成】子选板提供的"基本函数发生器"函数可产生 4 种基本信号波形：正弦波、三角波、方波、锯齿波，该函数的图标及端口如图 6.11 所示。

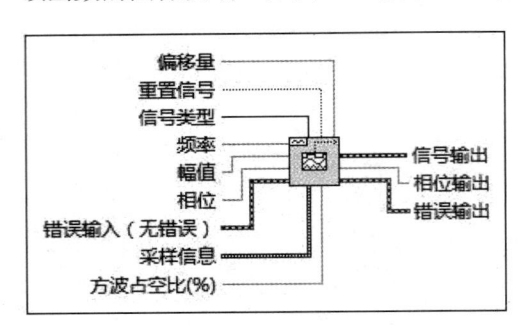

图 6.11　"基本函数发生器"函数的图标及端口

（1）输入参数

偏移量：指定信号的直流偏移量，默认值为 0.0。

重置信号：若值为 True，相位可重置为相位控件的值，时间标识可重置为 0。默认值为 False。

信号类型：是要生成的波形的类型，包括正弦波、三角波、方波和锯齿波 4 种选项。

频率：是波形频率，以赫兹为单位，默认值为 10。

幅值：是波形的幅值。幅值也是峰值电压，默认值为 1.0。

相位：是波形的初始相位，以度为单位，默认值为 0。若重置信号为 False，则 VI 忽略相位。

采样信息：是簇类型，包含采样频率和采样点数两个子数据项，默认值为 1000。

方波占空比（%）：是方波在一个周期内高电平所占时间的百分比。仅当信号类型是方波时，VI 使用该参数，默认值为 50。

（2）输出参数

信号输出：是生成的波形。数据类型为簇，包含指定信号的一维波形数值及起始时间 t_0 和采样时间间隔 dt，其中 dt 取决于采样频率。

相位输出：是波形的相位，以度为单位。

【例 6.3】 创建一个可产生正弦波、三角波、方波和锯齿波的信号发生器。

本例利用【波形生成】子选板提供的"基本函数发生器"函数来创建信号发生器 VI，其前面板和程序框图如图 6.12 所示。

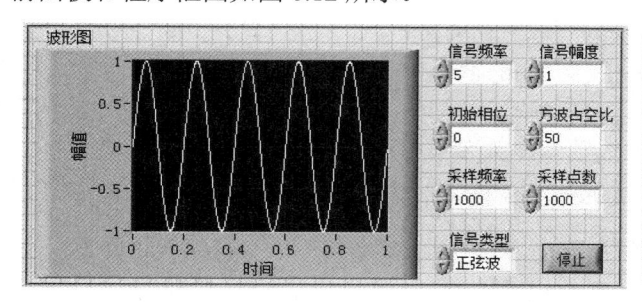

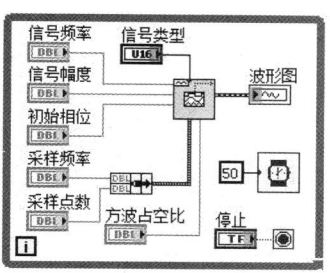

图 6.12 信号发生器 VI 的前面板和程序框图

通过前面板的参数设置选项，可以选定输出信号的类型并设置输出信号的频率、幅度、相位等信息。需要注意的是，信号类型由文本下拉列表控件（位于【新式】→【下拉列表与枚举】子选板）选择，采样频率与采样点数由"捆绑"函数组合成簇作为采样信息。

例如，设定信号频率为 5Hz、信号幅度为 1、采样频率为 1000Hz、采样点数为 1000，选择生成正弦波，VI 运行结果如图 6.12 的前面板所示。改变信号类型，可分别生成三角波、方波、锯齿波等。

3．混合单频信号发生器

【波形生成】子选板提供的"混合单频信号发生器"函数可生成整数个周期的单频正弦波形之和，该函数的图标及端口如图 6.13 所示。

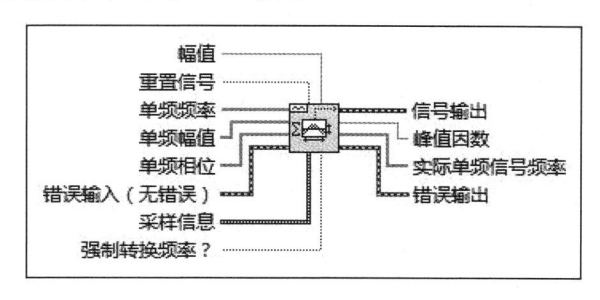

图 6.13 "混合单频信号发生器"函数的图标及端口

（1）部分输入参数

幅值：是所有单频的缩放标准，即波形的最大绝对值。本函数中默认值为-1。输出波形

· 157 ·

至模拟输出通道时，可使用幅值。如硬件可输出的最大值为 5V，可设置幅值为 5。若幅值小于或等于 0，则不进行缩放。

单频频率、单频幅值、单频相位：3 个输入参数均为数组，其数组大小必须匹配。各数组中的元素决定了合成信号中所包含的各个分量的频率、幅值和初始相位。

强制转换频率？：当其值为 True 时，指定的单频频率将被转换为 f_s/n 最近的整数倍。

（2）输出参数

信号输出：生成的波形。

峰值因数：是信号输出的峰值电压和均方根电压的比。

实际单频信号频率：如果"强制转换频率？"的值为 True，则值为执行强制转换和 Nyquist 标准后的单频频率。

【例 6.4】 多频信号发生器。

在实际仪器的测量过程中，采样得到的信号可能是多频信号，因此在检验仪器功能时需要用合成信号仿真，以便尽量使之与真实测量环境信号保持一致。本例的多频信号由频率分别为 10Hz、25Hz 和 50Hz，幅值分别为 1.0V、2.0V 和 1.5V，初始相位分别为 0º、35º 和 70º 的 3 种单频信号组成，多频信号发生器 VI 的前面板和程序框图如图 6.14 所示。

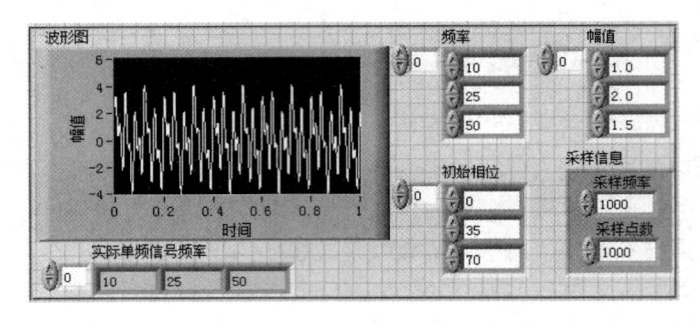

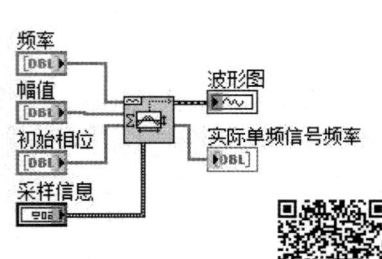

图 6.14 多频信号发生器 VI 的前面板和程序框图

例 6.4 视频

4．公式波形

如果需要根据已知的公式生成一定规律的波形，可以使用"公式波形"函数生成。

【波形生成】子选板提供的"公式波形"函数可通过公式字符串指定要使用的时间函数，创建输出波形，该函数的图标及端口如图 6.15 所示。

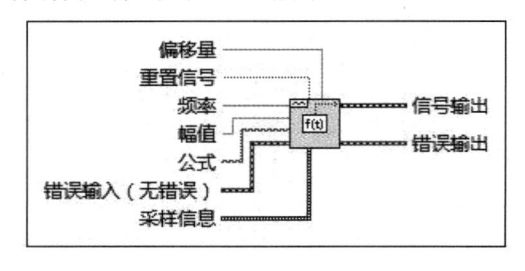

图 6.15 "公式波形"函数的图标及端口

主要输入参数如下。

偏移量：指定信号的直流偏移量，默认值为 0.0。

频率：是波形频率，以赫兹为单位，默认值为 100。
幅值：是波形的幅值，幅值也是峰值电压，默认值为 1.0。
公式：是用于生成信号输出波形的表达式。表达式有 6 个描述公式的变量，其名称与含义见表 6.2。

表 6.2 "公式波形"函数中定义的变量及含义

变量	名称及含义
f	频率，为频率端口输入的频率
a	幅值，为幅值端口输入的幅值
w	角频率，等于 2*pi*f（2πf）
n	采样点数，目前生成的采样点数在运行过程中随时变化
t	时间，已经过去的时间（s）在运行过程中随时变化
fs	采样频率，由 f_s 确定

【例 6.5】 创建一个能产生 Sinc 函数波形的信号发生器。

Sinc 信号是实际仪器测量分析过程中常见的一种信号，其数学表达式为 $sinc(\omega t) = sin(\omega t)/(\omega t)$。本例利用"公式波形"函数产生 Sinc 信号，其前面板和程序框图如图 6.16 所示。

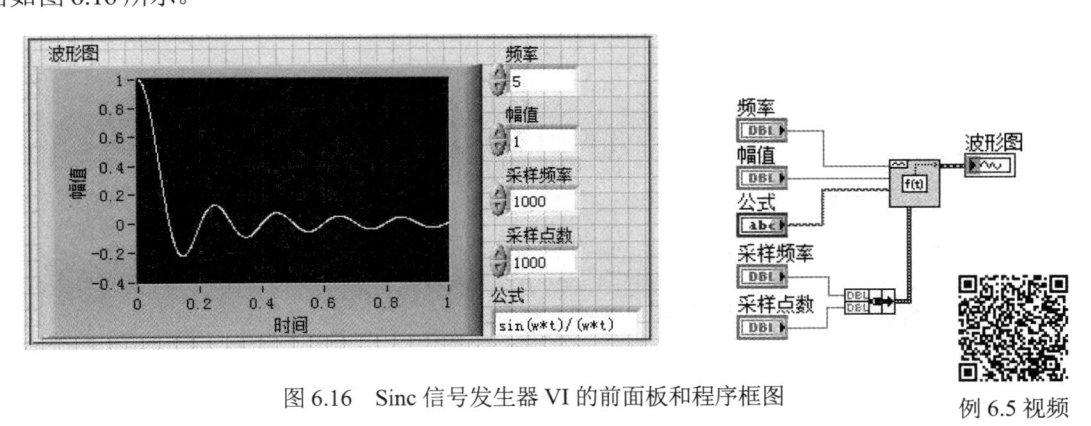

图 6.16 Sinc 信号发生器 VI 的前面板和程序框图

例 6.5 视频

用"公式波形"函数可以产生能够用公式进行描述，经过复杂运算生成的信号。

6.3 信号的时域分析

信号时域分析是指在时间域上对信号的时域参数进行测量和计算，从而提取出有助于研究和分析的信号时域特征。时域分析包括对时域信号波形的幅值、周期和时间相关性等进行分析。由于时域分析是直接在时间域中对系统进行分析的方法，所以时域分析具有直观和准确的优点。

LabVIEW 提供了丰富的时域分析函数，利用这些函数，用户能轻松实现信号的时域处理。下面着重介绍周期信号的幅值特征分析、卷积运算、相关分析等 LabVIEW 的实现方法。

6.3.1 周期信号的幅值特征分析

信号特征值以一个数值表示信号的某些时域特征,是对测试信号最简单直观的时域描述。将测试信号采集到计算机后,可以在虚拟仪器中进行信号特征值处理,并在其前面板上直观地表示出信号的特征值,从而给虚拟仪器的使用者提供一个了解测试信号变化的快速途径。

所谓周期信号,是指瞬时幅值随时间重复变化的信号,常见的周期信号有正弦信号、脉冲信号以及它们的微分、积分等。周期信号的幅值特征分析在工程实践中应用广泛。

1. 周期信号的幅值特征

周期信号的幅值特征常以峰值、峰峰值、均值、均方值和有效值来表示。

(1)峰值 x_p 和峰峰值 x_{p-p}

峰值 x_p 是指在一个周期内信号 $x(t)$ 可能出现的最大绝对瞬时值,即

$$x_p = |x(t)|_{max}$$

峰峰值 x_{p-p} 是指在一个周期内信号最大瞬时值 x_{max} 与最小瞬时值 x_{min} 之差的绝对值,即

$$x_{p-p} = |x_{max} - x_{min}|$$

信号的峰值和峰峰值给出了信号变化的极限范围,是选择测试仪器的量程和动态范围的依据。

(2)平均值 μ_x

周期信号的平均值为

$$\mu_x = \frac{1}{T}\int_0^T x(t)dt$$

表示信号变化的中心趋势,是信号的常值分量。

(3)均方值 p_{av} 和有效值 x_{rms}

周期信号属于功率信号,其能量无限,均方值为

$$p_{av} = \frac{1}{T}\int_0^T x^2(t)dt$$

反映了信号的功率大小,是信号的平均功率。

均方值的平方根就是信号的有效值,即

$$x_{rms} = \sqrt{\frac{1}{T}\int_0^T x^2(t)dt}$$

有效值也常称为均方根值,工程上还常常写成 RMS。

因计算机只能对离散的信号进行处理,模拟信号 $x(t)$ 经过 A/D 转换后得到的是有限长序列 $x(n)$,所以对模拟信号 $x(t)$ 的幅值特征值计算实际是采用离散计算公式实现的,公式中用求和运算代替积分运算。

2. 在 LabVIEW 中实现信号幅值特征求取

LabVIEW 中提供了获取周期信号的平均值及均方根值的功能函数,可以方便快捷地实现周期信号的相关幅值特征求取。

LabVIEW 中提供的"周期平均值和均方根"函数位于函数选板的【信号处理】→【波形测量】子选板中，该函数的图标及端口如图 6.17 所示。

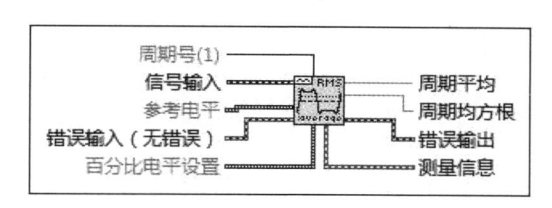

图 6.17 "周期平均值和均方根"函数的图标及端口

该函数的主要输入和输出参数含义如下。

周期号(1)：指定周期信号中待测的周期数。

信号输入：是要测量的波形。每个波形需包含的完整周期数至少等于周期号。周期是相邻两个上升波形与中间参考电平交点之间的时间间隔。

周期平均：是输入波形一个完整周期内的平均电平。平均值通过以下公式计算

$$\text{平均值} = \frac{1}{\text{numPoints}} \sum_{i \in \text{cycle}} \text{waveform}[i]$$

式中，i 表示周期号指定的周期内的波形采样点序号；waveform[i]表示第 i 个采样点的信号幅值；numPoints 的计算公式为

$$\text{numPoints} = \text{int}(\text{周期}/dt + 0.5)$$

式中，dt 是两个采样点之间的时间间隔，int( )是取整函数。

周期均方根：是周期性输入信号一个完整周期的均方根。均方根通过以下公式计算

$$\text{RMS}_{\text{cycle}} = \sqrt{\frac{1}{\text{numPoints}} \sum_{i \in \text{cycle}} (\text{waveform}[i])^2}$$

【例 6.6】 计算周期信号的平均值、均方根。

本例是一个用"周期平均值和均方根"函数进行周期信号幅值特征求取的例子，周期信号是叠加了高斯噪声的正弦信号，VI 的前面板和程序框图如图 6.18 所示。

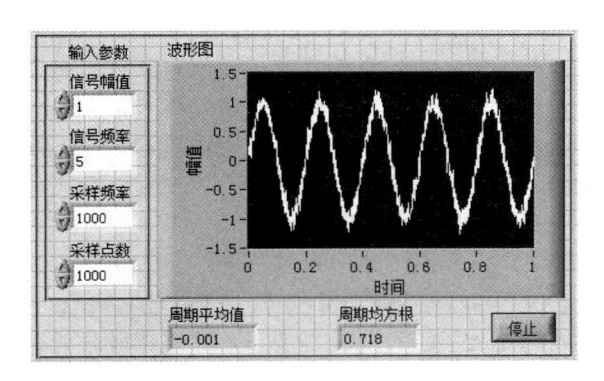

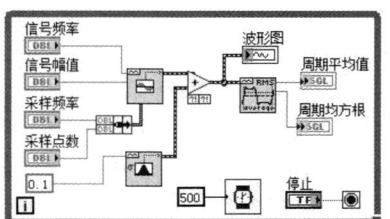

图 6.18 计算周期信号的均值和均方根 VI 的前面板和程序框图

从运行结果可以看出，正弦信号即使叠加了高斯噪声，但因高斯噪声的标准偏差较小（图 6.18 中设置为 0.1），叠加了高斯噪声的正弦信号的周期平均值接近为 0，其周期均方根（也就是有效值）为 0.718，这符合正弦信号的幅值特征。

6.3.2 卷积运算

1. 卷积的基本概念

卷积是电路分析中的一个重要概念，它可以求线性系统对任何激励信号的零状态响应。卷积的物理概念及运算在测试信号处理中占有重要地位，特别是关于信号的时域与频域分析，它成为沟通时域-频域关系的一个桥梁。

对连续时间信号的卷积称为卷积积分，定义为

$$f(t) = f_1(t) * f_2(t) = \int_{-\infty}^{\infty} f_1(\tau) f_2(t-\tau) \mathrm{d}\tau$$

对离散时间信号的卷积称为卷积和，定义为

$$f(k) = f_1(k) * f_2(k) = \sum_{i=-\infty}^{\infty} f_1(i) * f_2(k-i)$$

如果是无限区间定义的函数可直接用定义求解，而有限区间定义的函数大多用图解法。卷积和也可以用图解法求解。

2. 卷积运算

LabVIEW 中提供了卷积运算和反卷积运算两种功能函数。它们的使用非常简单，重点要理解卷积的概念与物理意义。

LabVIEW 中提供的"卷积"函数位于函数选板的【信号处理】→【信号运算】子选板中，其图标及端口如图 6.19 所示。

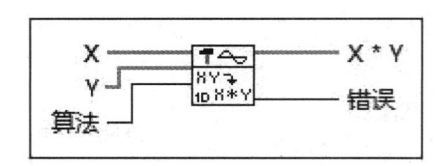

图 6.19 "卷积"函数的图标及端口

图 6.19 中，X 是第一个输入信号序列，Y 是第二个输入信号序列，$X*Y$ 是序列 X 与 Y 的卷积运算结果。算法用于设定卷积计算的方法，有两种情况可以设置：当置为 Direct 时，表示直接用输入信号序列的线性卷积求解卷积，计算量较大，但较为准确，比较适合于输入信号序列较小的情况；当置为 Frequency domain（默认值）时，利用 FFT 技术求解卷积，计算量较小，有利于提高计算速度，适合于输入信号序列较大的情况。

【例 6.7】 求三组信号序列的卷积运算。

本例以验证卷积结合律为例，介绍 LabVIEW 实现卷积运算的编程方法。

卷积结合律是指信号 $x(n)$、$h_1(n)$、$h_2(n)$ 在连续进行卷积运算时，可以按顺序先进行前两者或后两者的卷积运算，再与第三者卷积，其结果相等，即

$$[x(n) * h_1(n)] * h_2(n) = x(n) * [h_1(n) * h_2(n)]$$

程序设计中，利用【信号生成】子选板中的"Chirp 信号""方波""斜坡信号"函数分别生成三组离散时间序列信号，作为 $x(n)$、$h_1(n)$、$h_2(n)$。三组信号序列的卷积运算 VI 的前面板和程序框图如图 6.20 所示。

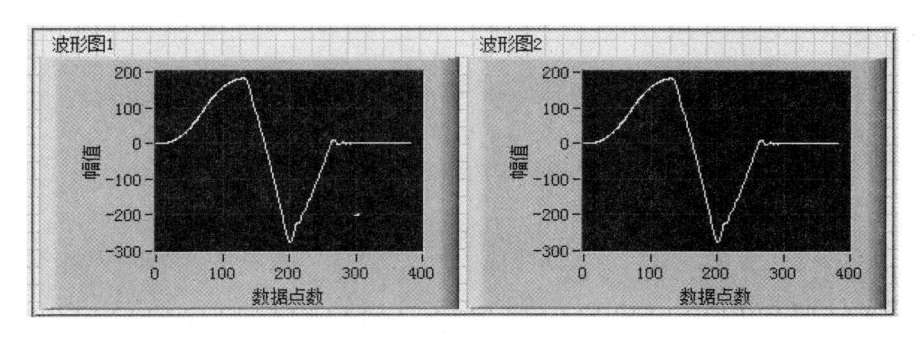

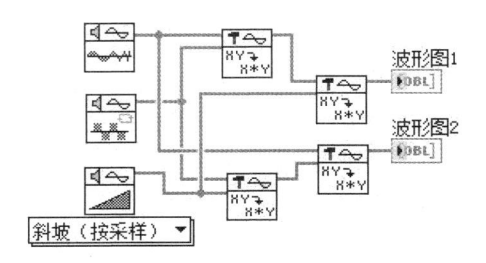

图 6.20 三组信号序列的卷积运算 VI 的前面板和程序框图

从运行结果的左、右两个波形图中可以直观地看到，按卷积结合律运算的两组结果是一样的。

6.3.3 相关分析

在信号处理中经常要研究两个信号的相似性，或一个信号经过一定延迟后自身的相似性，以实现信号的监测、识别与提取等。相关分析是进行时域信号处理的一种重要方法。

1. 相关分析的原理

所谓"相关"，是指变量之间的线性关系。对确定信号来说，两个变量之间可以用函数关系来描述。而两个随机变量之间不具有这样的确定关系，但是，如果这两个变量之间具有某种内在的联系，那么，通过大量统计就能发现它们之间存在虽不精确却表征其特性的相似关系。

相关分析利用相关系数或相关函数来描述两个信号间的相互关系或其相似程度，还可以用来描述同一信号的现在值与过去值的关系，或者根据过去值、现在值来估计未来值。相关函数的性质使它在工程应用中有重要的价值，尤其是互相关函数的同频相关、不同频不相关的性质为在噪声背景下提取有用信息提供了可靠的途径。

当信号 $x(n)$ 与 $y(n)$ 均为能量信号时，相关函数定义为

$$R_{xy}(m) = \sum_{n=-\infty}^{\infty} x(n)y(n+m) \quad \text{或} \quad R_{yx}(m) = \sum_{n=-\infty}^{\infty} y(n)x(n+m)$$

$R_{xy}(m)$、$R_{yx}(m)$ 分别表示信号 $x(n)$ 与 $y(n)$ 在延时 m 时的相互关系，称为互相关函数。当 $x(n) = y(n)$ 时，称为自相关函数。

当信号 $x(n)$ 与 $y(n)$ 均为功率信号时，相关函数定义为

$$R_{xy}(m) = \lim_{N \to \infty} \frac{1}{2N+1} \sum_{n=-N}^{N} x(n)y(n+m)$$

或

$$R_{yx}(m) = \lim_{N \to \infty} \frac{1}{2N+1} \sum_{n=-N}^{N} y(n)x(n+m)$$

自相关函数定义为

$$R_x(m) = R_{xx}(m) = \lim_{N \to \infty} \frac{1}{2N+1} \sum_{n=-N}^{N} x(n)x(n+m)$$

2．相关分析的应用

相关分析是信号分析的重要组成部分，在检测、控制、通信等领域广为应用。图 6.21 表示利用互相关分析方法，确定深埋在地下的输油管漏损位置的探测示意图。在输油管表面沿轴向放置传感器（如拾音器、加速度计等）1 和 2，油管漏损处可视为向两侧传播声波的声源，因放置两个传感器的位置距离漏损处不等，则油管漏损处的声波传至两个传感器就有时差，将两个传感器测得的音响信号 $x_1(t)$ 和 $x_2(t)$ 进行互相关分析，找出互相关值最大处的延时 τ，即可由 τ 确定油管漏损位置，即

$$S = \frac{v\tau}{2}$$

式中，S 是两个传感器的中心至漏损处的距离，v 是声波通过管道的传播速度。

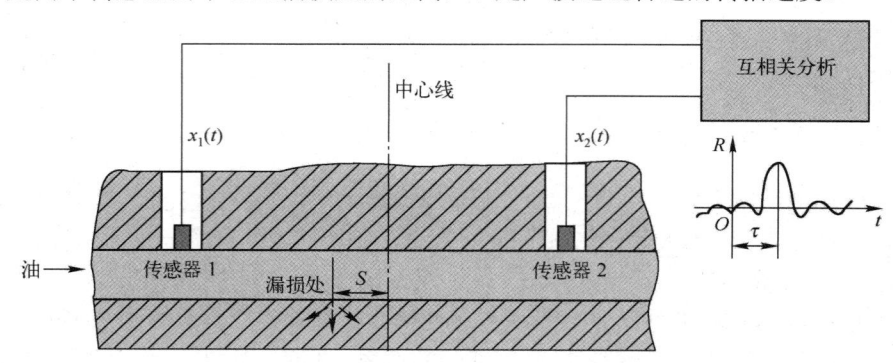

图 6.21　地下的输油管漏损位置的探测示意图

3．LabVIEW 中的相关分析函数

LabVIEW 提供的相关分析函数，可用于信号序列的自相关和互相关处理，自相关和互相关函数位于函数选板的【信号处理】→【信号运算】子选板中。自相关和互相关函数的图标及端口如图 6.22 所示。

X、Y 是输入信号序列。算法用于指定互相关的计算方法，有两种情况可以设置：设置为 Direct 时，直接用输入信号序列求解相关，计算量较大，但较为准确，比较适合于输入信号序列较小的情况；设置为 Frequency domain（默认值）时，基于 FFT 技术求解相关，计算量较小，有利于提高计算速度，适合于输入信号序列较大的情况。归一化用于指定计算自相关或互相关的归一化方法，有 3 种方法可以选择（none(默认)、unbiased、biased）。

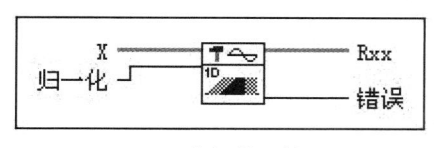

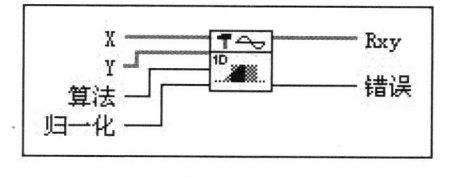

（a）自相关函数　　　　　　　　　（b）互相关函数

图 6.22　自相关和互相关函数的图标及端口

自相关函数输出的自相关序列 R_{XX} 与 X 的关系为

$$R_{XX} = \sum_{k=0}^{N-1} X_k X_{j+k} \quad j=-(N-1),-(N-2),\cdots,-1,0,1,\cdots,N-2,N-1$$

其中，$X_j=0$（$j<0$ 或 $j \geqslant N$）。

互相关函数输出的互相关序列 R_{XY} 与 X、Y 的关系为

$$R_{XY} = \sum_{k=0}^{N-1} X_k Y_{j+k} \quad j=-(N-1),-(N-2),\cdots,-1,0,1,\cdots,M-2,M-1$$

其中，N 是序列 X 的元素个数，M 是序列 Y 的元素个数，$X_j=0$（$j<0$ 或 $j \geqslant N$），$Y_j=0$（$j<0$ 或 $j \geqslant M$）。

4．相关分析应用举例

相关分析在信号处理中有着广泛的应用，如信号的时延估计、周期成分检测等。

【例 6.8】 求两个同频正弦信号的互相关运算。

互相关函数可用来判定信号中是否含有频率相同的成分。互相关函数在工程应用中有重要价值，它是在噪声背景下提取有用信息的一种非常有效的手段，只要将激励信号和所测得的响应信号进行互相关处理，就可以得到由激励引起的系统响应的幅值和相位差，从而消除噪声干扰的影响。

本例进行互相关运算的两个信号均为 10Hz 的正弦信号，初始相位分别为 0°、90°。互相关运算 VI 的前面板和程序框图如图 6.23 所示。

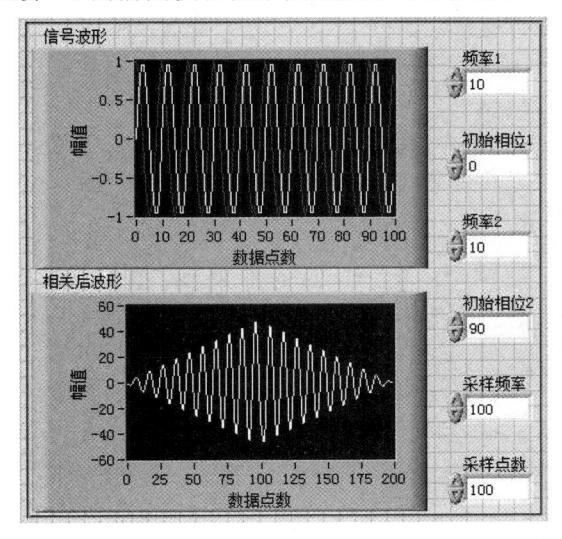

例 6.8 视频

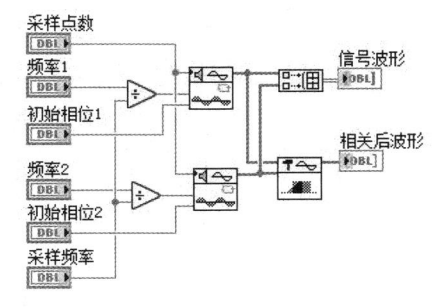

图 6.23　互相关运算 VI 的前面板和程序框图

通过调节两个正弦波输入信号的频率，可验证不同信号频率情况下的相关性。

【例 6.9】 对一个含有噪声的信号进行周期性分析。

自相关函数的一个重要应用是检验信号中是否含有周期成分。如果信号中含有周期成分，则自相关函数随 τ 的增大变化不明显，不含周期成分的随机信号则在 τ 稍大时自相关函数就趋近为 0。同时，自相关函数幅值的大小随 τ 变化的快慢程度也反映了信号中周期成分的强弱。

本例对一个正弦信号与均匀白噪声叠加而成的混合信号进行周期性分析，VI 的程序框图如图 6.24 所示。

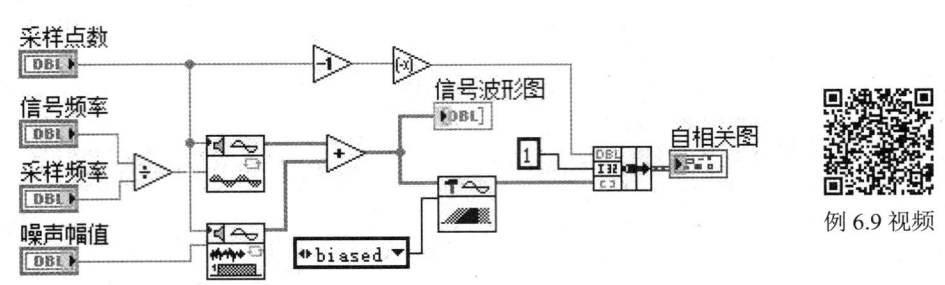

图 6.24 周期性分析 VI 的程序框图

当正弦信号幅值不变，噪声幅值分别设置为 1 和 6 时，运行结果如图 6.25 所示。

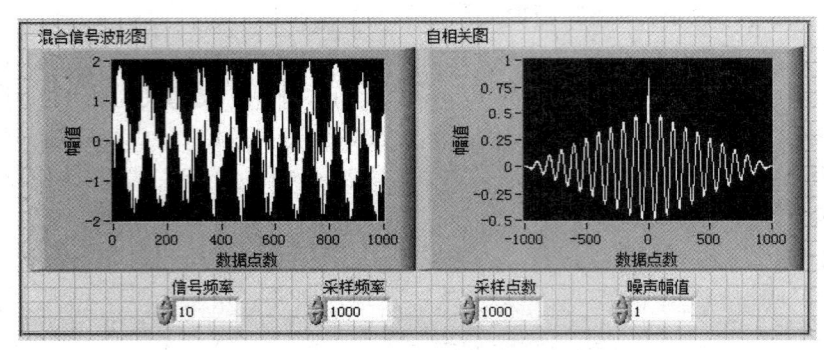

（a）噪声幅值为 1 时的运行结果

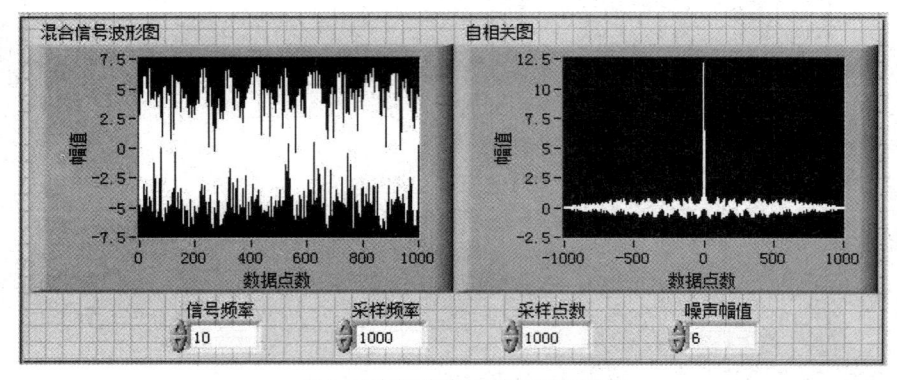

（b）噪声幅值为 6 时的运行结果

图 6.25 周期性分析 VI 的运行结果图

从运行结果可以看出，当噪声信号较小时，自相关函数衰减很慢且有明显的周期性；当噪声幅值远大于正弦信号幅值时，从自相关函数中就很难看出周期成分。

6.4 信号的频域分析

信号的时域描述只能反映信号的幅值随时间的变化情况，除只有一个频率分量的简谐波外，一般很难明确揭示信号的频率组成和各频率分量的大小。例如，图 6.26 是一个受噪声干扰的多频率成分周期信号，从信号波形上很难看出其特征，而从信号的功率谱上却可以判断并识别出信号中的 4 个频率分量及其大小。信号的频谱 $X(f)$ 代表了信号在不同频率分量处信号成分的大小，它能够提供比时域信号波形更直观、更丰富的信息。

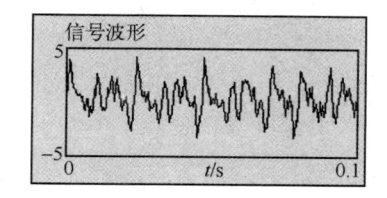

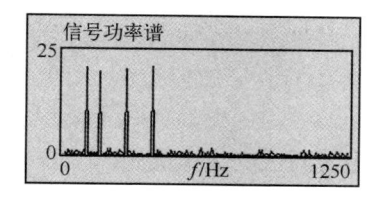

图 6.26 受噪声干扰的多频率成分周期信号

频域分析以输入信号的频率为变量，在频率域研究系统的结构参数与性能的关系。基于传统电子技术对频率特性进行分析和测量的仪器很多，常用的有频率特性测试仪、频谱仪、选频电压表、相位噪声分析仪等。通常这些仪器的电路实现都比较复杂，而虚拟仪器技术给我们设计这些仪器提供了新的方法，让复杂的设计变得简单化。

我们知道，计算机目前能够直接处理的是数字信号，频谱分析技术在计算机中实现的基础是离散傅里叶变换（DFT），其快速计算的工具是快速傅里叶变换（FFT）。下面先介绍快速傅里叶变换，然后介绍 LabVIEW 中频域分析函数的使用方法。

6.4.1 快速傅里叶变换（FFT）

信号的频域描述以 f 或 $\omega(2\pi f)$ 为横坐标变量来描述信号幅值、相位的变化规律。傅里叶变换是信号与数据处理中的一个重要分析工具，其意义在于将时域与频域信号联系起来，通过频域分析将复杂的信号分解为各个单一的频率成分，因此一些在时域中难以分析的信号，在频域中其特征一目了然。

1. DFT 和 FFT 基本概念

信号的特征除用时域表征外，还常常采用频域来描述，包括信号的频谱（幅度谱和相位谱）和频率特性。在计算机中处理的信号是采样后的离散有限长时间序列 $x(n)$，时域与频域转换使用的算法是离散傅里叶变换（DFT）及其反变换（IDFT），对应的离散谱为 $Y(k)$，计算公式为

$$\text{DFT和IDFT}：\begin{cases} Y(k) = \sum_{n=0}^{N-1} x(n) e^{-j\frac{2\pi}{N}nk} & k = 0,1,2,\cdots,N-1 \\ x(n) = \frac{1}{N}\sum_{k=0}^{N-1} Y(k) e^{j\frac{2\pi}{N}nk} & n = 0,1,2,\cdots,N-1 \end{cases}$$

从 DFT 计算的定义式中可以看到，求一点的 $Y(k)$，需要 N 次复数乘法计算，求 N 点的 $Y(k)$，需要 N^2 次复数乘法计算。当 N 很大时，计算量很大。而快速傅里叶变换（FFT）的原理与 DFT 相同，只是 DFT 在计算机中实现的快速方法。当点数 N 为 2 的整数次幂（如 $N=2^{10}=1024$）时，FFT 的计算速度最快。

FFT 的基本特性如下。

① 输出频谱的复数值 $Y(k)=R(k)+jI(k)$，同时包含幅值信息 $A(k)$、相位信息 $\varphi(k)$。

$$\begin{cases} A(k) = |Y(k)| = \sqrt{R^2(k)+I^2(k)} \\ \varphi(k) = \arctan\dfrac{I(k)}{R(k)} \end{cases}$$

② 各节点之间的频率分辨率（频率间隔）由序列 $x(n)$ 的元素数量 N 和采样频率 f_s 决定，即

$$\Delta f = \frac{f_s}{N}$$

③ 第 k 个节点对应的频率值为

$$f(k) = \frac{k \cdot f_s}{N}$$

④ FFT 形成的频谱相对于 $f_s/2$ 对称，FFT 的输出频率范围为 $0 \sim f_s/2$。实际只有一半数据有意义，工程中往往只取这一半数据进行谱分析。

2．FFT 存在的误差及其解决方法

由于计算机不可能对无限长连续信号进行分析处理，在数字分析处理过程中，只能将其截断变成有限长度的离散数据，那么无限长连续信号的傅里叶变换和经过截断的离散信号的傅里叶变换之间的关系能否反映原信号的频谱关系，这是一个很关键的问题。如果处理不好，会引起误差或错误，如波形离散采样所产生的混叠问题、波形截断所产生的泄露问题等。

（1）频谱混叠

如果模拟信号 $x(t)$ 的频谱是一限带信号，其信号中最高频率为 f_{max}，对时域进行采样时的采样频率 f_s 如果小于所处理信号中的最高频率的 2 倍，就会产生频谱混叠。

为了避免产生频谱混叠，可采取两种措施：一是提高采样频率 f_s，使 $f_s \geq 2f_{max}$。在实际工作中，选取 f_s 时常留有适当裕量，取 $f_s=(5 \sim 10)f_{max}$；二是降低信号中的最高频率 f_{max} 分量，加抗混叠滤波器。

（2）泄露效应

计算机可处理的长度总是有限的，而信号的长度可以是无限长的，这样在处理信号时必然就进行了长度上的截断。截断的方法是：将无限长的信号乘以窗函数（Window Function）。信号被截断以后，其频谱等于原信号的频谱和窗函数频谱的卷积，其频谱会发生畸变，原来集中的能量会被分散到一个比较宽的频带中去，这种现象称为泄露效应。

通常截断时就自然加一个矩形窗，为了抑制泄露，需采用"特种窗"函数来替代"矩形窗"函数，如三角窗、Hanning 窗、Hamming 窗等。加窗的目的，是使在时域上截断信号两端的波形由突变变为平滑，在频域上尽量增大主瓣、减少旁瓣的高度。

（3）栅栏效应

为了进行信号分析，还要对被分析的信号进行离散化，即进行采样。如果不能满足整周期采样，即信号的频率不是 FFT 频率分辨率的整数倍，那么，实际信号的各次谐波分量并未能正好落在频率分辨点上，而是落在某两个频率分辨点之间。这样通过 FFT 并不能得到各次谐波分量的准确值，而只能以临近的频率分辨点的值来近似代替，这即为通常所说的栅栏效应。

在对周期信号进行 FFT 处理时，解决栅栏效应的一个极为有效的措施是所谓的"整周期截取"；而对于非周期信号，如果希望减少栅栏效应的影响，尽可能多地观察到谱线，则需要提高频率分辨率。

3．FFT 处理步骤

对一个连续信号作 FFT，一般按以下步骤选取参数。

① 估计 $x(t)$ 的截止频率 f_{max}，或按所需的最高频率对 $x(t)$ 进行低通滤波。
② 估计所需的频率分辨率 Δf，由于 FFT 得到的是离散频谱，相邻两谱线间的频率间隔必须小于 Δf，才能分辨出 $x(t)$ 中相邻的两频率峰值。
③ 确定采样间隔 ΔT 或采样频率 f_s。
④ 确定 $x(t)$ 的一个样本的最小采样长度 N_{min}。
⑤ 对以 2 为基的 FFT，按 2 的整数次幂及 $N \geqslant N_{min}$ 选取采样点数 N。
⑥ 选取适当的窗函数减少泄露误差。

若对 $x(t)$ 的物理性质了解不够，难以估计其截止频率 f_{max} 及频率分辨率 Δf，可用较小的采样间隔 ΔT 及较大的采样点数 N 先试采样并作 FFT，按得出的 FFT 再修正 ΔT 及 N。若 $x(t)$ 长度不够采样 N 点数据，可在 $x(n)$ 后加零补足 N 点。

4．FFT 的 LabVIEW 实现

LabVIEW 中进行快速傅里叶变换的"FFT"函数位于函数选板的【信号处理】→【变换】子选板中，该函数的图标及端口如图 6.27 所示。

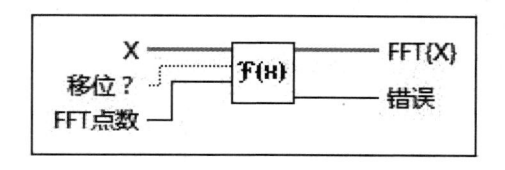

图 6.27　"FFT"函数的图标及端口

该函数用于计算输入序列 X 的快速傅里叶变换（FFT）。其中，X 是输入序列，包含欲求 FFT 的原始信号（时域信号）。FFT{X} 是 FFT 的结果，输出信号为频域信号。移位？指定 DC（直流分量）元素是否位于 FFT{X} 中心（默认值为 False）。FFT 点数是指进行 FFT 的长度，若 FFT 点数大于 X 的元素个数，VI 将在 X 的末尾添加 0，以匹配 FFT 点数的大小；若 FFT 点数小于 X 的元素个数，VI 只使用 X 中的前 n 个元素进行 FFT，n 是 FFT 点数；若 FFT 点数小于或等于 0，VI 将使用 X 的长度作为 FFT 点数。

【例 6.10】　对由两个不同频率的正弦信号的混合信号进行双边 FFT。

本例利用 LabVIEW 函数选板的【信号生成】子选板中的"正弦波"函数生成两个不同频率的正弦信号并进行混合，用于演示 LabVIEW 求双边 FFT 的过程。双边 FFT VI 的前面板和

程序框图如图 6.28 所示。

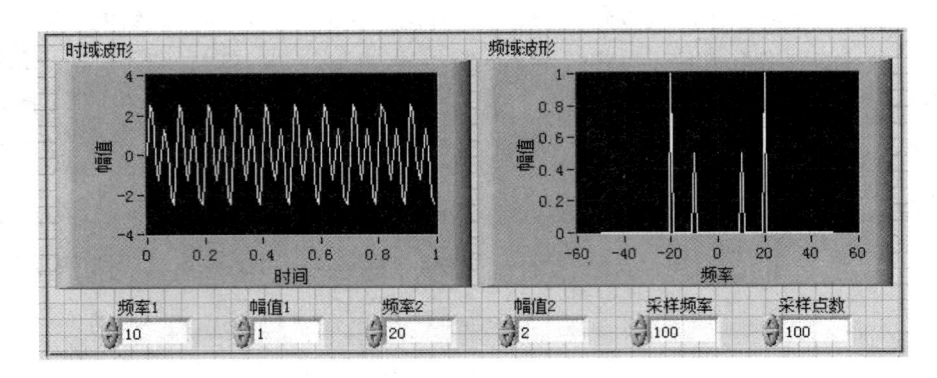

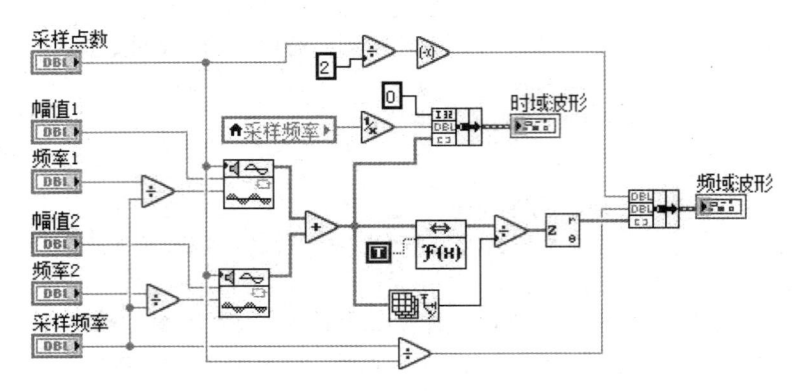

图 6.28 双边 FFT VI 的前面板和程序框图

例 6.10 视频

程序设计中，两组信号的频率、幅值、采样频率和采样点数由前面板输入控件设置。需要注意的是，要将 FFT 的结果除以采样点数，才能得到正确的频谱，结果为复数形式。程序中采用了"复数至极坐标转换"函数（位于【编程】→【数值】→【复数】子选板）将 FFT 的输出分解为幅值和相位，相位的单位为弧度。程序中只显示了 FFT 的幅值。

从图 6.28 的运行结果可以看出，变换后的频谱中除原有的频率成分，即正频率成分外，还包含负频率成分，这就是双边傅里叶变换。注意：当 f 大于采样频率的一半时就会出现频谱混叠现象，这就是采样定理所限制的结果，因此，为了获得正确的频谱，采样时必须满足采样定理，即 $f \leqslant f_s/2$。

实际上，频谱中绝对值相同的正、负频率对应的信号频率是相同的，负频率只是由于数学变换才出现的。因此，将负频率叠加到相应的正频率上，然后将正频率对应的幅值加倍，零频率对应的频率不变，就可将双边频谱转变为单边频谱。

【例 6.11】 单边 FFT。

单边 FFT VI 的前面板和程序框图如图 6.29 所示。

程序设计中，利用了"数组子集"函数取 FFT 输出序列的一半，并利用条件结构将非零频的频率分量幅值增加一倍。从运行结果可以看出，它在双边 FFT 的基础上取出输出数组的一半，同时将幅值扩大了一倍。

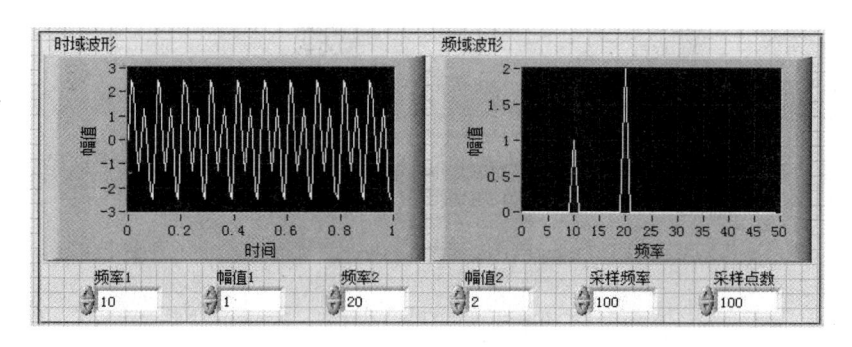

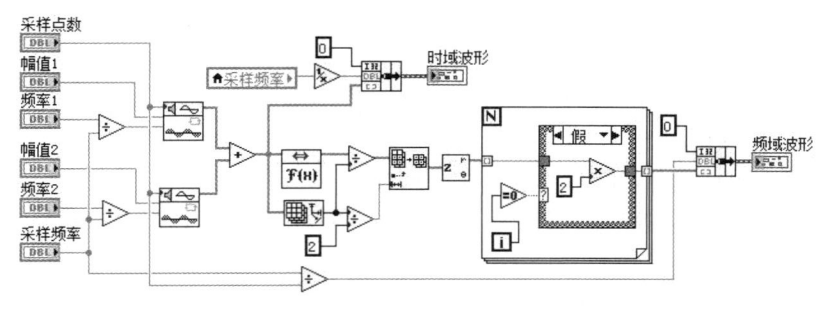

图 6.29　单边 FFT VI 的前面板和程序框图

例 6.11 视频

6.4.2　谱分析

谱分析是指把时域的各种动态信号通过傅里叶变换转换到频域进行分析，内容包括：
① 频谱分析，包括幅度谱和相位谱、实部频谱和虚部频谱；
② 功率谱分析，包括自功率和互功率谱；
③ 频率响应函数分析，即系统输出信号频谱与输入信号频谱之比；
④ 谐波分析，包括基波和各次谐波参数及信号失真。

谱分析技术广泛应用于通信、自动控制、雷达、声呐、遥测、遥感、图像处理、语音识别、振动分析、石油勘探、海洋资源勘测、生物医学工程和生态系统分析等各个领域。

在 LabVIEW 中，在基本傅里叶变换函数的基础上，有的谱分析有相应的可以直接计算的函数，有的则需要自己编制 VI 来实现。下面通过例子介绍谱分析技术在 LabVIEW 中的实现方法。

1. 幅度谱和相位谱

对一个时域信号进行傅里叶变换，就可以得到信号的频谱。信号的频谱由两部分构成：幅度谱和相位谱。LabVIEW 中提供了直接计算输入信号的"幅度谱和相位谱"函数，该函数位于函数选板的【信号处理】→【谱分析】子选板中。"幅度谱和相位谱"函数的图标及端口如图 6.30 所示。

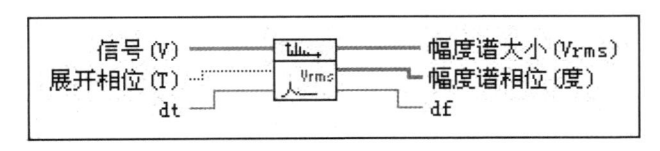

图 6.30　"幅度谱和相位谱"函数的图标及端口

· 171 ·

(1) 输入参数

信号（V）：指定输入的时域信号，通常以伏特（V）为单位。时域信号必须包含至少3个周期才能进行有效的估计。

展开相位（T）：当值为 True 时，对输出幅度谱相位启用展开相位，默认值为 True。

dt：是时域信号的采样周期，通常以秒为单位。dt 定义为 $1/f_s$，f_s 是时域信号的采样频率，默认值为1。

(2) 输出参数

幅度谱大小（V$_{rms}$）：返回单边功率谱的幅度。若输入信号以伏特为单位（V），幅度谱大小的单位为 V$_{rms}$（电压有效值）；若输入信号不以伏特为单位，则幅度谱大小的单位为输入信号单位。

幅度谱相位（度）：是单边幅度谱相位，以弧度为单位。

df：频率分辨率，等于采样频率除以采样点数，即 f_s/N，单位为 Hz。

"幅度谱和相位谱"函数通过下面两个步骤计算单边幅度谱。

首先，"幅度谱和相位谱"函数通过下列方程计算双边幅度谱

$$A(i) = \frac{Y(i)}{N} \qquad i=0,1,\cdots,N-1$$

式中，$A(i)$ 是双边幅度谱，$Y(i)$ 是信号的离散傅里叶变换，N 是信号的采样点数。

然后，"幅度谱和相位谱"函数通过下列方程使双边幅度谱转换为单边幅度谱

$$B(i) = \begin{cases} A(0) & i = 0 \\ \sqrt{2}A(i) & i = 1,2,\cdots,\left\lfloor \frac{N}{2} - 1 \right\rfloor \end{cases}$$

幅度谱大小是单边幅度谱 $B(i)$ 的幅值，即幅度谱大小为 $|B(i)|$。

【例6.12】 对由正弦波形和均匀白噪声波形混合后的信号进行幅度谱与相位谱分析。

正弦波形和均匀白噪声波形由函数选板的【波形生成】子选板中的"正弦波形"函数与"均匀白噪声波形"函数产生，信号频率、采样频率、采样点数和噪声幅值由前面板控件输入。幅度谱和相位谱分析 VI 的前面板和程序框图如图 6.31 所示。

当设置正弦波形频率为 100Hz，采样频率为 1000Hz、采样点数为 1000、噪声幅值为 1 时，从运行结果可以看出，时域信号波形是正弦波形与均匀白噪声波形的混合，与之相对应的幅度谱在 100Hz 处出现一个波峰，其幅值为波形电压的有效值 0.707V。注意："幅度谱和相位谱"函数输出的相位单位为弧度，也可以将输出的相位乘以 180°/π，转换为以度为单位。

2. 功率谱

所谓功率谱，也称为功率谱密度，是指用密度的概念表示信号功率在各频率处的分布情况。也就是说，对功率谱在频域上积分就可以得到信号的功率。LabVIEW 中提供了直接计算输入信号的自功率谱和互功率谱等函数，位于函数选板的【信号处理】→【谱分析】子选板中。

用于计算输入信号"自功率谱"函数的图标及端口如图 6.32 所示。

图 6.31　幅度谱和相位谱分析 VI 的前面板和程序框图

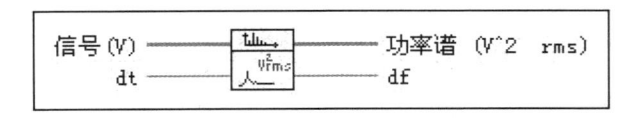

图 6.32　"自功率谱"函数的图标及端口

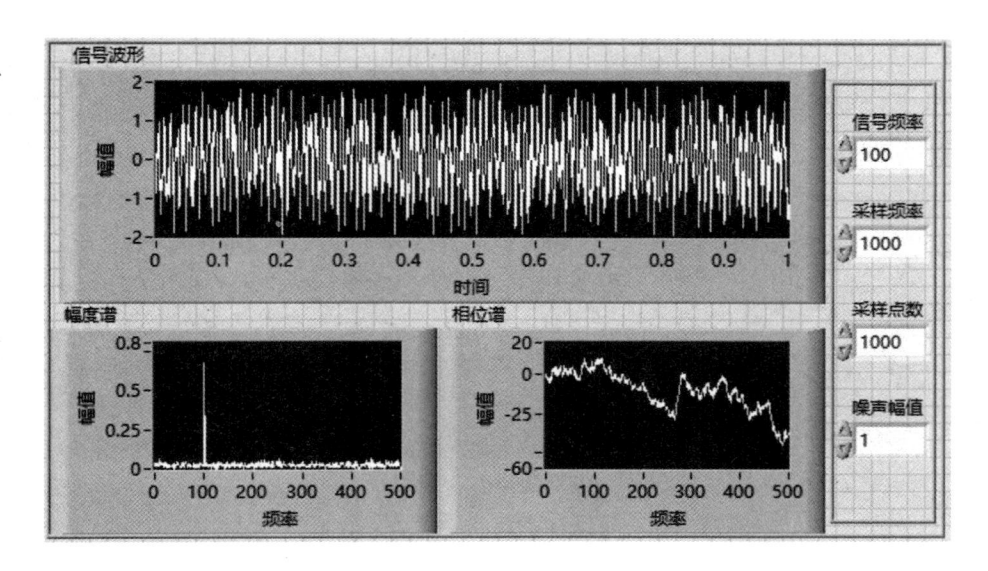

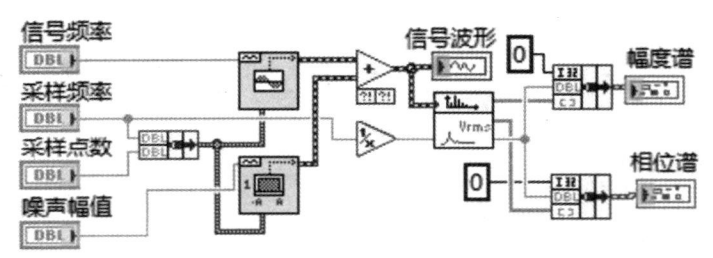

信号（V）：指定输入的时域信号，通常以伏特（V）为单位。时域信号必须包含至少 3 个周期才能进行有效的估计。

功率谱返回单边功率谱。若输入信号以伏特为单位（V），功率谱的单位为 V_{rms}^2（电压有效值的平方）；若输入信号不以伏特为单位，则功率谱的单位为输入信号单位 rms 的平方。

自功率谱函数的等效数学运算公式为

$$功率谱 = \frac{\text{FFT}(信号) \times \text{FFT}^*(信号)}{N^2}$$

式中，N 是信号的采样点数，*表示复共轭。该函数可使功率谱转换为单边功率谱。

【例 6.13】　对由正弦波形和高斯白噪声波形混合后的信号进行自功率谱分析。

自功率谱分析 VI 的前面板和程序框图如图 6.33 所示。

程序设计中，利用函数选板的【波形生成】子选板中的"正弦波形"函数与"高斯白噪声波形"函数产生的波形混合后输出的波形序列送"自功率谱"函数进行功率谱分析。当设置信号频率为 10Hz、采样频率为 100Hz、采样点数为 100 时，从运行结果可以看出，时域信号波形是正弦信号与高斯白噪声的混合，与之相对应的自功率谱在频率为 10Hz 处出现一个幅值较大的波峰。

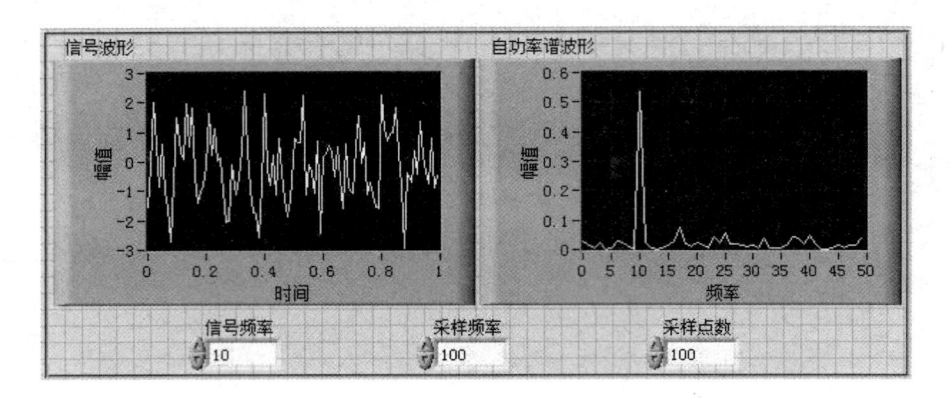

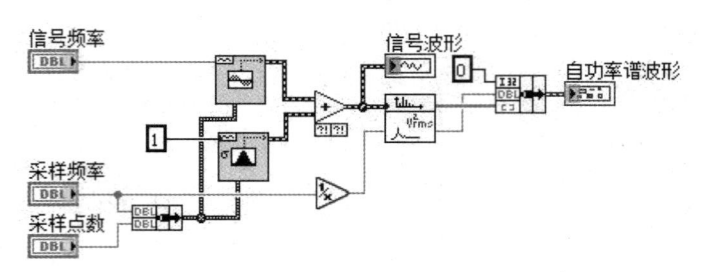

图 6.33 自功率谱分析 VI 的前面板和程序框图

3. 频率响应分析

频率响应表述了一个系统输入和输出的频域关系，它是描述系统频域动态特性的重要关系。一个系统输入任意信号 $x(t)$，输出为 $y(t)$，输出、输入傅里叶变换的比是一个关于频率的复变函数，称为频率响应函数 $H(j\omega)$，即

$$H(j\omega) = \frac{Y(j\omega)}{X(j\omega)}$$

实际应用中，$H(j\omega)$ 常常用其模 $A(j\omega)$ 和相位 $\varphi(j\omega)$ 来表示，分别称为系统的幅频特性和相频特性。

频率响应是系统对信号中不同频率分量传输特性的描述，其幅频特性和相频特性分别决定了系统对信号中各分量的幅值和相位的传输性能。

LabVIEW 中提供了直接计算输入信号的频率响应函数，它位于函数选板的【信号处理】→【波形测量】子选板中。"频率响应"函数的图标及端口如图 6.34 所示。

（1）主要输入参数

窗参数：指定 Kaiser 窗的 beta 参数，高斯窗的标准差，或 Dolph-Chebyshev 窗的主瓣与旁瓣的比率 s。若窗是其他类型的窗，VI 将忽略该输入。窗参数的默认值是 NaN，可设置 Kaiser 窗的 beta 参数为 0、高斯窗的标准差为 0.2，或 Dolph-Chebyshev 窗的 s 为 60。

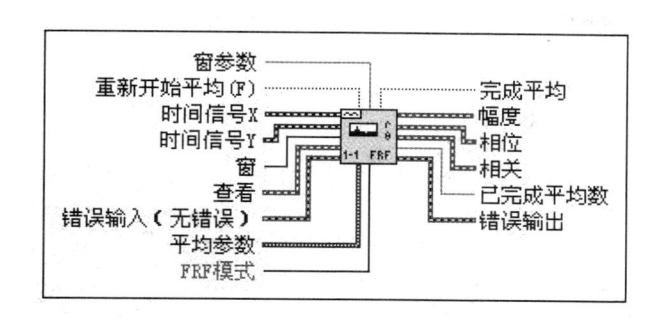

图 6.34 "频率响应"函数的图标及端口

重新开始平均（F）：指定 VI 是否重新启动所选平均过程。若重新开始平均的值为 True，VI 重新启动所选平均过程；若重新开始平均的值为 False，VI 不会重新启动所选平均过程，默认值为 False。第一次调用该 VI 时，平均过程会自动开始。典型情况为：在平均过程中，主输入发生改变时，应重新启动平均过程。

时间信号 X：是时间波形 X。

时间信号 Y：是时间波形 Y。

窗：是用于时间信号的时域窗，默认值为 Hanning。

查看：指定用于返回 VI 不同结果的方式，簇类型，可指定是否以分贝形式显示结果、是否展开相位、相位结果是否需要由弧度转换为度。

平均参数：指定如何进行平均计算。参数说明包括平均类型（No averaging、Vector averaging、RMS averaging、Peak hold）、加权类型（Linear、Exponential）和平均次数（指定用于均方根及向量平均的平均数目）。

（2）主要输出参数

幅度：返回平均频率响应的幅度和频率范围，簇类型，其中，f0 返回谱的起始频率，以赫兹为单位；df 返回谱的频率分辨率，以赫兹为单位；幅度是平均功率响应的幅度。

相位：返回平均频率响应的相位和频率范围，簇类型，其中，f0 返回谱的起始频率，以赫兹为单位；df 返回谱的频率分辨率，以赫兹为单位；相位是平均功率响应的相位。

相关：返回相关和频率的范围，簇类型，其中，f0 返回谱的起始频率，以赫兹为单位；df 返回谱的频率分辨率，以赫兹为单位；相关返回相关。

已完成平均数：返回该时刻 VI 完成的平均数目。

【例 6.14】 求数字 IIR 滤波器的频率响应。

本例求一个数字 IIR 滤波器的频率响应，VI 的前面板和程序框图如图 6.35 所示。

程序设计中，使用"均匀白噪声波形"函数生成均匀白噪声波形作为激励信号，激励信号的采样信息、幅值（信号输出的最大绝对值)可设置。使用"数字 IIR 滤波器"函数（位于函数选板的【信号处理】→【波形调理】子选板中）对均匀白噪声波形进行滤波。IIR 滤波器规范是包含 IIR 滤波器设计参数的簇类型，包含滤波器的设计类型、滤波器的通带、滤波器的阶数、低截止频率、高截止频率、通带纹波（以分贝为单位）、阻带衰减（以分贝为单位）等设计参数。利用"频率响应"函数计算 IIR 滤波器的频率响应。当设置 IIR 滤波器的参数为：Butterworth、Bandpass、6 阶、低截止频率 2000Hz、高截止频率 3800Hz、通带纹波 0.025dB、阻带衰减 90dB 时，利用"频率响应"函数计算的频率响应的幅度谱如图 6.35 中的前面板所示。

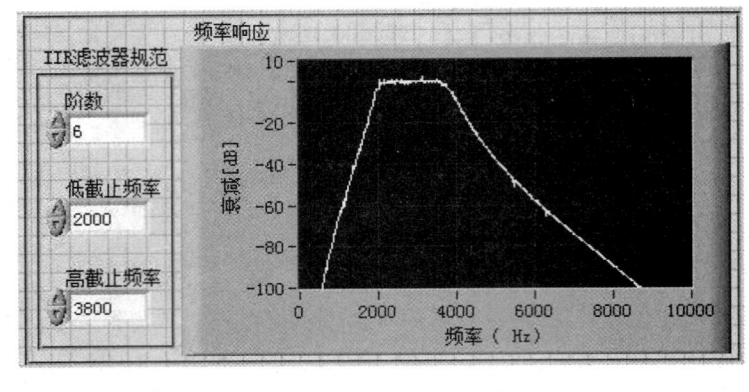

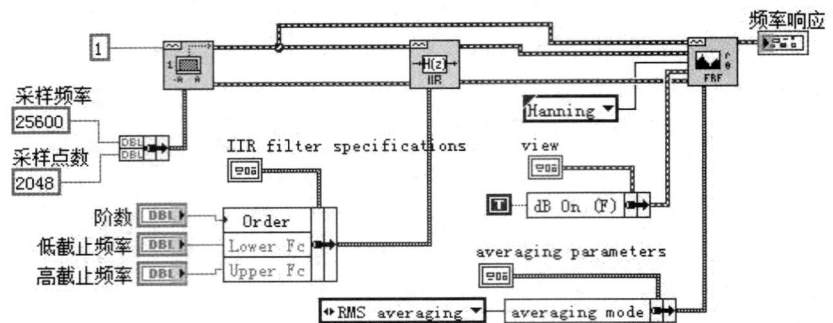

图 6.35　求频率响应 VI 的前面板和程序框图

4．谐波分析

谐波分析技术是近年来随着电子设备的发展而兴起的一种频域分析技术，并且应用范围正在迅速扩展。除电力系统的谐波分析外，凡是涉及周期信号的频域分析都可以考虑用谐波分析。

谐波和基波是相对的概念，谐波的频率是基波频率（基频）的整数倍。在频域分析中，以电压为例，将畸变的周期性电压分解成傅里叶级数

$$u(t) = \sum_{n=1}^{M} \sqrt{2} U_n \sin(n\omega t + \alpha_n)$$

式中，ω 是基波的角频率（rad/s）；n 是谐波次数；U_n 为第 n 次谐波电压的均方根值（V）；α_n 是第 n 次谐波电压的初相角（rad）；M 是所考虑的谐波最高次数，由波形的畸变程度和分析的准确度要求来决定，通常取 $M \leqslant 50$。

谐波失真的程度常用总谐波失真 THD（Total Harmonic Distortion）来表示。电压总谐波失真 THD_U 为

$$\text{THD}_U = \frac{\sqrt{\sum_{n=2}^{M} U_n^2}}{U_1} \times 100\%$$

由于各次谐波的均方根值 U_n 与其幅度 A_n 存在 $\sqrt{2}$ 的比例关系，所以总谐波失真也可写为

$$\text{THD} = \frac{\sqrt{A_2^2(f_2) + A_3^2(f_3) + \cdots + A_n^2(f_n)}}{A_1(f_1)} \times 100\%$$

式中，A_1 是基波分量的幅值，A_2, A_3, $\cdots$, A_n 分别是第 2, 3, $\cdots$, n 次谐波分量的幅值。通常谐波是有害的，在设计系统时应将谐波失真限制在某个范围内。

LabVIEW 在函数选板的【信号处理】→【波形测量】子选板中提供了"谐波失真分析"函数，该函数的图标及端口如图 6.36 所示。

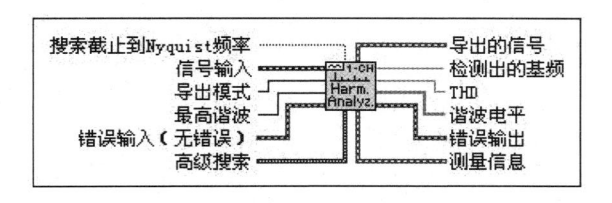

图 6.36 "谐波失真分析"函数的图标及端口

（1）输入参数

搜索截止到 Nyquist 频率：若需指定在谐波搜索中仅包含低于 Nyquist 频率（采样频率的一半）的频率，必须设置该输入为 True（默认值为 True）；若设置为 False，VI 可继续搜索超出 Nyquist 频率的频率。

信号输入：是时域信号输入。

导出模式：选择要导出至导出信号的信号源和幅值，有 6 种选择方式：none（最快计算）、input signal（仅限于输入信号）、fundamental signal（单频正弦）、residual signal（信号负单频）、harmonics only（已搜索谐波）、noise and spurs（噪声和谐波）。

最高谐波：控制用于谐波分析的最高谐波，包括基频。例如，对于三次谐波分析，可设置最高谐波为 3，以测量基波、二次谐波和三次谐波。

高级搜索：控制频域搜索范围，即中心频率和宽度，用于寻找信号的基频。

（2）输出参数

导出的信号：包含由导出信号指定的信号，其中导出的时间信号是包含导出模式指定的导出时间信号的波形，导出的频谱（dB）是由导出模式参数指定的导出时间信号的频谱。

检测出的基频：包含搜索频域时检测出的基频。高级搜索用于设置频率搜索范围。所有谐波的测量结果为基频的整数倍。

THD：包含达到最高谐波时测量到的总谐波失真，包括最高谐波。THD 是谐波的均方根总量与基频幅值之比。若需使用 THD 作为百分比，应乘以 100。

谐波电平：包含由测量到的谐波幅值组成的数组，若信号输入以伏特（V）为单位，则幅值也以伏特（V）为单位。数组索引即为谐波次数，包括 0（直流），1（基波），2（二次谐波），$\cdots$，n（n 次谐波），即所有小于或等于最高谐波的非负整数值。

测量信息：返回与测量有关的信息，主要是对输入信号不一致的警告。

【例 6.15】 设输入信号 $x(t)$ 是幅值为 1、频率为 50Hz 的正弦信号，通过一个非线性系统后，输出信号为 $y(t) = x(t) + 0.01x^2(t) + 0.02x^3(t) + 0.03x^4(t)$，对输出信号进行谐波分析。

本例的正弦信号利用【信号生成】子选板中的"正弦波"函数生成，非线性系统利用公式节点模拟。谐波分析 VI 的前面板和程序框图如图 6.37 所示。

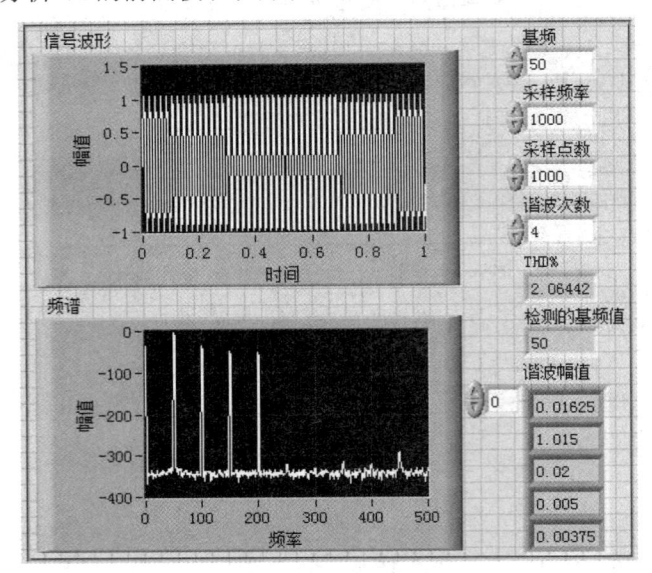

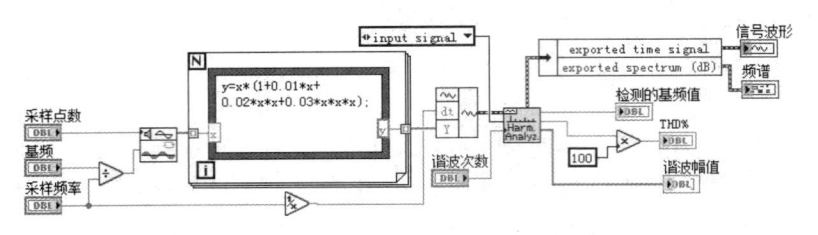

图 6.37 谐波分析 VI 的前面板和程序框图

程序运行结果如图 6.37 中的前面板所示。从导出的被分析信号的频谱可以很直观地看出基波与谐波分量的分布情况。

6.5 数字滤波器

滤波技术是信号分析与处理技术的重要分支。无论是信号的获取、传输，还是信号的处理和交换，都离不开滤波技术。它对信号安全可靠和有效灵活地传递是至关重要的。

在实际应用中，信号通常可分为两种形式：模拟信号和数字信号，相应地，滤波器按照处理的信号分为模拟滤波器和数字滤波器两大类。

数字滤波器是数字信号分析中最广泛应用的工具之一。数字滤波器以数值计算的方法来实现对离散化信号的处理，以减少干扰信号在有用信号中所占的比例，从而改变信号的质量，达到滤波或加工信号的目的。

数字滤波器按照离散系统的时域特性，可以分为无限冲激响应滤波器（Infinite Impulse Response Digital，IIR）和有限冲激响应滤波器（Finite Impulse Response Digital Filter，FIR）两大类，前者是指冲激响应 $h(n)$ 是无限长序列，后者是指 $h(n)$ 是有限长序列。这两种滤波器中都包含低通、高通、带通、带阻等几种类型。

一般离散系统可以用 N 阶差分方程来表示为

$$y(n) + \sum_{k=1}^{N} b_k y(n-k) = \sum_{r=0}^{M} a_r x(n-r)$$

其系统函数为

$$H(z) = \frac{Y(z)}{X(z)} = \frac{\sum_{r=0}^{M} a_r z^{-r}}{1 + \sum_{k=1}^{N} b_k z^{-k}}$$

当 b_k 全为零时，$H(z)$ 为多项式形式，此时 $h(n)$ 为有限长；当 b_k 不全为零时，$H(z)$ 为有理分式形式，此时 $h(n)$ 为无限长。

FIR 和 IIR 这两种滤波器之间最基本的差别是：对于 FIR，输出只取决于当前和以前的输入值；而对于 IIR，输出不仅取决于当前和以前的输入值，还取决于以前的输出值。IIR 的优点在于它的递归性，可以减少存储需求，它的缺点是其响应为非线性的，在需要线性响应的情况下应使用 FIR。

由于数字滤波器实际上是采用数字系统实现的一种运算过程，因此它具有一般数字系统的固有特点。与模拟滤波器相比，它具有精度高、稳定性好、灵活性强、处理功能强等优点。

6.5.1 使用数字滤波器应注意的问题

直接应用现成的数字滤波器子程序可以减少自己设计滤波器的复杂性，从而提高工作效率。但在调用数字滤波器子程序时，除了解滤波器的基础知识外，还需要注意以下问题。

1. 调用时的参数设置

工程上常用的有 Butterworth 滤波器、Chebyshev 滤波器、贝塞尔滤波器等，它们都是借助于已相当成熟的同名模拟滤波器而设计的，因此具有与模拟滤波器类同的特性参数。

① 滤波器类型选择。首先，选择滤波器的通带类型，即在低通、高通、带通或带阻滤波器中选择其一；其次，选择有限冲激响应滤波器还是无限冲激响应滤波器，这两者涉及完全不同的设计模板和参数。如果选择无限冲激响应滤波器，最后还要选择用哪种最佳特性逼近方式实现滤波器特性，即在 Butterworth 滤波器、Chebyshev 滤波器、贝塞尔滤波器等类型中选择其一。选择的依据是滤波器的类型满足测试需求。

② 截止频率确定。对低通滤波器只需确定上限截止频率，高通滤波器只需确定下限截止频率，对带通及带阻滤波器应确定上、下限截止频率。

③ 采样频率设定。一般软件中数字滤波器的频率都是归一化频率，归一化频率通过采样频率和实际频率对应起来。因此，除非实际输入信号的采样频率是 1，否则都要对数字滤波器设定一个采样频率系数。这个系数很重要，设置不正确，滤波结果则不正确。

④ 滤波器的阶数。滤波器的阶数越高，其幅频特性曲线的过渡带衰减越快。

⑤ 纹波幅度。Chebyshev 滤波器的通带段幅频特性曲线呈波纹状，需要控制纹波幅度，一般取 0.1dB。Butterworth 滤波器和贝塞尔滤波器的通带段幅频特性曲线较为平坦，不需此参数。

2. 滤波器过程响应时间

输入信号经过数字滤波器，相当于输入信号和数字滤波器的单位响应进行卷积运算，从运算的时间起点到获得正确的滤波结果，中间会有一个过渡过程，需要一定的响应时间，称为滤波器过程响应时间。在后续处理时，应忽略这一段的滤波结果。

3．A/D 转换前的抗混叠滤波器

采用 A/D 转换获得数字信号时，若采样频率未满足采样定理，会产生频率混叠，这时信号中大于 1/2 采样频率的高频成分已经混进数字信号的低频段。数字滤波器是不可能将这些混在一起的频率成分再分离的，因此，数字滤波器并不能完全取代 A/D 转换之前的模拟抗混叠滤波器。

6.5.2 LabVIEW 中的数字滤波器

LabVIEW 提供了多种常用的数字滤波器，包括 Butterworth 滤波器、Chebyshev 滤波器、贝塞尔滤波器、椭圆滤波器等，使用起来非常方便，只需输入相应的参数（如滤波器的阶数、截止频率、阻带和通带等）即可。【滤波器】子选板位于函数选板的【信号处理】子选板中，如图 6.38 所示。

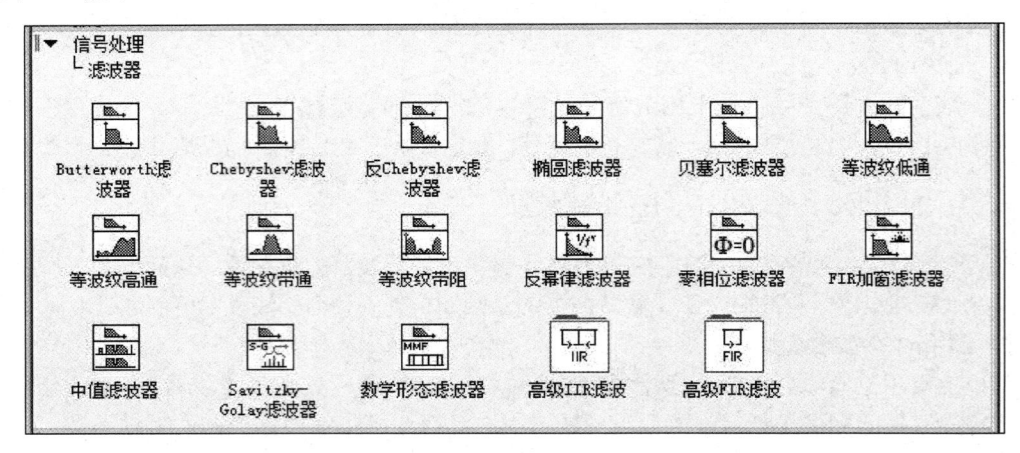

图 6.38 【滤波器】子选板

6.5.3 数字滤波器应用举例

滤波器的作用是对信号进行筛选，只让特定频段的信号通过。下面举例来介绍 LabVIEW 中滤波器函数的应用。

【例 6.16】 使用 Butterworth 滤波器，从一个含有高频白噪声的正弦信号中滤除噪声，提取正弦信号。

本例要求使用 Butterworth 滤波器从一个混有高频白噪声的正弦信号中提取出低频正弦信号。"Butterworth 滤波器"函数的图标及端口如图 6.39 所示。

（1）输入参数

滤波器类型：指定滤波器的类型（0—Lowpass，1—Highpass，2—Bandpass，3—Bandstop）。

X：是滤波器的输入信号。

采样频率:fs：是 X 的采样频率并且必须大于 0，默认值为 1.0Hz。若采样频率:fs 小于或等于 0，VI 可设置滤波后的 X 为空数组并返回错误。

图 6.39 "Butterworth 滤波器"函数的图标及端口

高截止频率:fh：是上限截止频率，以 Hz 为单位，默认值为 0.45Hz。若滤波器类型为 0 或 1，VI 忽略该参数；若滤波器类型为 2 或 3，高截止频率:fh 必须大于低截止频率:fl 并且满足 Nyquist 准则。

低截止频率:fl：是下限截止频率（Hz）并且必须满足 Nyquist 准则，默认值为 200Hz。若低截止频率:fl 小于 0 或大于采样频率的一半，VI 可设置滤波后的 X 为空数组并返回错误；若滤波器类型为 2 或 3，低截止频率:fl 必须小于高截止频率:fh。

阶数：指定滤波器的阶数并且必须大于 0，默认值为 2。若阶数小于或等于 0，VI 可设置滤波后的 X 为空数组并返回错误。

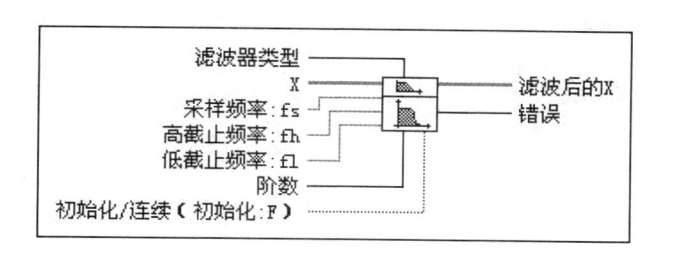

初始化/连续（初始化:F）：控制内部状态的初始化，默认值为 False。VI 第一次运行时或初始化/连续的值为 False 时，LabVIEW 可使内部状态初始化为 0；若初始化/连续的值为 True，LabVIEW 可使内部状态初始化为 VI 上一次调用时的最终状态。若需处理由小数据块组成的较大数据序列，可为第一个块设置输入为 False，然后设置为 True，对其他的块继续进行滤波。

（2）输出参数

滤波后的 X：滤波后的采样数组。

提取正弦信号 VI 的前面板和程序框图如图 6.40 所示。

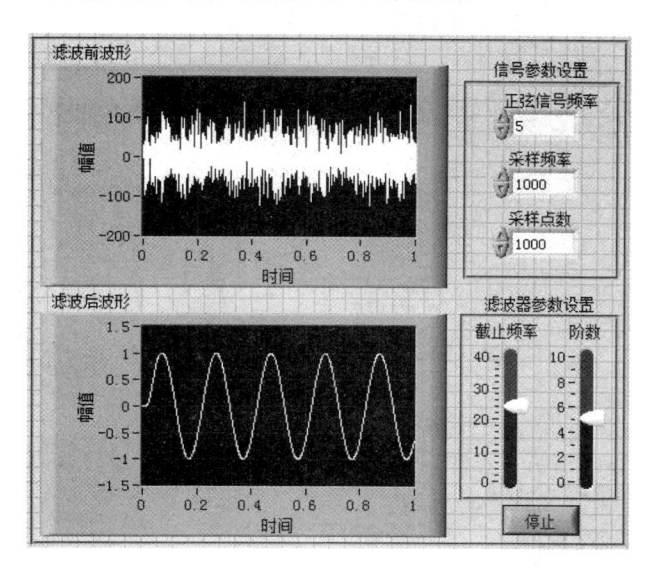

图 6.40 提取正弦信号 VI 的前面板和程序框图

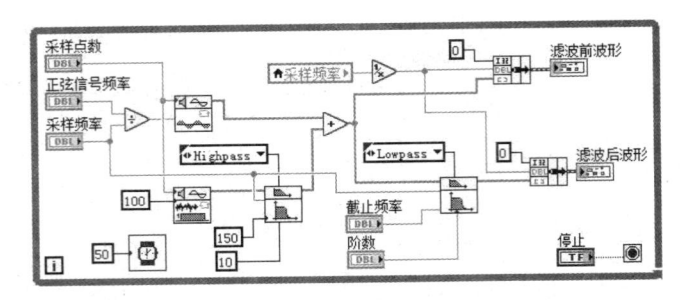

图 6.40 提取正弦信号 VI 的前面板和程序框图（续）

为了演示滤波器效果，在程序设计中，首先采用"均匀白噪声"函数产生白噪声信号，并用 Butterworth 高通滤波器滤去低频分量，将获得的高频白噪声与"正弦波"函数产生的正弦信号叠加，模拟待滤波的信号；然后用 Butterworth 低通滤波器从混杂白噪声的信号中提取正弦信号。Butterworth 低通滤波器的截止频率与阶数由前面板上的输入控件设置。

指定正弦信号频率为 5Hz、采样频率为 1000Hz、采样点数为 1000、滤波器阶数为 5，运行程序后的结果如图 6.40 中的前面板所示。由于程序的采样频率和采样点数相同，所以正弦信号的频率与波形周期数目相同。

可改变滤波器的阶数和截止频率，观察程序执行结果。

【例 6.17】 使用贝塞尔滤波器实现多个信号带通滤波。

本例要求使用 4 个不同频率的正弦信号叠加在一起生成一个多频信号，利用贝塞尔带通滤波器从多频信号中筛选出 150～350Hz 之间的信号。

贝塞尔带通滤波器 VI 的前面板和程序框图如图 6.41 所示。

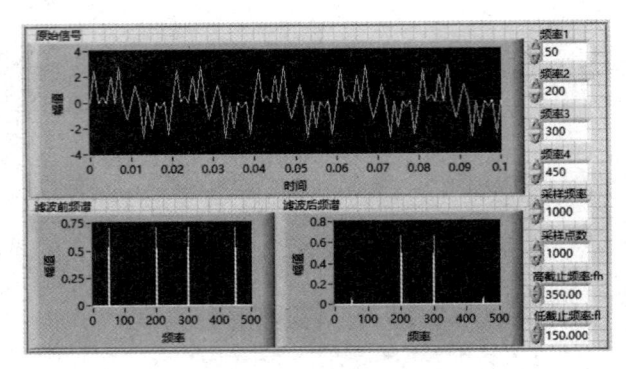

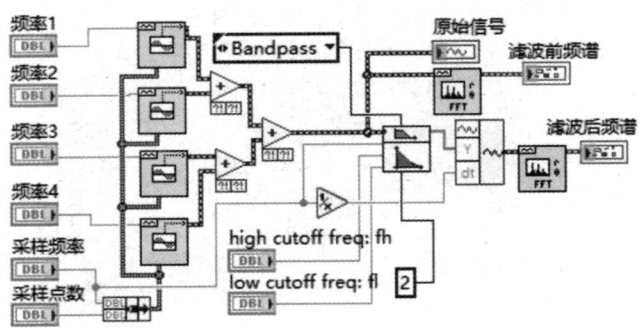

图 6.41 贝塞尔带通滤波器 VI 的前面板和程序框图

指定4个正弦信号频率分别为50Hz、200Hz、300Hz、450Hz，采样频率为1000Hz，采样点数为1000，滤波器上限截止频率为350Hz、下限截止频率为150Hz，运行程序后的结果如图6.41中的前面板所示。

6.6 窗 函 数

在利用计算机实现信号处理时，不可能对无限长的信号进行测量和运算，而是取有限长的时间片段信号进行分析。处理的方法是从信号中截取一个时间片段，然后用这个时间片段信号进行周期性延拓处理，得到虚拟的无限长信号，最后对信号进行傅里叶变换、相关分析等数学处理。这种周期性延拓将导致信号不连续并引起频谱畸变，使原来集中在某一频率处的能量被分散到两个较宽的频带中去（这种现象称为频谱泄露）。

为了减少频谱泄露，实际应用中采用不同的截断函数对信号进行截断，截断函数称为窗函数。信号截断以后产生的频谱泄露现象是必然的，因为窗函数$w(t)$是一个无限带宽的函数，即使原始信号$x(t)$是有限带宽信号，在截断后也必然成为无限带宽的函数，也就是信号在频域的能量与分布被扩展了。从采样定理可知，无论采样频率多高，只要信号一经截断，就不可避免地引起混叠，因此信号截断必然导致一些误差。

频谱泄露与窗函数频谱的两侧旁瓣有关，如果两侧旁瓣的高度趋于零，使能量相对集中在主瓣，就可以较接近于真实的频谱，为此在时域中可采用不同的窗函数来截断信号。加窗技术的原理就是将原始波形乘以一个幅度变化平滑且边缘趋于零的有限长度的窗来减少每个周期边界处的突变。

6.6.1 LabVIEW中的窗函数

LabVIEW中提供了多种窗函数来实现对采样数据的加窗处理，这些窗函数位于【信号处理】→【窗】子选板中，如图6.42所示。

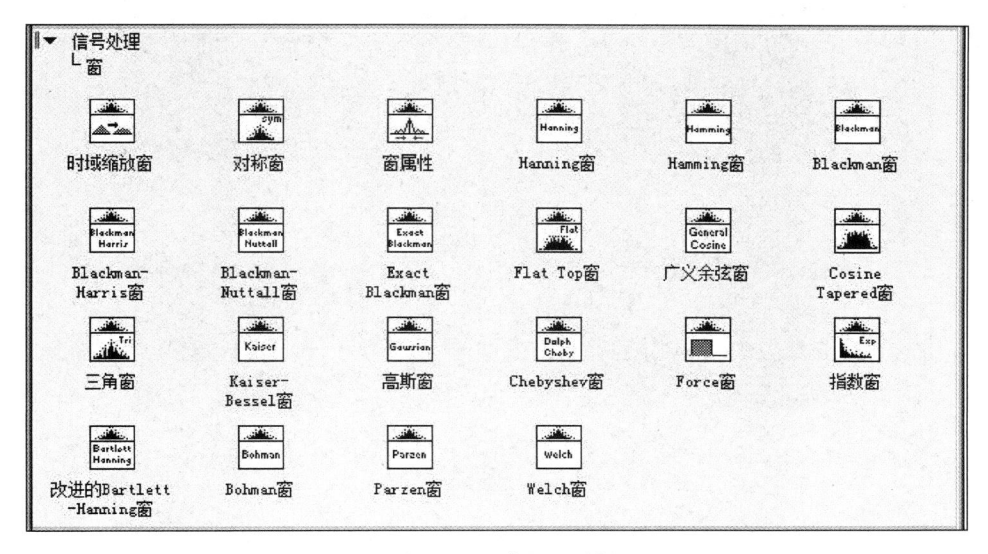

图6.42 【窗】子选板

对于窗函数的选择，应考虑被分析信号的性质与处理要求。若仅要求精确读出主瓣频率，而不考虑幅值精度，则可以选用主瓣宽度较窄且便于分辨的矩形窗，如测量物体的自振频率等；若分析窄带信号，且有较强的干扰噪声，则应选用旁瓣幅度小的窗函数，如 Hanning 窗、三角窗等；对于随时间按指数衰减的函数，可采用指数窗来提高信噪比。

下面以 Hanning 窗和 Hamming 窗为例对窗函数的使用进行简单介绍。

Hanning 窗又称为升余弦窗，其表达式为

$$w(k) = 0.5\left[1 - \cos\left(2\pi \frac{k}{N}\right)\right] \qquad k = 0, 1, \cdots, N-1$$

可以将 Hanning 窗看作是 3 个矩形窗之和，或者说是 3 个 Sinc(t) 函数之和。Hanning 窗的主瓣加宽，旁瓣则显著减小，从减少频谱泄露的观点出发，Hanning 窗优于矩形窗；但 Hanning 窗的主瓣加宽，相当于分析带宽加大，因而频率分辨率下降。

Hamming 窗也是一种余弦窗，又称为改进的升余弦窗，其表达式为

$$w(k) = 0.54 - 0.46\cos\left(2\pi \frac{k}{N}\right) \qquad k = 0, 1, \cdots, N-1$$

Hamming 窗能使旁瓣达到更小，但其旁瓣的衰减速度比 Hanning 窗慢。

Hanning 窗和 Hamming 窗的主瓣稍宽，有较小的旁瓣和较大的衰减速度，都非常有用。

6.6.2　加窗处理举例

窗函数具有截断信号、减少频谱泄露、分离频率相近的大幅值信号与小幅值信号的作用，下面以实例来介绍 LabVIEW 中窗函数的应用。

1. 信号加窗前、后频谱对比

【例 6.18】 对一个正弦信号加 Hanning 窗，比较加窗处理前、后的时域波形与频谱图。Hanning 窗应用示例 VI 的前面板和程序框图如图 6.43 所示。

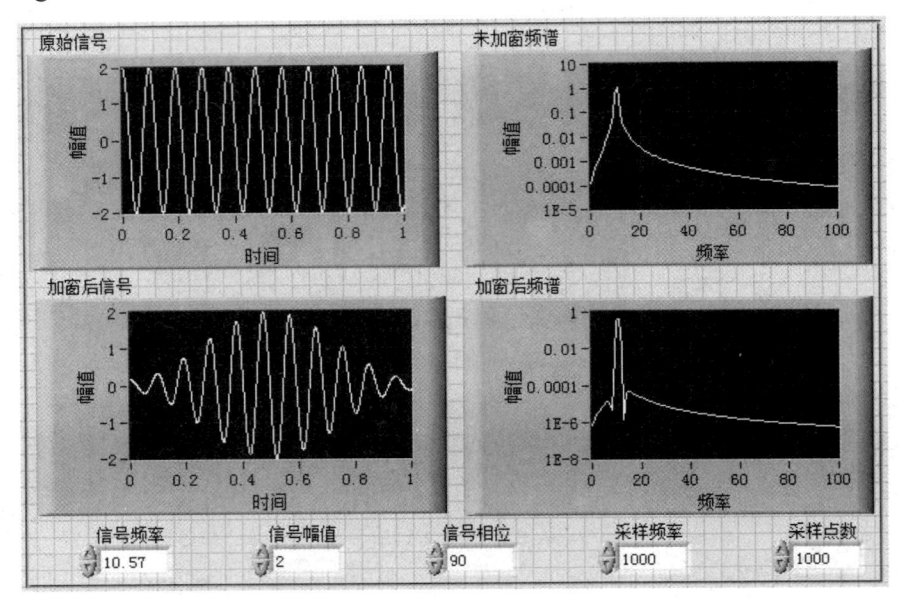

图 6.43　Hanning 窗应用示例 VI 的前面板和程序框图

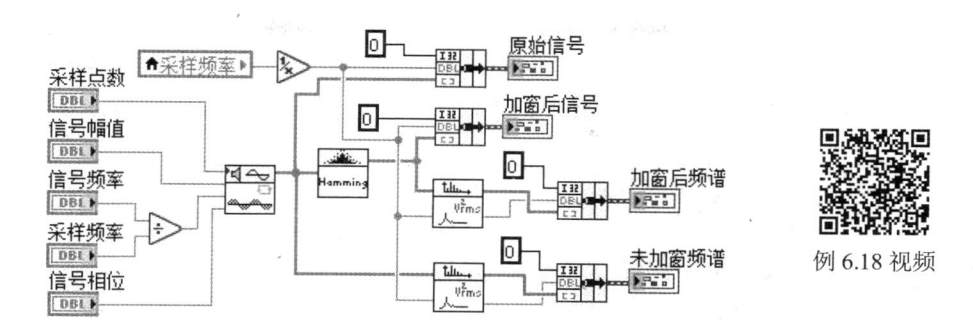

图6.43 Hanning窗应用示例VI的前面板和程序框图（续）

程序中给出了对正弦信号使用Hanning窗处理后的频谱图与未加窗时的频谱图。由频谱图对比可知，当正弦信号的频率不是整数时，将会出现信号周期延拓时的突变现象，从而导致频谱泄露，使用Hanning窗处理后，加窗后的信号无频谱泄露。

2．利用窗函数分辨小幅值信号

当信号中某个频率成分的幅值相对较小时，如果直接进行傅里叶频谱分析，由于频谱泄露，很难通过频谱分辨出幅值较小的信号。如果先对信号进行加窗处理后再进行频谱分析，在频谱中会比较容易分辨出幅值较小的信号。

【例6.19】 利用窗函数分辨小幅值信号。

窗函数的一个主要功能就是从频率接近的信号中分离出幅值不同的信号。为了说明怎样用窗函数来实现这一功能，本例利用"正弦波"函数产生两个相互叠加、幅值相差1000倍的信号，比较加窗前、后两个信号在频谱上的不同分辨效果。

利用窗函数分辨小幅值信号VI的前面板和程序框图如图6.44所示。

程序设计分为4部分：信号生成、加窗处理、功率谱分析与单位转化。信号生成使用了两个"正弦波"函数；加窗处理选用Hanning窗；功率谱分析选用"自功率谱"函数；单位转化选用的是"底数为10的对数"函数（位于【数学】→【初等与特殊函数】→【指数函数】子选板中）对功率单位进行转化（从V_{rms}^2转化为dB），这是因为若两个信号幅值相差太大，所以功率相差也会很大，用dB表示数值上不会差得太大，便于显示。

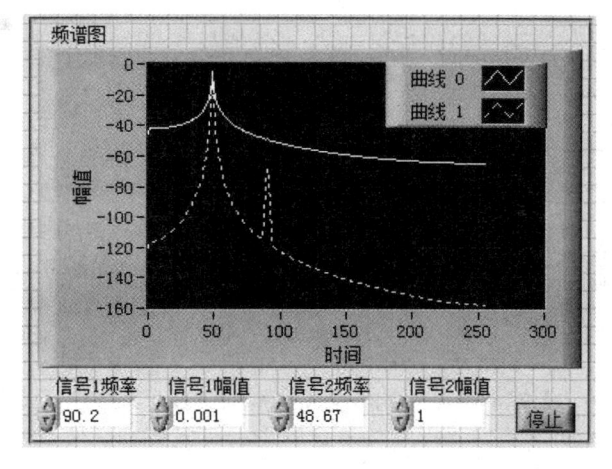

图6.44 利用窗函数分辨小幅值信号VI的前面板和程序框图

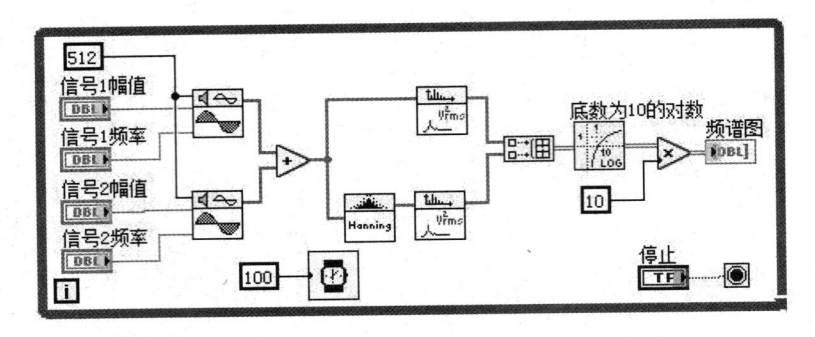

图 6.44 利用窗函数分辨小幅值信号 VI 的前面板和程序框图（续）

指定两个正弦信号的幅值相差 1000 倍，从图 6.44 中前面板的运行结果可以看出，未加窗时信号在频谱上的幅值并不明显（实线），加窗后信号所在的频率成分幅值明显变强（虚线）。这是因为未加窗时，信号频谱泄露，造成周围其他频率成分能量变强，信号本身能量变弱，所以幅值不明显。而加窗能减少频谱泄露，所以从频域上看，信号所在频率成分的幅值明显高于其他频率成分。

6.7 曲线拟合

曲线拟合技术是用连续曲线近似地刻画或比拟平面上离散点所表示的坐标之间的函数关系的一种数据处理方法。在科学实验或社会实践中，通过实验或观测得到 x 与 y 的一组数据对 (x_i, y_i)（$i=1, 2, \cdots, m$），其中 x_i 是彼此不同的。人们希望用一种与数据的变化规律相适应的解析表达式 $y(x) = f(x,a)$ 来反映 x 与 y 之间的依赖关系，即在一定意义下"最佳"地逼近或拟合已知数据。$f(x,a)$ 常称作拟合模型，式中 $a = \{a_0, a_1, \cdots, a_n\}$ 是一些待定参数。常用的曲线拟合方法有拉格朗日插值、牛顿插值、分段插值、样条插值、最小二乘法等。其中应用最小二乘法原理实现曲线拟合的方法，是实际工程设计中应用最多的一种手段。在最小二乘法中，其误差定义为

$$e(a) = [f(x,a) - y(x)]^2$$

式中，$e(a)$ 是误差，$y(x)$ 是测量的数据集，$f(x,a)$ 是数据集的函数描述，a 是描述曲线的一组系数。比如，设 $a = \{a_0, a_1\}$，则拟合直线的函数描述为 $f(x,a) = a_0 + a_1 x$。用最小二乘法求解系数 a，即求解等式

$$\frac{\partial e(a)}{\partial a} = 0$$

要求解上面的等式，需要建立和求解由这一等式扩展的雅可比行列式。得到 a 值之后，就可以通过函数描述 $f(x,a)$ 求得任何测量数据集中 x 对应的 $y(x)$ 估计值。

曲线拟合的实际应用非常广泛，主要体现在以下几个方面：
① 消除测量噪声；
② 填充丢失数据点（例如，当一个或多个采样点丢失及记录不正确时填充丢失的采样点）；
③ 插值（例如，若两次测量采样间隔不足够小时可以进行插值）；
④ 推断（例如，在测量点之前或之后取值）；

⑤ 求解某个基于离散数据的对象的速度轨迹（一阶导数）和加速度轨迹（二阶导数）。

6.7.1 LabVIEW 中的曲线拟合函数

LabVIEW 自身带有曲线拟合函数，可以用来求解雅可比行列式，然后返回理想的数据集。只要把数据集的函数描述进行处理，就可进行曲线拟合。

对数据进行曲线拟合时，通常需要有两个输入序列。假如输入序列为 Y 和 X，用 y(x) 表示这两个输入序列数据之间的关系，其中任意一个数据点用 (x_i, y_i) 来表示，此处 x_i 是序列 X 中的第 i 个元素，y_i 是序列 Y 中的第 i 个元素。LabVIEW 中的曲线拟合函数使用下述公式计算拟合曲线的均方差（MSE）。求 MSE 的等式为

$$\text{MSE} = \frac{1}{n}\sum_{i=0}^{n-1}(f_i - y_i)^2$$

式中，f_i 为拟合数据，y_i 为测量数据，n 为测量点的数目。

LabVIEW 提供了多种线性、非线性的曲线拟合及数值插值算法，如线性拟合（把实验数据拟合为 $y_i = a_0 + a_1 \times x_i$ 直线形式）、指数拟合（把数据拟合为 $y_i = a_0 + \exp(a_1 \times x_i)$ 指数曲线）、通用多项式拟合（把数据拟合为 $y_i = a_0 + a_1 \times x_i + a_2 \times x_i^2 + \cdots$ 多项式曲线）、非线性曲线拟合（把数据拟合为 $y_i = f(x_i, a_0, a_1, a_2, \cdots)$ ）及三次样条拟合等。

LabVIEW 中【拟合】子选板位于函数选板的【数学】子选板中，如图 6.45 所示。

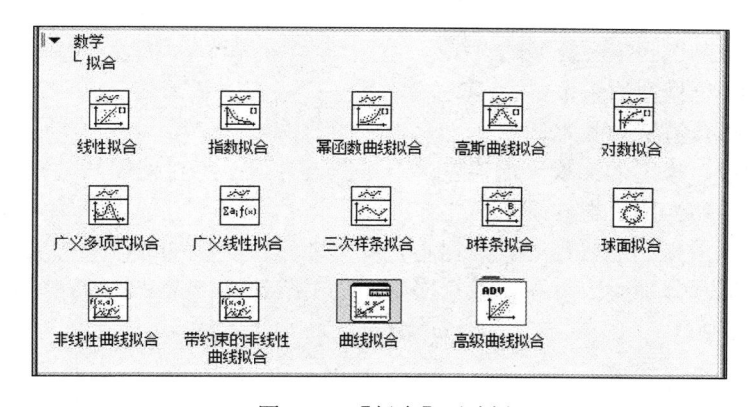

图 6.45 【拟合】子选板

6.7.2 曲线拟合应用举例

曲线拟合在分析实验数据时非常有用，它可以帮助我们找出大量离散数据的规律。

【例 6.20】 线性拟合。

要求使用"线性拟合"函数对一组实验测得数据进行线性拟合，求出最佳拟合值并给出拟合直线，同时给出拟合直线的斜率和截距。

"线性拟合"函数的图标及端口如图 6.46 所示。

（1）输入参数

Y：是由因变量组成的数组。Y 的长度必须大于或等于未知参数的元素个数。

X：是由自变量组成的数组。X 的元素个数必须等于 Y 的元素个数。

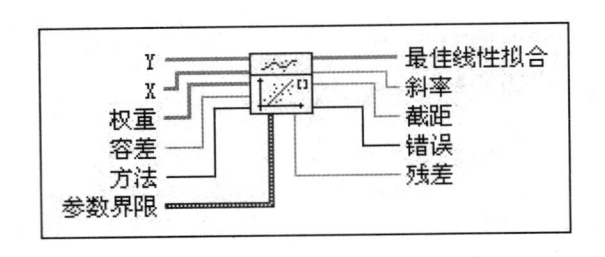

图 6.46 "线性拟合"函数的图标及端口

权重：是观测点 (x_i, y_i) 的权重数组。权重的元素个数必须等于 Y 的元素个数。若权重未连线，VI 将把权重的所有元素设置为 1。

容差：确定使用最小绝对残差法或 Bisquare 法时，何时停止斜率和截距的迭代调整。对于最小绝对残差法，若两次连续的交互之间残差的相对差小于容差，该 VI 将返回残差；对于 Bisquare 法，若两次连续的交互之间斜率和截距的相对差小于容差，该 VI 将返回斜率和截距。若容差小于或等于 0，VI 将设置容差为 0.0001。

方法：指定拟合方法。有 3 种方法可选择：最小二乘法（默认）、最小绝对残差法、Bisquare 法。

参数界限：包含斜率和截距的上、下限。若已知特定参数的值，可设置参数的上、下限为该值。

（2）输出参数

最佳线性拟合：返回拟合模型的 Y 值。

斜率：返回拟合模型的斜率。

截距：返回拟合模型的截距。

残差：返回拟合模型的加权平均误差。若方法设为最小绝对残差法，则残差为加权平均绝对误差，否则残差为加权均方误差。

在实践中存在大量的非线性关系，在小范围内非线性关系又可以近似为线性关系。现假设有 5 对实验数据，分别对应 x_i 和 y_i 数据序列，采用线性拟合算法公式为

$$y_i = a_0 + a_1 x_i$$

式中，a_0 为截距，a_1 为斜率。

线性拟合 VI 的前面板和程序框图如图 6.47 所示。

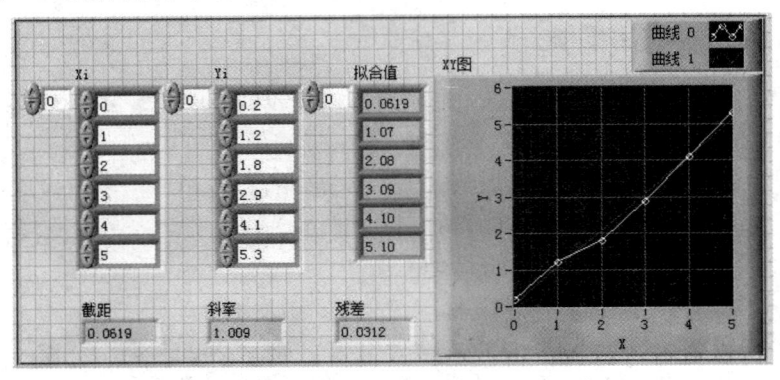

图 6.47 线性拟合 VI 的前面板和程序框图

图6.47 线性拟合VI的前面板和程序框图（续）

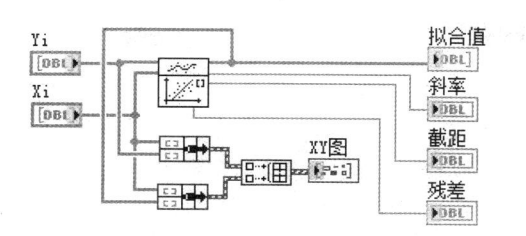

在前面板上放置了两个一维数组控件，分别输入实验数据 x_i 和 y_i，线性拟合后的输出数据序列用一个一维数组显示。同时，采用XY图波形显示控件描绘 Y 和 X 序列的函数关系，斜率、截距和残差用数值显示控件显示。

VI 运行结果如图6.47中的前面板所示。从计算出的斜率和截距可以得到拟合直线方程为

$$y = 0.0619 + 1.009x$$

【例6.21】 多项式拟合。

要求使用"广义多项式拟合"函数对热电偶测温系统测得的一组实验数据进行多项式拟合，计算出多项式拟合曲线的系数和对应于输入温度值的拟合值。

热电偶测温系统的实验数据如下。

输入温度（℃）：0，50，100，150，200，250，300，350，400，450，500，550，600，650，700，750，800。

热电势（mV）：0.000，2.021，4.423，6.736，8.938，10.950，12.205，14.392，15.391，18.412，20.642，22.772，25.501，28.021，29.128，31.212，33.275。

"广义多项式拟合"函数的图标及端口如图6.48所示。

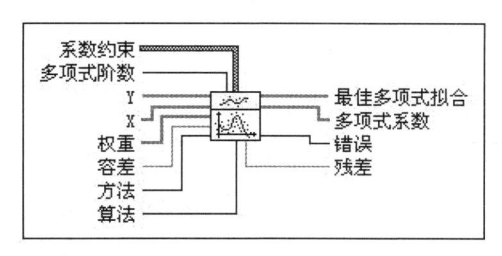

图6.48 "广义多项式拟合"函数的图标及端口

（1）输入参数

系数约束：通过将某个阶数设置为系数，指定某些阶数上多项式系数的约束。若某些多项式系数的确切值已知，则可使用系数约束。

多项式阶数：指定用于拟合数据集合的多项式的阶数。多项式的阶数必须大于或等于0。若阶数小于0，VI将设置多项式系数为空数组并返回错误。在实际应用中，阶数小于10。若阶数大于25，VI将设置多项式系数为零并返回警告。默认值为2。

Y：由因变量组成的数组。Y 中的采样点数必须大于或等于多项式阶数。若采样点数小于或等于多项式阶数，VI可设置多项式系数为空数组并返回错误。

X：由自变量组成的数组。X 中的采样点数必须大于或等于多项式阶数。若采样点数小于或等于多项式阶数，VI可设置多项式系数为空数组并返回错误。X 的元素个数必须等于 Y 的元素个数。

权重：是观测点(x_i, y_i)的权重数组。权重的元素个数必须等于Y的元素个数。若权重未连线，VI将把权重的所有元素设置为1。若权重中的某个元素小于0，该VI将使用元素的绝对值。

容差：确定使用最小绝对残差法或Bisquare法时，何时停止多项式系数的迭代调整。对于最小绝对残差法，若两次连续的交互之间残差的相对差小于容差，该VI将返回多项式系数；对于Bisquare法，若两次连续的交互之间多项式系数的相对差小于容差，该VI将返回多项式系数。若容差小于或等于0，VI将设置容差为0.0001。

方法：指定拟合方法。有3种方法可选择：最小二乘法（默认）、最小绝对残差法、Bisquare法。

算法：指定VI用于计算最佳多项式拟合的算法。其他算法无效时，可使用不满秩H的SVD算法。有7种算法可选择：SVD（默认）、Givens、Givens2、Householder、LU分解、Cholesky、不满秩H的SVD。

（2）输出参数

最佳多项式拟合：返回与输入值有最佳匹配的多项式曲线的y_i值。

多项式系数：返回拟合模型的系数，按幂的升序排列。多项式系数中元素的总量为$m+1$，m是多项式阶数。

残差：返回拟合模型的加权平均误差。若方法设为最小绝对残差法，则残差为加权平均绝对误差，否则残差为加权均方误差。

"广义多项式拟合"函数可使数据拟合为由下列等式描述的多项式函数

$$y_i = \sum_{j=0}^{m} a_j x_i^j$$

式中，y_i为最佳多项式拟合的输出序列，x_i为输入序列，a_j为多项式系数，m为多项式阶数。

广义多项式拟合VI的前面板和程序框图如图6.49所示。

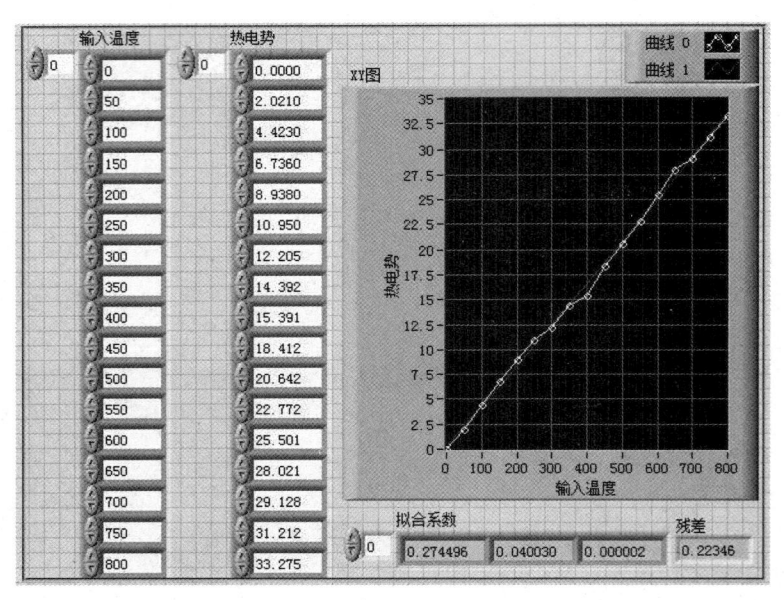

图6.49 广义多项式拟合VI的前面板和程序框图

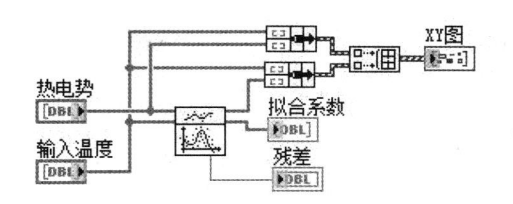

图 6.49 广义多项式拟合 VI 的前面板和程序框图（续）

在前面板上放置了两个一维数组控件，分别输入温度值序列 x_i 和热电势值序列 y_i，多项式拟合后的输出数据序列用一个一维数组显示，采用 XY 图显示控件显示热电势和温度之间的关系曲线，拟合系数用数值输出控件显示。

VI 运行后的结果如图 6.49 中的前面板所示。多项式拟合关系为
$$y = 0.274496 + 0.040030x + 0.000002x^2$$
广义多项式拟合是最常用的拟合方式之一。一般情况下，在满足精度要求下应尽可能使用最低阶数。

思考题和习题 6

6.1 简述信号分析与处理的作用。

6.2 说明数字化频率的含义，它是如何确定的？

6.3 LabVIEW 中有哪些信号产生的方法？

6.4 何谓时域分析？何谓频域分析？

6.5 滤波的作用是什么？

6.6 信号加窗有什么作用？

6.7 设计 VI，用 3 种不同的方式产生正弦信号。

6.8 设计 VI，分别产生正弦信号和高斯白噪声信号，并将两个信号叠加。

6.9 设计 VI，利用公式波形函数产生一个 $\sin(\omega t)\sin(\omega/10t)$ 的公式波形。

6.10 设计 VI，计算一个正弦信号的周期平均值和均方根。

6.11 设计 VI，求两个一维数组（1,1,1,1）、（1,1,1,1,1,1）的卷积。

6.12 设计 VI，求幅值为 1、频率为 100Hz 的三角波叠加幅值为 1 的高斯白噪声信号的自相关函数。

6.13 设计 VI，产生 3 个频率不同的正弦波信号，并将 3 个信号叠加，再把叠加的信号进行傅里叶变换，显示变换前后的时域波形和频域波形。

6.14 设计 VI，利用混合单频信号发生器产生 100Hz、200Hz、300Hz、400Hz 的正弦信号，利用幅度谱和相位谱函数进行频谱分析。

6.15 设计 VI，对方波信号进行功率谱分析。

6.16 设计 VI，对方波信号进行谐波分析。

6.17 设计 VI，产生幅值为 100 的白噪声信号，保留其频率低于 20Hz 的部分后与一个频率为 200Hz、幅值为 1 的正弦信号叠加，设计一个滤波器得到该正弦信号。

6.18 产生一个频率为 10Hz、幅值为 1 的正弦信号，并叠加幅值为 1 的均匀白噪声，再分别用低通、高通、带通滤波器进行滤波，并比较滤波效果。

6.19 先产生一个频率与幅值可调的两个正弦信号叠加的混合信号，通过不同的窗函数后再进行频谱分析，在频率图中观察不同类型窗函数的效果。

6.20 设有一压力测量系统，测量值如下。

输入压力（MPa）：0.0，0.5，1.0，1.5，2.0，2.5。

输出电压（mV）：-0.490，23.316，40.736，61.425，82.181，103.123。

设计 VI，实现输入压力和输出电压之间的最佳线性拟合直线。

第7章 虚拟仪器通信技术

串行通信是工业现场仪器或设备常用的通信方式，网络通信则是构成仪器网络化的基础。本章在介绍串行通信、网络通信基本概念和接口协议的基础上，举例介绍串行通信和网络通信的 LabVIEW 实现方法，并对 LabVIEW 支持的 DataSocket 编程方法和应用进行讨论。

7.1 串 行 通 信

串行通信就是将数据分解成二进制位（0，1），用一条信号线按顺序逐位传送的方式。其特点是所用传输线少，并且可以借助电话网进行信息传送，因此特别适合于远距离传输。目前，很多仪器和人机交换设备都采用串行方式与计算机进行通信。

7.1.1 串行通信的基本概念

1. 数据传送方式

在串行通信中，数据通常是在两个点（如终端设备与计算机）之间进行传送，按照数据流的方向可分成 3 种数据传送方式：单工、半双工和全双工。

（1）单工

如图 7.1（a）所示，通信双方的一方只发送数据，而另一方只接收数据。在它们之间的传输线上，数据只向一个方向流动，即从发送方到接收方。

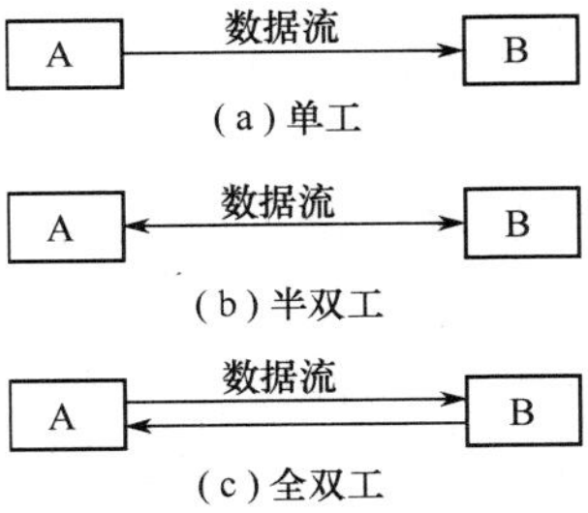

（2）半双工

如图 7.1（b）所示，数据能从 A 传送到 B，也能从 B 传送到 A，但是不能同时在两个方向上传送，每次只能有一方发送、另一方接收。通信双方可以轮流地进行发送和接收。

（3）全双工

如图 7.1（c）所示，通信双方能够同时发送和接收。全双工方式相当于把两个方向相反的单工方式组合在一起，所以它需要两条传输线。

图 7.1　3 种数据的传送方式

2. 传输速率与传输距离

在串行通信中，数据的传输速率用波特率表示。波特率是指单位时间内传送二进制数据的位数，其单位是位/秒（bit/s）。它是衡量串行数据传输速率快慢的重要指标，常用的波特率有（单位：bit/s）：110、150、300、600、1200、2400、4800、9600、19200 等。

传输距离是指发送端和接收端之间直接传送串行数据的最大距离（误码在允许范围内），它与传输速率及传输介质的电气特性有关，传输距离往往随传输速率的增大而减小。例如，一般情况下，RS-232C 的最高传输速率为 20kbit/s，最大传输距离为 30m。

3．串行通信方式

在串行通信中，依据时钟控制数据发送和接收的方式，串行通信分为同步通信和异步通信两种基本方式。

（1）同步通信

同步通信是指在相同的数据传输速率下，发送端和接收端的通信频率保持严格同步。收发双方的同步依靠同步字符来完成。同步传输以一个数据块（帧）为传输单位，在帧的头部加1个或2个同步字符，帧的尾部以校验字符结束。由于不需要使用起始位和停止位，可以提高数据的传输速率，但发送器和接收器的成本较高。

（2）异步通信

异步通信是指发送端和接收端在相同波特率下收发数据，收、发两端的通信频率允许有相对的延迟，即频率偏差在10%以内，就能保证正确通信。但是为了有效地进行通信，通信双方必须遵从同一通信协议，即采用统一的数据传输格式、相同的数据传输速率和相同的纠错方式。

异步通信规定每个数据以相同的位串格式传输，每个串行数据由起始位、数据位、校验位、停止位和空闲位组成，其位串格式如图7.2所示。

图7.2 异步通信的位串格式

起始位：每个字符开始传送的标志，起始位采用逻辑0电平，占1位。起始位的作用是协调同步，接收端检测到这个逻辑0状态后，就开始准备接收后续数据位信号。

数据位：数据位紧跟着起始位传送，由5～8个二进制位组成，采用先低位后高位的顺序逐位传送。

校验位：用于校验是否传送正确，占1位，可选择奇校验、偶校验或不校验，由程序指定。

停止位：表示该字符传送结束，停止位采用逻辑1电平，可选择1位、1.5位或2位。

空闲位：当通信线路上没有数据传输时，发送数据线应处于逻辑1电平，表示线路空闲。

在异步通信中，通信双方必须保持相同的传输速率，并以每个字符的起始位来进行同步。同时，位串格式在同一次传输过程中也要保持一致，这样才能保证成功地进行数据传输。

异步通信相对同步通信而言，传输数据的速度较慢，但若在一次串行数据传输的过程中出现错误，仅影响一字节数据。

目前，在计算机测量和控制系统中，串行数据的传输大多使用异步通信方式。

4．RS-232C接口标准

RS-232C是美国电子工业协会（EIA）在1969年公布的数据通信标准。RS是推荐标准（Recommended Standard）的英文缩写，232C是标准号。

RS-232C标准最初是为远程通信连接数据终端设备（DTE）与数据通信设备（DCE）而

制定的，采用 25 针连接器，规定 DTE 应配插头（带插针），DCE 应配插座（不带插针）。在 25 针连接器中，有 20 个引脚与串行通信使用的信号相对应。在计算机通信中最常用的是其中的 9 个通信信号，其功能见表 7.1。这 9 个通信信号分为两类：一类是基本数据传输信号，另一类是调制解调器（Modem）控制信号。

表 7.1　RS-232C 标准中常用通信信号的功能

分类	名称	功能
基本数据传输信号	TXD	发送数据信号，串行数据信号由该引脚发出送上通信线路，在不传输数据时，该引脚为逻辑 1
	RXD	接收数据信号，来自通信线路的串行数据信号由该引脚进入系统
	GND	地信号
调制解调器控制信号	DTR	数据终端就绪信号，用于通知 Modem 计算机已准备好
	RTS	请求发送信号，用于通知 Modem 计算机请求发送数据
	DSR	数据装置就绪信号，用于通知计算机 Modem 已准备好
	CTS	允许发送信号，用于通知计算机 Modem 可以接收数据
	DCD	数据载波检测信号，用于通知计算机 Modem 已与电话线路连接好
	RI	振铃指示信号，通知计算机有来自电话网的信号

RS-232C 标准使用±15V 电源，并采用负逻辑。逻辑 1 电平在-3～-15V 范围内，逻辑 0 电平在+3～+15V 范围内。传输速率在 0～20000bit/s 范围内，传输距离在 30m 以内。

目前计算机上常用的串口 9 芯连接器，就是从 RS-232C 标准简化而来的，如图 7.3 所示。

实际上，在短距离计算机与终端设备之间的通信中，往往不使用 Modem 而直接连接两个设备。最简单的形式是只使用 3 条基本数据传输信号线。其中，TXD 与 RXD 交错相连，GND 与 GND 相连。串行通信的最简单连接形式如图 7.4 所示。

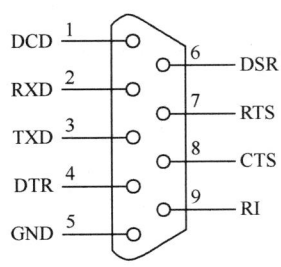

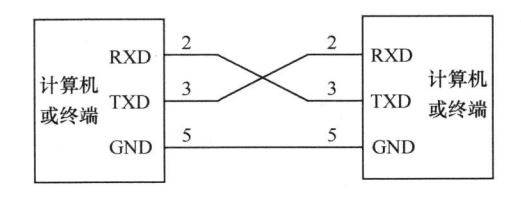

图 7.3　串口 9 芯连接器　　　图 7.4　串行通信的最简单连接形式

7.1.2　LabVIEW 的串行通信函数

LabVIEW 中串行通信函数位于函数选板的【数据通信】→【协议】→【串口】子选板或【仪器 I/O】→【串口】子选板中，如图 7.5 所示。

【串口】子选板共包括 8 个函数，分别实现初始化串口、串口写、串口读、检测串口缓冲区等功能。这 8 个串口函数的功能见表 7.2。

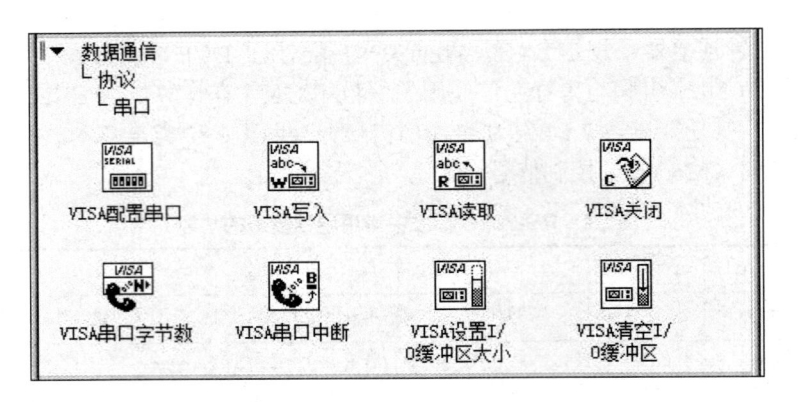

图7.5 【串口】子选板

表7.2 串口函数的功能

函数名称	功　　能
VISA 配置串口	将 VISA 资源名称指定的串口按特定设置初始化。该函数可以配置串口的波特率、数据位、停止位、校验位等参数
VISA 写入	将写入缓冲区的数据写入 VISA 资源名称指定的设备或接口中
VISA 读取	从 VISA 资源名称所指定的设备或接口中读取指定数量的字节,并将数据返回至读取缓冲区
VISA 关闭	关闭 VISA 资源名称指定的设备会话句柄或事件对象
VISA 串口字节数	返回指定串口的输入缓冲区的字节数
VISA 串口中断	发送指定串口上的中断
VISA 设置 I/O 缓冲区大小	设置 I/O 缓冲区大小。若需设置串口缓冲区大小,需先运行 VISA 配置串口函数
VISA 清空 I/O 缓冲区	清空指定的 I/O 缓冲区

"VISA 配置串口"函数用于初始化串口,在利用计算机控制串口仪器设备时,先要配置好串口,即先初始化串口,使计算机串口的各种参数设置与仪器设备的串口保持一致,这样才能够正确地进行串行通信。"VISA 配置串口"函数的图标及端口如图7.6所示。

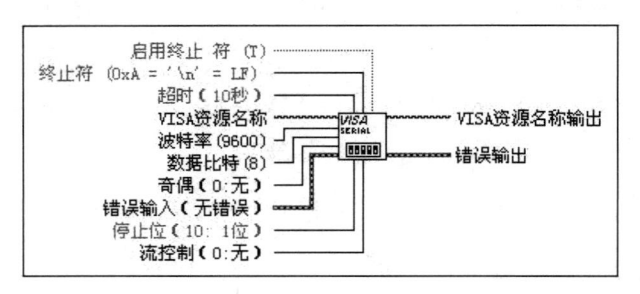

图7.6 "VISA 配置串口"函数的图标及端口

"VISA 配置串口"函数的端口功能见表7.3。

表 7.3 "VISA 配置串口"函数的端口功能

端口名称	功能含义		
启用终止符	使串行设备做好识别终止符的准备。若值为 True（默认），VI_ATTR_ASRL_END_IN 属性设置为识别终止符；若值为 False，VI_ATTR_ASRL_END_IN 属性设置为 0（无）且串行设备不识别终止符		
终止符	通过调用终止读取操作。从串行设备读取终止符后读取操作终止。0xA 是换行符(\n)的十六进制表示。消息字符串的终止符由回车(\r)改为 0xD		
超时	指定读/写操作的时间，以秒为单位。默认值为 10		
VISA 资源名称	指定要打开的资源。VISA 资源名称控件也可指定会话句柄和类		
波特率	指定传输速率。默认值为 9600		
数据比特	是输入数据的位数。数据位数为 5~8，默认值为 8		
奇偶	指定要传输或接收的每一帧使用的奇偶校验。该输入支持下列值：0，no parity（默认）；1，odd parity；2，even parity；3，mark parity；4，space parity		
错误输入	表明该函数运行前发生的错误条件。该输入提供标准错误输入		
停止位	指定用于表示帧结束的停止位的数量。该输入支持下列值：10，1 位停止位（默认）；15，1.5 位停止位；20，2 位停止位		
流控制	0	无（默认）。传输机制不使用流控制。假定该连接两边的缓冲区都足够容纳所有的传输数据	
^	1	XON/XOFF。该传输机制用 XON 和 XOFF 字符进行流控制。该传输机制通过在接收缓冲区将满时发送 XOFF 控制输入流，并在接收到 XOFF 后通过中断传输控制输出流	
^	2	RTS/CTS。该传输机制用 RTS 输出信号和 CTS 输入信号进行流控制。该传输机制通过在接收缓冲区将满时置 RTS 信号有效控制输入流，并在置 CTS 信号无效后通过中断传输进行输出流控制	
^	3	XON/XOFF and RTS/CTS。该传输机制用 XON 和 XOFF 字符及 RTS 输出信号和 CTS 输入信号进行流控制。该传输机制通过在接收缓冲区将满时发送 XOFF 并置 RTS 信号无效控制输入流，并在接收到 XOFF 且置 CTS 无效后通过中断传输控制输出流	
^	4	DTR/DSR。该传输机制用 DTR 输出信号和 DSR 输入信号进行流控制。该传输机制通过在接收缓冲区将满时置 DTR 信号有效控制输入流，并在置 DSR 信号无效后通过中断传输控制输出流	
^	5	XON/XOFF and DTR/DSR。该传输机制用 XON 和 XOFF 字符及 DTR 输出信号和 DSR 输入信号进行流控制。该传输机制通过在接收缓冲区将满时发送 XOFF 并置 DTR 信号无效控制输入流，并在接收到 XOFF 且置 DSR 信号无效后通过中断传输控制输出流	
VISA 资源名称输出	由 VISA 函数返回的 VISA 资源名称的副本		
错误输出	包含错误信息。该输出提供标准错误输出		

7.1.3 串行通信应用举例

在工程中经常会用 RS-232C 串口实现仪器与计算机、计算机与计算机之间的数据通信。

【例 7.1】 双机串行通信。

本例要求使用两台计算机进行串行通信，一台计算机作为甲机，通过 RS-232C 串口向乙机发送数据；另一台计算机作为乙机，接收由甲机发送来的数据。两台计算机之间通过一根

RS-232C 电缆连接起来，电缆采用简单的 3 线连接形式，连接关系如图 7.4 所示。

双机串行通信的流程图如图 7.7 所示。

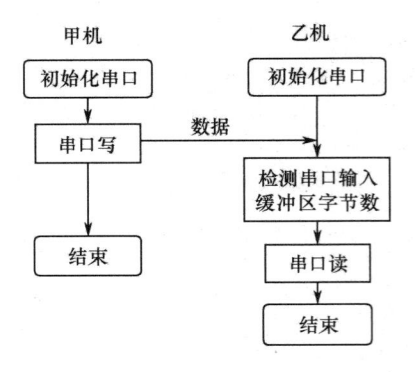

图 7.7　双机串行通信的流程图

甲机发送数据 VI 的前面板和程序框图如图 7.8 所示。

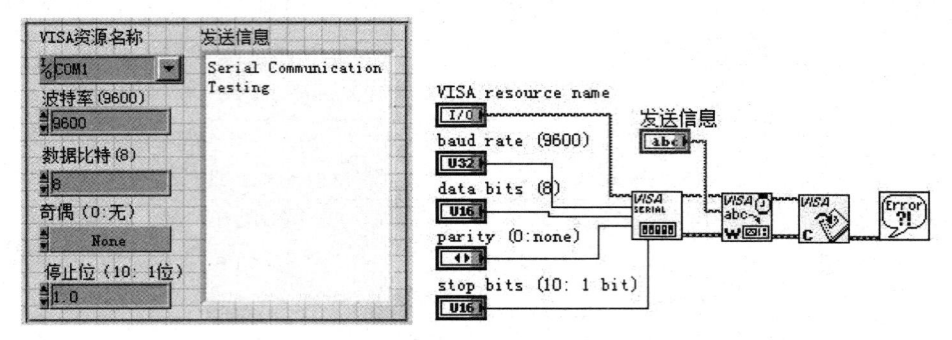

图 7.8　甲机发送数据 VI 的前面板和程序框图

程序设计中，通过"VISA 配置串口"函数配置通信参数，利用"VISA 写入"函数发送数据。需要注意的是，发送数据必须以字符串的形式写入。

乙机接收数据 VI 的前面板和程序框图如图 7.9 所示。

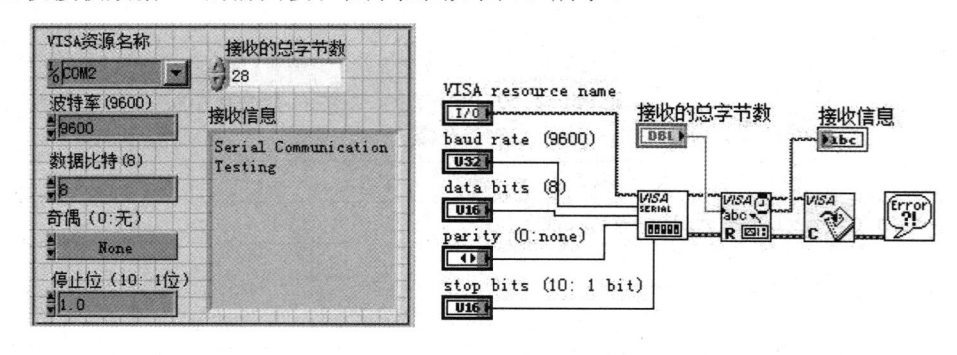

图 7.9　乙机接收数据 VI 的前面板和程序框图

乙机的通信参数配置应与甲机一致。程序设计中，利用"VISA 读取"函数读取缓冲区中的数据。

【例7.2】 基于计算机的 RS-232C 串口，实现双机的串行发送与自动接收。

本例要求在 RS-232C 串口相连接的两台计算机之间，实现信息的相互发送与接收，也就是实现一个简单的双机聊天程序设计。

双机串行发送与接收 VI 的前面板和程序框图如图 7.10 所示。

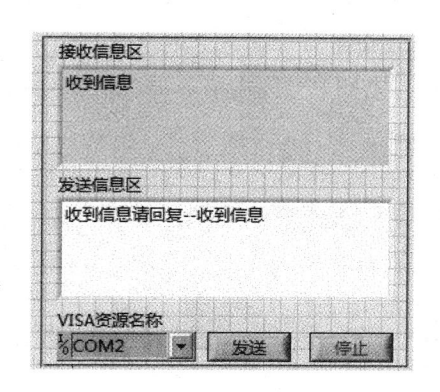

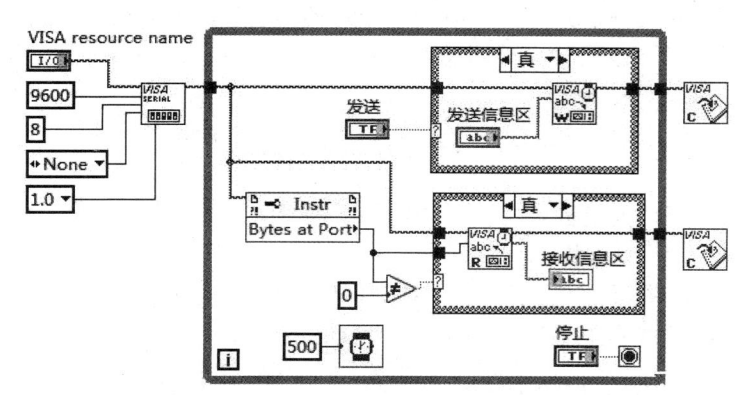

图 7.10 双机串行发送与接收 VI 的前面板和程序框图

程序设计中，首先利用"VISA 配置串口"函数配置通信参数，然后由【发送】按钮控制执行串口发送操作，若接收数据字节数不为 0，则自动执行接收数据操作。

两台计算机要同时运行本例程序。例如，在一台计算机前面板窗口的发送信息区输入要发送的字符"收到信息请回复--收到信息"，单击【发送】按钮，发送信息将通过选定的串口发送给另一台计算机；如果通信正常，另一台计算机将自动接收该信息并显示在接收信息区，同时，操作人员可在本方的发送信息区中输入返回字符串"收到信息"，并单击【发送】按钮，将返回字符串给发送对方，执行结果如图 7.10 中的前面板所示。

7.2 TCP 通 信

虚拟仪器技术与网络技术相结合，构成网络化虚拟测试系统是虚拟仪器发展的方向之一。LabVIEW 具有强大的网络通信功能，其中基于 TCP 协议的通信方式是最基本的网络通信方式，本节将详细介绍怎样在 LabVIEW 中实现基于 TCP 协议的网络通信。

7.2.1 TCP 简介

TCP（Transmission Control Protocol，传输控制协议）是一种面向连接的、可靠的、基于字节流的传输层通信协议，是 TCP/IP（传输控制协议/网际协议）中的一个子协议。在整个计算机网络通信中，使用最为广泛的通信协议便是 TCP/IP 协议。它是网络互联的标准协议，连入 Internet 的计算机进行信息交换和传输都需要采用该协议。

TCP/IP 协议采用简单的 4 层模型，即应用层、传输层、互联层、网络层。

（1）网络层

网络层，也称网络接口层，是 TCP/IP 协议模型的底层。该层负责数据帧（即数据包）的发送和接收。帧是独立的网络信息的传送单元，网络层负责将帧放到网上，或从网上取下帧。

（2）互联层

互联协议将数据包封装成 Internet 数据报，并运行必要的路由算法。该层包含 4 个互联协议，即网际协议（IP）、地址解析协议（Address Resolution Protocol，ARP）、网际控制消息协议（Internet Control Message Protocol，ICMP）和互联网组管理协议（Internet Group Management Protocol，IGMP）。其中，IP 协议主要负责在主机和网络之间寻址和路由数据包。ARP 协议用于获得同一物理网络中的硬件主机地址。ICMP 协议主要负责发送消息，并报告有关数据包的转送错误。IGMP 协议被 IP 主机用来向本地路由器报告主机的组员情况。

（3）传输层

传输层提供应用程序间的通信，其功能包括格式化信息流、提供可靠传输。

（4）应用层

TCP/IP 协议模型的顶层是应用层，应用程序通过此层访问网络。该层有许多标准的 TCP/IP 工具与服务，如 FTP、Telnet、SNMP 和 DNS 等。

7.2.2 LabVIEW 的 TCP 函数

LabVIEW 中可以利用 TCP 协议进行网络通信，并且对 TCP 协议的编程进行了高度集成，用户通过简单编程就可以在 LabVIEW 中实现网络通信。

在 LabVIEW 中，与 TCP 协议相关的函数位于函数选板的【数据通信】→【协议】→【TCP】子选板中，如图 7.11 所示。

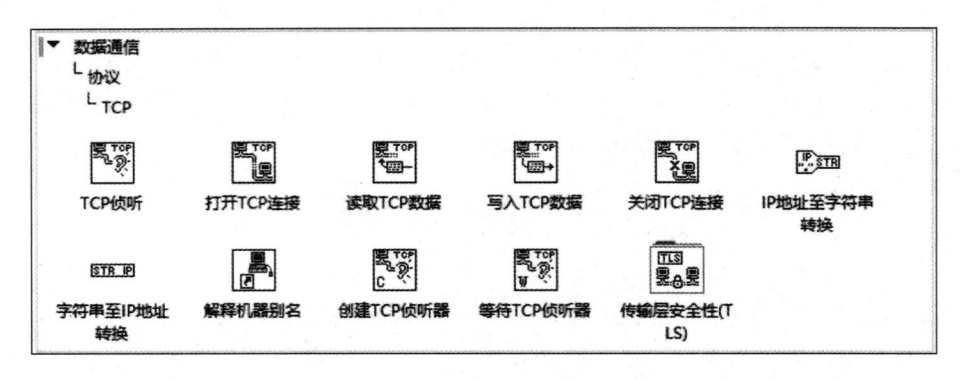

图 7.11 【TCP】子选板

【TCP】子选板共包括10个函数和1个【传输层安全性(TLS)】子选板。使用【传输层安全性(TLS)】子选板中的函数可实现 TLS 连接和安全的远程通信。10个 TCP 函数的功能见表7.4。

表7.4 TCP 函数的功能

函数名称	功能
TCP 侦听	在指定端口创建一个侦听器，并等待客户机的连接
打开 TCP 连接	打开由地址和远程端口或服务名称指定的 TCP 网络连接
读取 TCP 数据	从指定的 TCP 连接读取数据并通过数据输出返回结果
写入 TCP 数据	向指定的 TCP 网络连接写入数据
关闭 TCP 连接	关闭指定的 TCP 网络连接
IP 地址至字符串转换	使 IP 地址转换为字符串
字符串至 IP 地址转换	将字符串转换为 IP 地址
解释机器别名	返回计算机的网络地址，用于联网或在 VI 服务器函数中使用
创建 TCP 侦听器	为 TCP 网络连接创建侦听器
等待 TCP 侦听器	等待已接受的 TCP 网络连接

TCP 协议是基于连接的协议，这意味着各传输点必须在数据传输前创建连接。通过"打开 TCP 连接"函数可主动创建一个具有特定地址和端口的连接。若连接成功，该函数将返回唯一识别该连接的网络连接句柄，这个连接句柄可在此后的函数调用中引用该连接。连接创建完毕后，可通过"读取 TCP 数据"函数及"写入 TCP 数据"函数对远程 VI 进行数据读/写。通过"关闭 TCP 连接"函数关闭与远程 VI 的连接。

7.2.3 TCP 通信举例

下面通过一个 LabVIEW 实例来介绍如何使用前面所介绍的 TCP 函数进行网络通信。

【例7.3】 采用 TCP 协议实现波形数据的网络传输。

采用客户/服务器模式进行双机通信，是在 LabVIEW 中进行网络通信的最基本的结构模式。本例要求由服务器产生正弦波，利用 TCP 协议，通过局域网将产生的正弦波送至客户机显示。双机通信的流程如图 7.12 所示。

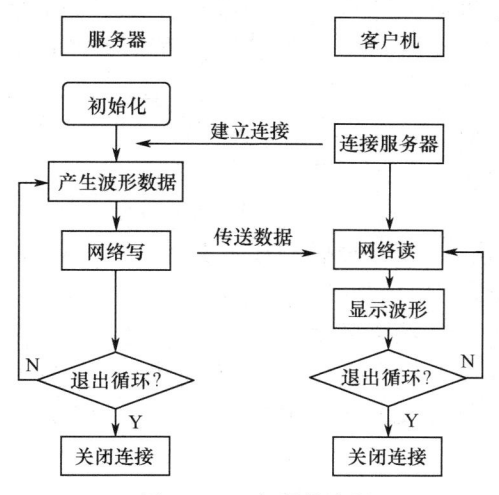

图 7.12 双机通信流程

服务器 VI 的前面板和程序框图如图 7.13 所示。

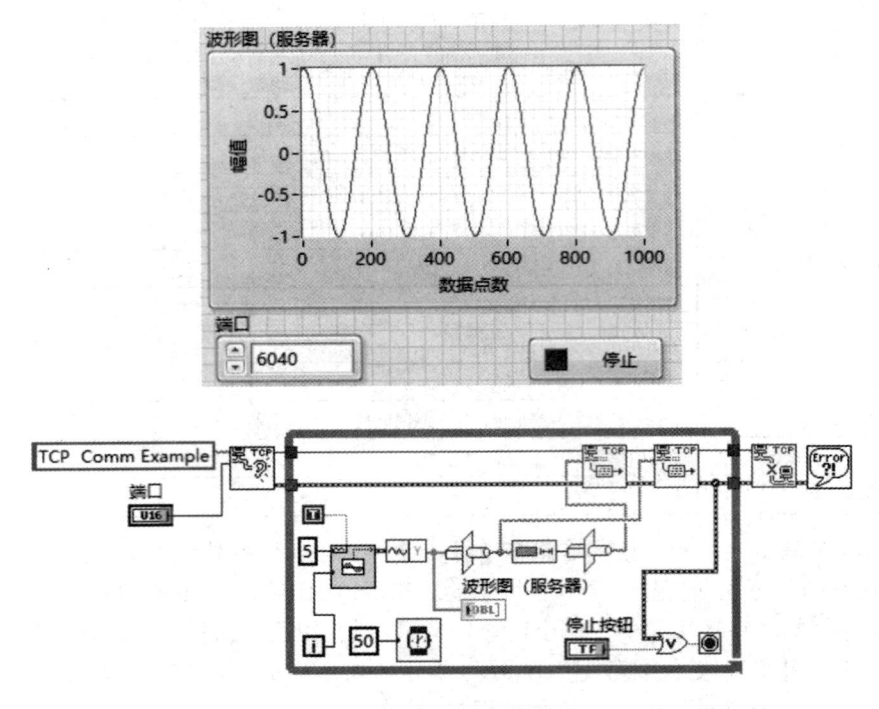

图 7.13　服务器 VI 的前面板和程序框图

在服务器程序中，首先指定网络端口，并由"TCP 侦听"函数建立 TCP 侦听器，等待客户机的连接请求，这就是初始化过程。当有客户机连接时，将返回一个"连接 ID"参数，通过该参数进行波形数据的发送。在 while 循环内，每隔 50ms 向客户机发送一次波形数据。波形数据由"正弦波形"函数产生，并通过【波形】子选板中的"获取波形成分"函数从"正弦波形"函数产生的正弦波形中获取其正弦波形信息，再通过"强制类型转换"函数（位于【数值】→【数据操作】子选板）将正弦波形信息转换为字符串，并利用"写入 TCP 数据"函数发送到客户机。程序设计中采用了两个"写入 TCP 数据"函数来发送数据，第一个发送字符串的长度，第二个发送实际的字符串数据。这种发送方式有利于客户机接收数据，这是因为 TCP 传送的数据没有结束符，在数据发送前先发送数据包的长度给接收端，接收端才能知道应从发送端读取多少数据。

客户机 VI 的前面板和程序框图如图 7.14 所示。

在客户机程序中，首先调用"打开 TCP 连接"函数建立与服务器的连接，然后在 while 循环内通过"读取 TCP 数据"函数读取服务器发送的波形数据。与服务器程序相对应，客户机程序中也采用了两个"读取 TCP 数据"函数，第一个函数读出波形数据对应的字符串长度，使用"强制类型转换"函数转换为整型数，作为第二个函数读取的字节值参数；然后第二个函数根据这个长度将波形数据全部读出，利用"强制类型转换"函数将数据转换为一维数组并送波形图显示。这种方法是 TCP 通信中常用的方法，可以有效地发送、接收数据，并保证数据不丢失。

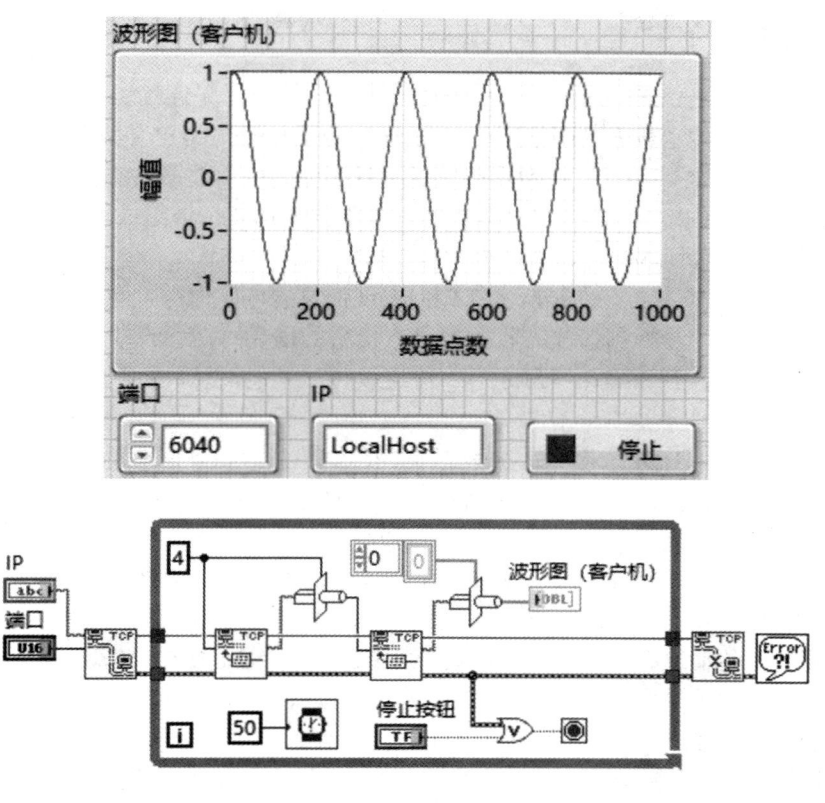

图7.14 客户机 VI 的前面板和程序框图

7.2.4 TCP 通信说明

利用 TCP 函数进行网络通信时，需要在服务器指定网络通信端口，客户机也要指定相同端口，才能与服务器之间进行正确的通信，如例7.3中指定端口号为6040。在一次通信连接建立后，就不能改变端口号了。若确实需要改变端口号，则必须首先断开连接，才能重新设置新的端口号。

若服务器指定端口号为0，则服务器将自动分配端口，而客户机则通过服务器名称自动连接到相应端口。

客户机要指定服务器的 IP 地址才能与服务器之间建立连接。若服务器程序和客户机程序都在同一台计算机上运行，客户机程序中输入的服务器地址可以为"Localhost"、"127.0.0.1"、空字符串或者当前计算机的名称。在运行客户机程序前，必须先运行服务器程序。

7.3 UDP 通 信

LabVIEW 中提供了 UDP 通信的相关操作函数，用户通过简单编程就可以在 LabVIEW 中实现 UDP 协议的网络通信。

7.3.1 UDP 简介

UDP（User Datagram Protocol，用户数据报协议）是一个无连接协议，主要用来支持那些需要在计算机之间传送数据的网络应用。与 TCP 协议一样，UDP 协议直接位于 TCP/IP 协议模型的顶层，使用 IP 路由功能把数据报发送到目的地。每个数据报的前 8 字节用来包含报头信息，剩余字节则用来包含具体的传送数据。UDP 报头由 4 个域组成，每个域各占 2 字节，具体为：源端口号、目标端口号、数据报长度、检验值。

UDP 和 TCP 协议的主要区别是两者在如何实现信息的可靠传送方面不同。TCP 协议中包含了专门的传送机制，当数据接收方收到发送方传来的信息时，会自动向发送方发出确认消息；发送方只有在接收到该确认消息之后才能继续传送其他消息，否则将一直等待直到收到确认信息为止。

与 TCP 协议不同，UDP 协议并不提供数据的传送机制。如果在从发送方到接收方的传送过程中出现数据报的丢失，协议本身并不能做出任何检测或提示。因此，通常人们把 UDP 协议称为不可靠的传输协议。

但是在有些情况下，UDP 协议非常有用，因为 UDP 协议具有 TCP 协议所不及的传输速率优势。虽然 TCP 协议中植入了各种安全保障功能，但是在实际执行过程中会占用大量的系统开销，这无疑使传输速率受到严重的影响。而 UDP 协议由于没有信息可靠传送机制，将安全和排序等功能移交给上层应用程序来完成，极大地降低了执行时间，使传输速率得到了保证。

UDP 协议的主要特性如下。

① UDP 是一种无连接协议，在传送数据之前，发送端和接收端不建立连接，当它想传送时就简单地读取来自应用程序的数据，并尽可能快地把数据传送到网络上。在发送端，UDP 传送数据的速率仅仅受应用程序生成数据的速率、计算机的能力和传输带宽的限制；在接收端，UDP 把每个消息段放在队列中，应用程序每次从队列中读一个消息段。

② 由于传送数据不建立连接，因此也就不需要维护连接状态，包括收发状态等，因此一台服务器可同时向多台客户机传送相同的消息。

③ UDP 数据报的报头信息很短，只有 8 字节，额外开销很小。

④ 吞吐量不受拥挤控制算法的调节，只受应用程序生成数据的速率、传输带宽、发送端和接收端主机性能的限制。

7.3.2 LabVIEW 的 UDP 函数

LabVIEW 中与 UDP 通信相关的函数位于函数选板的【数据通信】→【协议】→【UDP】子选板中，如图 7.15 所示。

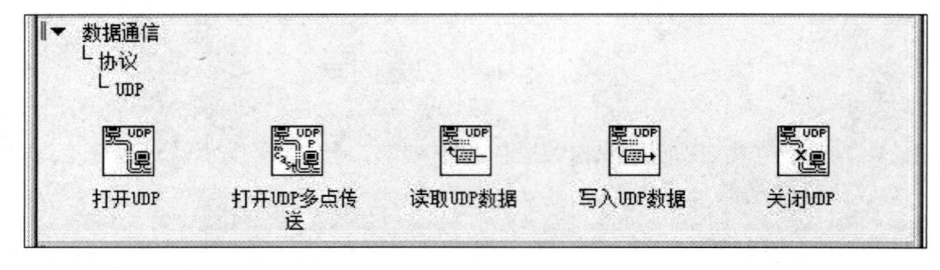

图 7.15　【UDP】子选板

【UDP】子选板共包括 5 个函数，这 5 个 UDP 函数的功能见表 7.5。

表 7.5 UDP 函数的功能

函数名称	功　　能
打开 UDP	打开端口或服务名称的 UDP 套接字
打开 UDP 多点传送	打开端口上的 UDP 多点传送套接字
读取 UDP 数据	从 UDP 套接字读取数据报并通过数据输出返回结果
写入 UDP 数据	使数据写入远程 UDP 套接字
关闭 UDP	关闭 UDP 套接字

"写入 UDP 数据"函数用于将数据发送到一个目的地址，"读取 UDP 数据"函数用于读取该数据。每个写操作需要一个目的地址和端口，每个读操作包含一个源地址和端口。UDP 会保留为发送命令而指定的数据报的字节数。理论上，数据报可以任意大小。然而，鉴于 UDP 可靠性不如 TCP，通常不会通过 UDP 发送大型数据报。

当端口上所有的通信完毕，可使用"关闭 UDP"函数释放系统资源。

若需在 LabVIEW 中进行多点传送，可用"打开 UDP 多点传送"函数打开和 UDP 数据读/写的连接，要指定写数据的停留时间、读数据的多点传送地址和读/写数据的多点传送端口号。

7.3.3 UDP 通信举例

下面以点对点的通信为例来介绍 UDP 通信的 LabVIEW 编程方法。

【例 7.4】 利用 UDP 协议进行双机通信。

本例要求由服务器产生正弦信号，通过局域网送至客户机进行显示。

服务器 VI 的前面板和程序框图如图 7.16 所示。

在服务器程序中，首先要指定本地端口及接收数据的远地端口和远程计算机地址。如果要发送到本机，远程计算机地址可为"Localhost"、"127.0.0.1"、空字符串或者当前计算机的名称。产生的正弦信号由"写入 UDP 数据"函数发送。

客户机 VI 的前面板和程序框图如图 7.17 所示。

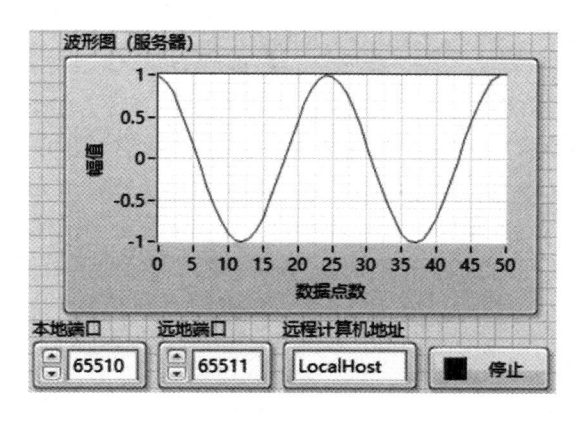

图 7.16 服务器 VI 的前面板和程序框图

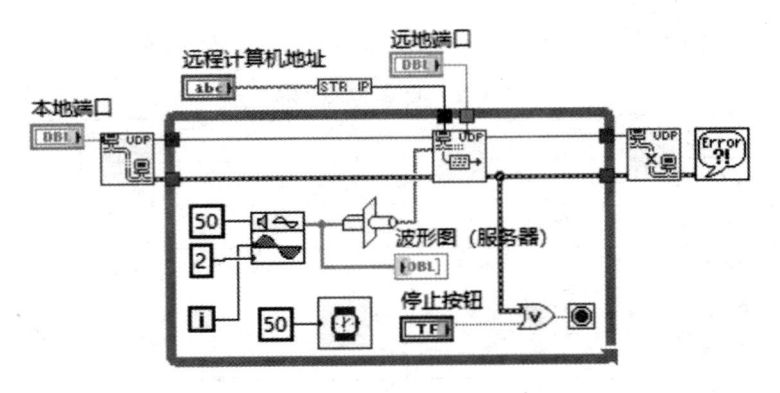

图 7.16　服务器 VI 的前面板和程序框图（续）

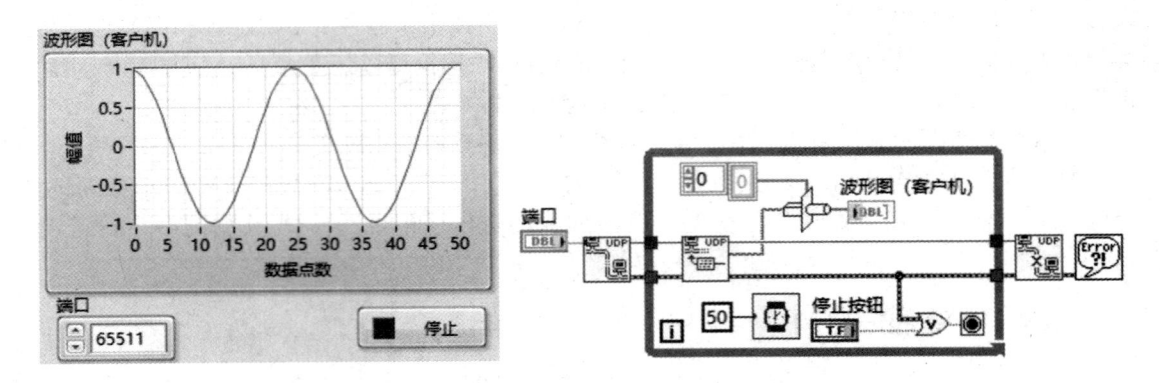

图 7.17　客户机 VI 的前面板和程序框图

与服务器程序相对应，客户机采用"读取 UDP 数据"函数读出由服务器传来的正弦信号并显示在波形图上。

需要注意的是，客户机要指定本地端口，这个端口必须与服务器前面板中设置的目标远地端口一致（本例为 65511）。另外，UDP 中使用的地址是一个 32 位无符号整数，需要用【TCP】子选板中的"字符串至 IP 地址转换""IP 地址至字符串转换"函数进行转换。

7.3.4　UDP 通信说明

对于"写入 UDP 数据"函数，需要指定计算机地址与发送端口，当地址输入 0xFFFFFFFF 时，为广播发送方式，设指定端口号为 65510，则网络中所有计算机的 65510 端口都可以接收到 UDP 数据。如果指定了特定的计算机地址，则只向指定的计算机发送数据。

通过上面例子可以看出，由于 LabVIEW 对 UDP 协议的实现进行了高度集成，使得利用 UDP 进行通信的编程变得非常简单。但是，如果发送数据和接收数据的速度不匹配，则肯定会造成数据丢失，所以相对于 TCP 通信来说，利用 UDP 进行通信的可靠性不高，不能保证可靠的数据传送。

7.4 DataSocket 通信

测试数据在网络上的发布和共享是仪器网络化的关键技术之一。虽然目前的 DDE（动态数据交换）等技术可以实现应用程序间的数据共享，但使用起来并不方便，开发效率不高，甚至不能满足数据实时传输的需求。DataSocket 技术专为测试数据的实时传送而设计，是虚拟仪器设计过程中面向网络测控技术的扩展，能简化系统开发过程，满足正确传输、实时通信和网络安全的设计要求，特别适合于远程数据采集、监控和数据共享等应用程序的开发。

7.4.1 DataSocket 技术

DataSocket 是 NI 公司推出的基于 TCP/IP 协议的新技术，DataSocket 面向测量和网上实时高速数据交换，可用于一台计算机内或者网络中多个应用程序之间的数据交换。它极大地简化了应用程序之间以及计算机之间进行数据转输的过程，使用 DataSocket 技术传输数据对于用户来说极为方便。

DataSocket 技术不必像 TCP/IP 编程那样把数据转换为非结构化的字节流，而是以自己特有的编码格式传输各种类型的数据，包括字符串、数字、布尔量及波形等，还可以将现场测试数据和用户自定义属性之间建立联系一起传输。DataSocket 为共享与发布现场测试数据提供了方便易用的高性能编程接口。

DataSocket 包括 DataSocket Server Manager、DataSocket Server 和 DataSocket API 三部分。DataSocket Server Manager 是一个配置和管理工具，具有负责确定 DataSocket 服务的最大连接数、设置服务控制等网络功能；DataSocket Server 负责监管 DataSocket Server Manager 中所设定的具有各种权限的用户组和客户机程序之间的数据交换；DataSocket API 是一个与协议、编程语言、操作系统无关的应用程序接口，能够把测试数据转化为适合在网络上传输的数据流。

7.4.2 DataSocket 配置

（1）DataSocket Server

DataSocket Server 主要用来显示当前的主机名，连接到 DataSocket Server 上的任务数和发送、接收的数据包数目，如图 7.18 所示。在 LabVIEW 中，进行 DataSocket 通信之前必须首先运行 DataSocket Server。

（2）DataSocket Server Manager

如图 7.19 所示，DataSocket Server Manager 窗口左边是设置项，右边是所设置项的说明。

DataSocket Server Manager 的主要功能是设置 DataSocket Server 可连接的客户机程序的最大数目和可创建的数据项（Data Item）的最大数目、创建用户组和用户、设置用户创建数据项和读/写数据项的权限。数据项实际上是 DataSocket Server 中的数据文件，未经授权的用户不能在 DataSocket Server 上创建或读/写数据项。DataSocket Server Manager 的主要配置参数如下。

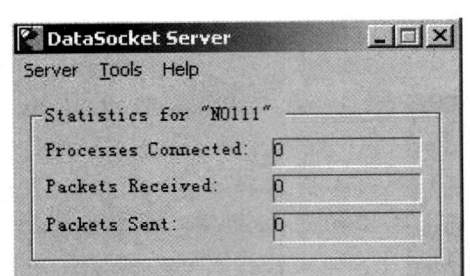

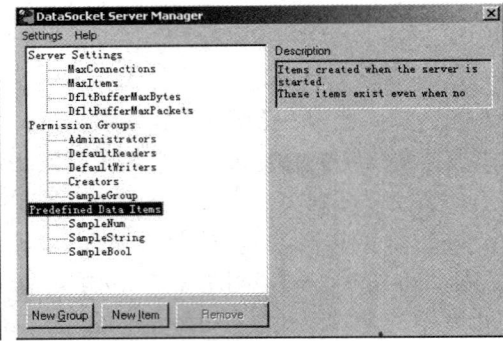

图 7.18　DataSocket Server 窗口　　　图 7.19　DataSocket Server Manager 窗口

① Server Settings（服务器设置）：用于设置与服务器性能有关的参数。参数 MaxConnections 是指 DataSocket Server 最多可以连接的客户机程序的数量，其默认值为 50；参数 MaxItems 用于设置服务器最大允许的数据项。

② Permission Groups（许可组设置）：设置与安全有关的参数。Groups（组）是指用一个组名来代表一组 IP 地址的集合，以组为单位进行设置比较方便。DataSocket Server 共有 4 个内建组：Administrators、DefaultReaders、DefaultWriters 和 Creators，这 4 个内建组分别表示了管理、读、写及创建数据项的默认主机设置。

③ Predefined Data Items（预定义数据项设置）：定义了一些用户可以直接使用的数据项，并且可以设置每个数据项的数据类型、默认值及访问权限等。默认的数据项共有 3 个，即 SampleNum、SampleString 和 SampleBool。

7.4.3　LabVIEW 的 DataSocket 函数

利用 LabVIEW 中与 DataSocket 相关的函数可进行 DataSocket 通信。DataSocket 函数位于函数选板的【数据通信】→【DataSocket】子选板中，如图 7.20 所示。

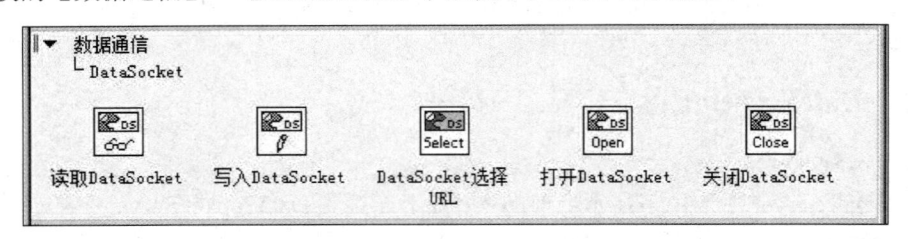

图 7.20　【DataSocket】子选板

【DataSocket】子选板共包括 5 个函数，这 5 个 DataSocket 函数的功能见表 7.6。

表 7.6　DataSocket 函数的功能

函数名称	功能
读取 DataSocket	使客户机缓冲区（与连接输入中指定的连接相关）的下一个可用数据移出队列并返回数据
写入 DataSocket	使数据写入连接输入中指定的连接
DataSocket 选择 URL	显示对话框，使用户选择数据源并返回数据的 URL
打开 DataSocket	打开在 URL 中指定的数据连接
关闭 DataSocket	关闭在连接 ID 中指定的数据连接

与 TCP/IP 通信一样，利用 DataSocket 进行通信时也需要首先指定统一资源定位符（Uniform Resource Locator，URL），来说明使用的通信协议和数据资源的位置。DataSocket 通信采用 dstp、ftp、opc、file 和 http 这 5 种通信协议。

① dstp（DataSocket Transfer Protocol）：DataSocket 的专门通信协议，可以传输各种类型的数据。当使用这个协议时，VI 与 DataSocket Server 连接，用户必须为数据提供一个附加到 URL 的标识（Tag），利用 Tag 在 DataSocket Server 中为一个特殊的数据项指定地址。目前，应用虚拟仪器技术组建的测试网络大多采用该协议，使用形式为 dstp://202.119.80.170/wave。

② ftp（File Transfer Protocol）：文件传输协议。使用形式为 ftp://ftp.××.com/dataSocket/sine.wave。其中，××.com 为服务器地址，sine.wave 为文件名。

③ opc（OLE for Process Control）：操作计划和控制协议，特别为实时产生的数据而设计。要使用该协议，必须首先运行一个 OPC Server，使用形式为 OPC:\National Instruments.OPCTest\item1。

④ file（Local File Server）：本地文件服务器，用于提供一个到包含数据的本地或网络文件的连接。使用形式为 file:\C:\mydata\sine.wav（文件位于本机 C:\mydata 目录，文件名为 sine.wav）。

⑤ http（Hypertext Transfer Protocol）：超文本传输协议，是用于从 WWW 服务器传输超文本到本地浏览器的传输协议。

7.4.4 DataSocket 通信举例

使用 DataSocket 技术进行通信时，在服务器和客户机上都必须运行 DataSocket Server。

【例 7.5】 使用 DataSocket 编程，将现场监控工作站采集到的内河水位、水流量、闸门开启高度等参数通过网络发送到控制中心，以实现对内河水情的实时监控。

在本例中，内河水情数据用随机数产生，以代替真实的采集数据。为了方便，把水位、水流量和闸门开启高度合并成一个数组。程序设计中，由"打开 DataSocket"函数打开 URL 中指定的数据连接，URL 指定为 dstp://localhost/water（设在本机实验），指定数据连接的模式为"Write"。要传输的数据由"写入 DataSocket"函数写入连接的数据。发送端 VI 的前面板和程序框图如图 7.21 所示。

对于远程接收端，同样用"打开 DataSocket"函数打开 URL 中指定的数据连接，URL 指定为 dstp://localhost/water（设在本机实验），指定数据连接的模式为"Read"。由"读取 DataSocket"函数接收数据。这里要注意的是，要确定"读取 DataSocket"函数类型端口的数据类型，如果不输入数据类型，则数据类型为 Variant，这样得到的数据还需要用"Variant 转换"函数转换成 LabVIEW 可以处理的数据类型。由于发布的数据是包含 3 个元素的一维数组，因此要设置数据类型为一维数组。然后把输出连接在"索引数组"函数上，分别取出各个元素。用不同的显示控件显示接收数据，并且当水位超过 25.7m 的警戒线时，发出告警提示（告警指示灯变绿）。接收端 VI 的程序框图如图 7.22 所示。

需要注意的是，应先运行发送端 VI，再运行接收端 VI。接收端 VI 的运行结果如图 7.23 所示。

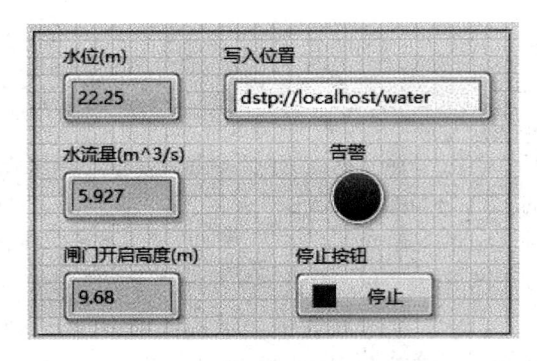

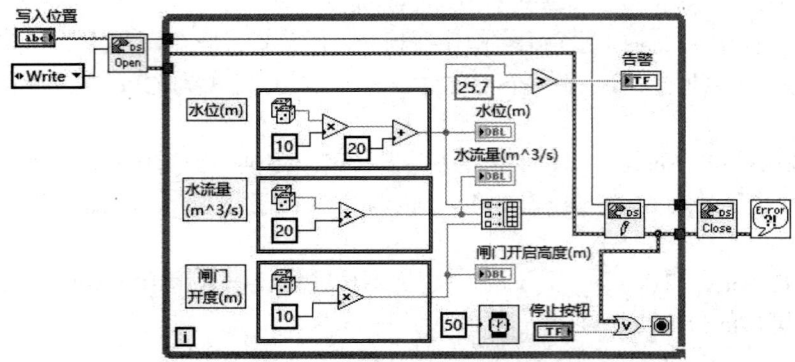

图 7.21 发送端 VI 的前面板和程序框图

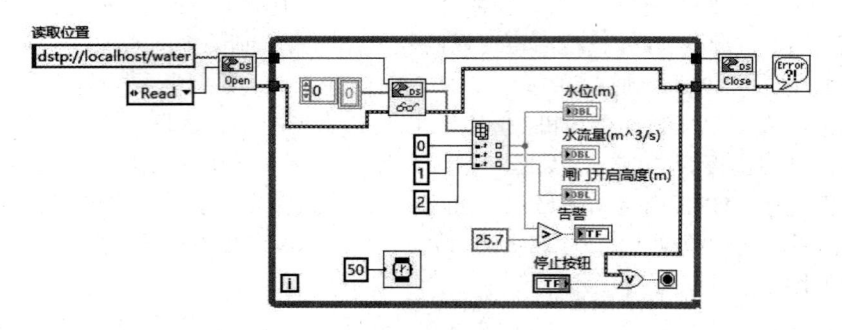

图 7.22 接收端 VI 的程序框图

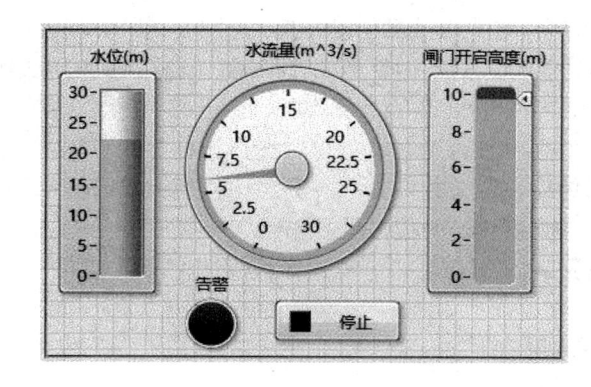

图 7.23 接收端 VI 的运行结果

• 210 •

7.5 蓝牙通信

无线通信技术是通信领域的重要技术。LabVIEW 除支持 TCP/IP、DataSocket 等利用有线网络来传输数据外，还支持无线通信技术中的蓝牙（Bluetooth）技术。使用蓝牙通信技术，两台具有蓝牙功能的计算机也可以实现数据交换。

7.5.1 蓝牙技术概述

蓝牙技术是爱立信、诺基亚、东芝、IBM 和英特尔 5 家公司于 1998 年联合推出的一项无线网络技术。它将各种通信设备、计算机及其终端设备、各种数字数据系统，甚至家用电器采用无线方式连接起来，通过无线电波进行数据传输。

蓝牙技术是一种短距离无线通信技术，在现代通信和物联网领域中占据重要地位，其主要特点如下：

① 蓝牙技术允许设备之间通过无线方式连接，无须传统的有线电缆，这极大地方便了设备的携带和使用。

② 蓝牙技术工作在全球通用 2.4GHz 的 ISM（Industrial Scientific Medical）频段，这意味着用户可以在全球范围内无障碍地使用蓝牙设备，无须担心因频段不同而导致的兼容性问题。

③ 蓝牙技术采用跳频扩频技术，能够在复杂的无线环境中有效避免干扰，确保数据传输的稳定性和可靠性。

④ 蓝牙的传输速率因版本不同而有所区别，如蓝牙 1.2 的传输速率为 721kbit/s，蓝牙 2.0 的最高传输速率为 2.1Mbit/s，蓝牙 3.0、4.0、5.0 的最高传输速率为 24Mbit/s。传输距离为 10～100m，这足以满足大多数室内应用场景的需求。

⑤ 蓝牙技术特别强调低功耗特性，尤其是低功耗蓝牙技术（Bluetooth Low Energy，BLE），使得蓝牙设备能够长时间运行而无须频繁充电，非常适合物联网设备。

⑥ 蓝牙技术具有广泛的兼容性，几乎所有的智能手机、平板电脑等设备都支持蓝牙连接。

⑦ 蓝牙技术具有较高的安全性，通过加密技术和认证机制，可以保护设备之间的通信安全，防止数据被窃取或篡改。

7.5.2 LabVIEW 的蓝牙函数

蓝牙函数用于与采用蓝牙通信协议的设备进行通信。LabVIEW 中的蓝牙函数位于函数选板的【数据通信】→【协议】→【蓝牙】子选板，如图 7.24 所示。

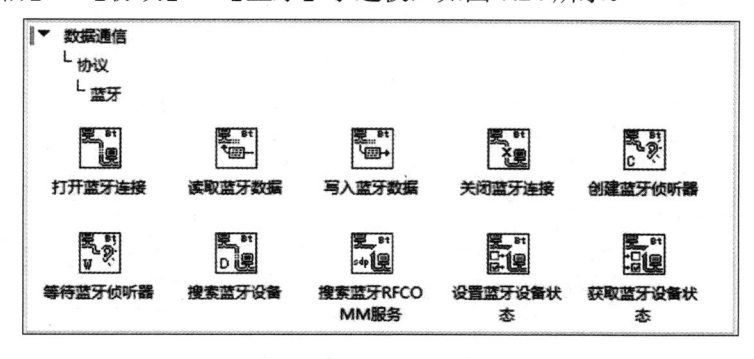

图 7.24 【蓝牙】子选板

【蓝牙】子选板共包括 10 个函数，这 10 个蓝牙函数的功能见表 7.7。

表 7.7 蓝牙函数的功能

名 称	功 能
打开蓝牙连接	请求连接至蓝牙服务器
读取蓝牙数据	通过蓝牙网络连接读取一定数量的字节，并通过数据输出返回结果
写入蓝牙数据	使数据写入蓝牙网络连接
关闭蓝牙连接	关闭蓝牙网络连接
创建蓝牙侦听器	创建蓝牙服务器的服务，并返回蓝牙通道，服务器可使用该通道侦听入站连接
等待蓝牙侦听器	等待侦听器接收连接请求
搜索蓝牙设备	在蓝牙网络内搜索所有在本地安装的或其他蓝牙设备
搜索蓝牙 RFCOMM 服务	返回蓝牙地址上可用的服务列表
设置蓝牙设备状态	设置本地蓝牙设备的可搜索和可连接状态
读取蓝牙设备状态	返回本地蓝牙设备的可搜索和可连接状态

需要注意的是，"打开蓝牙连接"函数中的地址是蓝牙服务器的地址，蓝牙地址的形式为 00:07:E0:07:D7:50；通道是在蓝牙服务器上的通道数量，如通道为 0，则函数使用 UUID 指定要连接的服务，UUID 必须为 GUID 格式，GUID 格式的 UUID 形式为 B62C4E8D-62CC-404b-BBBF-BF3E3BBB1374。

7.5.3 蓝牙通信举例

【例 7.6】 利用蓝牙技术进行双机通信。

假设有两台支持蓝牙的计算机，一台作为向客户机发送数据的蓝牙服务器，将产生的 50 个随机数通过蓝牙无线发送，另一台作为客户机连接至蓝牙服务器并接收数据。

蓝牙服务器 VI 的前面板和程序框图如图 7.25 所示。

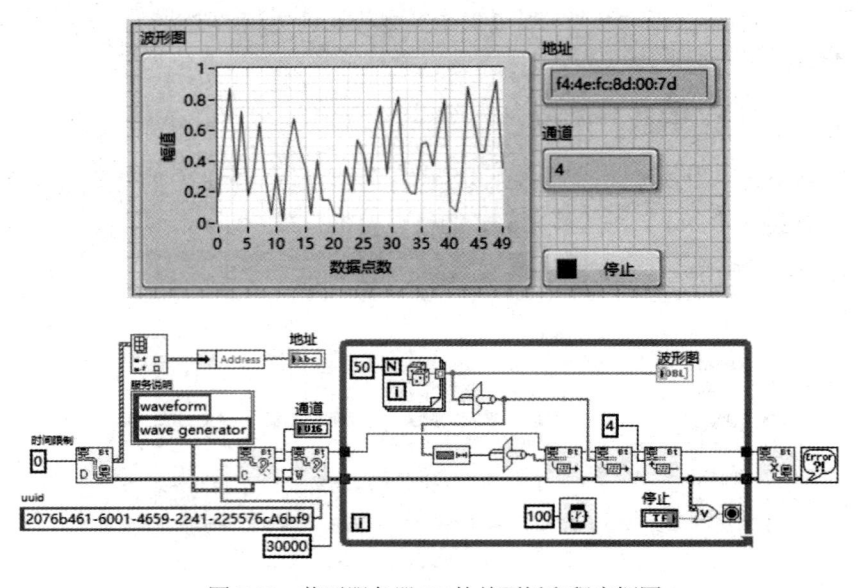

图 7.25 蓝牙服务器 VI 的前面板和程序框图

程序设计中，利用"搜索蓝牙设备"函数搜索本地安装的蓝牙设备地址。"创建蓝牙侦听器"函数将创建一个侦听器 ID 引用，并提供连接至服务器时客户机使用的通道。客户机连接时，"等待蓝牙侦听器"函数将生成一个连接 ID 引用，注意客户机有 30s 的时间进行连接。程序设计中，使用了两个"写入蓝牙数据"函数，第一个用来发送数据的总数，第二个用来发送数据。"读取蓝牙数据"函数等待客户机确认接收到数据（这是为了确保服务器和客户机同步）。

蓝牙客户机 VI 的程序框图如图 7.26 所示。

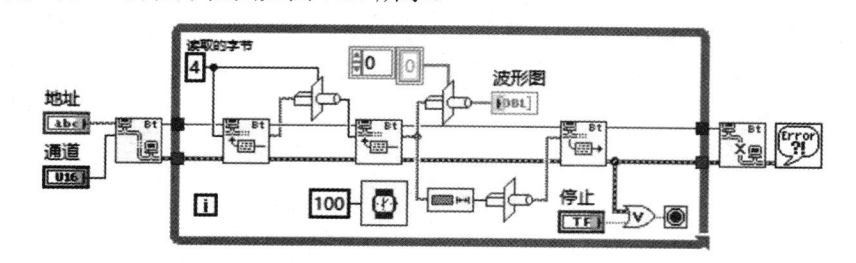

图 7.26 蓝牙客户机 VI 的程序框图

在蓝牙客户机程序中，"打开蓝牙连接"函数请求与蓝牙服务器建立连接，建立连接后，输出唯一标识蓝牙连接的连接 ID。两个"读取蓝牙数据"函数按照连接 ID 读取指定通道的数据，第一个读取接收数据的大小，第二个读取接收到的数据。"写入蓝牙数据"函数向服务器发送确认信息，确保服务器和客户机同步。

思考题和习题 7

7.1 什么是串行通信？什么是波特率？

7.2 何谓同步通信与异步通信？试将这两种通信方式做比较。

7.3 试述 RS-232C 串行通信标准的数据传送格式和电气特性。

7.4 RS-232C 标准接口信号有哪几类？说明常用的 9 根信号线的作用。

7.5 何谓 TCP 协议？

7.6 简述 LabVIEW 中基于 TCP 协议通信的传输过程。

7.7 UDP 通信有何特点？

7.8 试比较 TCP 协议和 UDP 协议的区别。

7.9 DataSocket 通信的优点是什么？

7.10 简述蓝牙技术的特点。

7.11 设计 VI，与串口调试工具进行发送与接收数据测试。

7.12 设计 VI，基于 TCP 协议，采用客户/服务器模式实现双机通信，将服务器产生的连续正弦波和余弦波叠加的数据，传送到客户机显示。

7.13 设计 VI，实现基于 UDP 协议的双机通信，发送端产生连续的方波发送给接收端显示。

7.14 设计 VI，服务器利用"正弦波形"函数产生一个正弦波，利用 DataSocket 技术发布数据，客户机利用 DataSocket 技术读取数据并显示。

第8章 虚拟仪器设计实例

虚拟仪器以计算机为核心，利用软件完成数据的采集、控制、数据分析与处理，以及测试结果的显示等功能，真正实现了"软件就是仪器"的概念，因而虚拟仪器在设计上就更加灵活多样。本章将从软/硬件相结合的特点出发，讨论虚拟仪器设计的基本原则和步骤，并列举几种虚拟仪器的设计实例。

8.1 虚拟仪器的设计原则

面对任意一个仪器设计任务，首先应考虑的是仪器设计的总体原则，而不是其中一个环节的具体实现。下面从硬件设计和软件设计两个方面介绍虚拟仪器设计应遵循的基本原则。

8.1.1 总体设计原则

1. 制定设计任务书

确定系统所要完成的任务和应具备的功能，提出相应的技术指标和功能要求，并在设计任务书里详细说明。一份好的设计任务书通常要对系统功能进行任务分析，把复杂的任务分解为一些较为简单的任务模块，并画出各个模块之间的关系图。

2．系统结构的合理选择

系统结构合理与否，对系统的可靠性、性价比、开发周期等有直接的影响。首先是硬件、软件功能的合理分配，原则上要尽可能"以软代硬"，只要软件能做到的就不要使用硬件。但也要考虑开发周期，如果市场上已经有了专用的硬件，此时为了节省人力、缩短开发周期，没有必要自己开发软件，可以使用已有的硬件。

3．模块化设计

不管是硬件设计还是软件设计，都提倡模块化设计，这样可以使系统分成较小的模块，便于团队合作，缩短系统的开发时间，提高团队的竞争力。在模块化设计时，应尽量把每个模块的功能、接口定义清楚。

8.1.2 硬件设计的基本原则

1. 经济合理

在系统硬件设计中，一定要注意在满足性能指标的前提下，尽可能地降低价格，以便得到高的性价比，这是硬件设计中优先考虑的一个主要因素，也是产品争取市场的主要因素之一。计算机和外设是硬件投资中的主要部分，应在满足速度、存储容量、兼容性、可靠性的基础之上，合理选用计算机和外设，而不片面追求高档计算机和外设。

2．安全可靠

选购设备要考虑工作环境的温度、湿度、压力、振动、粉尘等因素，以保证在规定的工作环境下系统性能稳定、工作可靠；要有超量程和过载保护，保证输入/输出通道正常工作；要注意对交流市电及电火花的隔离；要保证连接件的接触可靠。

确保系统安全可靠地工作是硬件设计中应遵循的一个根本原则。

3．有足够的抗干扰能力

完善的抗干扰措施，是保证系统精度、工作正常和不产生错误的必要条件。例如，强电与弱电之间的隔离措施、对电磁抗干扰的屏蔽、正确接地、高输入阻抗下的防止漏电等。

8.1.3 软件设计的基本原则

1．结构合理

程序应采用模块化设计。这不仅有利于程序的进一步扩充，而且也有利于程序的修改和维护。在编写程序时，要尽量利用子程序，这不仅使得程序的层次分明，易于阅读和理解，同时还可以简化程序，减少程序对内存的占用量。当程序中有经常需要加以修改或变化的参数时，应设计成独立的参数传递程序，避免程序的频繁修改。

2．操作性能好

操作性能好是指使用方便，这对虚拟仪器系统来说是很重要的。在开发程序时，应考虑如何降低对操作人员专业知识的要求。因此，在设计程序中，应采用各种图标或菜单实现人机对话，以提高工作效率和程序的易操作性。

3．具有一定的保护措施

系统应设计一定的检测程序，如状态检测和诊断程序，以便系统发生故障时，便于查找故障部位。对于重要的参数要定时存储，以防因掉电而丢失数据。

4．提高程序的执行速度

由于计算机执行不同的操作所需的时间可能不同，特别对那些实时性要求高的操作，更应注意提高程序的执行速度。在程序设计中，应进行程序的优化工作。

5．给出必要的程序说明

从软件工程的角度来看，一个好的程序不但要能够正常运行，实现预定的功能，而且应简单、易读、易调试，因此，在编写程序时，给出必要的程序说明很重要。

8.2 虚拟仪器的设计步骤

虚拟仪器的设计，虽然随对象、设备种类等不同而有所差异，但系统设计的基本内容和主要步骤大体相同。虚拟仪器的设计步骤和过程如下。

1．需求分析和技术方案的制定

组建虚拟仪器时，首先应针对测试任务进行详细的需求分析，明确测试项目、测试目标、应用环境、经费预算、系统的未来扩展等方面的问题，并在需求分析的基础上提出技术方案。

2．确定虚拟仪器的类型

由于虚拟仪器的种类较多，不同类型的虚拟仪器的硬件结构相差较大，因而在设计时必须首先确定虚拟仪器的类型。确定虚拟仪器的类型主要考虑以下几个方面。

（1）被测对象的要求及使用领域

设计的虚拟仪器首先要能满足应用要求，能更好地完成测试任务。例如，在航空航天领域，对仪器的可靠性、快速性、稳定性等要求较高，一般需要选用 PXI、VXI 总线虚拟仪器；而对普通的测试系统，采用 PC-DAQ 虚拟仪器即可满足要求。

（2）系统成本

不同类型的虚拟仪器的构建成本是不同的，在满足应用要求的情况下，应结合系统成本来确定仪器类型。

（3）开发资源的丰富性

为了加快虚拟仪器的研发，在满足测试应用要求和成本的情况下，应选择有较多软/硬件资源支持的仪器类型。

（4）系统的扩展和升级

由于测试任务的变化或测试要求的提高，经常要对虚拟仪器进行功能扩展和升级，因此，在确定仪器类型时，必须要考虑这方面的问题。

（5）系统资源的再用性

由于虚拟仪器可根据用户要求进行定制，因而同样的硬件经不同的组合，再配合相应的应用软件，便可实现不同的功能，因此要考虑系统资源的再用性。

3．选择合适的虚拟仪器软件开发平台

当虚拟仪器的硬件确定后，就要进行硬件的集成和软件开发。在选择软件开发平台时，要考虑开发人员对开发平台的熟悉程度、开发成本等。可选择图形化编程语言 LabVIEW 或文本编程语言 VC、VB 等。

4．开发虚拟仪器应用软件

根据虚拟仪器要实现的功能确定应用软件的开发方案。应用软件不仅要实现期望的仪器功能，还要具有生动、直观、形象的仪器"软面板"，因此软件开发人员必须与用户沟通，以确定用户能接受和熟悉的数据显示及控制操作方式。

5．系统调试

在硬件和软件分别调试通过以后，就要进行系统联调。系统联调通常分两步进行。首先在实验室里，对已知的标准量进行采集和比较，以验证系统设计是否正确和合理。如果实验室里实验通过，则到现场进行实际数据采集实验。在现场实验中，测试各项性能指标，必要时，还要修改和完善程序，直至系统能正常投入运行时为止。总之，虚拟仪器的设计过程是一个不断完善的过程，一个实际系统往往很难一次就设计完成，常常需要经过多次修改完善，才能得到一个性能良好的虚拟仪器。

6．编写系统开发文档

编写完善的系统开发文档和技术报告、使用手册等，这些对日后进行系统维护和升级，以及指导用户了解虚拟仪器的性能和使用方法等均具有重要意义。

8.3　虚拟仪器软面板设计技术

虚拟仪器没有实际仪器的控制面板，而是利用计算机强大的图形环境，在计算机屏幕上建立图形化的软面板来代替常规的仪器控制面板。软面板上具有与实际仪器相似的旋钮、开关指示灯及其他控件。用户通过鼠标或键盘操作软面板，检测仪器的通信和操作。在系统集成后，对被测对象进行数据采集、分析、存储和显示。虚拟仪器软面板的设计质量直接影响着虚拟仪器的实用性能和竞争力。

8.3.1 虚拟仪器软面板的设计思想

虚拟仪器的软面板是用户与仪器之间交流信息的纽带。为了提高虚拟仪器的使用性能，构造逼真的虚拟仪器环境，必须从用户使用角度出发，充分考虑用户对信号感知、分析、评价、决策和操作等各个环节生理和心理需求，采用面向对象的设计思想来设计虚拟仪器软面板。

虚拟仪器软面板设计的总体思想如下：
① 根据测试要求确定仪器功能；
② 按照 VPP 规范设计软面板，使软面板具有标准化、开放性和可移植性；
③ 采用面向对象的设计方法来设计软面板。

8.3.2 虚拟仪器软面板的设计原则

软面板窗体的构图或布局不仅影响它的美感，而且也极大地影响其可用性。构图包括控件位置、控件的一致性、动感、空白空间的使用及设计的简单性等因素。虚拟仪器软面板的设计遵循如下原则。

（1）直接操作的原则

采用"所见即所得"的可视化技术建立人机界面是被广泛采用的虚拟仪器软面板设计原则。

针对测试和过程控制领域，软面板上常有较多的控制和显示控件，如表头、图表、旋钮、按键等。设计时，这些控件应可以直接用鼠标及键盘进行操作，使显示控件与操作控件合二为一。

（2）重要性原则

重要的或者频繁访问的控件应放在显著的位置上，而不太重要的控件应放在不太显著的位置上。

在大多数软面板设计中，不是所有的控件都一样重要。仔细设计是很有必要的，以确保越是重要的控件越要尽快呈现给用户。看书时人们习惯于从左到右、自上到下地阅读，对计算机屏幕也是如此。大多数用户的眼睛会首先注视屏幕的左上部位，所以最重要的控件应放在屏幕的左上部位。

（3）相关性原则

尽量把信息按功能或关系进行逻辑分组。因为它们的功能彼此相关，所以应被形象地分成一组，而不是分散在窗体的各处。在许多情况下，可以使用框架控件来加强控件之间的联系。

（4）控件的一致性原则

为了保持视觉上的一致性，在开始开发应用程序之前应先创建设计策略和类型约定。例如，控件的类型、控件的尺寸、分组的标准，以及字体的选取等都应在事先确定。

在软面板设计中，一致性是一种优点。一致的外观可以在应用程序中创造一种和谐。如果界面缺乏一致性，则很可能引起混淆，并使软面板的窗体看起来非常混乱，没有条理，甚至可能引起对应用程序可靠性的怀疑。

不同的软面板及其子面板之间保持一致性对其可用性也有非常重要的作用。如果在一个窗体上使用了灰色背景及三维效果，而在另一个窗体上使用白色背景，则这两个窗体就显得毫不相干。

在选取字体时，设计的一致性同样非常重要。在大多数情况下，不应在软面板上使用两种以上字体。

（5）窗体与其功能匹配的原则

动感是对象功能的可见线索。

用户界面经常使用动感。例如，命令按钮上的三维效果使得它们看上去像是被按下去一样。如果设计成平面边框的命令按钮，就会失去这种动感，因而不能清楚地告诉用户它是一个命令按钮。

（6）适当使用空白空间的原则

在用户界面中使用空白空间有助于突出控件并改善可用性。

一个窗体上有太多的控件会导致界面杂乱无章，使得寻找一个字段或控件非常困难。在设计中需要插入空白空间来突出控件。各控件之间一致的间隔，以及垂直与水平方向的对齐也使设计更可用。

（7）保持软面板简明的原则

软面板上的功能应简洁明了，易于理解。功能复杂的虚拟仪器可采用子面板形式将功能分配到各子面板上。

（8）控制颜色种类及选择中性化的原则

在软面板上使用颜色可以增强视觉上的感染力，一般来说，最好采用一些柔和的、中性化的颜色（如灰色）；应尽量限制应用程序所用颜色的种类（以少于3种为宜），而且色调也应保持一致。

（9）控件的形象选择与注释的原则

控件的细心设计是必不可少的。不用文本，控件的图像就能形象地传达信息。但不同的人常常对图像的理解也不一样，因此，在软面板设计时，一般应在控件上或控件周围标明文字提示，减少甚至避免误操作的可能性。

（10）可用性设计原则

应用程序的可用性基本上由用户决定。软面板的设计是需多次反复的过程，采用面向对象的设计思想，用户参与设计过程越早，花费的气力越少，创建的界面越好、越可用。

（11）功能的可发现性原则

软面板上各种功能设计的关键是可发现性。如果用户不能发现某个功能，或者甚至不知道有此功能存在，则此功能很少被人使用。

（12）操作的容错性设计原则

在设计软面板时，要考虑可能出现的错误，并判断哪一个错误需要用户交互，哪一个错误可以按事先安排的方案解决。

（13）"帮助"及文档中的回答问题原则

联机帮助是应用程序的重要部分，它通常是用户有问题最先查看的地方。创建主题名称与索引条目时应尽量采用用户的术语,例如,"如何使用多挡开关?"比"某控件的功能""操作功能的描述"更容易找到主题。同时不要忘记上下文之间的相关性。

综上所述,虚拟仪器软面板的设计要以"为操作人员提供一个虚拟的仪器操作环境"为标准,友善的软面板是虚拟仪器设计成功的重要标志之一。在虚拟仪器设计中,采用面向对象设计方法,参考上述设计原则,有助于建立实用的、友善的图形化用户界面。

8.4 虚拟仪器设计实例

前面各章讨论了构成虚拟仪器所需的基本知识,下面就将这些知识结合起来,选取几个测试仪器与实际应用的例子,说明怎样利用 LabVIEW 完成测试任务,实现虚拟仪器的开发设计。

8.4.1 虚拟数字电压表

电压、电流和功率是表征电信号能量大小的 3 个基本参数,其中以电压最为常用。通过测量电压,利用基本公式就可以导出其他参数。因此,电压测量是其他许多电参数测量也包括非电参数测量的基础。

一种测量电压的仪表就是电压表。电压表分为模拟电压表和数字电压表。由于数字电压表具有精度高、量程宽、显示位数多、分辨率高、易于实现测量自动化等优点,在电压测量中占据了越来越重要的地位。

1. 数字电压表的主要技术指标

表征数字电压表工作特性的技术指标很多,最主要的有以下几项。

测量范围:指电压表所能达到的被测量的范围。

分辨率:指电压表能够显示的被测电压的最小变化值,即显示器末尾跳动一个数字所需的电压值。

满度值:各量程有效测量范围上限值的绝对值。

测量速率:指每秒对被测电压的测量次数,或一次测量全过程所需的时间。

输入特性:包括输入阻抗和零电流两个指标。输入阻抗一般指在工作状态下从输入端看进去的输入电路的等效电阻,实际是用输入电压的变化量和相应的输入电流的变化量之比来表示的;零电流是由电压表内部引起的在输入电路中流出的电流,与输入信号无关,取决于电压表内部的电路。

抗干扰能力:要求电压表对干扰信号有一定的抵制能力。根据干扰信号加入方式的不同,分串模和共模两类。

固有误差和工作误差:固有误差主要是读数误差和满度误差,通常用测量的绝对误差表示;工作误差指在额定条件下的误差,通常也以绝对值形式给出。

2. 虚拟数字电压表的组成原理

虚拟数字电压表是基于计算机和标准总线技术的模块化系统,通常由采集与控制模块以及软件组成,由软件编程来实现仪器的功能。

基于数据采集卡的虚拟数字电压表的组成原理如图 8.1 所示。数据采集卡完成模拟信号到数字信号的转换,电压表的技术指标如分辨率等主要取决于这部分的工作性能。软件采用

LabVIEW 开发，主要实现数据采集、数据处理和结果显示等功能。

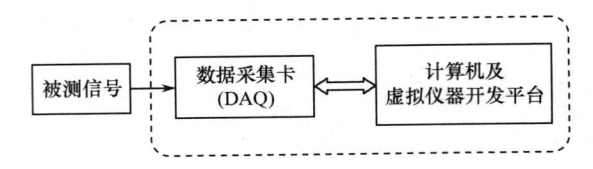

图 8.1 虚拟数字电压表的组成原理

数据采集卡选用 NI 公司的 USB 接口类型的低价位、多功能数据采集卡 USB-6009，其结构如图 8.2 所示。

NI USB-6009 数据采集卡的主要技术指标如下：

● 8 个模拟输入通道，14 位分辨率，最大采样率 48kS/s，输入量程：差分−20～+20V、−10～+10V、−5～+5V、−4～+4V、−2.5～+2.5V、−2～+2V、−1.25～+1.25V、−1～+1V，单端−10～+10V。

● 2 路模拟输出通道，12 位输出分辨率，最大更新速率 150Hz，软件定时，输出量程 0～+5V。

● 12 条数字 I/O 线，各通道可通过编程配置为输入或输出，兼容 TTL、LV TTL、CMOS 电平。

● 1 个计数器，分辨率为 32 位，采用边沿计数（下降沿）方式，计数方向为向上计数，最大输入频率为 5MHz。

● 向外供电电压：+5V（最大 200mA），+2.5V（最大 1mA）。

NI USB-6009 数据采集卡的信号端子分配如图 8.3 所示。模拟输入端子为 AI0～AI7，模拟输出端子为 AO0、AO1。数字 I/O 端子为 P0.0～P0.7、P1.0～P1.3，计数器端子为 PFI0。

GND	1	17	P0.0
AI0/AI0+	2	18	P0.1
AI4/AI0−	3	19	P0.2
GND	4	20	P0.3
AI1/AI1+	5	21	P0.4
AI5/AI1−	6	22	P0.5
GND	7	23	P0.6
AI2/AI2+	8	24	P0.7
AI6/AI2−	9	25	P1.0
GND	10	26	P1.1
AI3/AI3+	11	27	P1.2
AI7/AI3−	12	28	P1.3
GND	13	29	PFI0
AO0	14	30	+2.5V
AO1	15	31	+5V
GND	16	32	GND

图 8.2 NI USB-6009 数据采集卡　　图 8.3 NI USB-6009 数据采集卡的信号端子分配

3．虚拟数字电压表的软件设计

利用 LabVIEW 设计虚拟数字电压表的软件主要分为两部分：前面板和程序框图。

（1）前面板设计

前面板用于设置输入数值和观察输出量，模拟传统数字电压表的前面板。由于前面板直接面向用户，是虚拟电压表控制软件的核心。设计这部分时，主要考虑界面美观、操作简捷，用户能通过前面板上的各种按钮、开关等控件来控制虚拟电压表进行测量工作。

根据传统数字电压表面板控件的功能，利用 LabVIEW 中的控制选板，分别在虚拟数字电压表的前面板上放入模拟传统数字电压表面板控件的数据输入控件、显示器、开关。显示器用于显示测量结果；数据输入控件主要用于输入采样速率、采样点数、数据采集卡的采样通道、交流/直流电压测量选择等；开关用于启动/停止测量。虚拟数字电压表的前面板如图 8.4 所示。

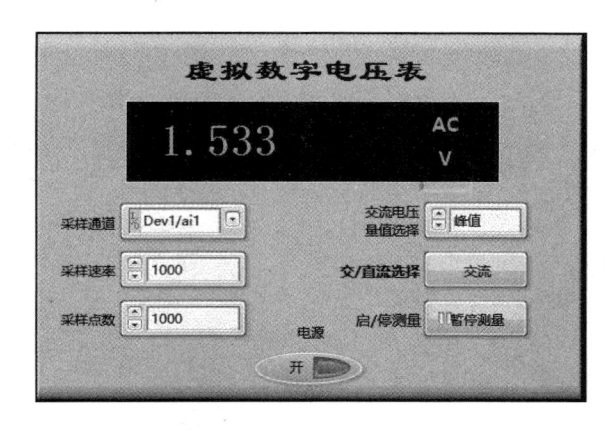

图 8.4 虚拟数字电压表的前面板

根据数字电压表的测量原理，虚拟数字电压表能完成直流电压和交流电压的测量功能。前面板上具有电源开关控制，交流/直流测量方式选择，采样通道选择，交流电压的峰值、有效值和平均值 3 种测量方式的选择，以及采样速率和采样点数选择等功能。

（2）程序框图设计

虚拟数字电压表的主要功能模块程序设计方法如下。

① 数据采集

使用 NI USB-6009 数据采集卡的数据采集程序框图如图 8.5 所示。

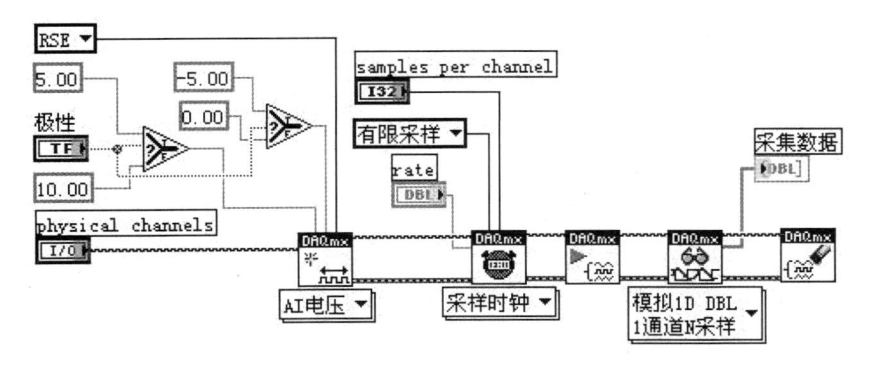

图 8.5 数据采集程序框图

程序设计中，通过"DAQmx Create Virtual Channel"函数配置采样通道、输入接线端模式、最小值与最大值范围。图 8.5 中，输入接线端模式配置为参考单端模式，当选择单极性时，最小值与最大值范围为 0～10V，选择双极性时，最小值与最大值范围为-5～+5V。

② 计算峰值

交流电压的峰值是指交流电压 $u(t)$ 在一个周期内（或一段观察时间内）所达到的最大值，用 U_p 表示。

计算峰值的程序框图如图 8.6 所示。

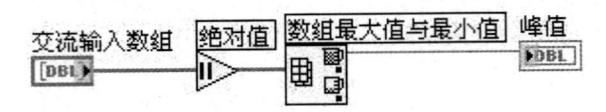

图 8.6 计算峰值的程序框图

峰值计算主要利用了【数组】子选板中的"数组最大值与最小值"函数，该函数返回输入序列中的最大值和最小值。

③ 计算平均值

平均值一般用 $\overline{U}$ 表示，$\overline{U}$ 在数学上定义为

$$\overline{U} = \frac{1}{T}\int_0^T u(t)\mathrm{d}t$$

式中，T 为被测信号的周期，$u(t)$ 为被测信号的时间函数。

在交流电压的测量中，由于电压表的指示值是与直流电压成正比的，因此，测量交流电压时，总是先把交流电压变换成对应的直流电压。检波器是将交流电压整流成直流电压的典型电路，所以，交流电压的平均值是指经过检波后的平均值。

计算平均值的程序框图如图 8.7 所示。

平均值计算主要利用了"均值"函数（位于【数学】→【概率与统计】子选板），该函数可计算输入序列 X 的均值，其图标及端口如图 8.8 所示。

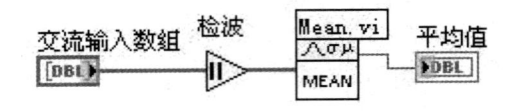

图 8.7 计算平均值的程序框图　　图 8.8 "均值"函数的图标及端口

X 是输入序列，均值是输入序列 X 中各值的平均。该函数使用下式计算均值

$$\mu = \frac{1}{n}\sum_{j=0}^{n-1} x_j$$

式中，μ 为均值，n 是 X 中的元素个数。

④ 计算有效值

交流电压的有效值是指均方根值，有效值比峰值和平均值用得普遍，它的数学表达式为

$$U = \sqrt{\frac{1}{T}\int_0^T u^2(t)\,\mathrm{d}t}$$

计算有效值的程序框图如图 8.9 所示。

有效值的计算主要利用了"标准偏差和方差"函数，该函数可计算输入序列 X 的均值、标准偏差和方差，其图标及端口如图 8.10 所示。

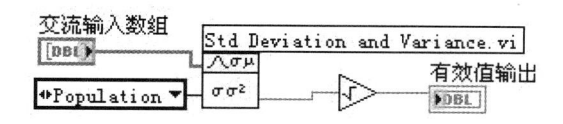

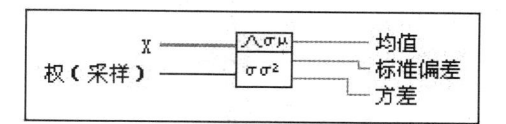

图 8.9　计算有效值的程序框图　　　　图 8.10　"标准偏差和方差"函数的图标及端口

X 是输入序列，权确定计算总体或采样的标准偏差和方差，有 Sample（默认）和 Population 两种选择。均值是输入序列 X 中各值的平均，标准偏差是由输入序列 X 计算的标准偏差，方差是由输入序列 X 计算的方差。该函数通过下式计算输出值

$$\mu = \sum_{j=0}^{n-1} \frac{x_j}{n}$$

式中，μ 为均值，n 是 X 中的元素个数。

标准偏差为 σ，则

$$\sigma^2 = \sum_{j=0}^{n-1} \frac{(x_j - \mu)^2}{w}$$

权为 Population 时，w 等于 n；权为 Sample 时，w 等于 $(n-1)$。

虚拟数字电压表的总体程序框图如图 8.11 所示。

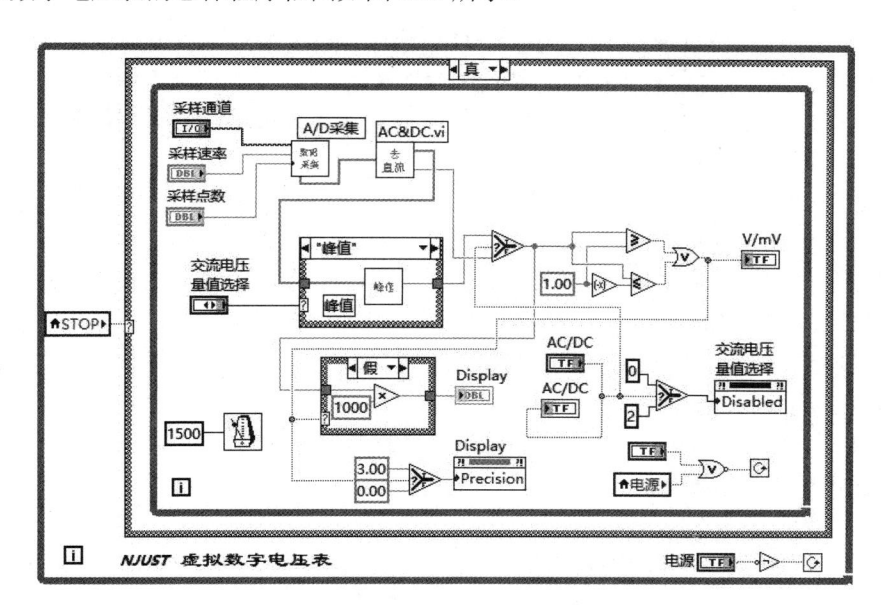

图 8.11　虚拟数字电压表的总体程序框图

在图 8.11 中，对电压表的显示方式也做了控制。当测量电压的绝对值大于 1V 时，采用"V"为单位；否则，将测量值乘以 1000，采用"mV"为单位。另外，视选择的直流测量方式或交流测量方式，对应显示"DC"或"AC"。

虚拟数字电压表能够实现传统数字电压表的测量功能，同时具有可视化的前面板，人机

交互性强，界面友好，且功能扩展方便。通过增加部分软件，就可以实现滤波器、信号发生器等功能，技术更新与维护方便。

8.4.2 虚拟示波器

进行电子测量时，我们通常希望直观地看到电信号随时间变化的图形，如直接观察并测量信号的幅度、频率、相位等。示波器不但可将电信号作为时间的函数显示在屏幕上，而且只要能把两个有关系的变量转化为电参数，分别加至示波器的 X、Y 通道，就可以在屏幕上显示这两个变量之间的关系。另外，示波器还可以直接观察一个脉冲信号的前后沿、脉宽、上冲、下冲等参数，这是其他仪器很难做到的。同时，示波器还能进行多种电量和非电量的测试，如在医学、生物学、地质学中用示波器显示某些变化的过程，观察被测对象的某些特性。

示波器是时域分析中最典型的仪器之一，也是电子测量领域中最常用的一种仪器。因此，当传统仪器向虚拟仪器推进时，基于虚拟仪器的示波测试技术也是发展最快的，很多研究人员研究出了很多功能完善的虚拟示波器。

1. 示波器的分类

示波器是以短暂扫迹的形式显示一个量的瞬时值的仪器。传统示波器大致可以分为模拟示波器和数字示波器两大类。

（1）模拟示波器

模拟示波器能把抽象的各种电信号比较直观地显示在屏幕上，以便对信号进行定性的分析。这种示波器通常由垂直偏转系统（主要包括垂直放大）、水平偏转系统（主要包括扫描和水平放大）和显示电路组成。模拟示波器只能用来观察和分析重复的周期信号，难以观察和分析慢速信号、单次或偶尔出现的高频信号。

（2）数字示波器

随着数字技术的飞速发展，数字示波器已成为目前示波器的主流。数字示波器将被测连续模拟信号用 A/D 转换器转换成离散数字信号，存储于存储器中，最终将模拟波形显示在示波管上或直接显示在 LCD 屏上。数字示波器既适用于重复信号的检测，也适用于单次瞬态信号的测量。数字存储的方法不仅克服了模拟示波器的缺点，而且还带来了很多突出特点和功能。比如，可以显示大量的预触发信息，可以通过使用或不使用光标的方法进行全自动的测量，可以长期存储波形，波形信息可用数学进行处理等。

2. 示波器的主要技术指标

（1）频带宽度

频带宽度标志示波器的最高响应能力，用频率和上升时间表示，两者的换算关系为

$$上升时间=0.35/频带宽度$$

（2）垂直灵敏度

它是指示波器可以分辨的最小信号幅度和输入信号的动态范围，一般用 V/cm、V/div、mV/cm、mV/div 表示。

（3）输入阻抗

一般用 Ω(MΩ)//pF 表示，是指在示波器输入端规定的直流电阻和并联电容值，它标志着被测信号的负载的大小。

（4）扫描速度

扫描速度是指光点水平移动的速度，一般用 cm/s、div/s 表示，它说明了示波器能观察的时间和频率范围。

（5）同步（或触发）电压

它是指波形稳定的最小输入电压。

3．虚拟示波器的硬件构成

虚拟示波器整体构成分为硬件和软件两部分。硬件部分的实质是一块数据采集卡；软件部分包括驱动程序和实现虚拟示波器功能的用户软件。硬件和软件相互结合，构成一个整体，其结构框图如图 8.12 所示。

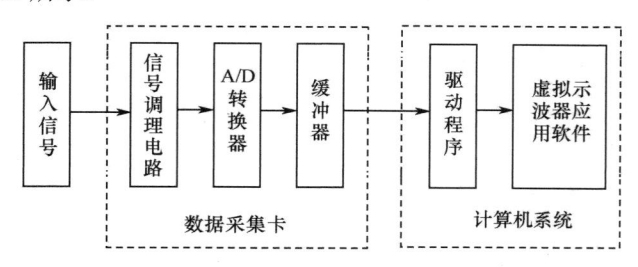

图 8.12　虚拟示波器的结构框图

虚拟示波器对输入信号根据需要进行信号调理，如对输入信号进行放大或衰减。信号调理电路的输出信号通过 A/D 转换器进行采样、缓存，通过总线接口送至计算机的内存中。在计算机中，驱动程序提供对数据采集卡进行读、写、控制等操作的驱动程序，应用软件通过调用相应的驱动程序对数据采集卡进行操作，采集数据，并对数据进行分析、处理、显示等操作，实现示波器的操作功能。

数据采集卡可选用 NI 公司的产品，如 NI PC-6251，详细技术指标参见 5.2 节。

4．虚拟示波器软件设计

虚拟示波器由软件控制信号的采集、处理和显示，主要包括数据采集、触发控制、通道控制、时基控制、波形显示、参数测量等模块，其软件功能框图如图 8.13 所示。

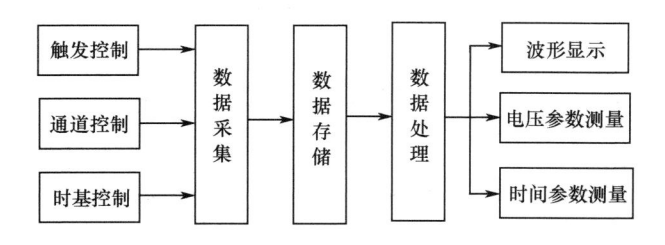

图 8.13　虚拟示波器的软件功能框图

（1）数据采集模块

数据采集模块是最为关键的一个程序模块，这个模块中的应用程序通过数据采集卡的驱动程序和硬件进行通信，完成测量信号的数据采集。数据采集模块的程序框图如图 8.14 所示。

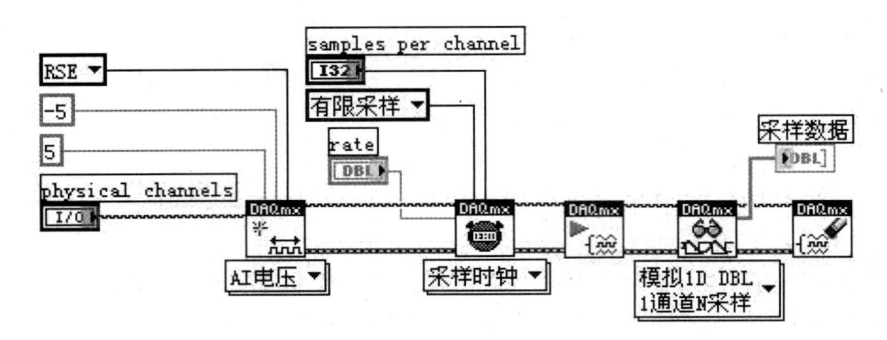

图 8.14　数据采集模块的程序框图

调用数据采集模块程序时，需要对采样的物理通道、采样频率和采样点数等参数进行设置。

（2）触发控制模块

传统示波器触发电路的作用是为扫描信号发生器提供满足要求的触发脉冲。触发电路包括触发源选择、触发耦合方式选择、触发方式选择、触发极性选择、触发电平选择和触发放大整形等。在虚拟示波器的设计中，触发控制模块主要对内、外部触发源进行选择，对触发电平、触发的极性进行选择。

虚拟示波器的触发控制模块的输入端有波形数据输入（通道 A、通道 B）、触发极性输入（上升沿、下降沿）、触发电平输入、触发源输入（内部触发、外部触发）。程序运行后，首先检查用户选择的触发源，当触发源选择内部触发时，直接将输入的波形数据输出；当触发源选择外部触发时，执行子程序 Slope.vi。

内部触发的程序框图如图 8.15 所示。

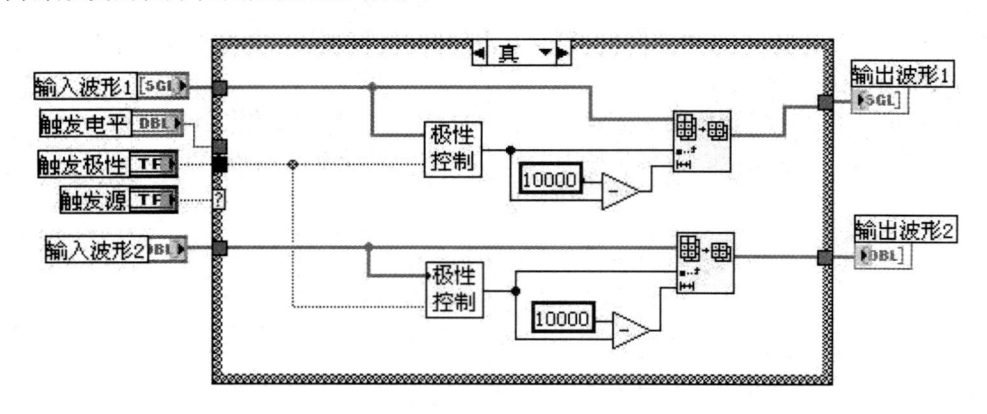

图 8.15　内部触发的程序框图

程序设计中，主要利用"数组子集"函数索引出满足触发极性的数据序列，极性控制子 VI 根据选择的正、负触发极性，输出满足条件的元素的索引值。极性控制子 VI 的程序框图如图 8.16 所示。

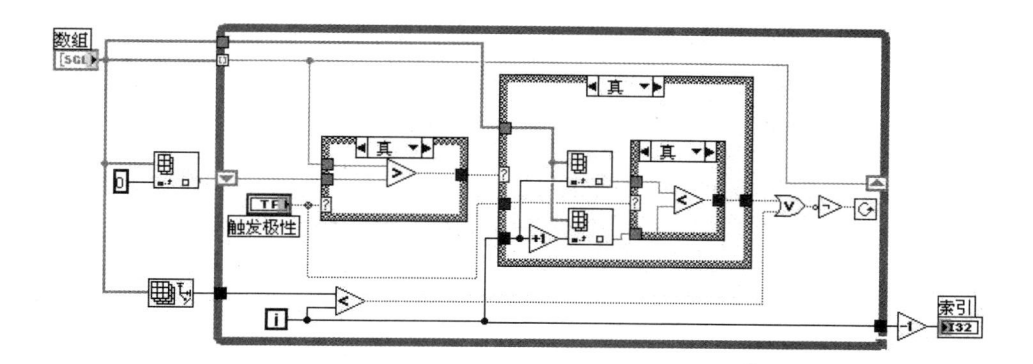

图 8.16 极性控制子 VI 的程序框图

外部触发的程序框图如图 8.17 所示。

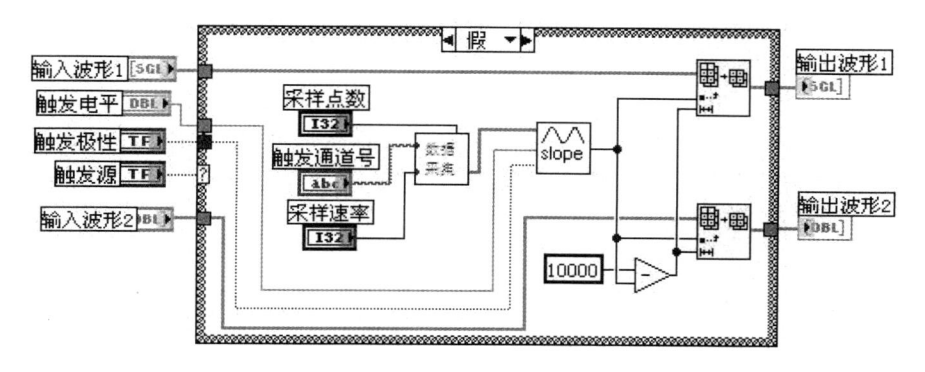

图 8.17 外部触发的程序框图

虚拟示波器中的触发同步与传统示波器的触发同步有相同的地方，也有不同的地方。基本方法是：从输入的双通道数据中选取一个通道的数据，并把这组数据与设定的某个作为触发电平的值进行比较，满足触发条件时，启动触发，并输出数组中对应元素的索引值。程序框图设计中用到了"数组子集"函数，该函数返回数组中从索引开始的指定长度的部分数组元素。其中，Slope 子 VI 的程序框图如图 8.18 所示。

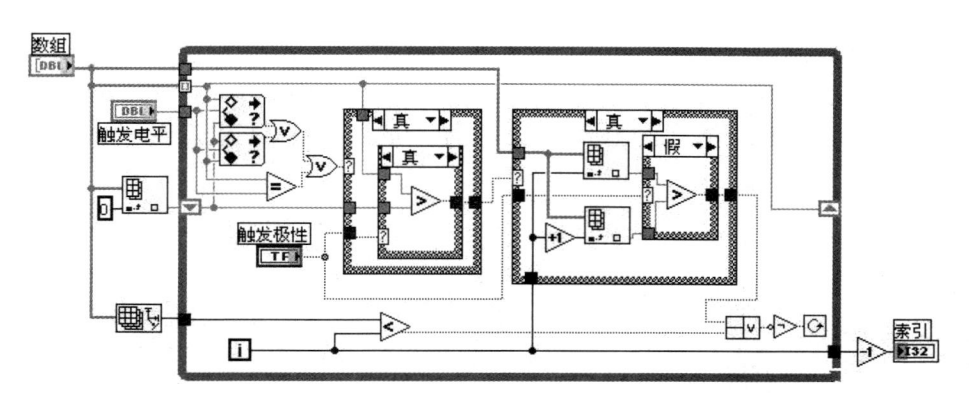

图 8.18 Slope 子 VI 的程序框图

Slope 子 VI 只有一个波形数组索引输出,该子程序根据触发电平的大小和触发极性进行触发。首先判断用户设置的触发电平大小是否在波峰和波谷范围内,在此范围内则进行触发,其原理如图 8.19 所示。对输入电压信号的第 i 点和 $i+1$ 点的值进行比较,正极性触发时,若第 i 点的值小于或等于触发电平,同时第 $i+1$ 点的值大于触发电平,则第 i 点为触发点,将此值送入触发控制子程序后的"数组子集"函数的"索引"端口,每次采集数据后,都从触发点开始提取子数组,实现波形的同步显示。负极性触发时,与之相反。

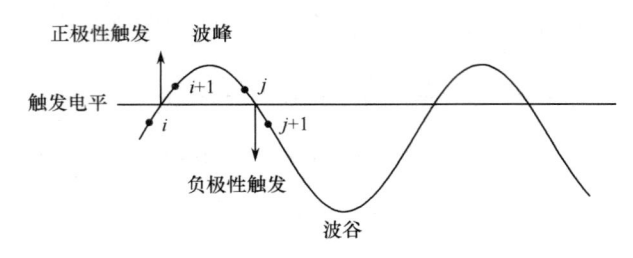

图 8.19 正、负极性触发的原理

(3)波形显示模块

波形显示模块负责显示波形,并且可以通过名为垂直灵敏度和时基的旋钮分别来动态控制 Y 轴量程和 X 轴量程,同时根据通道的选择(A,B,A&B)相应显示对应的波形。设计方法主要是通过图形控件的"属性"函数来实现。

垂直灵敏度的控制采用条件结构,包含 11 个分支,分别对应前面板上旋钮的 11 个挡位(2.5V/div、2V/div、1.5V/div、1V/div、0.5V/div、0.25V/div、0.1V/div、50mV/div、25mV/div、10mV/div、5mV/div)。当置于不同挡位时,可改变波形垂直方向的灵敏度。垂直灵敏度控制的旋钮和程序框图如图 8.20 所示。

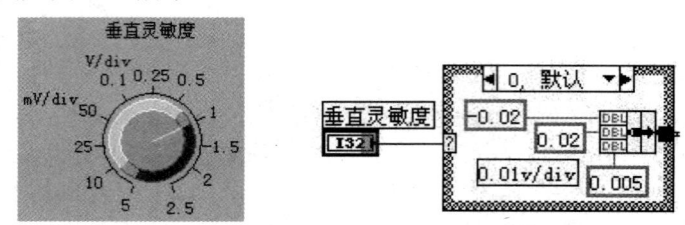

图 8.20 垂直灵敏度控制的旋钮和程序框图

同样,时基控制也采用条件结构,包含 12 个分支,分别对应前面板上旋钮的 12 个挡位(50ms/div、25ms/div、10ms/div、5ms/div、2.5ms/div、1ms/div、500μs/div、250μs/div、100μs/div、50μs/div、25μs/div、10μs/div)。当置于不同挡位时,可改变波形的扫描速率。时基控制的旋钮和程序框图如图 8.21 所示。

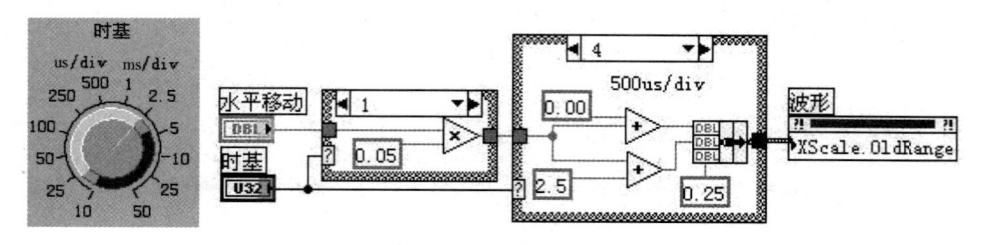

图 8.21 时基控制的旋钮和程序框图

虚拟示波器的波形显示模式有两种：A-B-A&B 模式和 XY 模式。两种显示模式的选择程序框图如图 8.22 所示。

波形数据是 LabVIEW 的一种数据类型，以簇的形式给出，包括起始时间 t_0、采样时间 dt 和一个由采样数据构成的数组。当选择 A-B-A&B 模式时，通过通道选择滑动杆，可以任意显示某一通道或两个通道输入信号的波形；选择 XY 模式时，当两个通道都处在选通状态时，使用此模式来显示李莎育图形。

（4）参数测量模块

参数测量模块主要是完成虚拟示波器输入信号的峰峰值和频率的测量。

输入信号的峰峰值测量主要利用了"数组最大值与最小值"函数，该函数可求出输入数组中的最大值和最小值，再将最大值减去最小值即可得到峰峰值。峰峰值测量的程序框图如图 8.23 所示。

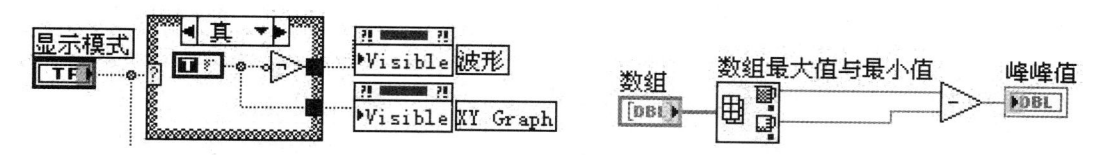

图 8.22　显示模式的选择程序框图　　　　图 8.23　峰峰值测量的程序框图

输入信号的频率测量程序框图如图 8.24 所示。

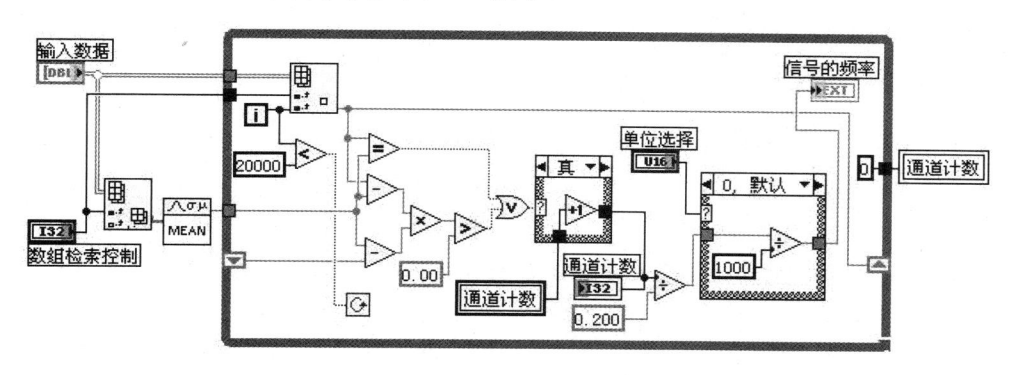

图 8.24　频率测量的程序框图

频率测量的方法是：利用【概率与统计】子选板中的"均值"函数计算出输入序列的均值，利用【数组】子选板中的"索引数组"函数索引出输入序列中的元素，并与均值比较，当输入序列中的元素值大于或等于均值就进行通道计数，即求出输入波形正半周的频率值。然后，再将正半周的频率值除以 2，即可得到输入信号的频率。频率单位可选择 Hz 或 kHz。

（5）虚拟示波器的前面板设计

虚拟示波器的前面板如图 8.25 所示。

在前面板的右侧区域，放置了物理通道选择控件，用来选择 A、B 通道的通道号；放置了 2 个旋钮控件，用来调节垂直灵敏度和时基；放置了 2 个水平滑动杆控件，用来显示波形的水平移动和触发电平；放置了 4 个垂直滑动杆控件，用来调节 A、B 通道显示波形的垂直移动和耦合方式。

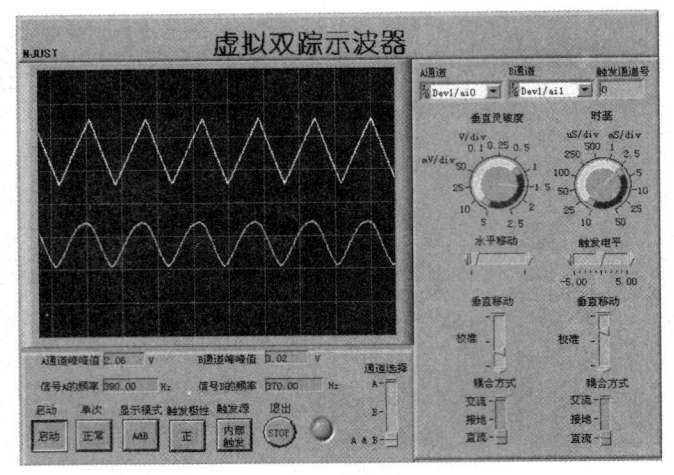

图 8.25 虚拟示波器的前面板

在前面板的左侧区域，放置了波形图显示控件和 XY 图显示控件，用来显示两种模式下的波形；放置了 1 个垂直滑动杆控件，用来选择显示通道；放置了 4 个数值显示控件，用来显示 A、B 通道的峰峰值和频率测量值，频率显示单位可选择 kHz 或 Hz；放置了 5 个开关控件，用来控制示波器的启动、触发方式、显示模式、触发极性、触发源等。

当选择 A&B 显示模式时，双通道测量波形如图 8.25 所示。图中，同时显示了 A、B 通道的峰峰值和频率测量值。

虚拟示波器除具有多种显示方式、数字显示测量结果等特点外，还可以在不改变或少量改变硬件的情况下，通过改变软件来扩展仪器功能。

8.4.3 基于声卡的数据采集与分析系统

数据采集的主要任务是将被测对象的各种参数经 A/D 转换后送入计算机，并对采集的信号做相应的处理。从数据采集的角度看，PC 声卡本身就是一个优秀的数据采集系统，它同时具有 A/D 和 D/A 转换功能，不仅价格低廉，而且兼容性好、性能稳定、灵活通用，软件特别是驱动程序升级方便。

如果利用声卡作为数据采集设备，可以组成一个低成本、高性能的数据采集系统。当然，它只适合采集音频信号，即输入信号的频率必须处于 20Hz～20kHz 范围内。如果需要处理直流或缓变信号，则需要其他技术的配合。

1．声卡的工作原理

声音的本质是一种波，表现为振幅、频率、相位等物理量的连续变化。声卡作为语音信号与计算机的通用接口，其主要功能就是将所获取的模拟音频信号转换为数字信号，经过音频芯片的处理，将数字信号转换为模拟信号输出。声卡的工作原理如图 8.26 所示。

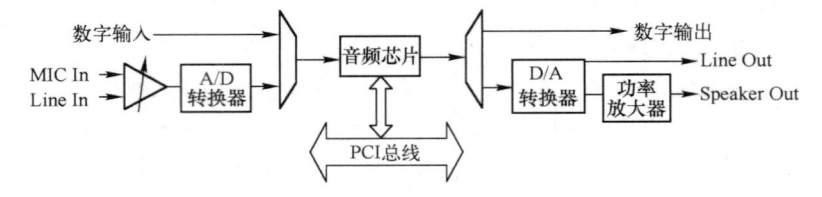

图 8.26 声卡的工作原理

声卡主要由A/D与D/A转换器、音频芯片、计算机总线和输入/输出等部分组成。

（1）输入/输出

一块声卡通常有Line In/Line Out、MIC In/Speaker Out两组输入/输出插孔及一个15引脚的MIDI接口。如果要输入外部音源的音乐，可以连接Line In插孔；若用麦克风来输入声音，就要连接MIC In插孔。这两种输入的差别在于信号的放大率不同，因为一般麦克风输入的信号较小，所以MIC In端的放大率会设计得较大，并且会配合麦克风的特性来进行修正。Line Out与Speaker Out的区别也大致相同，如果声卡输出的声音要通过具有功率放大功能的扬声器播出，使用Line Out就可以了；如果扬声器没有任何放大功能而且也没有使用外部放大器，建议最好使用Speaker Out输出。一般声卡的最大输出只有4W左右。

（2）A/D与D/A转换器

输入的模拟声源经过A/D转换器后会被转换成一系列的数字信号，而D/A转换器将数字化的声音信号转换成模拟信号，再经过音箱等播放装置播放出来。

（3）音频芯片

音频芯片的功能通常包括采样频率的控制，对声音的录制与播放控制，处理MIDI指令等。有些声卡的音频芯片还有声源数据压缩的功能。另外，如果声卡有混音芯片（Mixer Chip），则可以通过软件操作来对声音进行各种控制，例如，音量的高低控制、音场调整效果等。所以音频芯片是声卡中非常重要的芯片。

2. 声卡的主要技术参数

声卡的技术参数主要有采样频率、采样位数（即量化精度）等。

（1）采样频率

采样频率指每秒采集声音样本的数量。采样频率越高，记录的声音波形就越准确，保真度就越高，但采样数据量相应变大，要求的存储空间也越多。声卡的采样频率一般不是很高，因为它只处理音频信号。目前常见声卡的采样频率范围为44.1kHz～192kHz。

根据采样定理，采样频率应为被测信号频率的2倍以上，因此声卡的采样频率决定了被测信号的频率。

（2）采样位数

声卡的采样位数概念和数据采集卡的采样位数概念是一样的，指将声音从模拟信号转化为数字信号的二进制位数（bit）。它客观反映了数字声音信号对输入声音信号描述的准确程度。采样位数可以理解为声卡处理声音的解析度。这个数值越大，解析度就越高，记录的音质也就越高。例如，16位声卡把音频信号分为2^{16}=65536个量化等级来实施转换。

目前市面上几乎所有声卡的主流产品都是24位的，而一般数据采集卡大多数为12位，所以从这方面来讲，声卡的精度是比较高的。

（3）缓冲区

与一般数据采集卡不同，声卡面临的D/A和A/D转换通常都是连续状态。为了节省资源，计算机的CPU并不是在每次声卡D/A或A/D转换结束后进行一次中断并交换数据，而是采用缓冲区的工作方式。在这种工作方式下，声卡的A/D或D/A转换器对某一缓冲区进行操作。以输入声音的A/D转换器为例，音频芯片将采集到的数据存放在缓冲区中，待缓冲区存满时，发出中断给CPU，CPU响应中断后，一次性将缓冲区内的数据全部读走。因计算机总线的数据传输速率非常高，读取缓冲区中的数据所用的时间极短，这样不会影响A/D转换的连续性。

缓冲区的工作方式大大降低了 CPU 响应中断的频度，节省了系统资源。

一般声卡使用的缓冲区长度默认值为 8KB（8192 字节）。

目前一般声卡的最高采样频率可达 192kHz，采样位数可达 24 位甚至 32 位，声道数为 2，即立体声双声道，可同时采集两路信号，需要时还可选用多路输入的高档声卡或配置多块声卡。

3. LabVIEW 中对声卡操作的函数

LabVIEW 提供了一系列使用 Windows 底层函数编写的与声卡有关的函数，这些函数位于 LabVIEW 函数选板的【编程】→【图形与声音】→【声音】子选板中，如图 8.27 所示。

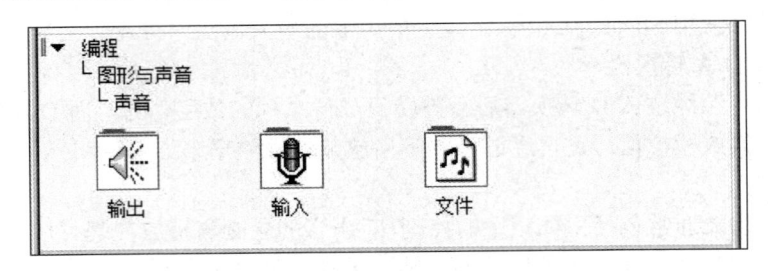

图 8.27　【声音】子选板

【声音】子选板包括声音输出函数、声音输入函数和声音文件函数。

（1）声音输出函数

声音输出函数位于【输出】子选板，如图 8.28 所示。

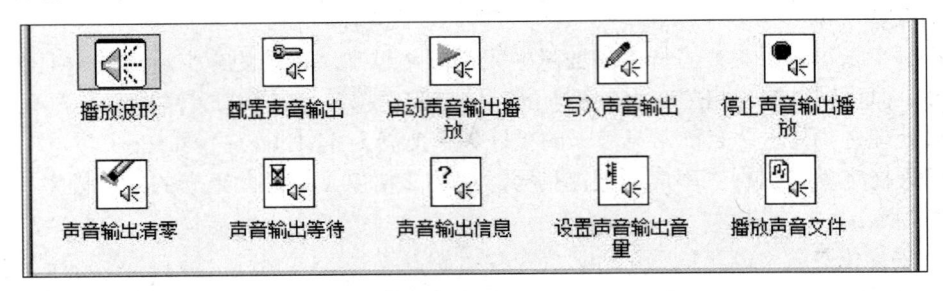

图 8.28　【输出】子选板

【输出】子选板主要包括对声卡输出的控制函数，如配置声音输出、写入声音输出、声音输出清零等。声音输出操作的一般顺序为：打开声音文件→配置声音输出→写入声音输出→声音输出清零。

（2）声音输入函数

声音输入函数位于【输入】子选板，如图 8.29 所示。

图 8.29　【输入】子选板

【输入】子选板主要包括对声卡输入的控制函数，如配置声音输入、读取声音输入、声音输入清零等。声音输入操作的一般顺序为：配置声音输入→读取声音输入→声音输入清零。

（3）声音文件函数

声音文件函数位于【文件】子选板，如图8.30所示。

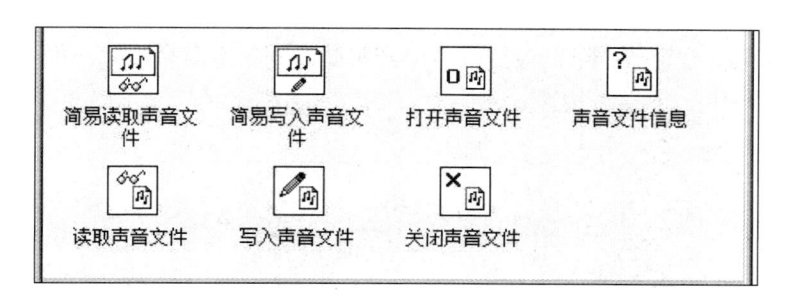

图8.30 【文件】子选板

【文件】子选板主要包括对声音文件操作的函数，如读取声音文件、写入声音文件、关闭声音文件等。对声音文件的操作与一般的文件I/O操作相同，顺序为：打开声音文件→读取/写入声音文件→关闭声音文件。

4．基于声卡的数据采集与分析系统构成

基于声卡的数据采集与分析系统主要由传感器、信号预处理电路、声卡、计算机及应用程序等部分构成，如图8.31所示。

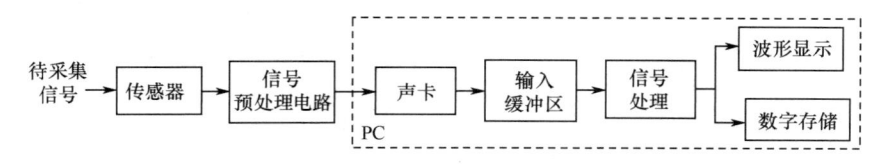

图8.31 基于声卡的数据采集与分析系统构成

首先利用传感器将各种待采集信号转换为模拟电信号，然后通过信号预处理电路对模拟电信号进行预处理，使其满足声卡所要求的信号特征。声卡一般有 Line In 和 MIC In 两个信号输入插孔，输入信号可通过这两个插孔连接到声卡。若由 MIC In 输入，由于有前置放大器，容易引入噪声且会导致信号过负荷，故推荐使用 Line In，其噪声干扰小且动态特性良好。声卡被测信号的引入应采用音频电缆或屏蔽电缆以降低噪声干扰。若输入信号电平高于声卡所规定的最大输入电平（±1V），则应在声卡输入插孔和被测信号之间配置一个衰减器，将被测信号衰减至不大于声卡的最大输入电平，以便对声卡的输入电路进行保护；否则一旦输入过载，极易损坏声卡。

图8.32为实际应用的一种衰减电路，压敏电阻10K560实际上是一种伏安特性呈非线性的敏感元件，在正常电压条件下，相当于一个小电容，而当电路出现过电压时，它的内阻急剧下降并迅速导通，其工作电流增加几个数量级，从而有效地保护了电路中的其他元器件不致过压而损坏。保护二极管最好用1.5V的瞬态抑制二极管（TVS）或稳压管。瞬态抑制二极管又叫钳位二极管，是普遍使用的一种高效能电能保护器件，其外形与普通二极管相同，能

有效地吸收浪涌功率。它的特点是在反向工作条件下，当承受一个高能量的大脉冲时，其工作阻抗立即降至极低的导通值，从而允许大电流通过，同时把电压钳位在预定的水平，其响应时间仅为10～12ms，因此可有效保护电路中的精密元器件。不推荐使用普通二极管串联的方式，这是因为普通二极管的高频特性差。因工作于交流状态，需两只瞬态抑制二极管反向串联。电路中的电位器可以用带刻度的精密电位器，建议不要用多圈线绕式电位器，因其电感量大，易使高频信号衰减严重。最好用多段开关配合固定电阻来构成，如用优质的多段音量电位器。

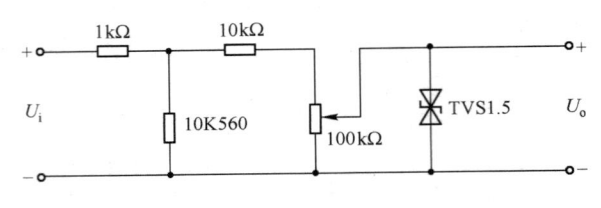

图 8.32 衰减电路

基于声卡的数据采集与分析系统的关键是应用程序的编写，实现数据采集、处理、存储、回放与分析等功能。

5．声音信号的采集与存储

利用 LabVIEW 和声卡，可采集由声卡的 MIC In 端输入的音频信号，并保存成声音文件。声音信号采集与存储的前面板和程序框图如图 8.33 所示。

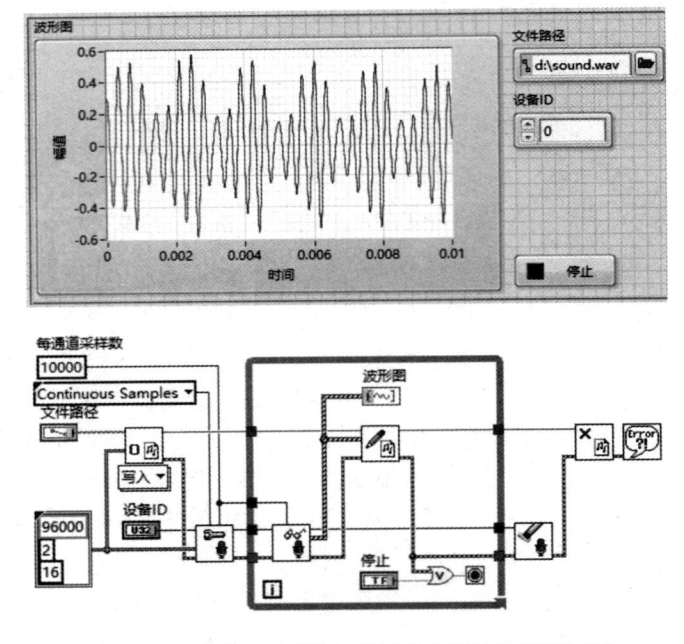

图 8.33 声音信号采集与存储的前面板和程序框图

程序设计中，调用了声音【输入】子选板中的"配置声音输入""读取声音输入""声音输入清零"函数来设计音频信号的采集程序。其中，"配置声音输入"函数配置声卡，并进行数据采集，采样频率设置为96kHz、通道数为2（立体声双声道输入）、采样位数为16位、采样模式为连续采样、缓冲区中每通道的采样点数为 10000;"读取声音输入"函数用于从缓冲区连续读取数据,指定每通道从缓冲区读取的采样点数为 10000;"声音输入清零"函数用于停止采集、清除缓存,并清除与任务相关的资源。同时,为了存储采集的音频信号,调用了声音【文件】子选板中的"打开声音文件""写入声音文件""关闭声音文件"函数。其中,"打开声音文件"函数用来创建待写入的新.wav 文件,"写入声音文件"函数将来自声卡采集的波形数组的数据写入.wav 文件,"关闭声音文件"函数关闭.wav 文件。注意:要将"打开声音文件"函数下拉选项改为"写入"。

运行该程序后,可在前面板的波形图上看到由传声器输入的声音信号波形,同时,可保存为音频文件。该音频文件可利用 Windows Media Player 软件播放。

通过本例可以看出,利用 PC 声卡作为数据采集卡,构成声音信号的采集与分析系统实现起来非常简单快捷。

6. 声音信号的功率谱分析

对采集到的声音信号进行功率谱分析的前面板和程序框图如图 8.34 所示。

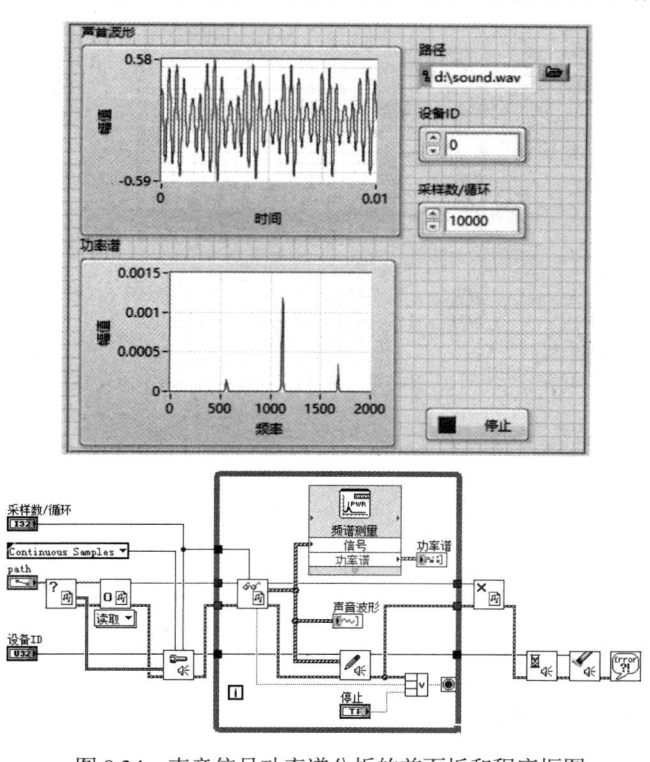

图 8.34 声音信号功率谱分析的前面板和程序框图

程序设计中,为了读取指定文件的声音信息,利用声音【文件】子选板中的"声音文件信息""打开声音文件""读取声音文件""关闭声音文件"函数编写了读声音文件程序;并通过声音【输出】子选板中的"配置声音输出""写入声音输出""声音输出等待""声音输出清零"函数设计了声卡的双声道模拟输出程序;对声音信号的功率谱分析,则由 LabVIEW 函数选板的【Express】→【信号分析】子选板中的"频谱测量"函数来实现。

对声音信号进行功率谱分析的运行界面如图 8.34 中的前面板所示。

7．利用声卡产生模拟信号输出

要实现将计算机中存储的数据信息或产生的一段数字信号输出到计算机外，可利用声卡的 D/A 转换器将数字信号转换为模拟信号输出。

例如，利用计算机声卡输出连续正弦波与三角波模拟信号的 VI 如图 8.35 所示。

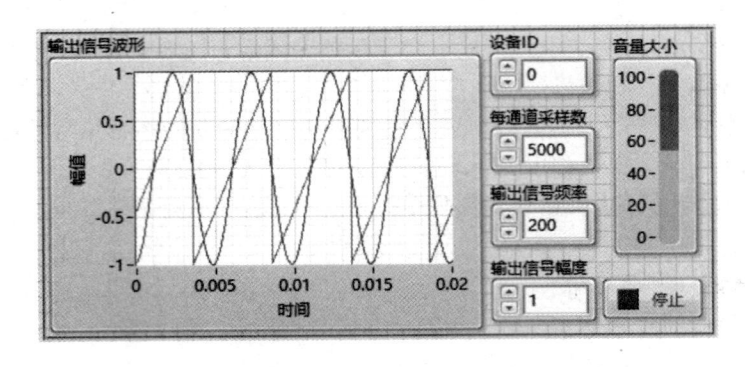

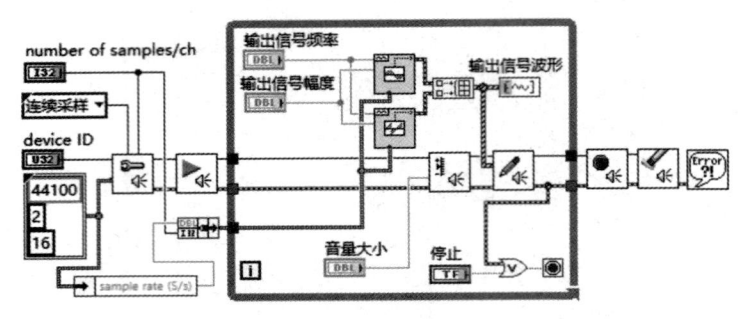

图 8.35 利用计算机声卡输出连续正弦波与三角波模拟信号的 VI

在 VI 设计中，利用声音【输出】子选板中的"配置声音输出""启动声音输出播放""设置声音输出音量""写入声音输出""停止声音输出播放""声音输出清零"函数，设计了声卡双声道模拟信号输出程序；并通过调用【波形生成】子选板中的"正弦波形"和"锯齿波形"函数，在计算机中仿真产生一段正弦波和锯齿波，以这两路波形为元素创建波形数组，赋给"写入声音输出"函数的数据输入端，该函数将输入数据写入声卡内部缓冲区，并通过声卡的 D/A 转换器将数据信号转换为模拟信号输出。对于多声道声音数据，数据是波形数组，其中的每个元素即一个声道。

运行该 VI 后，可在前面板波形图控件上显示出连续产生的正弦波和三角波，如图 8.35 的前面板所示，同时计算机声卡的 Line Out 会输出这两路模拟信号，可外接示波器观看这两路波形。

8.4.4 基于 NI myDAQ 的音频信号处理系统

随着科技的进步和多媒体技术的不断发展，人们对音乐品质的追求越来越高。音频信号处理作为提升音乐聆听效果的一种技术，可用来对原始的声音添加各种效果，改变音色，提升音乐的感染力和表现力。因此，合理地设计音频信号处理系统，对满足人们的需求具有十分重要的意义。

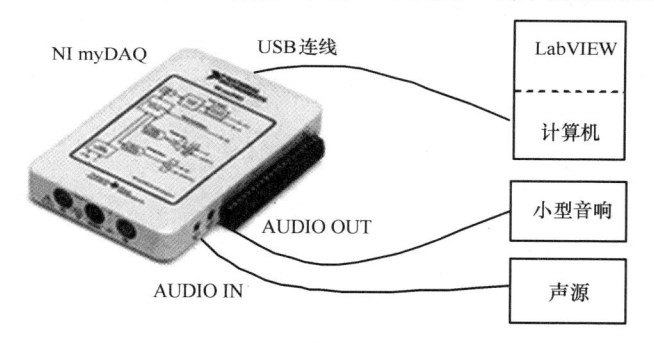

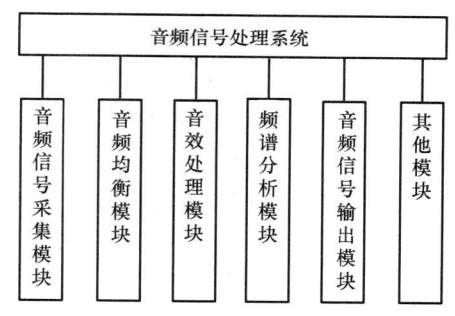

1. 基于 NI myDAQ 的音频信号处理系统硬件结构

NI myDAQ 有 2 个模拟输入通道，可配置为音频输入。在音频模式下，两个通道分别表示左、右立体声通道电平输入。同样，myDAQ 的 2 个模拟输出通道可配置为音频输出，在音频模式下，这两个通道分别表示左、右立体声信号输出。因而，可利用 myDAQ 作为音频信号的采集与输出设备，构成音频信号处理系统。基于 NI myDAQ 的音频信号处理系统硬件结构如图 8.36 所示。

图 8.36 中，声源（如 iPad、手机等）的音频输出线连接至 myDAQ 的音频输入接口（AUDIO IN），myDAQ 的音频输出接口（AUDIO OUT）与小型音响（扬声器、耳机等）相连，myDAQ 的 USB 接口与计算机的 USB 接口连接。其工作过程为：计算机利用 LabVIEW 编写音频信号采集程序，控制 myDAQ 采集外部声源信号，LabVIEW 对采集的信号进行处理，获得理想的声音处理效果后，通过 myDAQ 的音频输出接口将处理之后的信号进行 D/A 转换后输出，再通过小型音响收听处理后的音频信号。这样就可基于 myDAQ 和 LabVIEW 构成一个在线实时音频信号处理系统。

2. 音频信号处理系统软件设计

音频信号处理系统的软件采用模块化设计，主要包括音频信号采集、音频均衡、音效处理、频谱分析和音频信号输出等模块，软件功能框图如图 8.37 所示。

图 8.36 基于 NI myDAQ 的音频信号处理系统硬件结构   图 8.37 音频信号处理系统软件功能框图

（1）音频信号采集模块

音频信号采集模块的主要功能是将声源输出的模拟音频信号转换为数字音频信号，便于计算机进行处理。程序设计中，可利用 LabVIEW 函数选板的【Express】→【输入】子选板中的"DAQ 助手"来实现信号采集。配置过程为：选择 DAQ 助手后，在打开的 DAQ 助手任务配置界面中，选择【采集信号】→【模拟输入】→【电压】，将弹出如图 8.38 所示的物理通道选择界面。图中，选择"audioInputLeft"（myDAQ 音频输入接口的左声道），单击【完成】按钮，将出现如图 8.39 所示的 DAQ 助手参数设置界面。

在图 8.39 中，设置输入信号范围为±2V（音频信号的幅值过大，会对人耳造成伤害）、采样模式为连续采样、待读取采样为 20kHz、采样频率为 100kHz。配置完左声道后，单击通道设置下的"+"号，在弹出的"添加通道至任务"界面中，选择"audioInputRight"（myDAQ 音频输入接口的右声道），单击【确定】按钮，可看到在通道设置下增加了一个音频信号采集通道，可同左声道的设置参数一样配置右声道。另外，也可通过单击通道设置下的"详细信息"，查看两个通道的详细配置信息。左、右两个声道配置完成后，单击【确定】按钮，即可完成 DAQ 助手的参数设置。

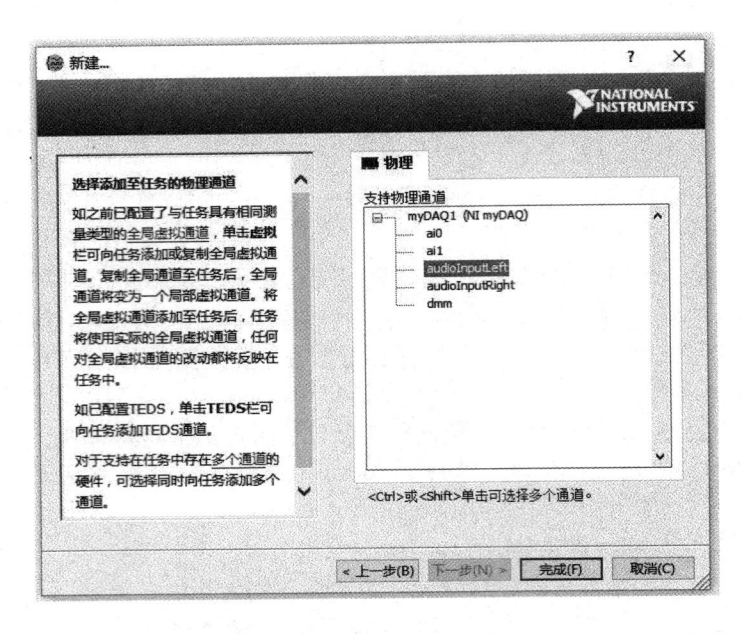

图 8.38　物理通道选择界面

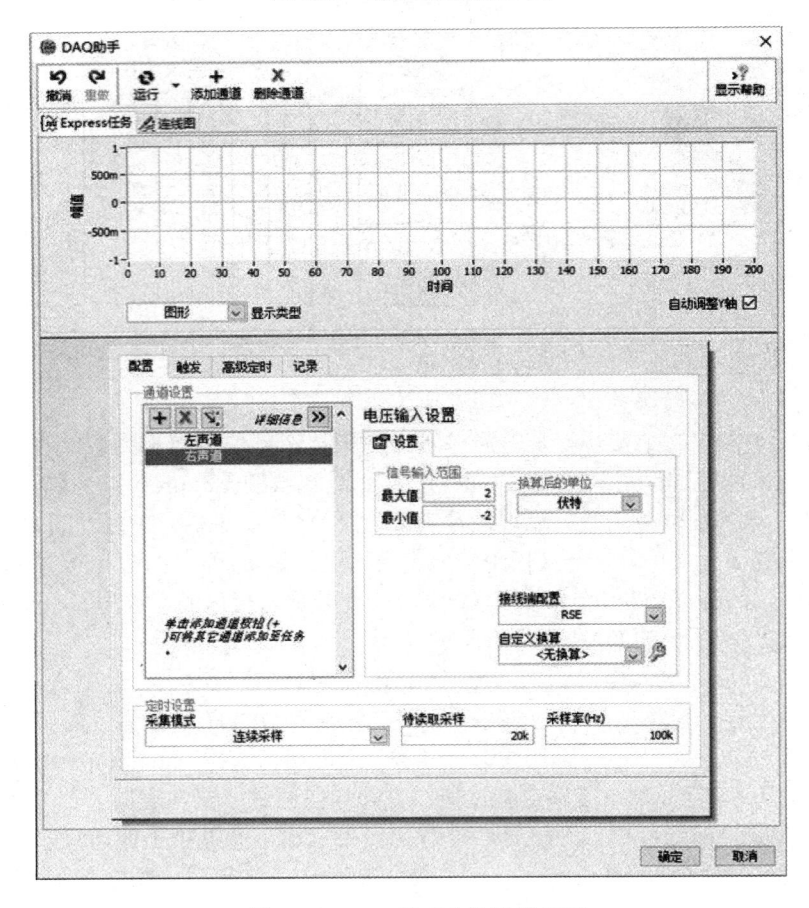

图 8.39　DAQ 助手参数设置界面

（2）音频均衡模块

均衡的作用是让人们更加方便地根据自己的听音习惯对音乐进行调整，以补偿和修饰各种声源。为了补偿和修饰各种声源或其他特殊作用，一般对低频段、中频段、高频段的不同听觉效果进行改变，达到听觉效果要求。对声音进行处理，其实质就是对不同频率信号进行处理，以得到想要的结果。利用 LabVIEW 实现音频均衡的程序框图如图 8.40 所示。

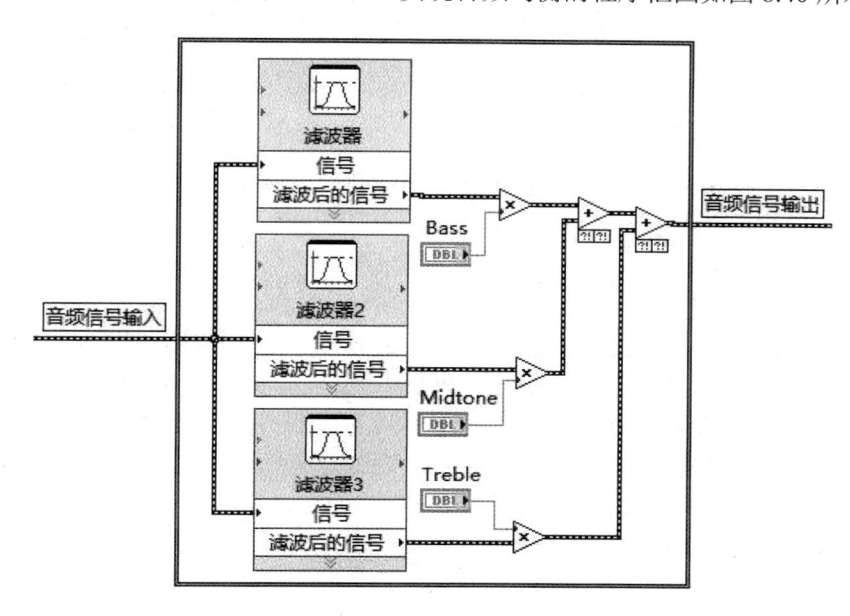

图 8.40　音频均衡程序框图

音频均衡主要使用滤波器进行滤波，得到不同频率的声音信号成分，将其叠加就可以获得整体的声音。程序设计中，对 myDAQ 采集的左、右声道音频信号利用了 3 个滤波器（位于【Express】→【信号分析】子选板中），将音频信号分割至低频、中频、高频 3 个频段。每个频段代表的听觉感受不同，音乐信号的均衡就是基于不同频率对于人耳的感觉不同来实现的。在信号被分开之后，3 个频段的音频分量通过前面板上的相应控件 Bass、Midtone、Treble 进行提升或衰减再求和，调节各频段信号的强弱，实现均衡处理。

（3）音效处理模块

所谓音效处理就是对音频信号进行各种效果处理，改变音乐聆听效果。比如，为了削弱人声，增强伴奏声，就可通过音效处理来实现。在混合录音时，通常将人声的轨迹平均混合到歌曲伴奏中，也就是说，人声的声波波形在歌曲的两个声道是相同或者相似的，因此，可以采取两个声道相减的办法来削弱立体声歌曲中的人声。利用 LabVIEW 编写的削弱人声的音效处理程序框图如图 8.41 所示。

当前面板上的音效按钮被按下时，程序中的"选择"节点将选择左、右声道相减后的结果输出，起到削弱人声、相对增强伴奏声的效果。

（4）频谱分析模块

程序设计中，主要运用了函数选板的【Express】→【信号分析】子选板中的"频谱测量"函数来实现频谱分析。配置过程为：选择"频谱测量"函数后，在弹出的配置频谱测量界面中选择测量功率谱、线性、Hamming 窗，单击【确定】按钮。完成配置后的频谱测量 VI 如图 8.42 所示。

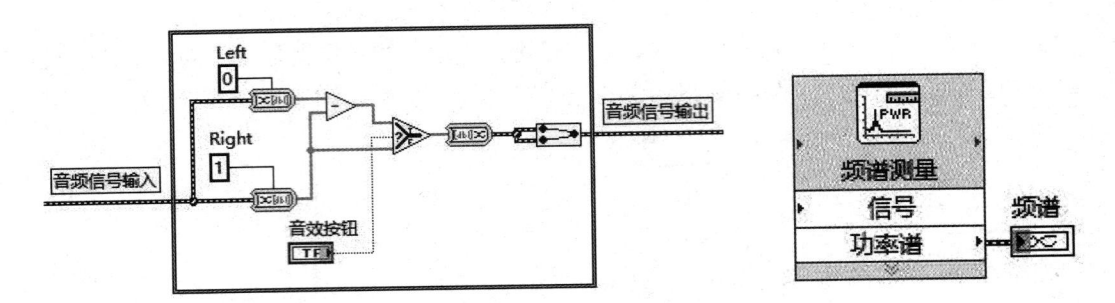

图 8.41　削弱人声的音效处理程序框图　　　　图 8.42　完成配置后的频谱测量 VI

（5）音频信号输出模块

音频信号输出模块的功能是将音频信号处理后的数字音频信号转换为模拟音频信号输出。程序设计中，利用了函数选板的【Express】→【输出】子选板中的"DAQ 助手"来实现信号转换。配置过程与输入 DAQ 助手的配置过程类似，只是在打开的 DAQ 助手任务配置界面中，选择【生成信号】→【模拟输出】→【电压】，在物理通道选择界面中，选择"audioOutputLeft"和"audioOutputRight"两个 myDAQ 的音频输出接口的左、右声道。

基于 NI myDAQ 的音频信号处理系统总体程序框图如图 8.43 所示。

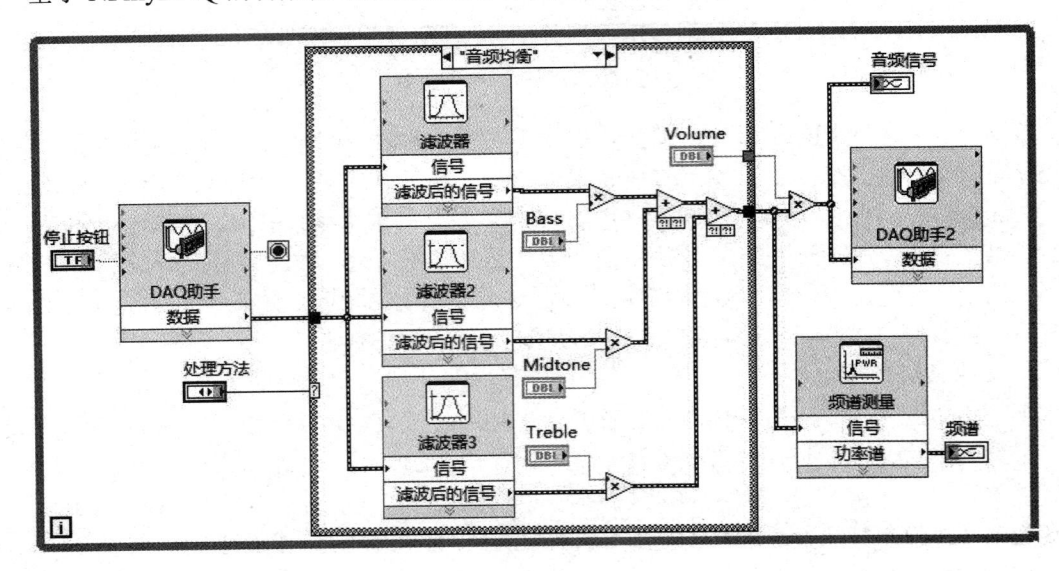

图 8.43　音频信号处理系统总体程序框图

总体程序可根据选择的音频处理方法，在线循环采集、处理与输出音频信号。若按下停止按钮，将停止程序执行。例如，若选择的音频处理方法为音频均衡，其运行结果如图 8.44 所示。通过调节前面板上的 Bass、Midtone、Treble 及 Volume 拉杆，可改变音频信号的输出效果。

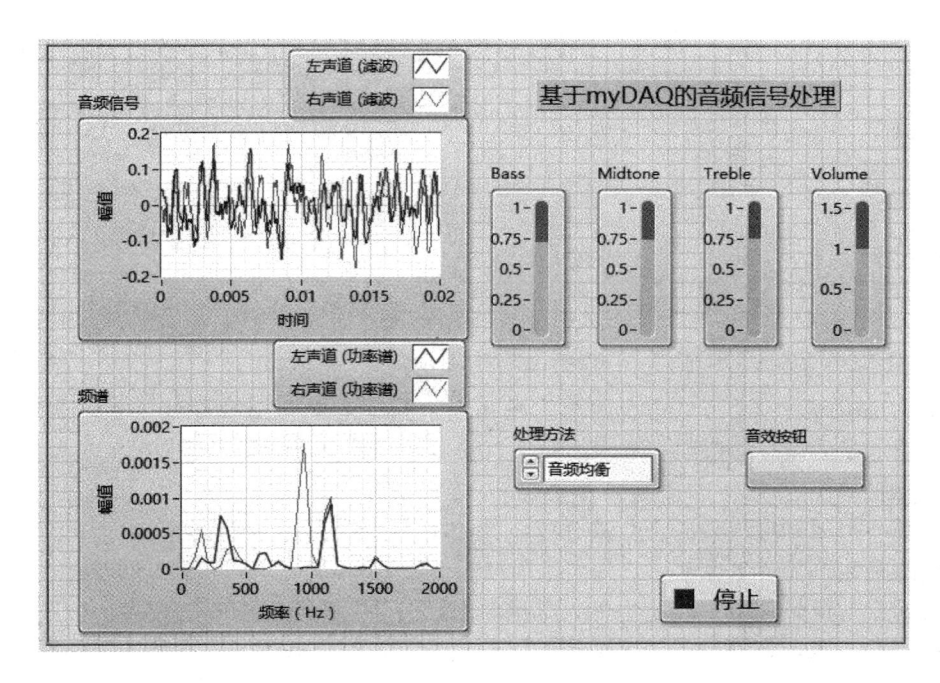

图 8.44　选择音频均衡运行的前面板

8.4.5　基于虚拟仪器的电能质量监测系统

随着我国国民经济和工业技术的快速发展，各行业对电力系统供电质量的要求越来越高，一方面由于用电负荷日趋复杂化和多样化，特别是干扰性负荷，如各种电力整流设备、电弧炉、大容量调速电机、无功补偿等电力电子装置和非线性设备的不断涌入，使电力系统的电能质量受到严重影响和威胁；另一方面，随着高新技术的迅猛发展，许多设备和装置都带有基于计算机的控制器和功率电子器件等，与传统设备不同，这些设备和装置对电能质量的变化非常敏感，电能质量的瞬间变化就可能造成巨大的经济损失。

另外，在市场运行机制下，电能质量作为商品的主要属性，将直接与价格及服务质量相联系。因此，不论是发电方、供电公司还是用户，都对电能质量给予了越来越多的关注。

为了保证电力系统的安全和用户用电的可靠性，需要对电能质量进行监测和分析，以提供整改方案，加强防范措施，限制强干扰源（如谐波源等），从而保证电力系统安全、可靠、经济地运行。

1．电能质量指标及其测量方法

电能质量指标是电能质量各个方面的具体描述，不同的指标有不同的定义。我国制定的电能质量指标主要包括 5 项：电压偏差、频率偏差、谐波、电压波动和闪变、三相不平衡度。其中电压偏差取决于电网的无功运行状况，频率偏差取决于供求关系的平衡，而后三者则不仅与电力系统有关，而且受用户负荷特性的影响。

（1）电压偏差

供电电压偏差是指电力系统电压缓慢变化时实测电压与额定电压之差，通常指电压变化率小于每秒 1%时的实测电压与额定电压之差，即

$$电压偏差 = \frac{实测电压 - 额定电压}{额定电压} \times 100\%$$

电压偏差一般是由线路的电压损耗造成的。电压偏差超标对用电设备和电网稳定及经济运行都有十分严重的影响。

（2）频率偏差

电力系统频率是指单位时间内电信号周期性运行的次数，所谓频率偏差是指电力系统频率的实际值和额定值（工频）之差，即

$$频率偏差 = f - f_N$$

式中，f 为实际供电频率（Hz），f_N 为供电网的额定频率（Hz）。

由于系统电压波形中可能含有谐波、噪声及大扰动时的暂态高频噪声污染，所以电力系统频率的测量必须排除谐波和噪声污染，以及暂态高频噪声污染，这是频率测量的难点。

（3）谐波

谐波是一个周期电气量的正弦波分量，其频率为基波频率的整数倍。由于谐波的频率是基波频率的整数倍，所以也常称它为高次谐波。

波形畸变现象的产生主要是由于大容量电力设备和用电整流或换流设备，以及其他非线性负荷造成的。当正弦基波电压施加于非线性负荷时，负荷吸收的电流与施加的电压波形不同，畸变的电流回流到系统中，将在阻抗上产生电压降，因而产生畸变电压，而畸变电压将对所有负荷产生影响。正常的 50Hz 线路的电压是一个很好的正弦波，当谐波出现时，波形会明显失真，即使谐波含量不高，不至于产生严重的危害，但也会使电力系统的功率因数下降。

实际应用中，对三相电压和三相电流实现无时延同步采样，采样数据通过 FFT 算法，求出各次谐波的电压、电流的幅值和相位，并计算出各次谐波含有率和总谐波畸变率。

n 次谐波含有率为

$$HRU_n = \frac{X_n}{X_1} \times 100\%$$

总谐波畸变率为

$$THD = \sqrt{\sum_{n=2}^{\infty} \left(\frac{X_n}{X_1}\right)^2} \times 100\%$$

式中，X_1 和 X_n 分别表示基波和各次谐波电压或电流的幅值。

（4）电压波动和闪变

电压波动是由于部分负荷在正常运行时出现冲击性功率变化，造成实际电压在短时间内较大幅度地波动，并且连续偏离额定电压，所以也称为快速电压变动。

电压波动取单位时间（1min）内各个周期测量的电压有效值（均方根值）的两个极值 U_{max} 和 U_{min} 之差，与其额定电压 U_N 的百分数表示，即

$$d = \frac{U_{max} - U_{min}}{U_N} \times 100\%$$

电压波动常会引起许多电气设备不能正常工作。一般来说，因计算机和控制设备容量小且能加装成本较低的抗干扰设施，故不需要特别关注。

电力系统中瞬时耗电较大的负荷会引起电压的重复性波动（0.5～30Hz），影响灯光的强

度，造成的这种现象通常被称为闪变。

电压闪变不仅与电压波动的大小有关，而且与波动的频率及人的视觉等有关。为此，由 ΔU_{10} 值来衡量电压闪变的强度，其大小为

$$\Delta U_{10} = \sqrt{\sum a_f^2 \Delta U_f^2}$$

式中，a_f 是电压调幅波中频率为 f 的正弦分量的视感加权系数；ΔU_f 是电压调幅波中频率为 f 的正弦分量 1min 的均方根值，以额定电压的百分数表示。

（5）三相不平衡度

三相交流电力系统的三相相量大小相等、频率相同且互差 120°时，称为三相对称系统，否则称为三相不对称系统，此时三相相量中有正序分量和负序分量，把负序分量有效值与正序分量有效值之比称为三相不平衡度。三相系统不对称的原因是：电力系统三相负载及元器件参数往往很难做到完全对称；另外，当三相系统发生一相（或两相）短路（或断线）故障时，也会造成系统的不对称。

三相系统的不对称情况对电力系统的发、输、变、配、用等设备的运行都有危害，因此必须加以限制和改善。

在研究三相不对称系统时，广泛使用对称分量法，即将任何一组不对称的三相相量（电压或电流）分解成相序各不相同的三相对称的三相相量。以三相电压为例，三相电压畸变不对称时，对于三相四线制电路，电压中除含有谐波分量外，还含有正序、负序、零序分量。对于三相三线制电路，只含有正、负序分量，三相电压的不平衡度为

$$\varepsilon = \frac{U_2}{U_1} \times 100\%$$

式中，U_1 是三相电压正序分量的有效值，U_2 是三相电压负序分量的有效值。

2. 硬件设计

电能质量在线监测所需的原始信号是供电系统一次侧电压和电流，其中额定电压输出一般为 100V，电流为 5A，这样的信号并不能直接进行 A/D 转换，而是需要一个信号调理电路将其转换到数据采集卡适合的范围之内，然后才能送入计算机进行下一步的分析与处理。因此，基于虚拟仪器的电能质量监测系统的硬件部分主要由传感器、信号调理电路（此时采用抗混叠低通滤波器）、数据采集卡（A/D 采集卡）和计算机（PC）等组成，其硬件结构框图如图 8.45 所示。

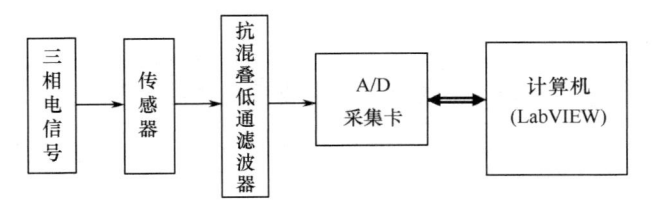

图 8.45 电能质量监测系统的硬件结构框图

电能质量监测系统的工作原理为：测试时，从电压互感器和电流互感器的次级引入输入信号，形成适宜于 A/D 转换器处理的电压信号，经过抗混叠低通滤波器，滤去高频的干扰噪声，再经过采样/保持、A/D 转换，将采集数据送 PC 处理，最终由 PC 完成计算分析、显示、存储及打印等功能。

（1）传感器

传感器使用 WBI1411S、WBV1411S 型电量隔离传感器。这类传感器采用特制隔离模块，对电网和电路中的交流电流、电压进行实时测量，将其变换为标准的跟踪电压输出。这类传感器把 3 只单相产品的电路组装在一起，具有高精度、高隔离、宽频响、低漂移、宽温度范围等特点。WBV1411S 的主要技术指标见表 8.1。

表 8.1　WBV1411S 的主要技术指标

项目名称	技术指标	项目名称	技术指标
精度等级	0.2 级	输出标称值	5V
线性范围	0~120%标称输入	辅助电源	±12~±15V
输入频响	25Hz~5kHz	静态功耗	60mW
响应时间	15μs	隔离耐压	>2.5kV DC，1 分钟
过载能力	2 倍标称输入值，可持续	温度漂移	1×10^{-4}/℃
负载能力	5mA	环境条件	0~50℃

WBV1411S 型电量隔离传感器的外部结构如图 8.46 所示。

图 8.46　WBV1411S 型电量隔离传感器的外部结构

（2）抗混叠低通滤波器

抗混叠低通滤波器的作用是滤除周期信号中 50 次谐波（2.5kHz）以上的高频成分，使输入 A/D 转换器的信号为有限带宽信号，并且以很小的衰减让各个有效频率信号通过，而抑制这个频带以外的频率信号，防止信号的频谱发生混叠及高频干扰。根据电能质量国家标准中对谐波测试仪器的要求，A 级仪器的频率测量范围为 0~2500Hz。本系统的频率测量范围以 A 级为标准，即分析到 50 次谐波，所以抗混叠低通滤波器的上限截止频率应为 2.5kHz，并且在带宽内特性曲线应尽可能平坦，当频率高于该截止频率时应尽可能快地衰减。工程上认为，若要保证 2.5kHz 频率以内的信号不受影响，就应让 $78f_1$（f_1 为被测信号的基频）频率以上的信号衰减到 30% 以下。从 Butterworth 低通滤波器频率特性曲线可知，四阶 Butterworth 低通滤波器就可满足上述要求。在此采用美国 MAXIM 公司的 MAX275 芯片，组成四阶低通滤波器，其原理电路如图 8.47 所示。

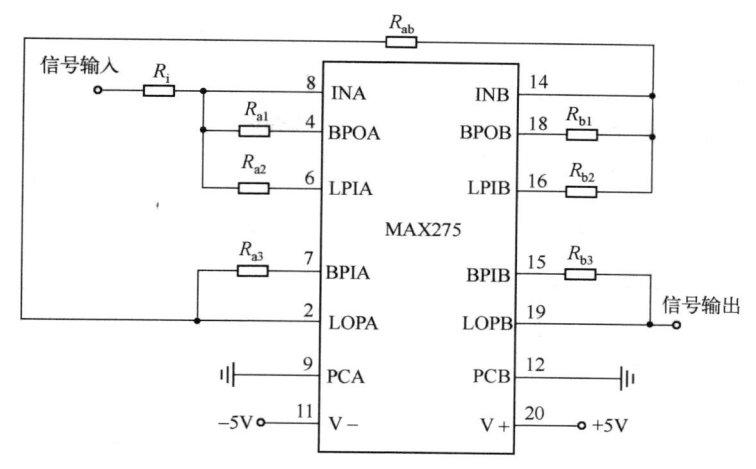

图 8.47　四阶低通滤波器的原理电路

MAX275 芯片包括两个独立的二阶连续时间有源滤波器，其中心频率范围为 100Hz～300kHz，中心频率精度可达±0.9%，谐波失真度不大于-86dB。在整个温度范围内，信噪比最大为 83dB。根据抗混叠低通滤波器的设计要求，可取截止频率为 2.8kHz、品质因数 Q 为 2.5 作为选择芯片的外接电阻的计算参考。具体计算方法可参考 MAX275 手册。

（3）A/D 采集卡

考虑到电力参数检测的实时性要求，A/D 采集卡选用 A/D 转换器 ADS7864 进行设计。

ADS7864 是一款高速、低功耗、内部 2.5V 基准电压、6 个数据寄存器和 1 个高速并行接口、6 通道同时采样的双 12 位逐次逼近型（SAR）A/D 转换器（ADC），工作温度范围为-40～+85℃。两个 A/D 转换器对应 3 对输入端，可以同时采样、转换，因此可以保证两个模拟输入信号的相对相位信息。ADS7864 主要应用于电机控制、三相电网检测与控制等领域，可同时满足系统的精度和实时性要求。ADS7864 的内部结构如图 8.48 所示。

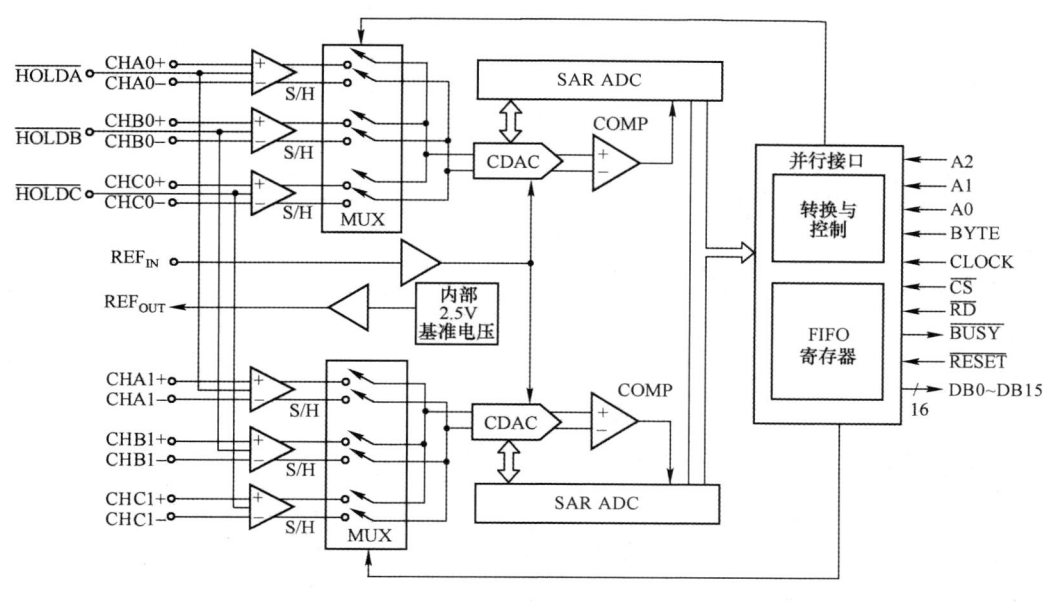

图 8.48　ADS7864 的内部结构

ADS7864 的输入端有 6 个宽频带（40MHz）采样/保持器（S/H）。采样/保持器采用差分输入，其共模抑制比达 80dB。6 个采样/保持器分为 3 组，分别为(CHA0，CHA1)、(CHB0，CHB1)、(CHC0，CHC1)，每组分别由采样/保持信号 $\overline{\text{HOLDA}}$、$\overline{\text{HOLDB}}$、$\overline{\text{HOLDC}}$ 控制。若 6 个采样/保持端连接在一起，则可同步采样 6 个通道的模拟输入，即可将 6 个通道的相对相位信息保存下来。这一特性特别适合三相电网参数等需要相对相位信息的模拟信号采样。

6 个采样/保持器的输出经 2 个模拟多路开关（MUX）后，进入 2 个分辨率为 12 位的逐次逼近型 A/D 转换器。A/D 转换器的基准电压可由内部电路提供，转换精度为 ±1LSB。当外部时钟为 8MHz 时，A/D 转换时间为 1.75μs，相应的采样时间为 0.25μs。因此，对双通道信号采样的最高速率为 500kHz。

ADS7864 提供一个功能丰富的并行接口电路，其内部 6 个 FIFO 寄存器用于保存 6 个通道的 A/D 转换结果。通过该接口电路，可以控制 ADS7864 的工作方式，检测 ADS7864 的工作状态，读出 ADS7864 的 A/D 转换结果等。

归纳起来，ADS7864 的主要特点为：
- 可实现 6 通道同步采样；
- 每通道采样时间仅为 2μs；
- 高共模抑制比的差分输入方式；
- 输出端有 6 个 FIFO 寄存器；
- 灵活的并行接口输出电路；
- 低功耗（5mW）。

电能质量监测系统中采用 ADS7864 所设计的 A/D 采集卡原理框图如图 8.49 所示。

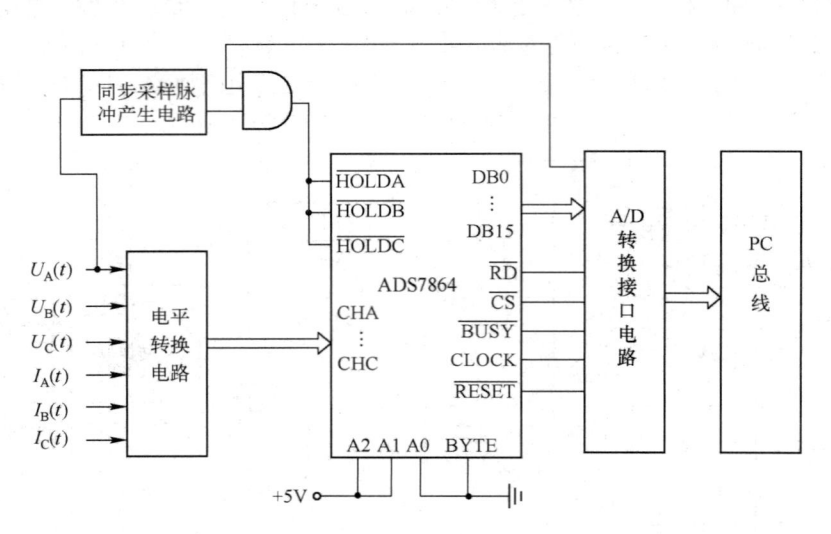

图 8.49　A/D 采集卡原理框图

① 电平转换电路

图 8.49 中的电平转换电路主要实现对输入的电压、电流信号的电平偏移，以满足 ADS7864 的输入要求。ADS7864 在 +5V 电源供电时，模拟输入电压极限范围为 −0.3～+5.3V。采用电平转换电路的目的就是将前端传感器输出的双极性信号（±5V）转换为 ADS7864 要求的模拟输

入电压。以单端输入为例,实现电平偏移的电平转换电路如图 8.50 所示。

电平转换的关系表达式为

$$V_{in} = \left(1 + \frac{R_4}{R_2}\right)\left(\frac{R_1}{R_1+R_3}V_{REF} + \frac{R_3}{R_1+R_3}V_i\right)$$

例如,当 ADS7864 的 V_{REF}=2.5V、双极性输入信号 V_i 为±5V 时,取 R_1=20kΩ,R_2=4kΩ,R_3=10kΩ,R_4=2kΩ,图 8.50 所示电路可将±5V 双极性输入信号转换为 0~5V。

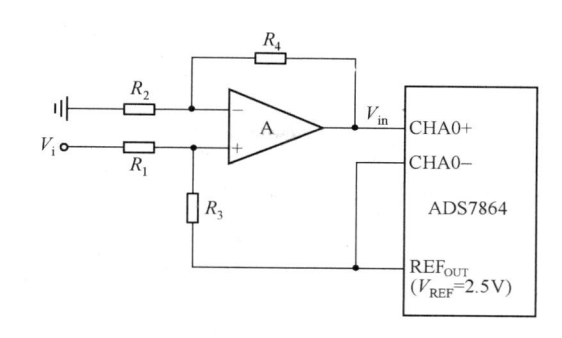

图 8.50 电平转换电路

② 同步采样脉冲产生电路

要获得精确的测量结果,就要选择合适的采样点数。根据国家对谐波测试仪器的要求,A 级仪器的频率测量范围为 0~2500Hz,即被测信号的最高频率约为 2500Hz。对于电能质量监测系统,采样频率 f_s=N/T,其中 N 为单周期的采样点数,T 为被测信号的周期,对于三相电网信号,T 的标称值为 1/50s。根据采样定理,采样频率必须大于被测信号最高频率的 2 倍,即 N>100。又因为若单周期内采样点数为 N,所以包含的谐波范围为 0~(N/2-1)。要分析 50 次谐波就必须要求(N/2-1)≥50,即 N≥102。考虑到谐波分析要使用快速傅里叶变换,采样点数应为 2 的幂次方,即 2^m≥102。m 取 7,N=128,即每周期采样点数为 128。

实际电网的频率总在 50Hz 左右变化,如果采用不变的采样间隔时间,势必造成频谱泄露,使测量产生误差。因此在对三相电网信号进行采集时,要准确地测量被测信号的周期,以确定实际采样频率是三相电压信号或三相电流信号基频的整数倍。同步采样脉冲产生电路的作用就是跟踪电网频率的变化,保证 A/D 转换速率是信号基频的 128 倍。

同步采样脉冲产生电路主要由锁相环构成,其原理框图如图 8.51 所示。

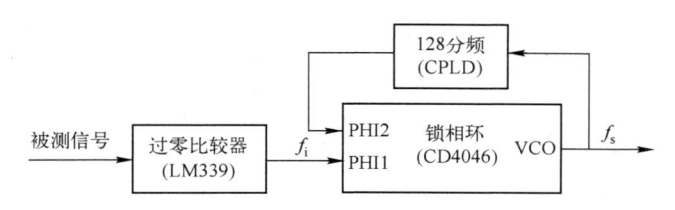

图 8.51 同步采样脉冲产生电路的原理框图

同步采样脉冲产生电路的工作原理:被测信号经过零比较器 LM339 后,形成方波 f_i 作为锁相环 CD4046 的输入,用 CPLD(Complex Programmable Logic Device)器件实现 128 分频,加到锁相环的压控振荡器(VCO)到相位比较器的反馈回路中,以实现对输入信号 f_i 的 128 倍频。当锁相环达到锁定状态时,其 VCO 的输出信号频率 f_s 就为 f_i 的 128 倍。利用该信号作为 A/D 转换的采样控制信号,即可保证采样频率是基频的整数倍。

CD4046 是一款低频多功能锁相环芯片,最高工作频率为 1MHz,电源电压为 5~15V,主要由 3 个基本单元构成:相位比较器(PD)、压控振荡器(VCO)和低通滤波器(LPF)。以 CD4046 为主所构成的同步采样脉冲产生电路如图 8.52 所示。

• 247 •

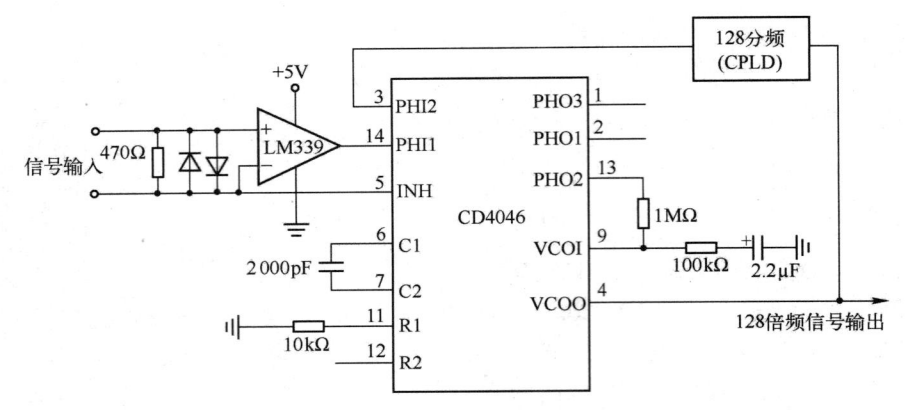

图 8.52 同步采样脉冲产生电路

③ A/D 转换接口电路

为使三相电压和三相电流 6 路信号同时被采样,将 ADS7864 的 3 个采样/保持端连接在一起,由同步采样脉冲产生电路输出的 128 倍基频信号进行控制。

ADS7864 的 $\overline{\text{BUSY}}$ 信号为转换状态指示,当内部 A/D 转换开始时,该信号变低,约 13 个时钟周期后 A/D 转换结束,转换结果被锁存至输出寄存器,$\overline{\text{BUSY}}$ 信号恢复高电平,此时可读出刚转换完成后的 A/D 转换结果,整个过程需 16 个时钟周期。

ADS7864 有 16 位数据输出线,其中 DB15 表明数据是否有效(有效为 1),DB14、DB13、DB12 表示通道号(见表 8.2),DB11~DB0 为该通道转换的数据值。当读取转换数据时,$\overline{\text{RD}}$、$\overline{\text{CS}}$ 应为低电平,BYTE 为低电平时每次读取 16 位数据。

表 8.2　DB14、DB13、DB12 输出值

数据通道	DB14	DB13	DB12
CHA0	0	0	0
CHA1	0	0	1
CHB0	0	1	0
CHB1	0	1	1
CHC0	1	0	0
CHC1	1	0	1

ADS7864 与 PC 总线的接口逻辑由 CPLD 器件实现,其功能包括使能 A/D 转换、检查 A/D 转换状态、控制 A/D 转换结果的输出。A/D 转换控制逻辑时序如图 8.53 所示。

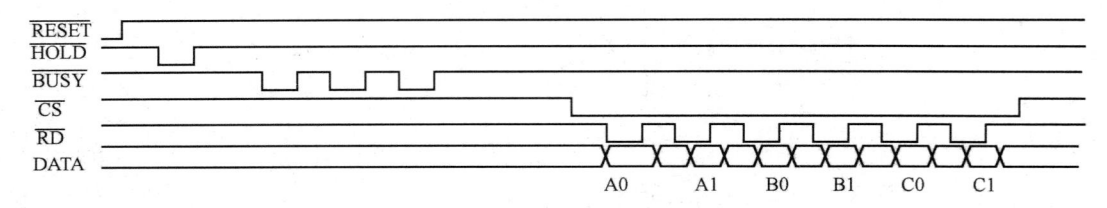

图 8.53　A/D 转换控制逻辑时序图

3. 软件设计

电能质量监测系统以 LabVIEW 作为开发环境,根据层次化及面向对象的编程思想,把整个系统分成以下模块:数据采集模块、频率测量模块、有效值测量模块、三相不平衡度测量模块、功率测量模块、谐波分析模块、数据存储模块等。通过各个模块的组合,实现电能质量监测与分析功能。软件结构如图 8.54 所示。

下面对电能质量监测系统的主要功能模块的 LabVIEW 实现方法进行介绍。

（1）数据采集模块

根据电能质量监测系统的 A/D 采集卡结构，三相电压和三相电流可同步控制采集，因此，完成一个周期信号的 128 点数据采集流程图如图 8.55 所示。

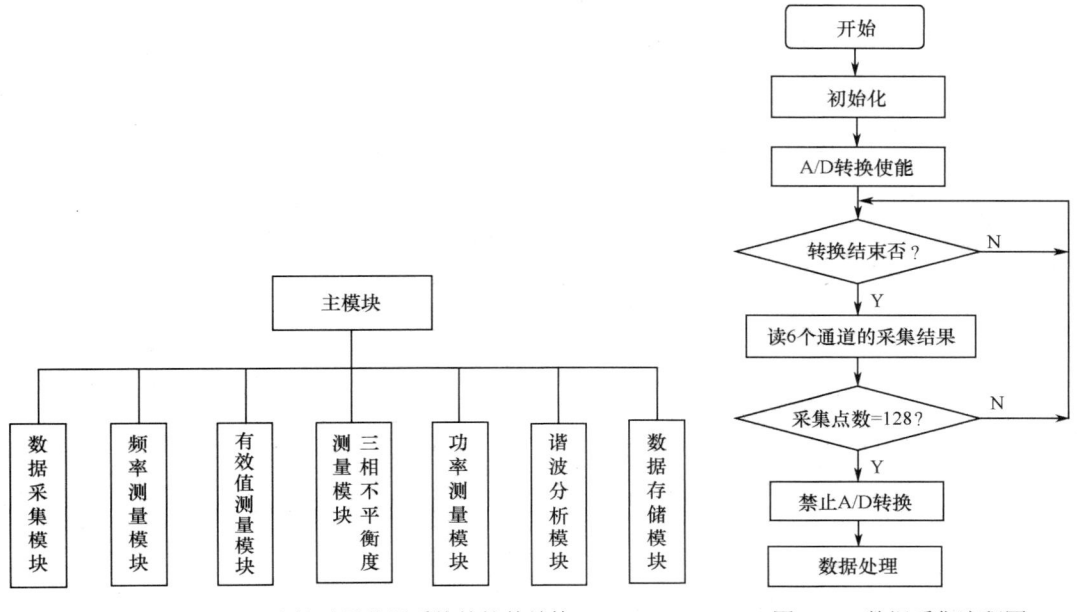

图 8.54　电能质量监测系统的软件结构　　　　图 8.55　数据采集流程图

设 A/D 采集卡的接口地址分配为：A/D 使能端口地址为 280H，转换状态检查端口地址为 282H，读转换结果端口地址为 284H，利用 LabVIEW 的 IN Port.vi 和 OUT Port.vi 控制 A/D 采集卡完成一个周期信号采集的程序框图如图 8.56 所示。

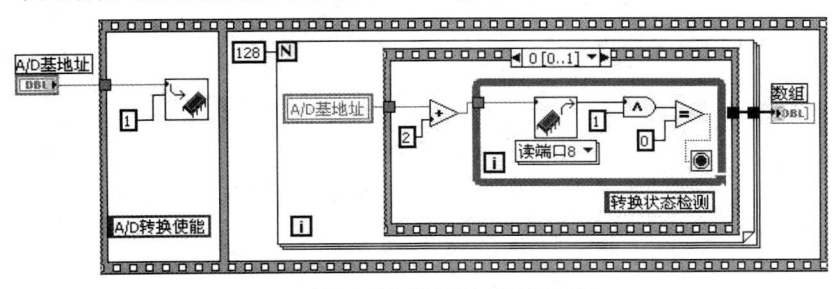

(a) A/D 转换使能和转换状态检测程序框图

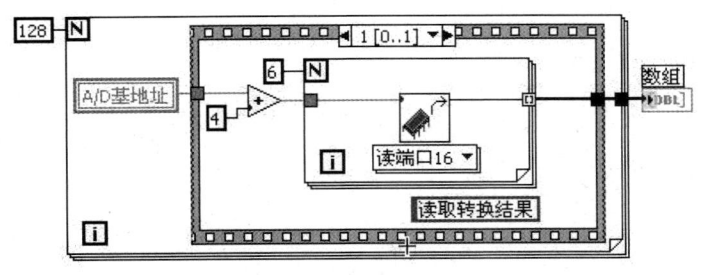

(b) 读转换结果程序框图

图 8.56　完成一个周期信号采集的程序框图

程序设计中，利用顺序结构控制采集程序的执行顺序，利用 while 循环控制一个信号周期的 128 点数据采集，利用 for 循环读取 6 个通道的一次采样数值。

（2）频率测量模块

电能质量监测系统采用过零测频法测量电网的频率，考虑到相邻几个周期的频率值变化较小，采用连续采样 3 次，每次采样 128 个点，计算 3 次平均频率作为电网的频率。

频率测量程序框图如图 8.57 所示。

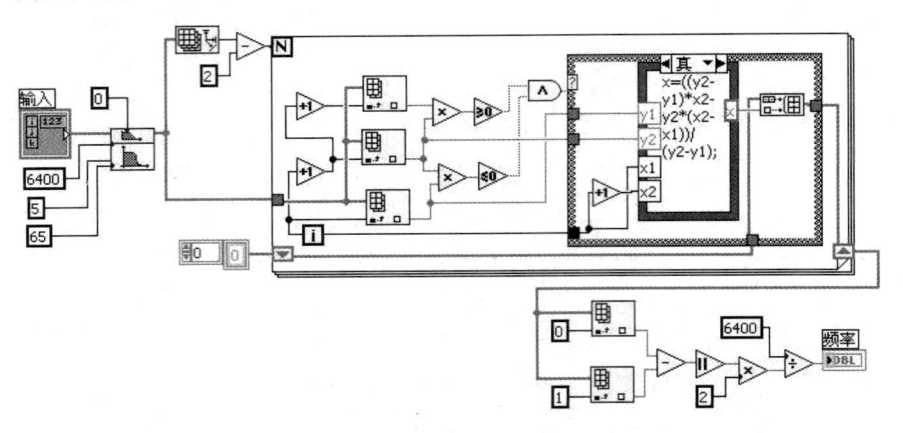

图 8.57　频率测量程序框图

程序设计中，利用 LabVIEW 的 Butterworth 滤波器实现低通滤波，滤除采样信号中的高频噪声。为了降低过零检测的误差，程序设计中运用内插法求零点的位置，再利用 $f_i = f_s/N$ 计算电网的频率，其中 f_i 代表被测信号频率，f_s 代表采样频率，N 代表采样点数。

（3）有效值测量模块

有效值测量模块主要完成三相电压有效值和三相电流有效值的测量。对随时间变化的电压信号和电流信号，根据采样得到离散化序列值，由以下公式可计算出三相电压和三相电流的有效值

$$U = \sqrt{\frac{1}{N}\sum_{k=0}^{N-1} u_k^2}$$

$$I = \sqrt{\frac{1}{N}\sum_{k=0}^{N-1} i_k^2}$$

式中，N 是信号一个周期内的采样点数，$k=0, 1, \cdots, N-1$。

电压有效值测量程序框图如图 8.58 所示。

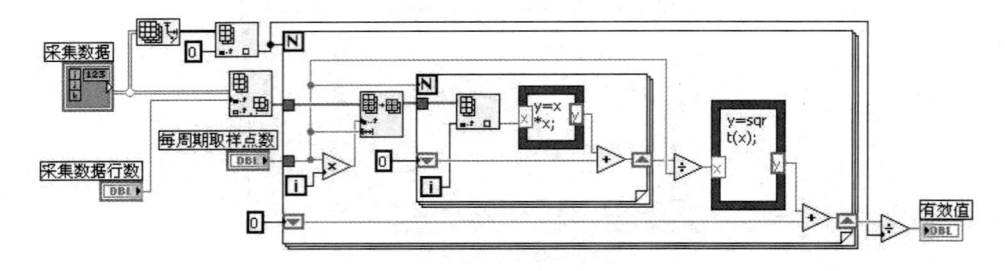

图 8.58　电压有效值测量程序框图

程序设计中，利用 LabVIEW 的公式节点计算平方与开方。

（4）三相不平衡度测量模块

当三相电量中不含零序分量时（如三相线电压、无中线的三相线电流），在已知三相电压 U_a、U_b、U_c 时，可用下式求解三相不平衡度

$$\varepsilon = \sqrt{\frac{1-\sqrt{3-6\beta}}{1+\sqrt{3+6\beta}}}$$

式中，$\beta = \dfrac{U_a^4 + U_b^4 + U_c^4}{(U_a^2 + U_b^2 + U_c^2)^2}$。

类似地，三相电流不平衡度也可以用其相应的公式计算，只需将其中的电压符号换为相对应的电流符号即可。

以电压为例，计算三相电压不平衡度的程序框图如图 8.59 所示。

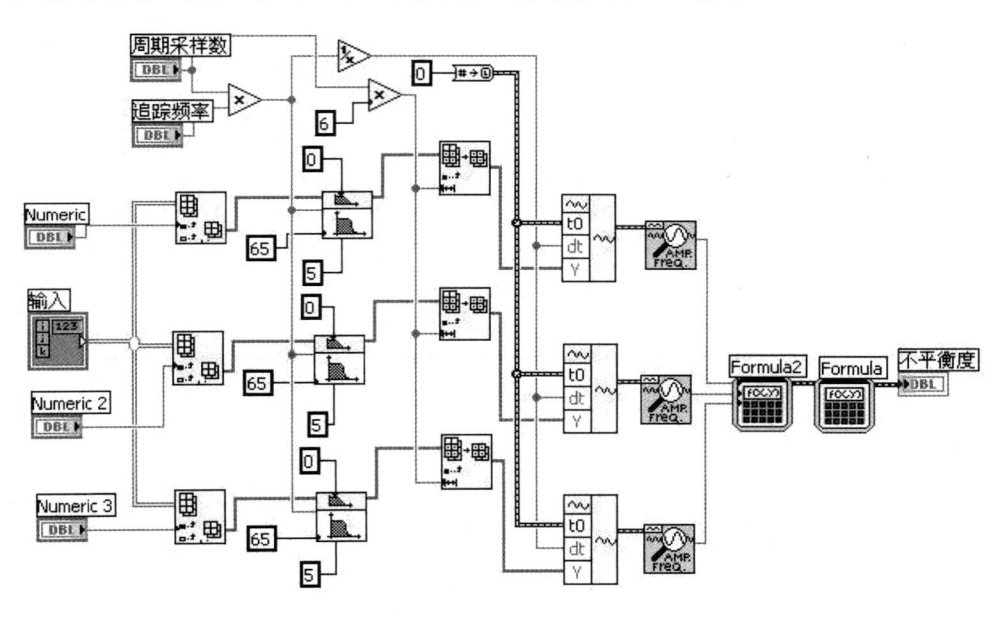

图 8.59　计算三相电压不平衡度的程序框图

程序设计中，首先利用"索引数组"函数将采集的三相电压按列取出、利用 Butterworth 滤波器滤除采样信号中的高频噪声、利用"提取单频信息"函数将三相数字信号中的基波电压提取出来，求它们的幅值和相角，然后利用公式节点按求解三相不平衡度的公式计算三相电压的三相不平衡度。

（5）功率测量模块

功率测量模块需要计算的参数有有功功率、功率因数、无功功率、视在功率。根据采样得到的三相电压有效值 U、三相电流有效值 I，根据下面的公式，可计算出一个周期内采样点数为 N 时的功率参数。

有功功率

$$P = \frac{1}{N}\sum_{k=0}^{N-1} u_k i_k$$

功率因数

$$\cos\varphi = \frac{P}{UI}$$

无功功率

$$Q = UI\sin\varphi$$

视在功率

$$S = UI$$

功率测量模块的程序框图如图 8.60 所示。

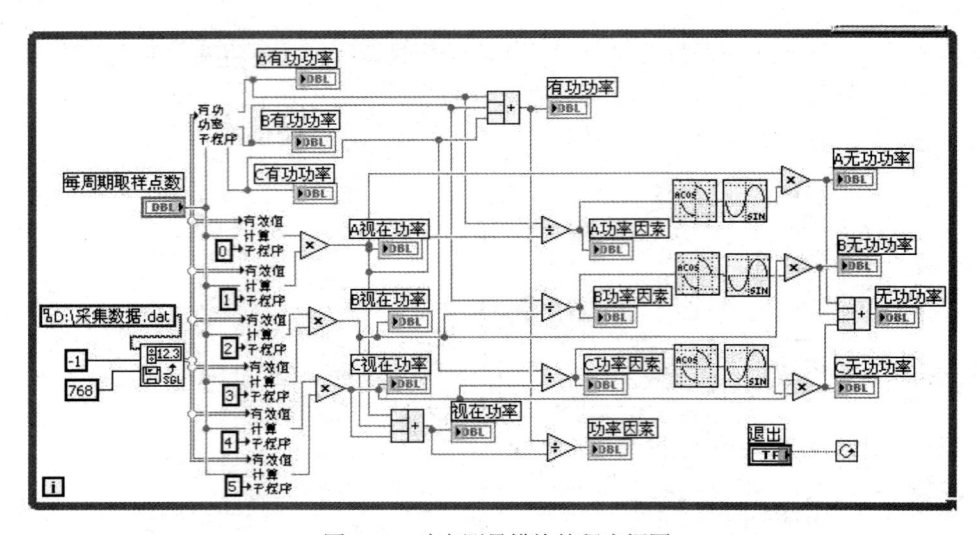

图 8.60 功率测量模块的程序框图

（6）谐波测量模块

谐波测量模块主要实现各次谐波频率、各次谐波幅值和总谐波畸变率（THD）等参数的测量。以单相电压谐波测量为例，谐波测量模块的程序框图如图 8.61 所示。

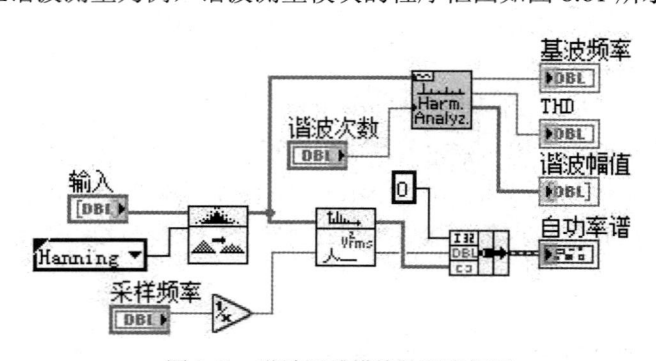

图 8.61 谐波测量模块的程序框图

程序设计中，利用"自功率谱"函数计算采样序列的自功率谱，利用"谐波失真分析"函数测量谐波参数。

基于 LabVIEW 设计的电能质量监测系统不仅界面友好，同时检测结果显示直观，便于用户掌握电能质量的全面信息。

8.5　虚拟仪器程序发布

在虚拟仪器设计完成之后，设计者希望使用 LabVIEW 编写的程序脱离 LabVIEW 环境，在用户的计算机上运行，就需要将其编译成可独立运行的程序。

程序发布有两种方式。

① 可执行程序，也就是将 LabVIEW 编写的程序编译成独立可执行程序（.EXE）提供给用户。

② 安装程序，将生成的可执行程序和一些用到的组件打包生成安装程序提供给用户。

两者的区别在于，可执行程序的运行环境还需安装 LabVIEW 运行引擎和驱动程序及工具包，而安装程序则是把生成的可执行程序、LabVIEW 运行引擎及工具包集成在一起，安装后即可运行。

8.5.1　创建独立可执行程序

下面以 8.4.3 节介绍的利用声卡产生模拟信号输出 VI 为例，介绍在 LabVIEW 中创建独立可执行程序的步骤。

（1）在 LabVIEW 2024 Q3 的启动界面中，选择创建项目，随后单击【完成】按钮，就会弹出项目浏览器窗口，如图 8.62 所示。

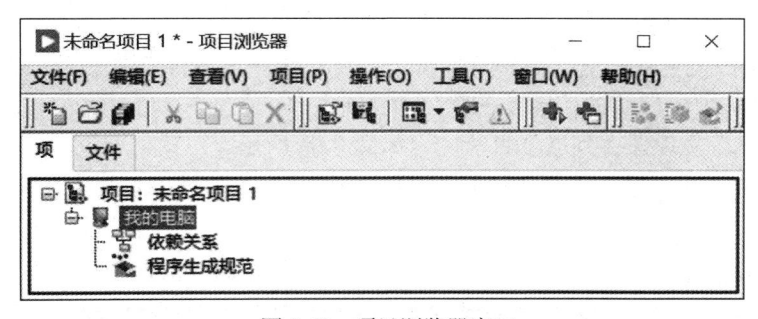

图 8.62　项目浏览器窗口

（2）在图 8.62 中，用鼠标右键单击【我的电脑】，在弹出的快捷菜单中选择【添加】→【文件】，在弹出的"选择需要插入的文件"界面中，选择之前已创建的"利用声卡产生模拟信号输出.vi"，将该 VI 添加至新建的项目中，并将该项目命名为"产生模拟信号输出"，如图 8.63 所示。

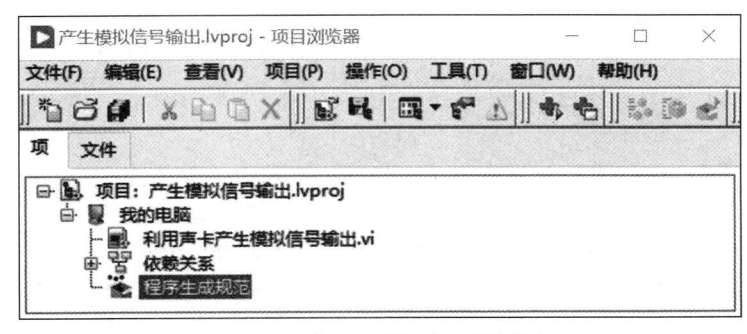

图 8.63　添加 VI 后的项目浏览器窗口

（3）在图 8.63 中，用鼠标右键单击【程序生成规范】，在弹出的快捷菜单中选择【新建】→【应用程序(EXE)】，弹出如图 8.64 所示的"我的应用程序 属性"对话框。

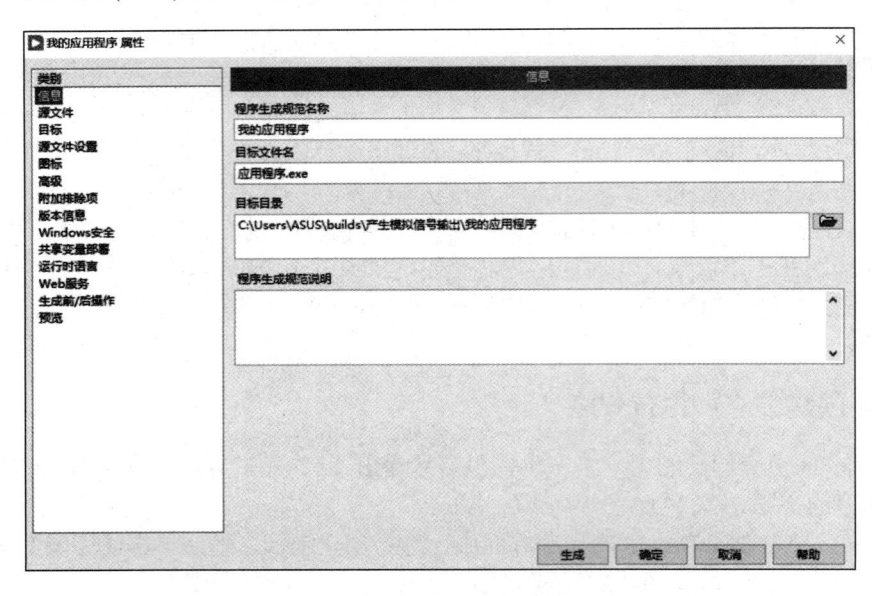

图 8.64　"我的应用程序 属性"对话框

在图 8.64 中，设置目标文件名和目标目录。目标文件名是将来生成的 EXE 文件名，该文件位于目标目录中，默认的目标目录会在项目所在目录的上一级目录中新建一个 builds 文件夹，生成的 EXE 文件保存到这个目录中，如图 8.64 所示。

（4）在图 8.64 中，单击【源文件】，选择"利用声卡产生模拟信号输出.vi"，将 VI 添加到"启动 VI"栏中，如图 8.65 所示。

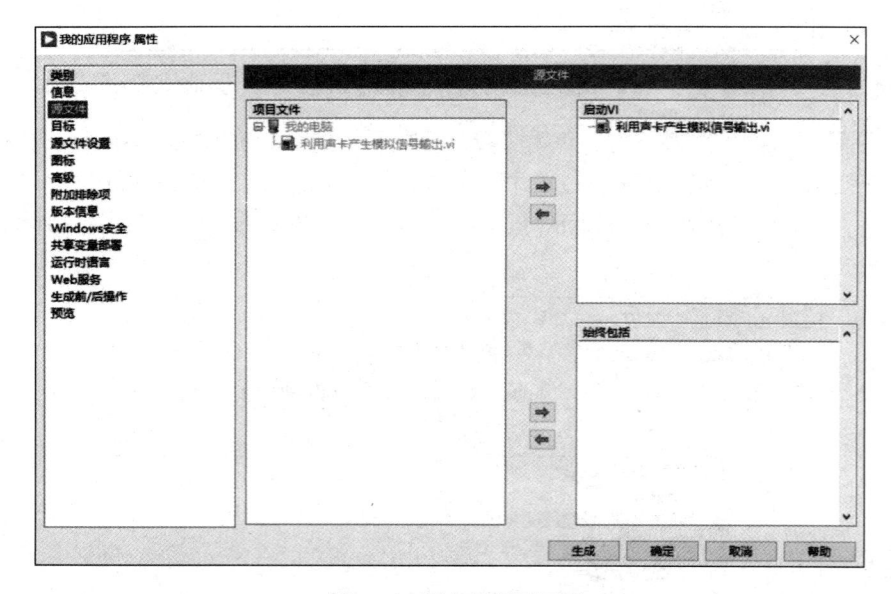

图 8.65　源文件配置界面

· 254 ·

（5）源文件配置成功后，单击【生成】按钮，LabVIEW 就会弹出生成状态窗口，当生成结束后会提示生成的应用程序所在路径，可以单击【浏览】按钮打开应用程序所在目录，如果单击【完成】按钮，则会关闭生成状态窗口，就完成了创建独立可执行程序的全部操作。

如果用户计算机上已经安装了 LabVIEW 运行引擎和其他需要的组件，那么就可以将生成的 EXE 文件复制到用户计算机上直接运行。

8.5.2 创建安装程序

创建安装程序的步骤与创建独立可执行程序的步骤大致相同。

（1）在上一节已经建立的"产生模拟信号输出"的项目文件中，用鼠标右键单击【程序生成规范】，在弹出的快捷菜单中选择【新建】→【安装程序】，则弹出如图 8.66 所示的"我的安装程序 属性"对话框。在此可以设置安装程序的相关信息，如产品名称、安装程序生成目录等。

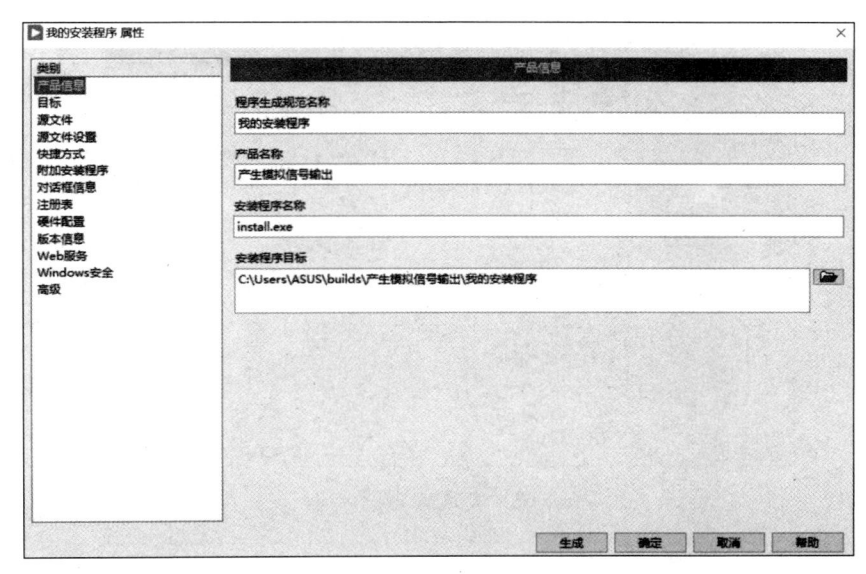

图 8.66 "我的安装程序 属性"对话框

（2）选择【源文件】，在"项目文件视图"下，选择【程序生成规范】→【我的应用程序】，然后单击➡箭头，将应用程序添加到"目标视图"中，如图 8.67 所示。

（3）选择【快捷方式】，修改快捷方式名称和子目录名称，如图 8.68 所示。快捷方式名称对应着将来在 Windows 系统"开始"菜单中看到的应用程序的名称，子目录对应着应用程序在"开始"菜单中所处的文件夹名称。

（4）选择【附加安装程序】，可以选择需要安装的附加软件，其中"NI LabVIEW 运行引擎 2024 Q3 Patch 2"是程序必需的软件，如图 8.69 所示。对于其他附加软件，如果需要可以选择。

配置完成后，单击【生成】按钮，就会开始生成安装程序，生成状态界面如图 8.70 所示。

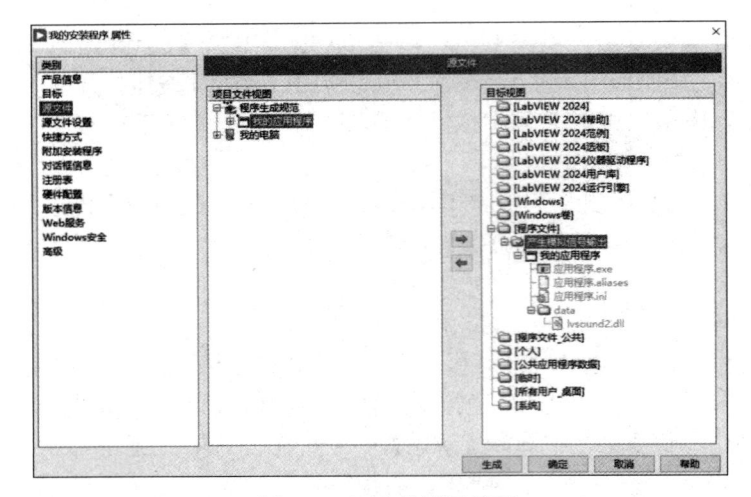

图 8.67 源文件设置界面

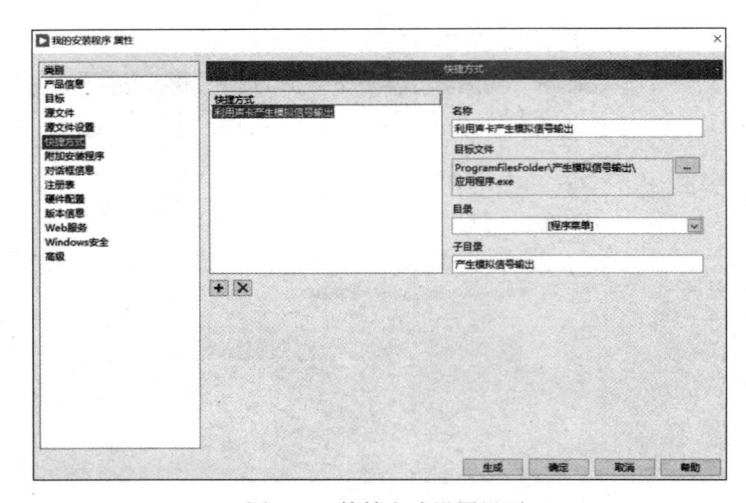

图 8.68 快捷方式设置界面

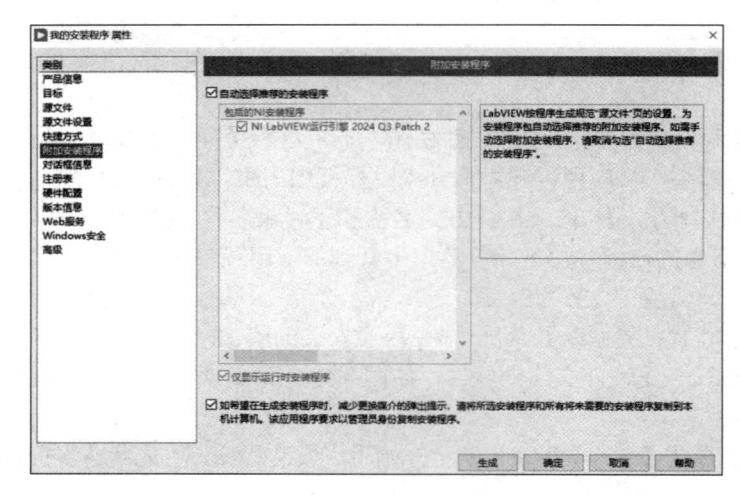

图 8.69 附加安装程序设置界面

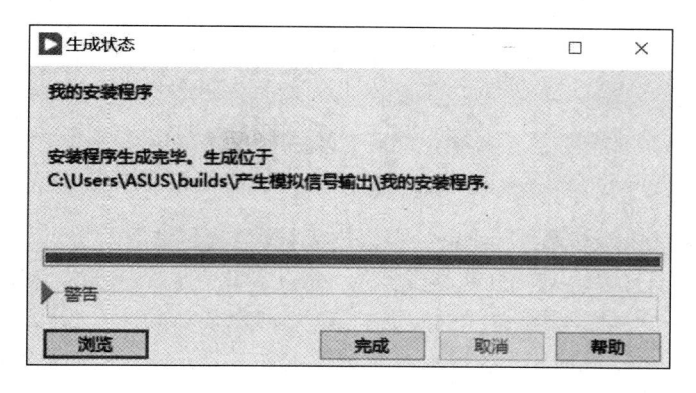

图 8.70 安装程序生成状态界面

生成过程完成后，单击【浏览】按钮，可以打开安装文件所在路径，会看到一个 install.exe 文件，这就是最终生成的安装文件。单击【完成】按钮，关闭生成状态界面。

将创建好的安装程序复制到用户计算机上就可安装运行了。需要注意的是，复制时要将整个文件夹复制到用户计算机上，然后运行 install.exe，安装过程与其他 Windows 应用程序一样，安装结束后就可以使用了。

思考题和习题 8

8.1 简述虚拟仪器的总体设计原则。

8.2 虚拟仪器设计大致要经历哪些阶段？

8.3 虚拟仪器软面板设计的基本思想是什么？这种设计方法会带来哪些好处？

8.4 虚拟仪器程序一般由哪些模块构成？

8.5 利用 LM35 温度传感器和数据采集卡的模拟输入通道，构建 0~100℃温度检测系统。

8.6 利用数据采集卡的模拟输出通道，实现一个简单的信号产生器，要求能产生正弦波、三角波、方波、锯齿波，且可改变各波形的频率与幅值。

8.7 基于计算机声卡，设计一个简易录音机，录制一段说话人的声音信号并保存为音频文件。

8.8 基于计算机声卡，设计一个播放器，播放上题运行后保存的音频文件，并可调节音量大小。

8.9 基于计算机声卡，产生音频信号输出，频率可调。

8.10 使用数据采集卡的模拟输入通道构建一个简易示波器，要求具备动态数据采集功能，能够实时显示采集到的波形。

8.11 虚拟仪器程序发布常见方式有哪几种？

8.12 简述应用程序与安装程序两者发布方式的区别。

参 考 文 献

[1] 徐立军. 自动测试原理与系统. 北京：科学出版社，2022.
[2] 肖支才，王朕，聂新华，等. 自动测试技术. 北京：北京航空航天大学出版社，2017.
[3] 朱利文，于雷，金传喜. 测试总线的发展与展望. 现代防御技术，2019，47（1）：151-157.
[4] 曹兴冈，王琛琛，周龙. ATS总线技术及测试技术发展研究综述. 信息技术与信息化，2023（8）：130-133.
[5] 张重雄. 现代测试技术与系统. 2版. 北京：电子工业出版社，2014.
[6] National Instruments Corporation. LabVIEW 用户手册，2025.
[7] National Instruments Corporation. LabVIEW 编程手册，2025.
[8] 黎琼，陈文庆，温泉彻. 通用数据采集系统的信号调理. 湛江师范学院学报，2004，25（6）：119-123.
[9] National Instruments Corporation. NI myDAQ 产品规范，2024.
[10] National Instruments Corporation. NI-DAQmx 用户手册，2023.
[11] 杨秀敏，秦宏. 虚拟仪器软面板的（界面）设计. 微处理机，2001（4），24-26.
[12] 冀胡东，金涛. 基于 LabVIEW 的声音信号采集分析系统. 软件导刊，2018，17（1）：162-164.
[13] 徐紫琪. 基于 LabVIEW 的电能质量分析系统设计. 武汉纺织大学硕士学位论文，2020.
[14] 王哲吉. 基于虚拟仪器的电能质量监测系统设计. 哈尔滨工业大学硕士学位论文，2019.